技工院校数控类专业教材（高级技能层级）

数控机床编程与操作（数控车床分册）

（第二版）

金玉峰　主编

中国劳动社会保障出版社

简介

本书主要内容包括数控车床及其编程基础、FANUC系统的编程与操作、广数系统的编程与操作、SIEMENS系统的编程与操作、SIEMENS SINUMERIK 828D系统的编程与操作、典型零件的工艺分析与编程。

本书由金玉峰任主编，沈建峰任副主编，高进祥、黄俊刚、魏小燕参加编写，曾峰、刘希震任主审。

图书在版编目（CIP）数据

数控机床编程与操作．数控车床分册 / 金玉峰主编．2 版．-- 北京：中国劳动社会保障出版社，2024.

（技工院校数控类专业教材）．-- ISBN 978-7-5167-6510-4

Ⅰ．TG659

中国国家版本馆 CIP 数据核字第 202452ZM12 号

中国劳动社会保障出版社出版发行

（北京市惠新东街 1 号　邮政编码：100029）

*

河北品睿印刷有限公司印刷装订　　新华书店经销

787 毫米 ×1092 毫米　16 开本　21.25 印张　452 千字

2024 年 12 月第 2 版　　2024 年 12 月第 1 次印刷

定价：44.00 元

营销中心电话：400-606-6496

出版社网址：https://www.class.com.cn

https://jg.class.com.cn

前言

为了更好地适应技工院校数控类专业的教学要求，全面提升教学质量，我们组织有关学校的骨干教师和行业、企业专家，在充分调研企业生产和学校教学情况，广泛听取教师对教材使用反馈意见的基础上，对技工院校数控类专业高级技能层级的教材进行了修订。

本次教材修订工作的重点主要体现在以下几个方面：

第一，更新教材内容，体现时代发展。

根据数控类专业毕业生所从事岗位的实际需要和教学实际情况的变化，合理确定学生应具备的能力与知识结构，对部分教材内容及其深度、难度做了适当调整。

第二，反映技术发展，涵盖职业技能标准。

根据相关工种及专业领域的最新发展，在教材中充实新知识、新技术、新设备、新工艺等方面的内容，体现教材的先进性。教材编写以国家职业技能标准为依据，内容涵盖数控车工、数控铣工、加工中心操作工、数控机床装调维修工、数控程序员等国家职业技能标准的知识和技能要求，并在配套的习题册中增加了相关职业技能等级认定模拟试题。

第三，精心设计形式，激发学习兴趣。

在教材内容的呈现形式上，较多地利用图片、实物照片和表格等将知识点生动地展示出来，力求让学生更直观地理解和掌握所学内容。针对不同的知识点，设计了许多贴近实际的互动栏目，以激发学生的学习兴趣，使教材“易教易学，易懂易用”。

第四，采用 CAD/CAM 应用技术软件最新版本编写。

在 CAD/CAM 应用技术软件方面，根据最新的软件版本对 UG、Creo、Mastercam、CAXA、SolidWorks、Inventor 进行了重新编写。同时，在教材中不仅局限于介绍相关的软件功能，而是更注重介绍使用相关软件解决实际生产中的问题，以培养学生分析和解决问题的综合职业能力。

第五，开发配套资源，提供教学服务。

本套教材配有习题册和方便教师上课使用的多媒体电子课件，可以通过登录技工教育网（https://jg.class.com.cn）下载。另外，在部分教材中使用了二维码技术，针对教材中的教学重点和难点制作了动画、视频、微课等多媒体资源，学生使用移动终端扫描二维码即可在线观看相应内容。

本次教材的修订工作得到了河北、辽宁、江苏、山东、河南等省人力资源和社会保障厅及有关学校的大力支持，在此我们表示诚挚的谢意。

目　录

第一章　数控车床及其编程基础

第一节　数控车床概述

一、数控车床的概念

数控机床是数字控制机床（computer numerical control machine tools）的简称，是一种装有程序控制系统的自动化机床。数控机床按用途进行分类，用于完成车削加工的数控机床称为数控车床，它是目前国内外使用量最大、覆盖面最广的一种数控机床。如图 1–1 所示为一台常见的数控车床实物图。

图 1–1　数控车床实物图

二、数控车床的分类

1. 按车床主轴位置分类

根据车床主轴位置的不同，数控车床可分为卧式数控车床（见图 1–2）和立式数控车床（见图 1–3）两类。

卧式数控车床的主轴轴线与水平面平行。此外，卧式数控车床又分为水平导轨卧式数控车床和倾斜导轨卧式数控车床。

立式数控车床的主轴轴线垂直于水平面，一般采用圆形工作台装夹工件。这类机床主要用于加工径向尺寸大、轴向尺寸相对较小的大型复杂工件。

2. 按功能分类

按功能不同，数控车床可分为经济型数控车床、全功能型数控车床、车削中心和车铣复合加工中心等几类。

图 1–2　经济型卧式数控车床

图 1–3　立式数控车床

经济型数控车床如图 1–2 所示，通常配备经济型数控系统，由普通车床进行数控改造而成。这类机床常采用开环或半闭环伺服系统控制，主轴多采用变频调速，机床结构与普通车床相似。

全功能型数控车床如图 1–4 所示，一般采用后置转塔式刀架，可装刀具数量较多；主轴为伺服驱动；车床采用倾斜床身结构，以提高刚度及便于排屑；数控系统的功能较多，可靠性较好。

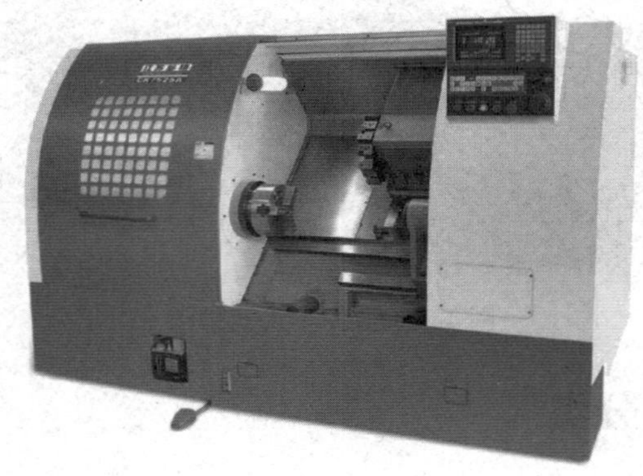
图 1–4　全功能型数控车床

车削中心如图 1–5 所示，该机床是在全功能型数控车床的基础上增加了 C 轴和动力头，刀架具有 Y 轴功能，更高级的数控车床带有刀库和自动换刀装置，具有四轴（X 轴、Y 轴、Z 轴和 C 轴）联动功能，用于加工具有复杂空间型面的工件。

车铣复合加工中心如图 1–6 所示，该机床是按模块化设计的多功能机床，具有五轴联动加工功能，既可完成车削加工任务，又可完成铣削加工任务，主要适用于形状复杂、加工精度要求较高的工件的加工。

3. 按其他方式分类

除以上分类方式外，数控车床还可根据所加工工件的基本类型、刀架数量、数控系统的不同控制方式（开环控制系统、闭环控制系统、半闭环控制系统）等进行分类。

图 1–5　车削中心

图 1–6　车铣复合加工中心

三、数控车床的特点

1. 适应性强

数控车床在更换产品（生产对象）时，只需改变数控装置内的加工程序及调整有关的数据，就能满足新产品的生产需要，不需改变机械部分和控制部分的硬件。这一特点不仅可以满足当前产品更新较快的市场竞争需要，而且较好地解决了单件、中小批量和多变产品的加工问题。适应性强是数控车床最突出的优点，也是数控车床得以产生和迅速发展的主要原因。

2. 加工精度高

数控车床本身的精度都比较高，中、小型数控车床的定位精度可达 0.005 mm，重复定位精度可达 0.002 mm，而且还可利用软件进行精度校正和补偿，因此，可以获得比车床本身精度还要高的加工精度和重复定位精度。加之数控车床是按预定程序自动工作的，加工过程不需要人工干预，工件的加工精度全部由机床保证，消除了操作人员的人为误差，因此，加工出来的工件精度高，尺寸一致性好，质量稳定。

3. 生产效率高

数控车床具有良好的结构特性，可进行大切削用量的强力切削，有效节省了基本作业时间，还具有自动变速、自动换刀和其他辅助操作自动化等功能，使辅助作业时间大为缩短，所以其生产效率比普通车床高。

4. 自动化程度高，劳动强度低

数控车床的工作是按预先编制好的加工程序自动连续完成的，操作人员除了输入加工程序或操作键盘、装卸工件、进行关键工序的中间检测以及观察机床运行，不需要进行繁杂的重复性手工操作，劳动强度与紧张程度均大为减轻，加上数控车床一般都具有较好的安全防护、自动排屑、自动冷却和自动润滑装置，操作人员的劳动条件也大为改善。

四、数控车床的加工对象

由于数控车床具有加工精度高、能做直线和圆弧插补以及在加工过程中能自动变速的特点，因此，其加工范围比普通车床要宽得多。针对数控车床的特点，最适合进行数控车削加工的零件如图 1–7 所示，主要有精度和表面质量要求较高的轴类和套类零件、盘类零件、表面形状复杂的回转体零件、带特殊轮廓的回转体零件等。

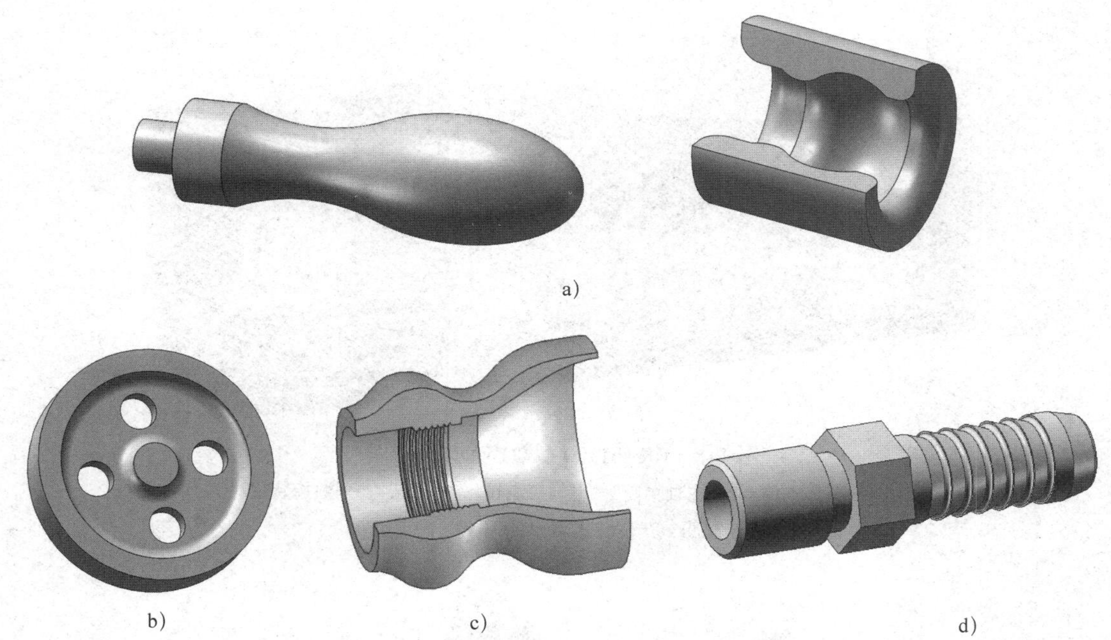

图 1–7　适合进行数控车削加工的零件
a）轴类和套类零件　b）盘类零件
c）形状复杂的回转体零件　d）带特殊轮廓的回转体零件

第二节　数控车床组成和典型数控系统

一、数控车床的组成

数控车床主要由车床本体和数控系统两大部分组成。车床本体由床身、主轴、滑板、刀架、冷却装置等组成，数控系统由程序的输入 / 输出装置、数控装置、伺服驱动装置三部分组成。

如图 1–8 所示为 CKA61100 型数控车床外形图，它主要由机床本体、主轴箱、电气控制箱、刀架、数控装置、尾座、进给系统、冷却系统和润滑系统等组成。

1. 机床本体

机床本体如图 1–9 所示，包括床身与底座。底座为整台机床的基础，所有的机床部件均安装于其上。

2. 主轴箱

主轴箱用于固定机床主轴。主电动机通过 V 带直接把运动传给主轴。主轴通过同步齿形带与编码器（见图 1–10）相连接，通过编码器测出主轴的实际转速，主轴的调速直接通过变频电动机来完成。

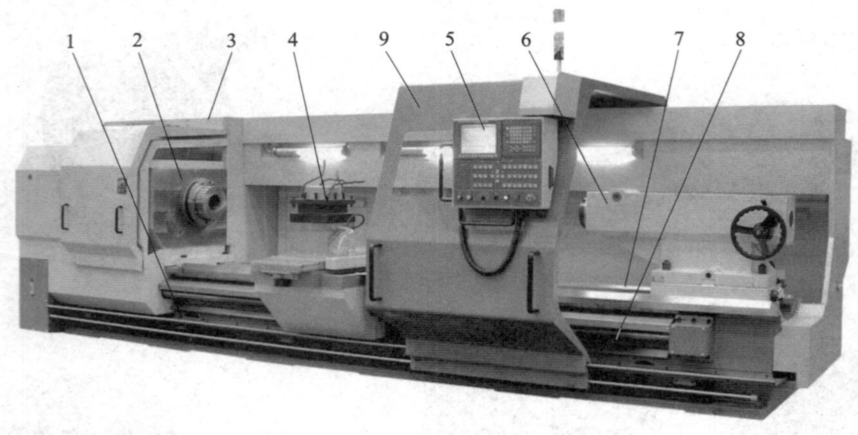

图 1-8　CKA61100 型数控车床外形图

1—机床本体　2—主轴箱　3—电气控制箱　4—刀架　5—数控装置
6—尾座　7—导轨　8—丝杠　9—防护罩

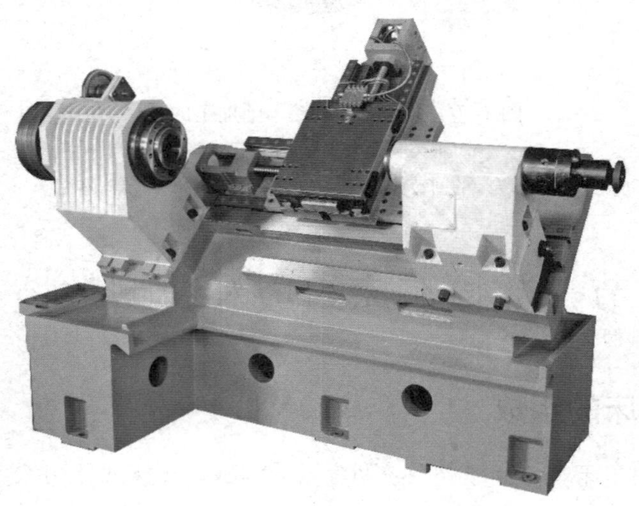

图 1-9　机床本体

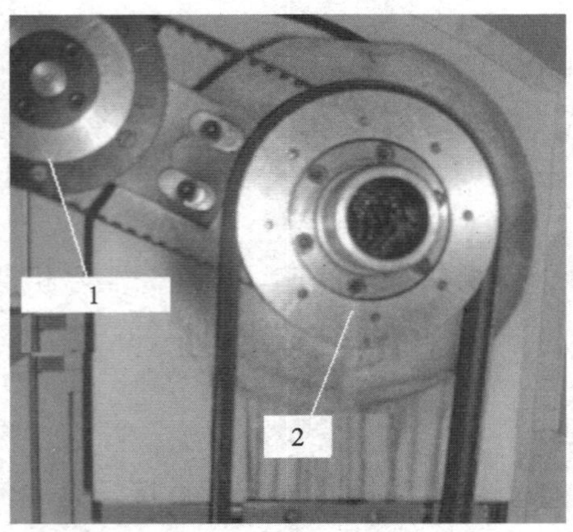

图 1-10　主轴与编码器

1—编码器　2—主轴

3. 电气控制箱

电气控制箱如图 1–11 所示，内部用于安装各种机床电气控制元件、数控伺服控制单元、控制主板和其他辅助装置。

图 1–11　电气控制箱

4. 刀架

刀架（见图 1–12）固定在中滑板上。常用的有四工位立式电动刀架和六工位盘式电动刀架，用于安装刀具，通过自动转位实现刀具的交换。

5. 数控装置

数控装置如图 1–13 所示，主要由数控系统、伺服驱动装置和伺服电动机组成。其工作过程是数控系统发出的信号经伺服驱动装置放大后指挥伺服电动机进行工作。

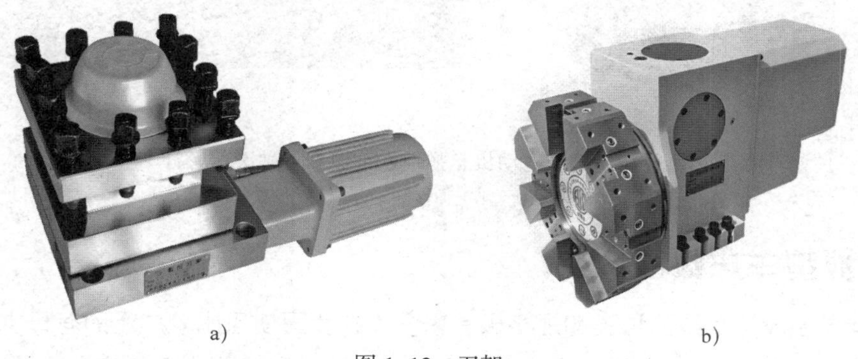

a)　　b)

图 1–12　刀架

a）四工位立式电动刀架　b）六工位盘式电动刀架

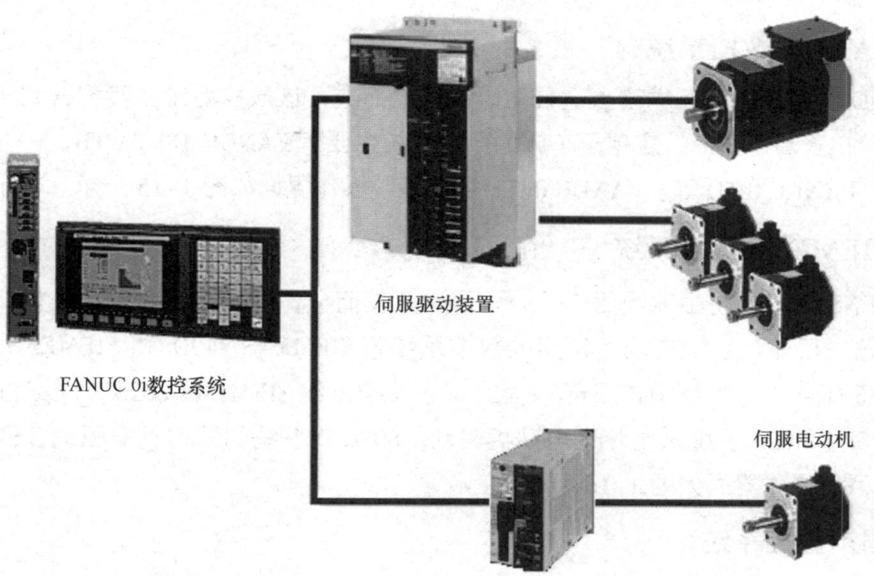

图 1–13　数控装置

6. 尾座

尾座用于配合主轴箱支承工件或工具。

7. 进给系统

数控车床的纵向进给、横向进给一般由伺服电动机通过联轴器直接与滚珠丝杠连接来实现。伺服电动机、弹性联轴器和各种滚珠丝杠如图 1–14 所示。

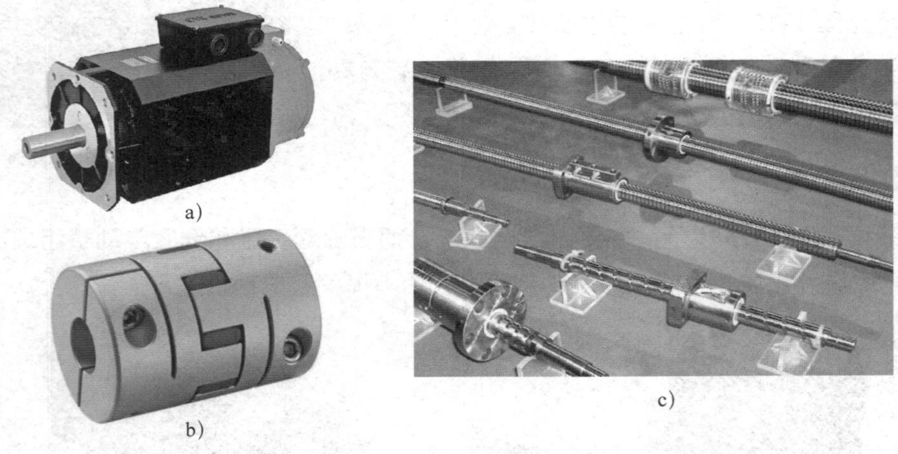

a）

b）

c）

图 1–14　伺服电动机、弹性联轴器和各种滚珠丝杠

a）伺服电动机　b）弹性联轴器　c）滚珠丝杠

二、典型车床数控系统

当今世界上数控系统的种类和规格极其繁多，在我国使用比较广泛的有日本 FANUC 公司、德国 SIEMENS 公司的产品，此外，国产系统的功能和性能也日趋完善。国产系统的代表产品有广数、华中等。

1. FANUC 数控系统

FANUC 数控系统由日本富士通公司研制开发而成，该数控系统在我国得到了广泛的应用。目前，在我国市场上，应用于车床的数控系统主要有 FANUC 18i TA/TB、FANUC 0i TA/TB/TC/TF、FANUC 0 TD 等。FANUC 0i TF 数控系统操作界面如图 1–15 所示。

2. SIEMENS 数控系统

SIEMENS 数控系统由德国西门子公司研制开发而成，该系统在我国数控机床中的应用也相当普遍。目前，我国市场上常用的数控系统除 SIEMENS 840D/C、SIEMENS 810T/M 等型号外，还有专门针对我国市场而开发的车床数控系统 SIEMENS 802S/C base line、802D、828D 等。其中 802S 系统采用步进电动机驱动，802C/D 系统则采用伺服驱动，SINUMERIK 828D 数控系统操作界面如图 1–16 所示。

3. 国产数控系统

自 20 世纪 80 年代初期开始，我国数控系统的生产与研制得到了飞速的发展，并逐步出现了北京航天数控系统有限公司、武汉华中数控股份有限公司、沈阳中科数控技术股份有限公司等以生产普及型数控系统为主的国有企业，以及北京发那科机电有限公司、西门子数控（南京）有限公司等合资企业。目前，常用于车床的数控系统有广州数控系统［如 GSK928T、GSK980TDb（其操作界面见图 1–17）等］、华中数控系统［如 HNC–210A（其操作界面见图 1–18）等］、北京航天数控系统（如 CASNUC 2100 等）、南京仁和数控系统（如 RENHE–32T/90T/100T 等）。

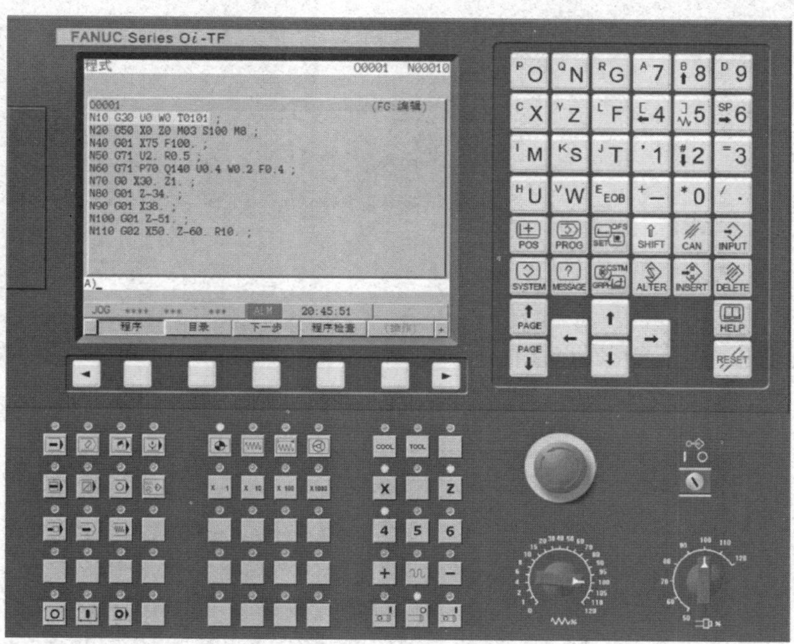

图 1–15　FANUC 0i TF 数控系统操作界面

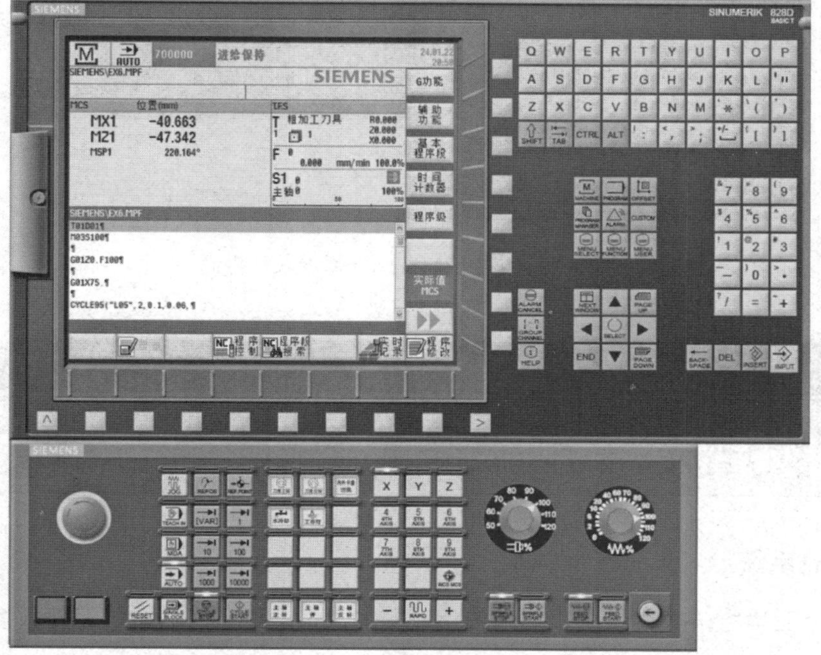

图 1–16　SINUMERIK 828D 数控系统操作界面

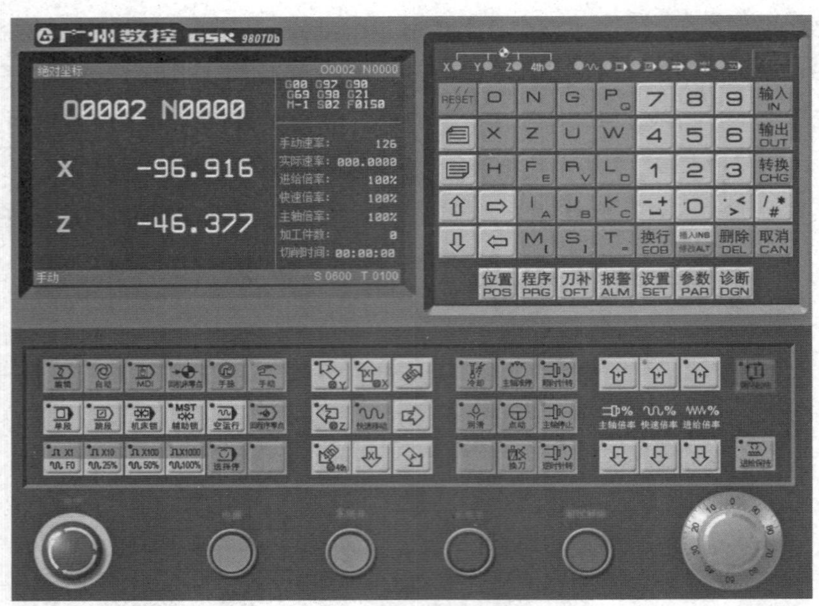

图 1–17 GSK980TDb 系统操作界面

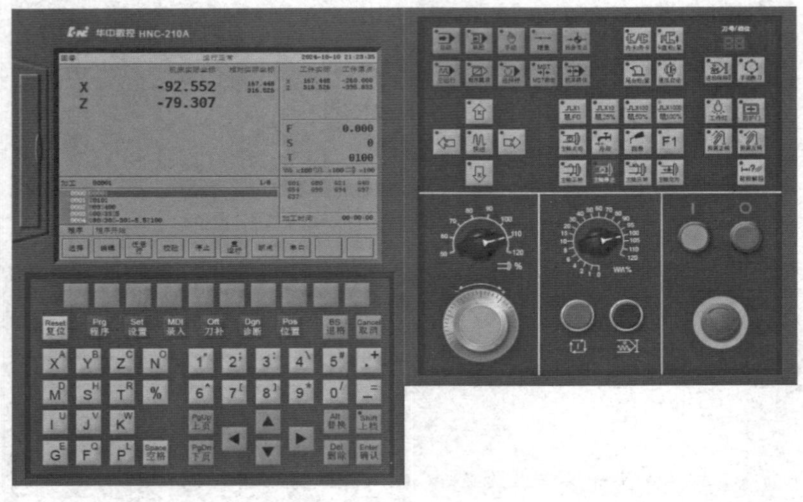

图 1–18 华中 HNC–210A 系统操作界面

提示

国产系统的编程方法和指令格式（包括固定循环）与 FANUC 等系统基本相同。因此，国产车床数控系统的编程均可按其编程说明书或参照 FANUC 等系统的规定进行。

4. 其他系统

除了以上三类主流数控系统，国内使用较多的数控系统还有日本的三菱数控系统和大森数控系统、法国的施耐德数控系统、西班牙的法格数控系统和美国的 A–B 数控系统等。

第三节　数控加工与数控编程概述

一、数控加工

1. 数控加工的定义

数控加工是指在数控机床上自动加工工件的一种工艺方法。数控加工的实质如下：数控机床按照事先编制好的加工程序并通过数字控制过程，自动地对工件进行加工。

2. 数控加工的内容

一般来说，数控加工流程如图 1–19 所示，主要包括以下几个方面的内容：

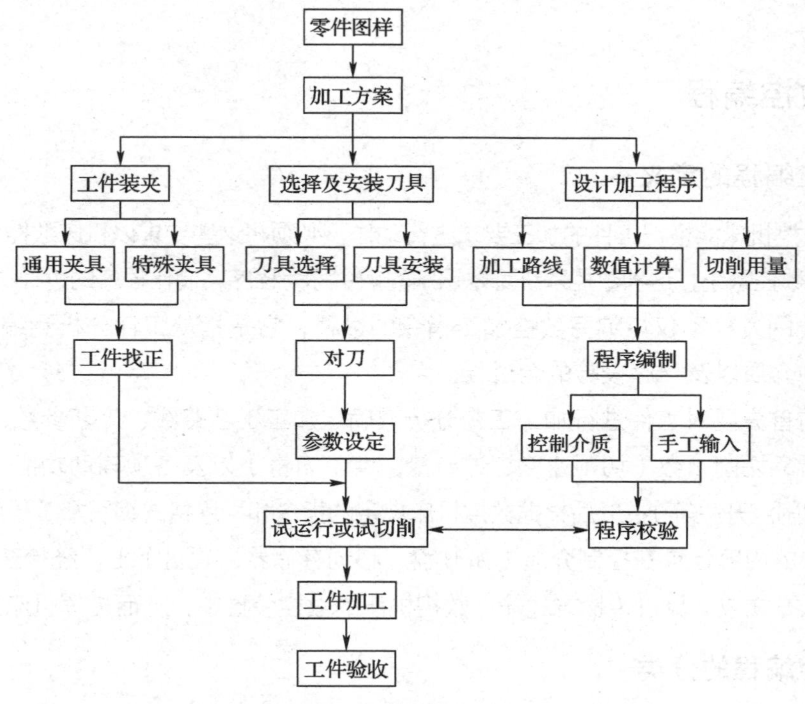

图 1–19　数控加工流程

（1）分析图样，确定加工方案

对所要加工的工件进行工艺分析，选择合适的加工方案，再根据加工方案选择合适的数控加工机床。

（2）工件的定位与装夹

根据工件的加工要求，选择合理的定位基准，并根据工件批量、精度和加工成本选择合适的夹具，完成工件的装夹与找正。

（3）刀具的选择与安装

根据工件的加工工艺性与结构工艺性，选择合适的刀具材料与刀具种类，完成刀具的安装与对刀，并将对刀所得参数正确设定在数控系统中。

（4）编制数控加工程序

根据工件的加工要求进行编程，并经初步校验后将这些程序通过控制介质（如U盘、CF卡等）或手动方式输入机床数控系统。

（5）试运行、试切削并校验数控加工程序

对所输入的程序进行试运行，并进行首件的试切削。试切削一方面用来对加工程序进行最后的校验；另一方面用来校验工件的加工精度。

（6）数控加工

当试切的首件经检验合格并确认加工程序正确无误后，便可进入数控加工阶段。

（7）工件的验收与质量误差分析

工件入库前，先进行工件的检验，并通过质量分析找出误差产生的原因，得出纠正误差的方法。

二、数控编程

1. 数控编程的定义

为了使数控机床能根据工件的加工要求进行动作，必须将这些要求以机床数控系统能识别的指令形式告知数控系统，这种数控系统可以识别的指令称为程序，制作程序的过程称为数控编程。

数控编程的过程不仅指编写数控加工指令的过程，它是指从工件分析到编写加工指令，再到制成控制介质以及程序校验的全过程。

在编程前首先要对工件进行加工工艺分析，确定加工工艺路线、工艺参数、刀具的运动轨迹、位移量、切削参数（切削速度、进给量、背吃刀量）以及各项辅助功能（如换刀、主轴正反转、切削液开关等）；然后根据数控机床规定的指令和程序格式编写加工程序单；最后把这一程序单中的内容记录在控制介质（如U盘、移动存储器、硬盘）上，经检查正确无误后，采用手工输入方式或计算机传输方式输入数控机床的数控装置中，从而指挥机床加工工件。

2. 数控编程的分类

数控编程可分为手工编程和自动编程两种。

（1）手工编程

手工编程是指编制加工程序的全过程，即图样分析、工艺处理、数值计算、编写程序单、制作控制介质、程序校验都由手工来完成。

手工编程不需要计算机、编程器、编程软件等辅助设备，只需要合格的编程人员即可完成。手工编程具有编程快速、及时的优点，但其缺点是不能进行复杂曲面的编程。手工编程比较适合批量较大、形状简单、计算方便、轮廓由直线或圆弧组成的工件的加工。对于形状复杂的工件，特别是具有非圆曲线、列表曲线和曲面的工件，采用手工编程则比较困难，最好采用自动编程的方法进行编程。

（2）自动编程

自动编程是指通过计算机自动编制数控加工程序的过程。

自动编程的优点是效率高，程序正确性好。自动编程由计算机替代人完成复杂的坐标计算和书写程序单的工作，它可以解决许多用手工编程无法完成的复杂工件的编程难题，但其缺点是必须具备自动编程系统或编程软件。

实现自动编程的方法主要有语言式自动编程和图形交互式自动编程两种。前者是通过高级语言的形式表示出全部加工内容，计算机采用批处理方式一次性处理、输出加工程序。后者是采用人机对话的处理方式，利用 CAD/CAM 功能生成加工程序。

CAD/CAM 软件编程与加工过程包括图样分析、工艺分析、三维造型、生成刀具轨迹、后置处理生成加工程序、程序校验、程序传输并进行加工。

当前常用的数控车床自动编程软件有 Mastercam 数控车床编程软件、CAXA 数控车床编程软件等。Mastercam 2022 数控车床自动编程界面如图 1–20 所示，CAXA CAM 数控车 2020 编程界面如图 1–21 所示。

3. 手工编程的步骤

手工编程的步骤如图 1–22 所示，主要有以下几个方面的内容：

（1）分析零件图样

分析零件图样主要包括零件轮廓分析，零件尺寸精度、几何精度、表面质量、技术要求的分析，零件材料、热处理等要求的分析。

（2）确定加工工艺

确定加工工艺主要包括选择加工方案，确定加工路线，选择定位与夹紧方式，选择刀具，选择各项切削参数，选择对刀点、换刀点。

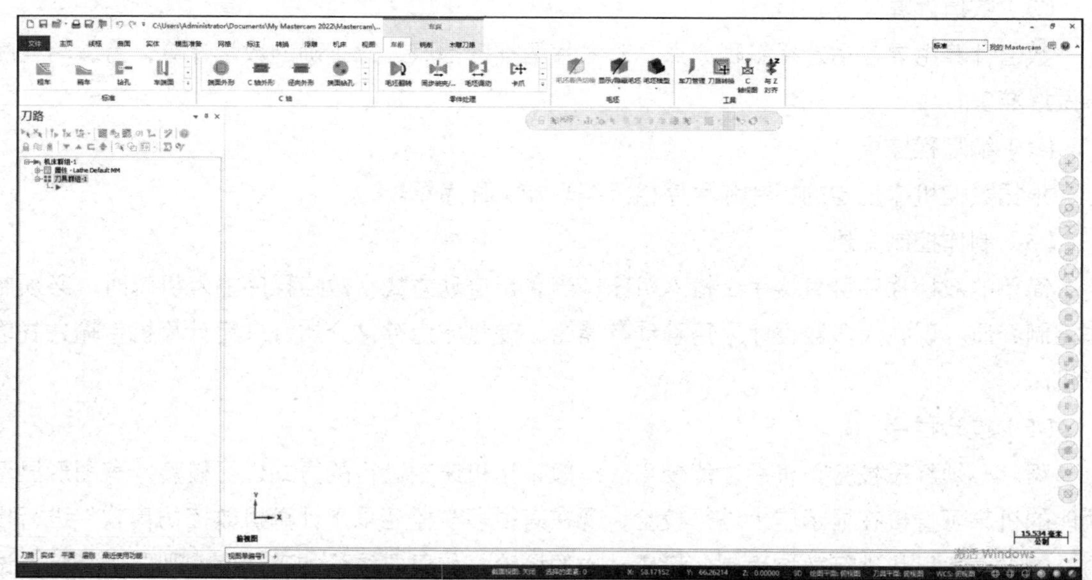

图 1–20　Mastercam 2022 数控车床自动编程界面

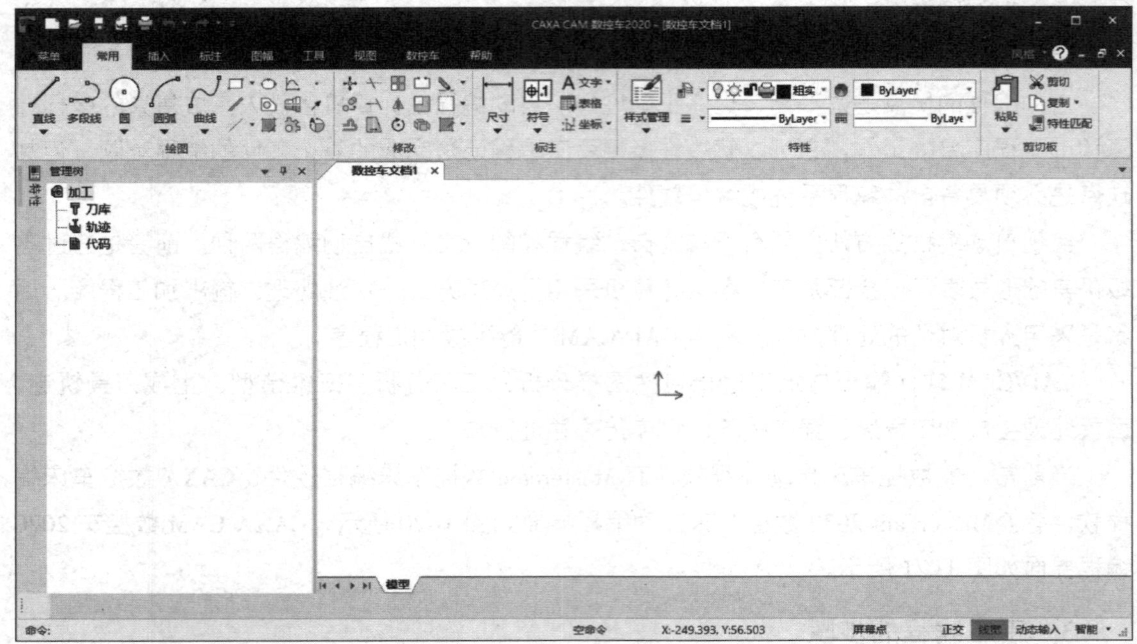

图 1–21　CAXA CAM 数控车 2020 编程界面

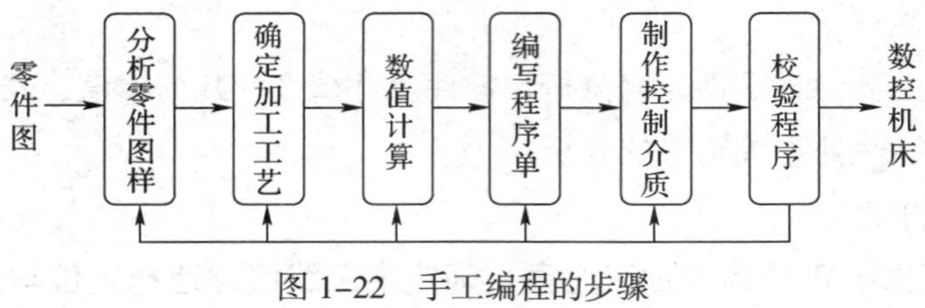

图 1–22　手工编程的步骤

（3）数值计算

数值计算主要包括选择编程原点，对零件图样各基点进行正确的数学计算，为编写程序单做好准备。

（4）编写程序单

根据数控机床规定的指令和程序格式编写加工程序单。

（5）制作控制介质

简单的数控程序可直接手工输入机床，当采用自动方式将数控程序输入机床时，必须制作控制介质。现在大多数程序采用移动存储器、硬盘作为存储介质，采用计算机传输方式输入机床。

（6）校验程序

程序必须经过校验正确后才能使用。一般采用机床空运行的方式进行校验，有图形显示功能的机床可直接在显示屏上进行校验，现在有很多学校还采用计算机数控仿真软件进行校验。以上方式只能进行数控程序、机床动作的校验，如果要校验加工精度，则要进行首件试切校验。

4. 数控车床的编程特点与要求

根据数控车床的特点，数控车床的编程具有以下特点：

（1）混合编程

在一个程序段中，根据图样上标注的尺寸，可以采用绝对方式或增量方式编程，也可采用两者混合编程。在 SIEMENS 系统中用 G90、G91 指令指定绝对尺寸与增量尺寸，而在某些数控系统（如 FANUC 系统等）中则规定用地址符 X、Z 指定绝对尺寸，用地址符 U、W 指定增量尺寸。

（2）径向尺寸以直径量表示

由于被车削工件的径向尺寸在图样标注和测量时均采用直径尺寸表示，因此，在直径方向编程时，X（U）通常以直径量表示。如果要以半径量表示，则通常要用相关指令在程序中进行规定。

（3）径向加工精度高

为提高工件的径向尺寸精度，X 向的脉冲当量取 Z 向的 1/2。

（4）通过固定循环简化编程

由于车削加工时常用棒料或锻件作为毛坯，加工余量较多，为了简化编程，数控系统采用了不同形式的固定循环，以便于进行多次重复循环切削。

（5）刀尖圆弧半径补偿

在数控编程时，常将车刀刀尖看作一个点，而实际的刀尖通常是一个半径不大的圆弧。为了提高工件的加工精度，在编制圆弧形车刀的加工程序时，常采用 G41 或 G42 指令对车刀的刀尖圆弧半径进行补偿。

（6）采用刀具位置补偿

数控车床的对刀操作及工件坐标系的设定通常采用刀具位置补偿的方法进行。

第四节　数控车床编程基础知识

一、数控机床的坐标系

1. 机床坐标系

（1）机床坐标系的定义

在数控机床上加工工件时，机床的动作是由数控系统发出的指令来控制的。为了确定机床的运动方向和移动距离，就要在机床上建立一个坐标系，这个坐标系称为机床坐标系，又称标准坐标系。

（2）机床坐标系的规定

数控车床的加工动作主要分为刀具的运动和工件的运动两部分，因此，在确定机床坐标系的方向时，永远假定刀具相对于静止的工件而运动。

对于机床坐标系的方向，统一规定增大工件与刀具间距离的方向为正方向。

数控机床的坐标系采用符合右手定则规定的直角笛卡儿坐标系。如图 1–23a 所示，拇指的指向为 *X* 轴的正方向，食指的指向为 *Y* 轴的正方向，中指的指向为 *Z* 轴的正方向。图 1–23b 则规定了转动轴 *A*、*B*、*C* 转动的正方向。对工件旋转的主轴（如车床主轴等），其正转方向（+*C*′）与 +*C* 方向相反。对前置刀架式各类车床，现称的“正转”按标准应为反转（–*C*′），其“正转”是习惯上的俗称。

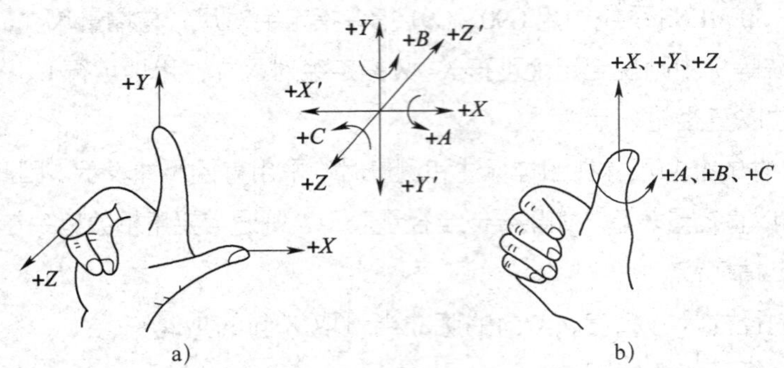

图 1–23　右手直角笛卡儿坐标系

（3）机床坐标系的方向

1）*Z* 坐标方向。*Z* 坐标的运动由主要传递切削动力的主轴所决定。对任何具有旋转主轴的机床，其主轴及与主轴轴线平行的坐标轴都称为 *Z* 坐标轴（简称 *Z* 轴）。根据坐标系正方向的确定原则，刀具远离工件的方向为该轴的正方向。

2）*X* 坐标方向。*X* 坐标一般为水平方向并垂直于 *Z* 轴。对工件旋转的机床（如车床等），*X* 坐标方向规定为在工件的径向上且平行于车床的横导轨。同时也规定刀具远离工件的方向为 *X* 轴的正方向。

确定 *X* 坐标方向时，要特别注意前置刀架式数控车床（见图 1–24a）与后置刀架式数控车床（见图 1–24b）的区别。

3）*Y* 坐标方向及确定各轴的方法。*Y* 坐标垂直于 *X*、*Z* 坐标轴。按照右手直角笛卡儿坐标系确定机床坐标系中各坐标轴时，应根据主轴先确定 *Z* 轴，然后再确定 *X* 轴，最后确定 *Y* 轴。

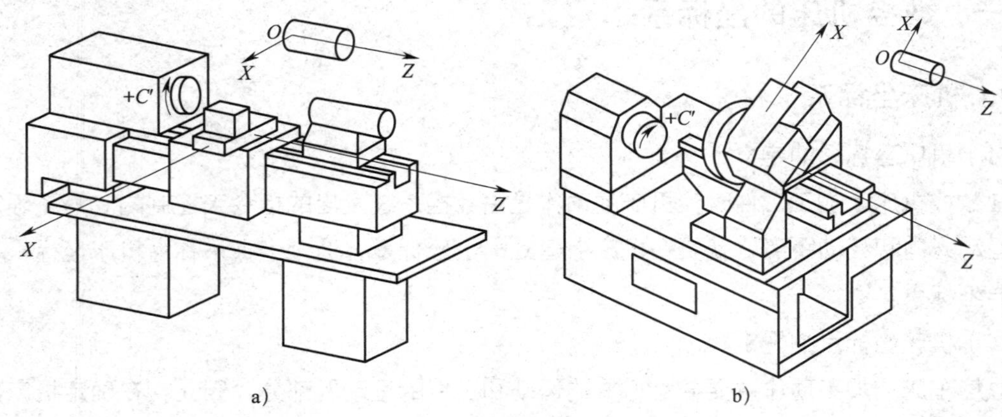

图 1–24　数控车床的坐标系

a）前置刀架式　b）后置刀架式

提示

普通数控车床没有 Y 轴方向的移动，但 $+Y$ 方向在判断圆弧顺逆和刀补方向时起作用。

4）旋转轴方向。旋转轴用 A、B、C 表示，其轴线平行或重合于 X、Y、Z 坐标轴。A、B、C 轴旋转的正方向分别规定为沿 X、Y、Z 坐标轴正方向并按照右旋螺纹旋进的方向，如图 1–23b 所示。

（4）机床原点与机床参考点

1）机床原点。机床原点（又称机床零点或机床坐标系的原点）是机床上设置的一个固定的点。它在机床装配、调试时就已调整好，一般情况下不允许用户进行更改，因此它是一个固定的点。

机床原点是数控机床进行加工或移动的基准点。一些数控车床将机床原点设在卡盘中心处（见图 1–25a），还有一些数控车床将机床原点设在刀架正向运动的极限点，如图 1–25b 所示。

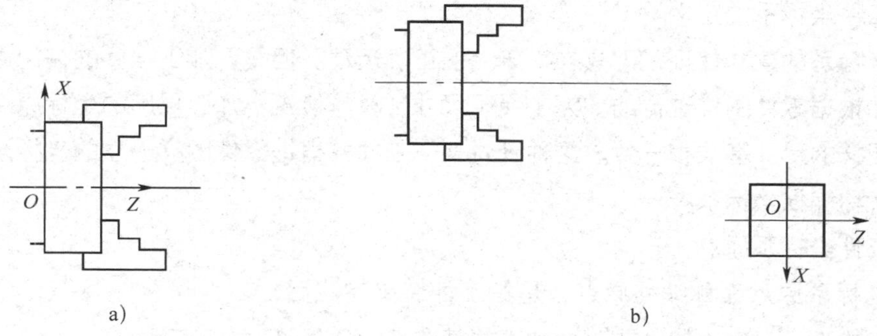

图 1–25　机床原点的位置

a）机床原点位于卡盘中心　b）机床原点位于刀架正向运动的极限点

2）机床参考点。机床参考点是数控机床上一个位置特殊的点。通常数控车床的第一参考点位于刀架正向运动的极限点，并由机械挡块来确定其具体的位置。机床参考点与机床原点的距离由系统参数设定，其值可以是零，如果其值为零，则表示机床参考点与机床原点重合。

对于大多数数控机床，开机第一步总是先使机床返回参考点（即所谓的机床回零）。当机床处于参考点位置时，系统显示屏上的机床坐标系将显示系统参数中设定的数值（即参考点与机床原点的距离）。开机回参考点的目的就是建立机床坐标系，即通过参考点当前的位置和系统参数中设定的参考点与机床原点的距离（图 1–26 中的 a 和 b）来反推出机床原点的位置。机床坐标系一经建立后，只要机床不断电，将永远保持不变，且不能通过编程来对它进行改变。

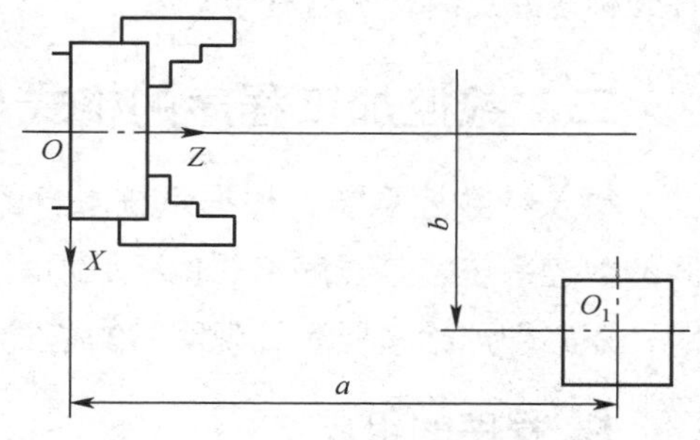

图 1–26　机床原点与机床参考点

O—机床原点　O_1—机床参考点

a—Z 向距离参数值　b—X 向距离参数值

想一想

在图 1–25a 和图 1–25b 两种情况下，机床回参考点后其机床坐标系的值有什么不同？

机床上除设立了第一参考点外，还可用参数来设定第二、三、四参考点，设立这些参考点的目的是建立一个固定的点，在该点处数控机床可执行诸如换刀等一系列特殊的动作。

提示

当前有很多数控车床开机后已不需要回参考点即可直接进行操作。

2. 工件坐标系

（1）工件坐标系的定义

机床坐标系的建立保证了刀具在机床上的正确运动。但是，加工程序的编制通常是针对某一工件并根据零件图样进行的。为了便于尺寸计算与检查，加工程序的坐标原点一般都尽量与零件图样的尺寸基准相一致。这种针对某一工件并根据零件图样建立的坐标系称为工件坐标系，又称编程坐标系。

（2）工件坐标系原点

工件坐标系原点又称编程原点，是指工件装夹完成后，选择工件上的某一点作为编程或工件加工的基准点。工件坐标系原点在图中以符号“◕”表示。

数控车床工件坐标系原点的选取如图 1–27 所示。X 向一般选在工件的回转中心，而 Z 向一般选在完工工件的右端面（O 点）或左端面（O' 点）。采用左端面作为 Z 向工件坐标系原点时，有利于保证工件的总长；而采用右端面作为 Z 向工件坐标系原点时，则有利于对刀。

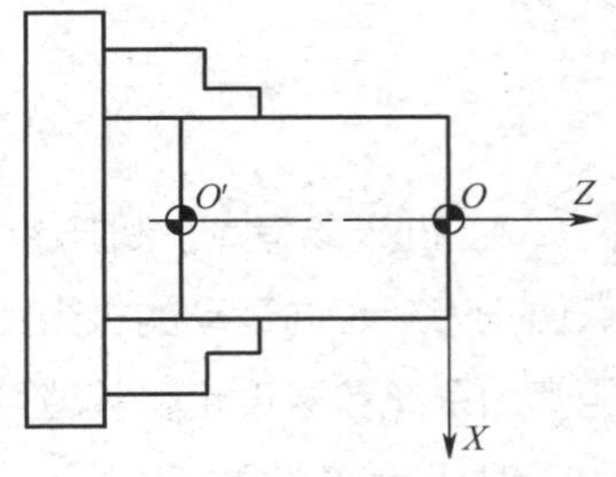

图 1–27 工件坐标系原点的选取

二、数控加工程序的格式与组成

每一种数控系统，根据系统本身的特点与编程的需要，都有一定的程序格式。对于不同的数控系统，其程序格式也不尽相同。因此，编程人员在按数控程序的常规格式进行编程时，还必须严格按照系统说明书的格式进行编程。

1. 程序的组成

一个完整的程序由程序号、程序内容和程序结束三部分组成，如下所示：

```
O0001;                          程序号
N10 G98 G40 G21;  ⎫
N20 T0101;        ⎪
N30 G00 X100.0 Z100.0; ⎬        程序内容
N40 M03 S800;     ⎭
⋮
N200 G00 X100.0 Z100.0;
N210 M30;                       程序结束并复位
```

（1）程序号

每一个存储在系统存储器中的程序都需要指定一个程序号以相互区别，这种用于区别零件加工程序的代号称为程序号。因为程序号是加工程序开始部分的识别标记（又称程序名），所以同一数控系统中的程序号（名）不能重复。

程序号写在程序的最前面，必须单独占一行。

FANUC 系统程序号的书写格式为 O××××，其中 O 为地址符，其后为四位数字，数值从 0000~9999，在书写时其数字前的零可以省略不写，如 O0020 可写成 O20。

在 SIEMENS 系统中，程序号由任意字母、数字和下划线组成，一般情况下，程序号的前两位多以英文字母开头，如 AA123、BB456 等。

（2）程序内容

程序内容是整个加工程序的核心，它由许多程序段组成，每个程序段由一个或多个指令构成，它表示数控机床中除程序结束外的全部动作。

（3）程序结束

程序结束部分由程序结束指令构成，它必须写在程序的最后。

可以作为程序结束标记的 M 指令有 M02 和 M30，它们代表零件加工程序的结束。为了保证最后程序段的正常执行，通常要求 M02 或 M30 单独占一行。

此外，子程序的结束标记因系统不同而不同，如 FANUC 系统中用 M99 表示子程序结束后返回主程序；而在 SIEMENS 系统中则通常用 M17、M02 或字符“RET”作为子程序的结束标记。

2. 程序段的组成

（1）程序段基本格式

程序段是程序的基本组成部分，每个程序段由若干个数据字构成，而数据字又由表示地址的英文字母、特殊文字和数字构成，如 X30.0、G50 等。

程序段格式是指一个程序段中字、字符、数据的排列、书写方式和顺序。通常情况下，程序段格式有字—地址程序段格式、使用分隔符的程序段格式、固定程序段格式三种。后两种程序段格式除在线切割机床中的“3B”或“4B”指令中还能见到外，现已很少使用。因此，这里主要介绍字—地址程序段格式。

字—地址程序段格式如下：

N__	G__	X__ Y__ Z__	F__	S__	T__	M__	LF
程序段号	准备功能	尺寸字	进给功能	主轴功能	刀具功能	辅助功能	结束标记

例如，N50 G01 X30.0 Z30.0 F100 S800 T01 M03；

（2）程序段的组成

1）程序段号。程序段号由地址符“N”开头，其后为若干位数字。

在大部分系统中，程序段号仅作为“跳转”或“程序检索”的目标位置指示。因此，它的大小和次序可以颠倒，也可以省略。程序段在存储器内以输入的先后顺序排列，而程序的执行严格按信息在存储器内的先后顺序一段一段地执行，也就是说执行的先后次序与程序段号无关。但是，当程序段号省略时，该程序段将不能作为“跳转”或“程序检索”的目标程序段。

程序段号也可以由数控系统自动生成，程序段号的递增量可以通过机床参数进行设置，一般可设定增量值为 10。

2）程序段的内容。程序段的中间部分是程序段的内容，程序段的内容应具备六个基本要素，即准备功能字、尺寸功能字、进给功能字、主轴功能字、刀具功能字、辅助功能字等，但并不是所有程序段都必须包含所有功能字，有时允许一个程序段内仅包含其中一个或几个功能字。

如图 1–28 所示，为了将刀具从 P_1 点移到 P_2 点，必须在程序段中明确以下几点：

①移动的目标是哪里？

②沿什么样的轨迹移动？

③移动速度有多快？

④刀具的切削速度是多少？

⑤选择哪一把刀移动？

⑥机床还需要哪些辅助动作？

对于图 1–28 中的直线刀具轨迹，其程序段可写成以下格式：

N10 G01 X100.0 Z60.0 F100 S300 T01 M03；

如果在该程序段前已指定了刀具功能、转速功能、辅助功能，则该程序段可写成：

N10 G01 X100.0 Z60.0 F100；

3）程序段结束。程序段以结束标记“CR（或 LF）”结束，实际使用时，常用符号“；”或“*”表示“CR（或 LF）”。

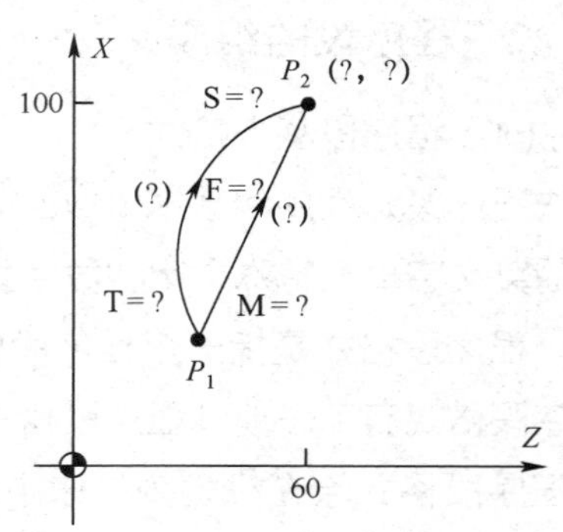

图 1–28　程序段的内容

（3）程序的斜杠跳跃

有时在程序段的前面有符号“/”，该符号称为斜杠跳跃符号，该程序段称为可跳过程序段，如“/N10 G00 X100.0；”。

这样的程序段可以由操作人员对程序段和执行情况进行控制。当操作机床使系统的“跳过程序段”信号生效时，执行程序时将跳过这些程序段；当“跳过程序段”信号无效时，程序段照常执行，该程序段与不加符号“/”的程序段相同。

（4）程序段注释

为了方便检查、阅读数控程序，在许多数控系统中允许对程序段进行注释，注释可以作为对操作人员的提示显示在显示屏上，但注释对机床动作没有丝毫影响。

程序段的注释应放在程序段的最后，不允许将注释插在地址和数字之间。FANUC 系统的程序段注释用“(　)”括起来，SIEMENS 系统的程序段注释则跟在“；”之后。本书为了便于读者阅读，一律用“；”表示程序段结束，而用“(　)”表示程序段注释。

例如，O0001；　　（程序号）

G98 G40 G21；　　（程序初始化）

T0101；　　（换 1 号刀，执行 1 号刀具补偿）

⋮

第五节　数控机床的有关功能及规则

数控系统常用的系统功能有准备功能、辅助功能、其他功能三种，这些功能是编制数控程序的基础。

一、准备功能

准备功能又称 G 功能或 G 指令，是用于数控机床做好某些准备动作的指令。它由地址 G 和后面的两位数字组成，从 G00 到 G99 共 100 种，如 G01、G41 等。目前，随着数控系统功能的不断增强，有的系统已采用三位数的功能指令，如 SIEMENS 系统中的 G450、G451 等。

虽然从 G00 到 G99 共有 100 种 G 指令，但并不是每种指令都有实际意义，实际上有些指令并没有指定其功能，这些指令主要用于将来修改标准时指定新功能。还有一些指令，即使在修改标准时也永不指定其功能，这些指令可由机床设计者根据需要定义其功能，但必须在机床的出厂说明书中予以说明。

二、辅助功能

辅助功能又称 M 功能或 M 指令。它由地址 M 和后面的两位数字组成，从 M00 到 M99 共 100 种。

辅助功能主要控制机床或系统的开、关等辅助动作，如开、停切削液泵，主轴正、反转，程序的结束等。

同样，由于数控系统和机床生产厂家的不同，M 指令的功能也不相同，甚至有些 M 指令与 ISO 标准指令的含义也不相同。因此，在进行数控编程时，一定要按照机床说明书的规定进行。

在同一程序段中，既有 M 指令，又有其他指令时，M 指令与其他指令执行的先后次序由机床系统参数设定。因此，为保证程序以正确的次序执行，有很多 M 指令（如 M30、M02、M98 等）最好以单独的程序段进行编程。

三、其他功能

1. 坐标功能

坐标功能字（又称尺寸功能字）用来设定机床各坐标的位移量。它一般以 X、Y、Z、U、V、W、P、Q、R（用于指定直线坐标）和 A、B、C、D、E（用于指定角度坐标）及 I、J、K（用于指定圆心坐标）等地址为首，在地址符后紧跟“+”或“–”号及一串数字，如 X100.0、A+30.0、I–10.0 等。

2. 刀具功能

刀具功能是指系统进行选刀或换刀的功能指令，又称 T 功能。刀具功能用地址 T 和后面的数字来表示，常用刀具功能指定方法有 T+4 位数法和 T+2 位数法。

（1）T+4 位数法

T+4 位数法可以同时指定刀具及选择刀具补偿，四位数中的前两位数用于指定刀具号，后两位数用于指定刀具补偿存储器号，刀具号与刀具补偿存储器号不一定相同。目前大多数数控车床采用 T+4 位数法。

例如，“T0101”；表示选用 1 号刀具和 1 号刀具补偿存储器中的补偿值。

“T0102；”表示选用 1 号刀具和 2 号刀具补偿存储器中的补偿值。

（2）T+2 位数法

T+2 位数法仅能指定刀具号，刀具补偿存储器号则由其他代码（如 D 或 H 代码）进行选择。同样，刀具号与刀具补偿存储器号不一定相同。目前绝大多数的加工中心采用 T+2 位数法。

例如，“T05 D01；”表示选用 5 号刀具和 1 号刀具补偿存储器中的补偿值。

3. 进给功能

用来指定刀具相对于工件运动的速度功能称为进给功能，由地址 F 和其后面的数字组成。根据加工的需要，进给功能分为每分钟进给和每转进给两种。

（1）每分钟进给

直线运动的单位为毫米 / 分钟（mm/min）；如果主轴是回转轴，则其单位为度 / 分钟（deg/min）。每分钟进给通过准备功能指令 G98（数控铣床和部分数控车床系统采用 G94）来指定，其值为大于零的常数。

例如，“G98 G01 X20.0 F100；”表示进给速度为 100 mm/min。

（2）每转进给

在加工螺纹、车孔过程中，常使用每转进给来指定进给速度，其单位为毫米/转（mm/r），通过准备功能指令 G99（部分数控车床系统采用 G95）来指定。

例如，“G99 G01 X20.0 F0.2；”表示进给速度为 0.2 mm/r。

在编程时，进给速度不允许用负值来表示，一般也不允许用 F0 使进给停止。但在实际操作过程中，可通过机床操作面板上的进给倍率开关对进给速度值进行修正，因此，通过进给倍率开关，可以控制进给速度的值为 0。至于机床开始与结束进给过程中的加速、减速运动，则由数控系统来自动实现，编程时无须考虑。

4. 主轴功能

用来控制主轴转速的功能称为主轴功能，又称 S 功能，由地址 S 和其后面的数字组成。根据加工的需要，主轴的转速分为转速 S 和恒线速度 V 两种。

（1）转速 S

转速 S 的单位是转/分钟（r/min），用准备功能指令 G97 来指定，其值为大于 0 的常数。

例如，“G97 S1000；”表示主轴转速为 1 000 r/min。

（2）恒线速度 V

在加工过程中，有时为了保证工件表面的加工质量，转速常用恒线速度来指定，恒线速度的单位为米/分钟（m/min），用准备功能指令 G96 来指定。

例如，“G96 S100；”表示主轴恒线速度为 100 m/min。

提示

采用恒线速度进行编程时，为防止因转速过高而引起事故，有许多系统都设有最高转速限定指令（如 FANUC 系统中的“G50 S__；”指令）。

线速度 v 与转速 n 之间可以相互换算，其换算关系如图 1–29 所示。

$$v=\frac{\pi Dn}{1\,000}$$

$$n=\frac{1\,000v}{\pi D}$$

式中　v——切削线速度，m/min；

D——工件直径，mm；

n——主轴转速，r/min。

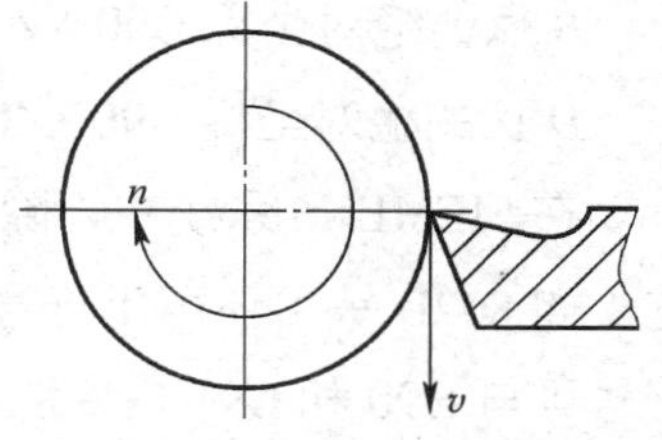

图 1–29　线速度与转速的换算关系

在编程时，主轴转速不允许用负值来表示，但允许用 S0 使主轴转动停止。在实际操作过程中，可通过机床操作面板上的主轴倍率旋钮对主轴转速值进行修正，一般其调整范围为 50%～120%。

（3）主轴的启、停

在程序中，主轴的正转、反转、停止由辅助功能指令 M03、M04、M05 进行控制。其中，M03 表示主轴正转，M04 表示主轴反转，M05 表示主轴停止。

例如，“G97 M03 S300；”表示主轴正转，转速为 300 r/min。

“M05；”表示主轴停止。

四、坐标功能指令规则

1. 绝对坐标与增量坐标

（1）FANUC 系统中的绝对坐标与增量坐标

在 FANUC 系统和部分国产系统中，不采用 G90、G91 指令指定绝对坐标与增量坐标，而直接以地址符 X、Z 组成的坐标功能字表示绝对坐标，用地址符 U、W 组成的坐标功能字表示增量坐标。绝对坐标地址符 X、Z 后的数值表示工件原点至该点间的矢量值，增量坐标地址符 U、W 后的数值表示轮廓上前一点到该点的矢量值。在图 1–30 所示的 *AB* 与 *CD* 轨迹中，*B* 点与 *D* 点的坐标如下：

B 点的绝对坐标 X20.0 Z10.0；　　增量坐标 U–20.0 W–20.0；

D 点的绝对坐标 X40.0 Z0；　　增量坐标 U40.0 W–20.0。

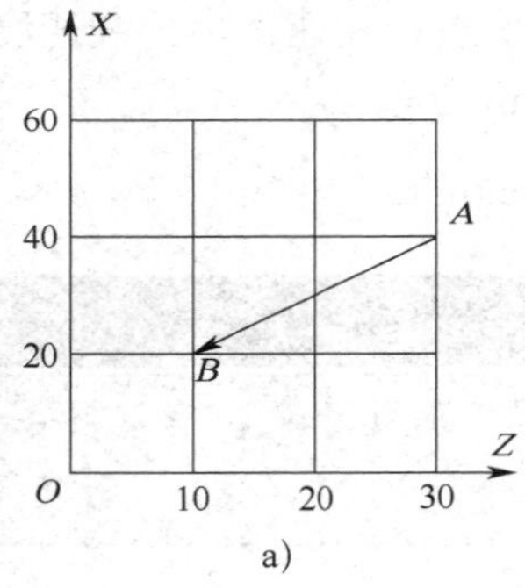

a)

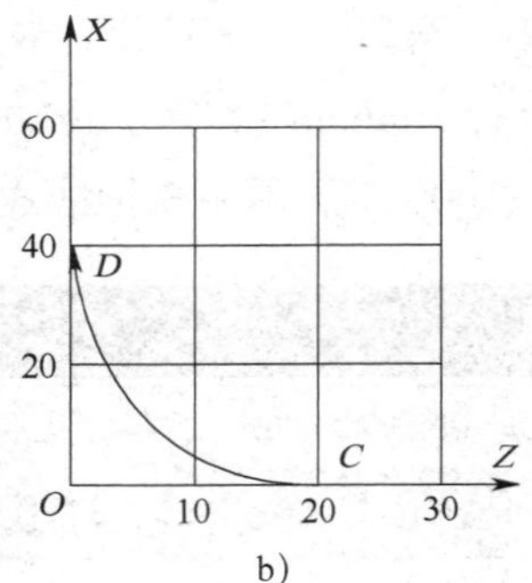

b)

图 1–30　绝对坐标与增量坐标

（2）SIEMENS 系统中的绝对坐标与增量坐标

在 SIEMENS 系统中，绝对坐标用 G90 指令表示，增量坐标用 G91 指令表示。这两个指令可以相互切换，但不允许混合使用。在图 1–30 中，*B* 点与 *D* 点的坐标如下：

B 点的绝对坐标 G90 X20.0 Z10.0；　　增量坐标 G91 X–20.0 Z–20.0；

D 点的绝对坐标 G90 X40.0 Z0；　　增量坐标 G91 X40.0 Z–20.0。

在 SIEMENS 系统中，除采用 G90 和 G91 指令分别表示绝对坐标和增量坐标外，有些系统（如 802D 等）还可用符号“AC”和“IC”通过赋值的形式表示绝对坐标和增量坐标，该符号可与 G90 和 G91 指令混合使用，其格式如下：

=AC（　）　　（绝对坐标，赋值必须有一个等于符号，数值写在括号中）

=IC（　）　　（增量坐标）

在图 1–30 中，*B* 点与 *D* 点的混合坐标表示方法如下：

B 点的混合坐标 G90 X20.0 Z=IC（–20.0）；

D 点的混合坐标 G91 X40.0 Z=AC（0）。

2. 公制与英制编程

坐标功能字是使用公制还是英制，多数系统用准备功能字来选择，如 FANUC 系统采用 G21、G20 指令进行公制、英制的切换，而 SIEMENS 系统则采用 G71、G70 指令进行公制、英制的切换。其中 G21 或 G71 表示公制，而 G20 或 G70 表示英制。

例如，“G91 G20 G01 X20.0；（或 G91 G70 G01 X20.0；）”表示刀具向 *X* 正方向移动 20 in。

“G91 G21 G01 X50.0；（或 G91 G71 G01 X50.0；）”表示刀具向 *X* 正方向移动 50 mm。

公制、英制对旋转轴无效，旋转轴的单位总是度（deg）。

3. 小数点编程

数字单位以公制为例分为两种，一种以毫米为单位，另一种以脉冲当量（即机床的最小输入单位）为单位，现在大多数机床常用的脉冲当量为 0.001 mm。

对于数字的输入，有些系统可省略小数点，有些系统则可以通过系统参数来设定是否可以省略小数点，而有些系统小数点则不可省略。对于不可省略小数点编程的系统，当使用小数点进行编程时，数字以毫米（mm）（英制为英寸，in；角度为度，deg）为输入单位，而当不用小数点编程时，则以机床的最小输入单位作为输入单位。

如从 *A* 点（0，0）移到 *B* 点（50.0，0）有以下三种表达方式：

X50.0；

X50.；　　　　（小数点后的零可省略）

X50000；　　　（脉冲当量为 0.001 mm）

以上三组数值均表示 X 坐标值为 50 mm，50.0 与 50000 从数学角度上看两者相差了 1 000 倍。因此，在进行数控编程时，无论采用哪种系统，为保证程序的正确性，最好不要省略小数点的输入。此外，若脉冲当量为 0.001 mm 的系统采用小数点编程，其小数点后的位数超过三位时，数控系统按四舍五入处理。例如，当输入 X50.1234 时，经系统处理后的数值为 X50.123。

4. 平面选择指令（G17、G18、G19）

如图 1–31 所示，当机床坐标系和工件坐标系确定后，对应地就确定了三个坐标平面，即 *XY* 平面、*ZX* 平面和 *YZ* 平面，可分别用 G17、G18、G19 三个指令表示这三个平面。

G17：*XY* 平面。

G18：*ZX* 平面。

G19：*YZ* 平面。

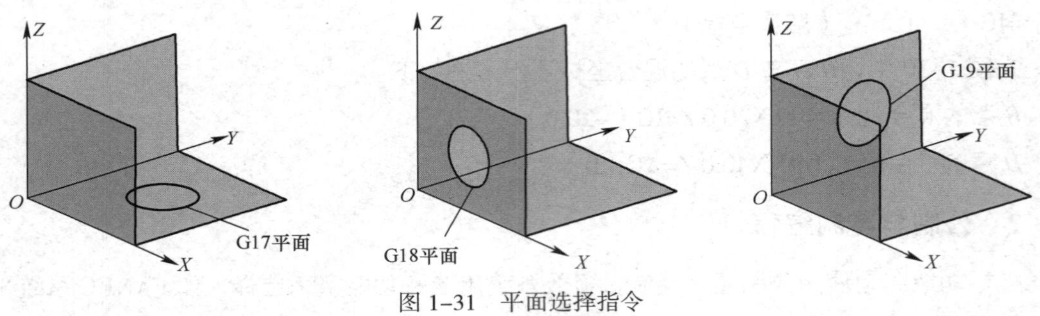

图 1–31　平面选择指令

第六节　数控车床编程中的常用功能指令

一、常用插补指令

1. 快速点定位指令（G00）

（1）指令格式

G00 X__ Z__；

式中　X__ Z__——刀具目标点坐标，当使用增量方式时，X__ Z__为目标点相对于起始点的增量坐标，不运动的坐标可以不写。

例如，“G00 X30.0 Z10.0；”。

（2）指令说明

G00 指令不用指定移动速度，其移动速度由机床系统参数设定。在实际操作时，也能通过机床面板上的按键“F0”“F25”“F50”“F100”对 G00 指令移动速度进行调节。

快速移动的轨迹通常为折线形轨迹，如图 1–32 所示，图中快速移动轨迹 *OA* 和 *BD* 的程序段如下：

OA：G00 X20.0 Z30.0；

BD：G00 X60.0 Z0；

对于 *OA* 程序段，刀具在移动过程中先在 *X* 轴和 *Z* 轴方向移动相同的增量，即图中的 *OB* 轨迹，然后再从 *B* 点移至 *A* 点。同样，对于 *BD* 程序段，则由轨迹 *BC* 和 *CD* 组成。

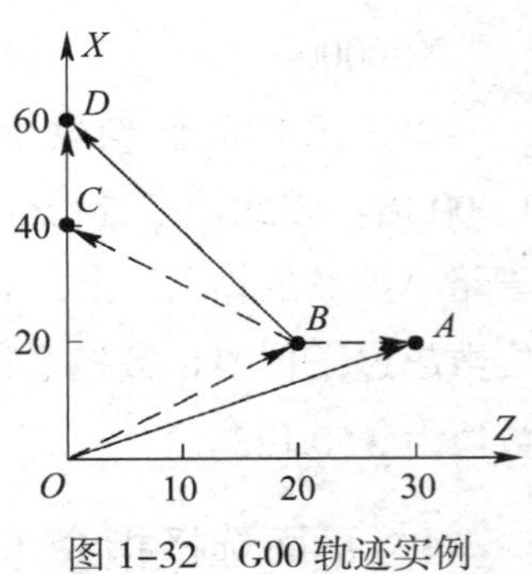

图 1–32　G00 轨迹实例

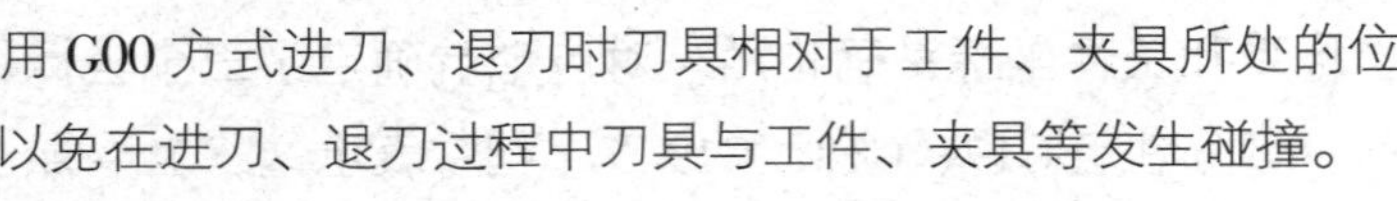
由于 G00 指令的轨迹通常为折线形轨迹。因此，要特别注意采用 G00 方式进刀、退刀时刀具相对于工件、夹具所处的位置，以免在进刀、退刀过程中刀具与工件、夹具等发生碰撞。

2. 直线插补指令（G01）

（1）指令格式

G01 X__ Z__ F__；

式中　X__ Z__——刀具目标点坐标。当使用增量方式时，X__ Z__为目标点相对于起始点的增量坐标，不运动的坐标可以不写。

F__——刀具切削进给速度。

如图 1–33 所示，切削运动轨迹 *CD* 的程序段为“G01 X40.0 Z0 F0.2；”。

（2）指令说明

G01 指令是直线运动指令，它命令刀具在两坐标轴间以插补联动的方式按指定的进给速度做任意斜率的直线运动。因此，执行 G01 指令的刀具轨迹是直线形轨迹，它是连接起点和终点的一条直线。

在 G01 程序段中必须含有 F 指令。如果在 G01 程序段中没有 F 指令，而在 G01 程序段前也没有指定 F 指令，则机床不运动，有的系统还会出现系统报警。

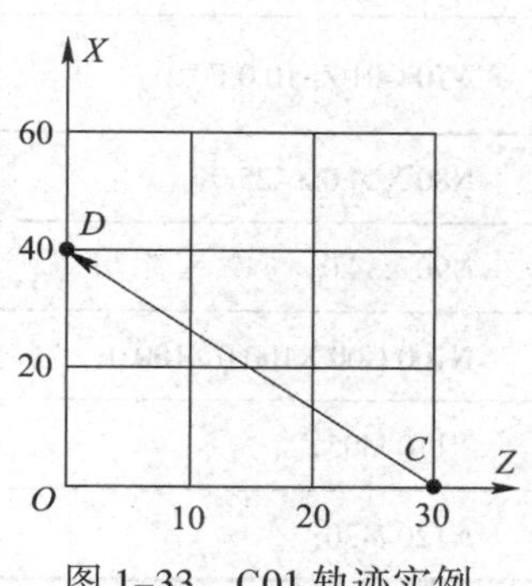

图 1–33　G01 轨迹实例

（3）编程实例

例 1–1　试采用 G00 和 G01 指令编写图 1–34 所示工件右端轮廓的精加工程序。

本例工件的加工程序见表 1–1。

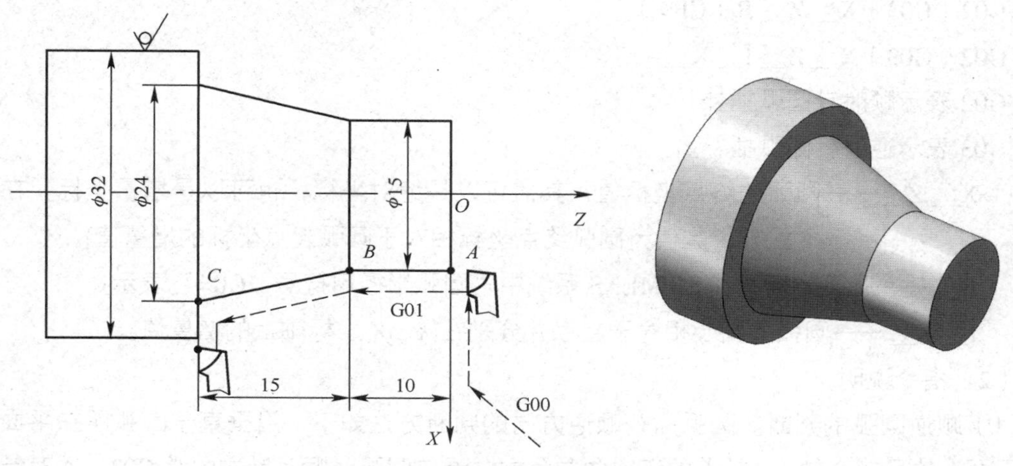

图 1–34　G00 和 G01 指令应用实例

表 1–1　　　　**加工程序**

FANUC 0i 系统程序	SIEMENS 802D 系统程序	程序说明
O0101；	AA101.MPF；	程序号
N10 G99 G40 G21；	N10 G95 G71 G40；	程序初始化
N20 T0101；	N20 T1D1；	换刀
N30 G00 X100.0 Z100.0；	N30 G00 X100.0 Z100.0；	
N40 M03 S600；	N40 M03 S600；	主轴正转，转速为 600 r/min

续表

FANUC 0i 系统程序	SIEMENS 802D 系统程序	程序说明
N50 G00 X34.0 Z2.0；	N50 G00 X34.0 Z2.0；	刀具定位
N60 X15.0；	N60 X15.0；	
N70 G01 Z–10.0 F0.2；	N70 G01 Z–10.0 F0.2；	车外圆，进给速度为 0.2 mm/r
N80 X24.0 Z–25.0；	N80 X24.0 Z–25.0；	车圆锥面
N90 X34.0；	N90 X34.0；	X 向切出
N100 G00 X100.0 Z100.0；	N100 G00 X100.0 Z100.0；	快速退刀
N110 M05；	N110 M05；	主轴停止
N120 M30；	N120 M02；	程序结束

3. 圆弧插补指令（G02/G03）

（1）指令格式

G02（G03）X__ Z__ R（CR=）__ ；

G02（G03）X__ Z__ I__ K__ ；

G02 表示顺时针圆弧插补；

G03 表示逆时针圆弧插补。

式中 X__ Z__——圆弧的终点坐标值，其值可以是绝对坐标，也可以是增量坐标，在增量方式下，其值为圆弧终点坐标相对于圆弧起点坐标的增量值；

R__——圆弧半径，在 SIEMENS 系统中，圆弧半径用符号“CR=”表示；

I__ K__——圆弧的圆心相对于起点并分别在 *X*、*Z* 坐标轴上的增量值。

（2）指令说明

1）顺逆圆弧的判断。圆弧插补顺逆方向的判断方法如下：沿垂直于圆弧所在平面（如 *ZX* 平面）的另一个轴（*Y* 轴）的正方向向负方向看该圆弧，顺时针方向为 G02，逆时针方向为 G03。在判断圆弧的顺逆方向时，一定要注意刀架的位置和 *Y* 轴的方向，如图 1–35 所示。

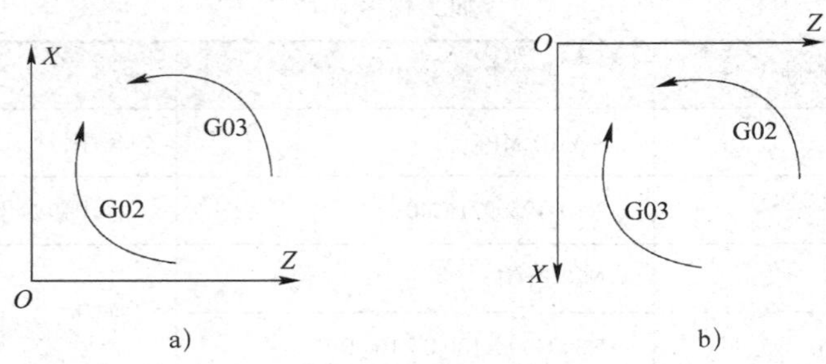

图 1–35 圆弧插补顺逆方向的判断方法

a）后置刀架，*Y* 轴朝上 b）前置刀架，*Y* 轴朝下

2）I、K 值的判断。在判断 I、K 值时，一定要注意该值为矢量值。如图 1–36 所示圆弧在编程时的 I、K 值均为负值。

例 1–2 如图 1–37 所示，轨迹 *AB* 用圆弧指令编写的程序段如下：

（*AB*）$_1$ G03 X40.0 Z2.68 R20.0；

G03 X40.0 Z2.68 I–10.0 K–17.32；

（*AB*）$_2$ G02 X40.0 Z2.68 R20.0；

G02 X40.0 Z2.68 I10.0 K–17.32；

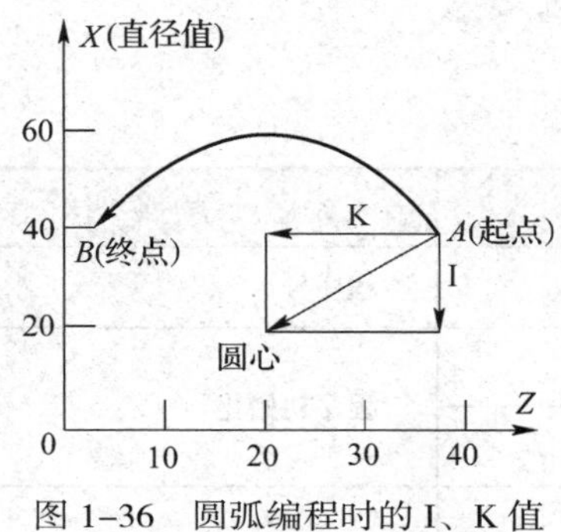

图 1–36　圆弧编程时的 I、K 值

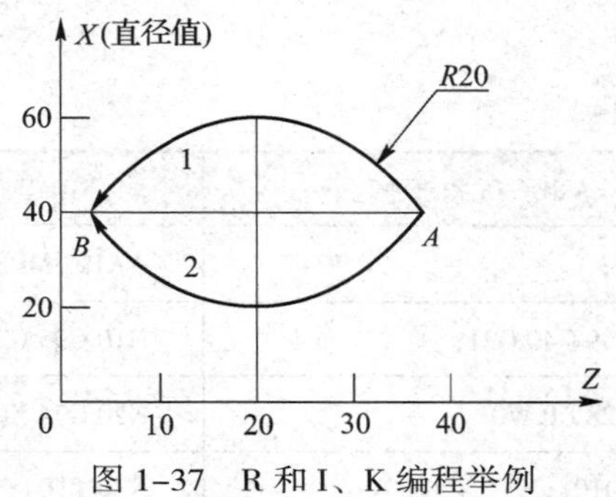

图 1–37　R 和 I、K 编程举例

3）圆弧半径的确定。圆弧半径 R 值有正值与负值之分。当圆弧圆心角小于或等于 180°［图 1–38 中圆弧（*AB*）$_1$］时，程序中的 R 用正值表示。当圆弧圆心角大于 180° 并小于 360°［图 1–38 中圆弧（*AB*）$_2$］时，R 用负值表示。需要注意：该指令格式不能用于整圆插补的编程，整圆插补需用 I、J、K 方式编程。

例 1–3 如图 1–38 所示，轨迹 *AB* 用 R 指令格式编写的程序段如下：

（*AB*）$_1$ G03 X60.0 Z40.0 R50.0 F100；

（*AB*）$_2$ G03 X60.0 Z40.0 R–50.0 F100；

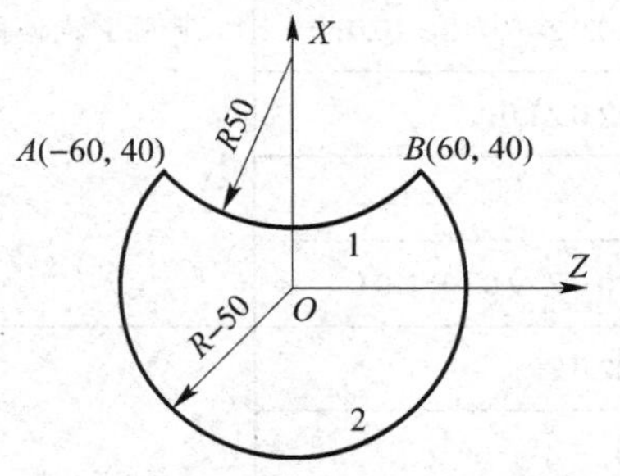

图 1–38　圆弧半径正、负值的判断

（3）编程实例

例 1–4 试编写图 1–39 所示工件的圆弧加工程序（外圆轮廓已加工完成）。

本例工件采用圆弧偏移法去除加工余量，其加工程序见表 1–2。

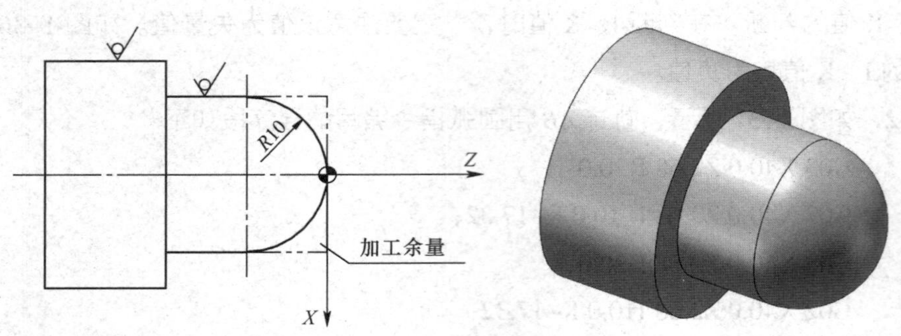

图 1-39　圆弧编程实例

表 1-2　加工程序

FANUC 0i 系统程序	SIEMENS 802D 系统程序	程序说明
O0102;	AA102.MPF;	程序号
N10 G99 G40 G21;	N10 G95 G71 G40;	程序初始化
N20 G28 U0 W0;	N20 G74 X0 Z0;	
N30 T0101;	N30 T1D1;	换刀
N40 G00 X100.0 Z100.0;	N40 G00 X100.0 Z100.0;	
N50 M03 S1000;	N50 M03 S1000;	主轴正转，转速为 1 000 r/min
N60 G00 X22.0 Z7.0;	N60 G00 X22.0 Z7.0;	刀具定位
N70 X0;	N70 X0;	
N80 G03 X20.0 Z-3.0 R10.0 F0.2;	N80 G03 X20.0 Z-3.0 CR=10.0 F0.2;	圆弧 Z 向偏移并分多刀去除余量
N90 G00 X22.0 Z4.0;	N90 G00 X22.0 Z4.0;	
N100 X0;	N100 X0;	
N110 G03 X20.0 Z-6.0 R10.0;	N110 G03 X20.0 Z-6.0 CR=10.0;	
N120 G00 X22.0 Z1.0;	N120 G00 X22.0 Z1.0;	
N130 X0;	N130 X0;	
N140 G03 X20.0 Z-9.0 R10.0;	N140 G03 X20.0 Z-9.0 CR=10.0;	
N150 G00 X22.0 Z0;	N150 G00 X22.0 Z0;	精加工圆弧
N160 G01 X0;	N160 G01 X0;	
N170 G03 X20.0 Z-10.0 R10.0 F0.1;	N170 G03 X20.0 Z-10.0 CR=10.0 F0.1;	
N180 G00 X100.0 Z100.0;	N180 G00 X100.0 Z100.0;	快速退刀
N190 M05;	N190 M05;	主轴停止
N200 M30;	N200 M02;	程序结束

二、与坐标系相关的功能指令

1. 工件坐标系零点偏置指令（G54～G59）

（1）指令格式

G54；　　（程序中设定工件坐标系零点偏置指令）

G53；　　（程序中取消工件坐标系设定，即选择机床坐标系）

（2）指令说明

工件坐标系零点偏置指令的实质如下：通过对刀找出工件坐标系原点在机床坐标系中的绝对坐标值，并将这些值通过机床面板操作，输入机床偏置存储器（参数）中，从而将机床坐标系原点偏移至该点，如图 1–40 所示。

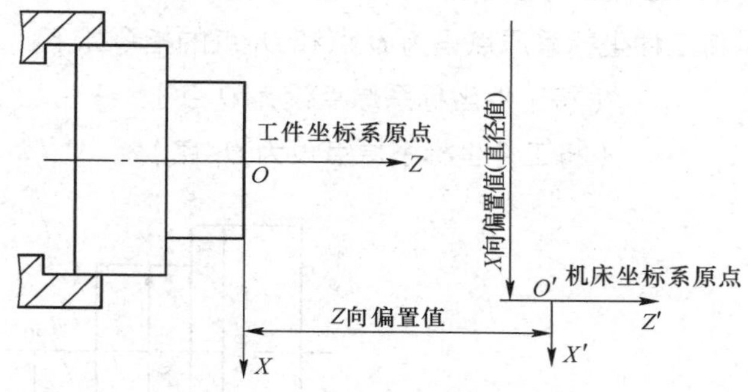

图 1–40　工件坐标系零点偏置

通过零点偏置设定的工件坐标系，只要不对其进行修改、删除操作，该工件坐标系将永久保存，即使机床关机，该坐标系也将保留。

零点偏置的数据可以设定 G54、G55、G56 等多个：在 FANUC 和 SIEMENS 802D 系统中可设置 G54～G59 共 6 个能通过系统参数设定的偏置指令，这些指令均为同组的模态指令。在编程及加工过程中可以通过 G54 等指令选择不同的工件坐标系，如图 1–41 及其程序所示。

O0001；

⋮

N50 G54 G00 X0 Z0；　　（选择与机床坐标系重合的 G54 坐标系，快速定位到 *O* 点）

N60 M98 P100；

N70 G55 X0 Z0；　　（选择 G55 坐标系，重新快速定位到 *A* 点）

N80 M98 P100；

N90 G57 X0 Z0；　　（选择 G57 坐标系，重新快速定位到 *B* 点）

N100 M98 P100；

N110 G59 X0 Z0；　　（选择 G59 坐标系，重新快速定位到 *C* 点）

N120 M98 P100；

N130 M02；　　　　　　（程序结束）

执行该程序时，刀具将在各坐标系的原点间移动并执行子程序的内容。

2. FANUC 系统工件坐标系设定指令（G50）

工件坐标系除了用 G54 ~ G59 指令进行选择与设定，还可以通过工件坐标系设定指令 G50 进行设定。

（1）指令格式

G50 X__ Z__ ；

式中　X__ Z__ ——刀具当前位置相对于新设定的工件坐标系的新坐标值。

（2）指令说明

通过 G50 指令设定的工件坐标系原点由刀具的当前位置和 G50 指令后的坐标值反推得出。如图 1–42 所示，将工件坐标系原点设为 O 点和 O_1 点的指令如下：

G50 X80.0 Z60.0；　　　　（将工件坐标系原点设为 O 点）

G50 X40.0 Z40.0；　　　　（将工件坐标系原点设为 O_1 点）

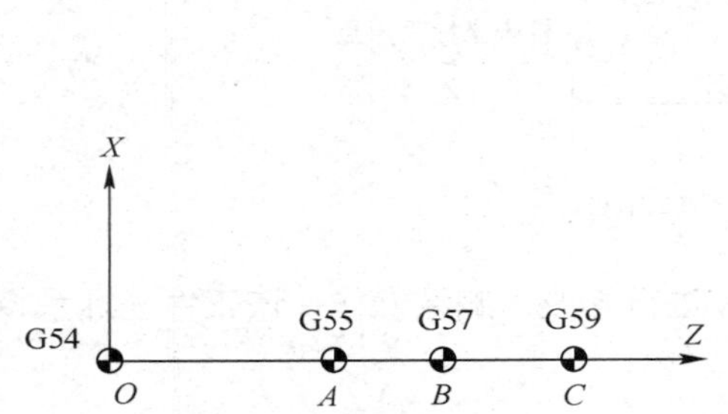

图 1–41　工件坐标系零点偏置的选择

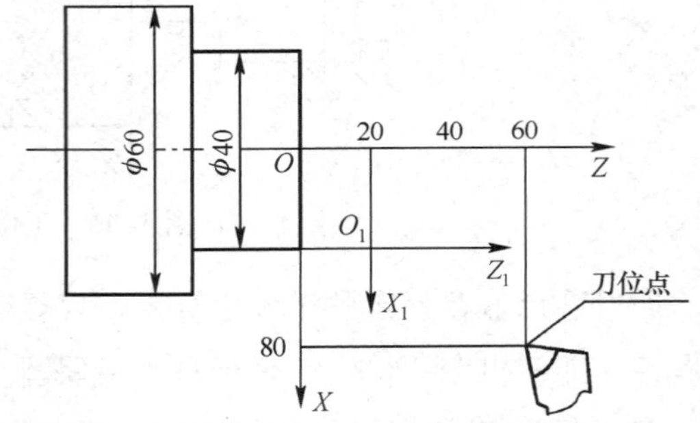

图 1–42　用 G50 指令设定工件坐标系

采用 G50 指令设定的工件坐标系不具有记忆功能，机床关机后，设定的坐标系即消失。

在执行该指令前，必须先将刀具的刀位点通过手动方式准确地移到新坐标系的指定位置，其操作步骤较烦琐，还可能影响定位精度。因此，在实际加工中，最好不用 G50 指令设定工件坐标系，而采用 G54 等指令或刀具长度补偿功能设定工件坐标系。

3. 返回参考点指令

机床返回参考点的功能常通过开机后先进行手动返回参考点的操作实现，也可以通过编程指令自动实现。FANUC 系统与返回参考点相关的编程指令主要有 G27、G28、G30 三种，这三种指令均为非模态指令。

（1）返回参考点校验指令 G27

1）指令格式

G27 X（U）__ Z（W）__ ；

式中　X（U）__ Z（W）__ ——参考点在工件坐标系中的坐标值。

2）指令说明。返回参考点校验指令 G27 用于检查刀具是否正确返回程序中指定的参考点位置。执行该指令时，如果刀具通过快速定位指令 G00 已正确定位到参考点上，则对应轴的返回参考点指示灯亮；否则，将出现机床系统报警。

（2）自动返回参考点指令 G28

1）指令格式

G28 X（U）__ Z（W）__；　　　　（FANUC 系统返回参考点指令）

G74 X0 Z0；　　　　（SIEMENS 系统返回参考点指令）

式中　X（U）__ Z（W）__——返回过程中经过的中间点，其坐标值可以用增量值，也可以用绝对值，增量值用 U、W 表示。

X0 Z0——SIEMENS 系统返回参考点指令中的固定格式，该值不是指返回过程中经过的中间点坐标值，当编入其他坐标值时将不被识别。

2）指令说明。在返回参考点过程中，设定中间点的目的是防止刀具与工件或夹具发生干涉，如图 1–43 所示。

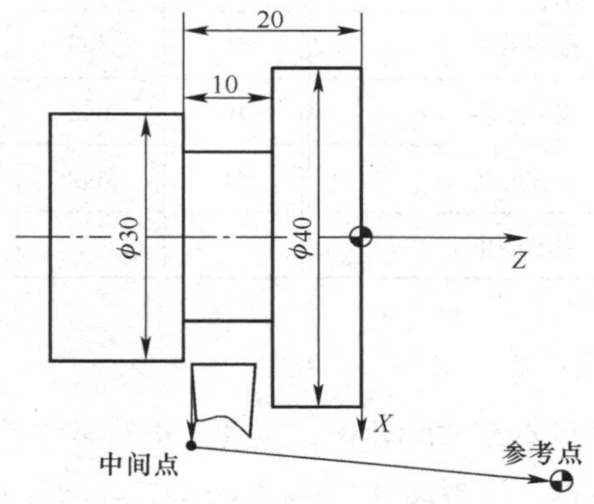

图 1–43　自动返回参考点指令 G28

执行程序段“G28 X50.0 W0；”，刀具先快速定位到工件坐标系的中间点（50.0，–20.0）处，再返回机床 X 轴、Z 轴的参考点。

提示

G28 指令的作用与在 JOG（手动）模式下进行开机返回参考点的作用相同。

（3）返回固定点指令 G30

1）指令格式

G30 P2/P3/P4 X__ Z__；　　　　（FANUC 系统返回固定点指令）

G75 X0 Y0；　　　　（SIEMENS 系统返回固定点指令）

式中　P2——第二参考点；

P3、P4——第三和第四参考点；

X__ Z__ ——中间点坐标值；

X0 Y0——SIEMENS 系统返回参考点指令中的固定格式，该值不是指返回过程中经过的中间点坐标值，当编入其他坐标值时将不被识别。

2）指令说明。执行这条指令时，可以使刀具从当前点出发，经过一个中间点到达第二、第三、第四参考点位置。

三、常用 M 功能指令

不同的机床生产厂家对一些 M 指令定义了不同的功能，但仍有部分 M 指令在所有机床上都具有相同的含义。常见的具有相同含义的 M 指令及其功能见表 1–3。

表 1–3 常用 M 指令及其功能

序号	指令	功 能	序号	指令	功 能
1	M00	程序暂停	7	M30	程序结束并复位
2	M01	程序选择停止	8	M08	切削液开
3	M02	程序结束	9	M09	切削液关
4	M03	主轴正转	10	M98	调用子程序
5	M04	主轴反转	11	M99	返回主程序
6	M05	主轴停止			

1. 程序暂停（M00）

执行 M00 指令后，机床所有动作均暂停，以便于进行某种手动操作，如精度的检测等，重新按下“循环启动”按键后，再继续执行 M00 指令后的程序。该指令常用于粗加工与精加工之间精度检测时的暂停。

2. 程序选择停止（M01）

M01 指令的执行过程与 M00 指令类似，不同的是只有按下机床控制面板上的“选择停止”开关后该指令才有效；否则，机床继续执行后面的程序。该指令常用于检查工件的某些关键尺寸。

3. 程序结束（M02）

执行 M02 程序结束指令后，表示本加工程序内所有内容均已完成，但程序结束后，机床显示屏上的执行光标不返回程序开始段。

4. 程序结束并复位（M30）

目前 M30 指令已广泛用作程序结束指令，其执行过程与 M02 指令相似。不同之处在于程序内容结束后，随即关闭主轴、切削液等所有机床动作，机床显示屏上的执行光标返回程序开始段，为加工下一个工件做好准备。

5. 主轴功能（M03、M04、M05）

M03 指令用于主轴逆时针方向旋转（简称正转），M04 指令用于主轴顺时针方向旋转（简称反转），主轴停止用指令 M05 表示。

6. 切削液开、关（M08、M09）

切削液开用 M08 指令表示，切削液关用 M09 指令表示。

7. 子程序调用指令（M98、M99）

在 FANUC 系统中，M98 规定为子程序调用指令，调用子程序结束后返回其主程序时用 M99 指令。在 SIEMENS 系统中，规定用 M17、M02 指令或符号“RET”作为子程序结束指令。

四、倒角与倒圆指令

FANUC 和 SIEMENS 系统除了以上介绍的常用功能指令，还有一些特殊的功能指令，如倒角与倒圆指令等，这些功能指令的应用对简化编程十分有利。

1. FANUC 系统的倒角与倒圆指令

（1）倒角指令格式

G01 X（U）__ C__ F__ ;

G01 Z（W）__ C__ F__ ;

式中　X（U）__ ——倒角前轮廓尖角处（图 1–44 中的 *A* 点和 *C* 点）在 *X* 向的绝对坐标或增量坐标；

Z（W）__ ——倒角前轮廓尖角处（图 1–44 中的 *A* 点和 *C* 点）在 *Z* 向的绝对坐标或增量坐标；

C__ ——倒角的直角边边长。

（2）倒圆指令格式

G01 X（U）__ R__ F__ ;

G01 Z（W）__ R__ F__ ;

式中　X（U）__ ——倒圆前轮廓尖角处（图 1–44 中的 *B* 点）在 *X* 向的绝对坐标或增量坐标；

Z（W）__ ——倒圆前轮廓尖角处（图 1–44 中的 *B* 点）在 *Z* 向的绝对坐标或增量坐标；

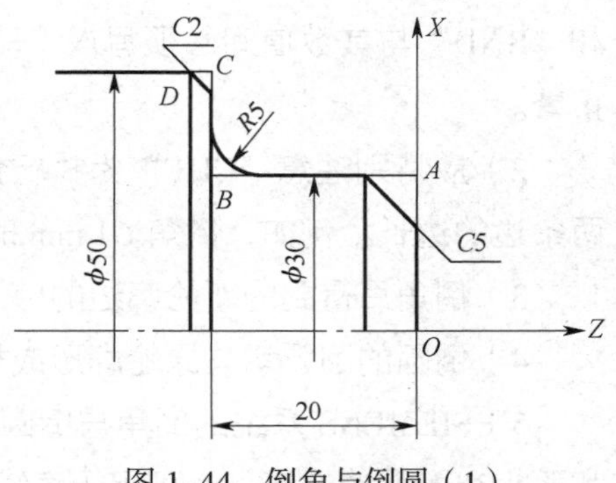

图 1–44　倒角与倒圆（1）

R__ ——倒圆半径。

（3）使用倒角与倒圆指令的注意事项

1）倒角与倒圆指令中的 C 值与 R 值有正负之分。当倒角与倒圆的方向指向另一坐标轴的正方向时，其 C 值与 R 值为正；反之则为负。

2）FANUC 系统中的倒角与倒圆指令仅适用于两直角边间的倒角与倒圆。

3）倒角与倒圆指令格式可用于凸形或凹形尖角轮廓。

（4）编程实例

例 1–5 采用倒角与倒圆指令格式编写图 1–44 所示刀具从 *O* 点到 *D* 点的加工程序。

```
O0103；
⋮
N50 G01 X30.0 C–5.0 F100；      （倒角指向另一轴 Z 的负方向，C 为负值）
N60 W–20.0 R5.0；               （倒圆指向另一轴 X 的正方向，R 为正值）
N70 X50.0 C–2.0；               （倒角指向另一轴 Z 的负方向，C 为负值）
⋮
```

2. SIEMENS 系统的倒角与倒圆指令

（1）倒角指令格式

G01 X__ Z__ CHF=__ F__ ；

式中 X__ Z__ ——倒角前轮廓尖角处的坐标值（图 1–45 中的 *A* 点）；

CHF=__——倒角轮廓的边长。

（2）倒圆指令格式

G01 X__ Z__ RND=__ F__ ；

式中 X__ Z__——倒圆前轮廓尖角处的坐标值（图 1–45 中的 *C* 点）；

RND=__——倒圆半径。

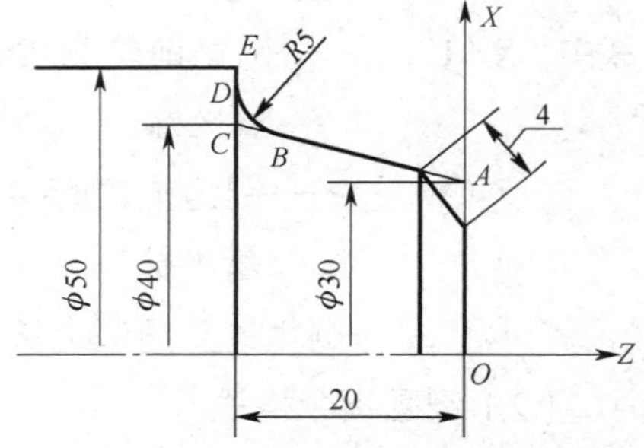

图 1–45 倒角与倒圆（2）

（3）使用倒角与倒圆指令的注意事项

1）编写倒角、倒圆程序段时，应注意在指令“CHF”和“RND”与其数值间必须写入“=”；否则会出现程序报警。

2）应特别注意“CHF”为执行倒角指令后得到新轮廓的边长，不是被倒去的原轮廓上两条边的边长。例如，倒角 *C*1 mm 时，应指令“CHF=1.414”。

3）倒角后得到的新轮廓边的中垂线必通过倒角前轮廓尖角处（图 1–45 中的 *A* 点）。

4）倒圆的圆弧均与原轮廓形成相切关系。

5）SIEMENS 系统的倒角与倒圆指令格式适用面很广，既可用于任意角度的两相交直线和两相交圆弧的编程，也可用于直线与圆弧相交轮廓的编程。

（4）编程实例

例 1-6 采用 SIEMENS 系统规定的倒角与倒圆指令编写图 1-45 所示刀具从 *O* 点到 *E* 点的加工程序。

```
AA104;
⋮
N50 G01 X0 Z0 F100;
N60 X30.0 CHF=4.0;
N70 X40.0 Z-20.0 RND=5.0;
N80 X50.0;
⋮
```

五、程序开始与结束

针对不同的数控机床，其程序开始部分和结束部分的内容都是相对固定的，包括一些机床信息，如程序初始化、换刀、工件原点设定、快速点定位、主轴启动、切削液开启等功能。因此，程序的开始和程序的结束可编成相对固定的格式，从而减少编程的重复工作量。

FANUC 系统和 SIEMENS 系统程序开始部分与结束部分见表 1-4。

表 1-4 程序开始部分与结束部分

FANUC 0i 系统程序	SIEMENS 802D 系统程序	程序说明
O0105;	AA105.MPF;	程序号
N10 G99 G40 G21;	N10 G90 G95 G71 G40;	程序初始化
N20 T0101;	N20 T1D1;	换刀并设定刀具补偿
N30 M03 S__ ;	N30 M03 S__ ;	主轴正转
N40 G00 X100.0 Z100.0;	N40 G00 X100.0 Z100.0;	刀具至目测安全位置
N50 X__ Z__ ;	N50 X__ Z__ ;	刀具定位至循环起点
⋮	⋮	工件车削加工
N150 G00 X100.0 Z100.0;（或 G28 U0 W0;）	N150 G00 X100.0 Z100.0;（或 G74 X0 Z0;）	刀具退出
N160 M05;	N160 M05;	主轴停止
N170 M30;	N170 M02;	程序结束

注：N10 ~ N50 为程序内容的开始段，N150 ~ N170 为程序结束段。

第七节　基础编程综合实例

一、绘制刀具轨迹

例 1–7　根据表 1–5 所列的数控车削加工程序，试画出刀具在 *ZX* 坐标平面内从轮廓车削的起点 *A* 到终点 *H* 的刀具轨迹并描绘加工后工件的轮廓形状。

表 1–5　　加工程序

FANUC 0i 系统程序	SIEMENS 802D 系统程序	程序说明
O0106;	AA106.MPF;	程序号
N10 G99 G40 G21;	N10 G95 G71 G40;	程序初始化
N20 T0101;	N20 T1D1;	换刀
N30 G00 X100.0 Z100.0;	N30 G00 X100.0 Z100.0;	
N40 M03 S1000;	N40 M03 S1000;	主轴正转，转速为 1 000 r/min
N50 G00 X52.0 Z2.0;	N50 G00 X52.0 Z2.0;	刀具定位
N60 X0;	N60 X0;	
N70 G01 Z0 F0.1;	N70 G01 Z0 F0.1;	*O* 点
N80 G03 X22.0 Z–11.0 R11.0;	N80 G03 X22.0 Z–11.0 CR=11.0;	*A* 点
N90 G01 X26.0;	N90 G01 X26.0;	*B* 点
N100 Z–13.0;	N100 Z–13.0;	*C* 点
N110 G02 X30.06 Z–22.43 R8.0;	N110 G02 X30.06 Z–22.43 CR=8.0;	*D* 点
N120 G03 X30.0 Z–37.59 R10.0;	N120 G03 X30.0 Z–37.59 CR=10.0;	*E* 点
N130 G01 Z–46.0;	N130 G01 Z–46.0;	*F* 点
N140 X40.0 Z–50.0;	N140 X40.0 Z–50.0;	*G* 点
N150 X42.0;	N150 X42.0;	*H* 点
N160 G00 X100.0 Z100.0;	N160 G00 X100.0 Z100.0;	退刀
N170 M05;	N170 M05;	主轴停止
N180 M30;	N180 M02;	程序结束

解： 该加工程序从 *O* 点到 *H* 点的刀位点运动轨迹如图 1–46a 所示，加工后的轮廓形状如图 1–46b 所示。

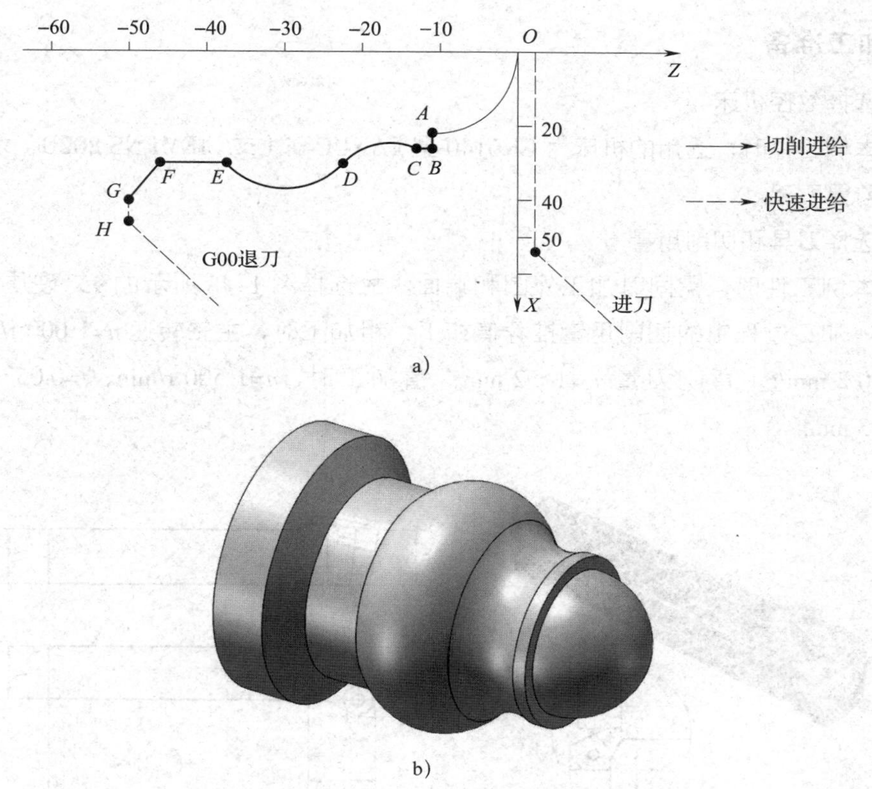

图 1–46　刀位点运动轨迹和加工后的轮廓形状

a）刀位点运动轨迹　b）三维立体图

二、加工外圆柱面

例 1–8　如图 1–47 所示的工件，毛坯为 ϕ50 mm×55 mm 的 45 钢棒料，试编写其数控加工程序。

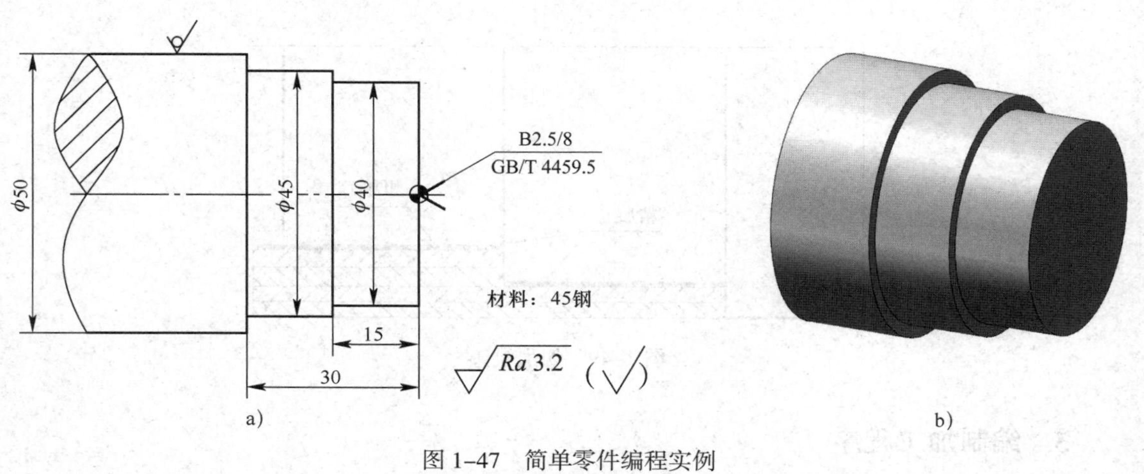

图 1–47　简单零件编程实例

a）零件图　b）三维立体图

1. 加工准备

（1）选择数控机床

加工本例工件时，选用的机床为 CK6140 型 FANUC 0i（或 SIEMENS 802D）系统数控车床，采用前置刀架。

（2）选择刀具和切削用量

加工本例工件时，需同时加工外圆和端面，故选择图 1–48 所示的 95° 硬质合金端面、外圆车刀。加工过程中的切削用量推荐值如下：粗加工时，主轴转速 n=1 000 r/min，进给量 f=0.1～0.2 mm/r，背吃刀量 a_p=1～2 mm；精加工时，n=1 500 r/min，f=0.05～0.1 mm/r，a_p=0.1～0.3 mm。

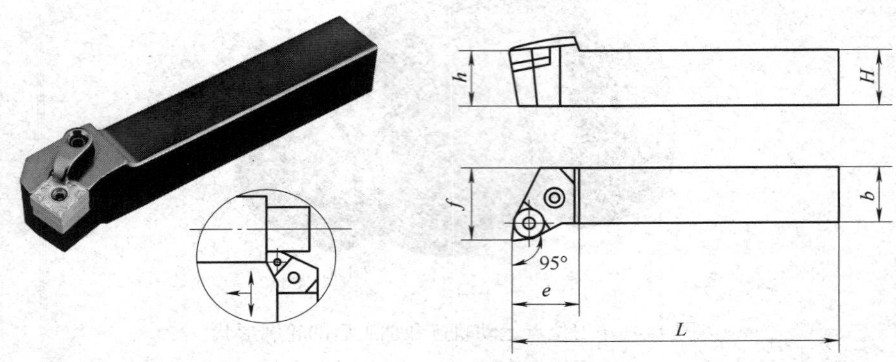

图 1–48　95° 硬质合金端面、外圆车刀

2. 设计加工路线

加工本例工件时，采用分层切削的方式进行加工，其切削轨迹如图 1–49 所示。先粗加工，再精加工，精加工余量为 0.3 mm。

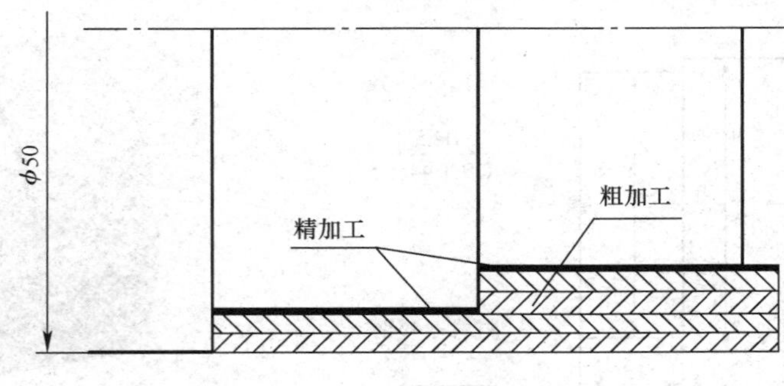

图 1–49　切削轨迹

3. 编制加工程序

加工外圆柱面参考程序见表 1–6。

表 1–6　加工外圆柱面参考程序

FANUC 0i 系统程序	SIEMENS 802D 系统程序	程序说明
O0107;	AA107.MPF;	程序号
N10 G99 G40 G21;	N10 G90 G95 G71 G40;	程序初始化
N20 G28 U0 W0;	N20 G74 X0 Z0;	返回参考点后换刀
N30 T0101;	N30 T1D1;	
N40 M03 S1000;	N40 M03 S1000;	主轴正转，转速为 1 000 r/min，刀具定位
N50 G00 X52.0 Z2.0 M08;	N50 G00 X52.0 Z2.0 M08;	
N60 G01 Z0 F0.2;	N60 G01 Z0 F0.2;	加工端面
N70 X0;	N70 X0;	
N80 Z2.0;	N80 Z2.0;	
N90 G00 X47.8;	N90 G00 X47.8;	第一次分层切削
N100 G01 Z–30.0;	N100 G01 Z–30.0;	
N110 X52.0;	N110 X52.0;	
N120 G00 Z2.0;	N120 G00 Z2.0;	
N130 X45.6;	N130 X45.6;	第二次分层切削
N140 G01 Z–30.0;	N140 G01 Z–30.0;	
N150 X52.0;	N150 X52.0;	
N160 G00 Z2.0;	N160 G00 Z2.0;	
N170 X43.0;	N170 X43.0;	第三次分层切削
N180 G01 Z–15.0;	N180 G01 Z–15.0;	
N190 X47.0;	N190 X47.0;	
N200 G00 Z2.0;	N200 G00 Z2.0;	
N210 X40.6;	N210 X40.6;	第四次分层切削
N220 G01 Z–15.0;	N220 G01 Z–15.0;	
N230 X47.0;	N230 X47.0;	
N240 G00 Z2.0;	N240 G00 Z2.0;	
N250 M03 S1500;	N250 M03 S1500;	换精加工转速和进给量
N260 G00 X40.0;	N260 G00 X40.0;	精加工
N270 G01 Z–15.0 F0.1;	N270 G01 Z–15.0 F0.1;	
N280 X45.0;	N280 X45.0;	

续表

FANUC 0i 系统程序	SIEMENS 802D 系统程序	程序说明
N290 Z–30.0；	N290 Z–30.0；	精加工
N300 X52.0；	N300 X52.0；	
N310 G00 Z2.0；	N310 G00 Z2.0；	
N320 G28 U0 W0；	N320 G74 X0 Z0；	退刀
N330 M05；	N330 M05；	主轴停止
N340 M30；	N340 M02；	程序结束

三、加工外圆弧面

例 1–9 如图 1–50 所示的工件内孔已加工完成，外圆轮廓已加工至 ϕ50 mm，以内孔定位装夹工件后加工外轮廓，试编写其数控加工程序。

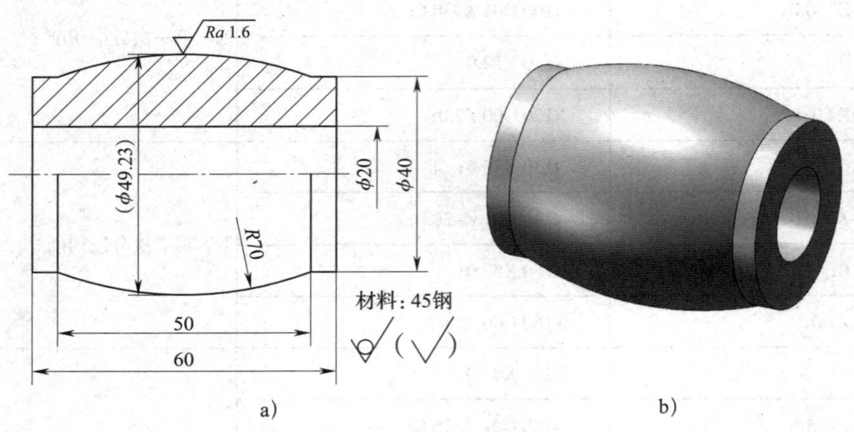

图 1–50 圆弧类零件编程实例

a）零件图 b）三维立体图

1. 加工准备

（1）选择数控机床

加工本例工件时，选用的机床为 CK6140 型 FANUC 0i（或 SIEMENS 802D）系统数控车床，采用前置刀架。

（2）选择刀具和切削用量

加工本例工件时，为防止加工刀具的后面与工件已加工表面发生干涉，选择图 1–51 所示的硬质合金外圆车刀（刀尖角为 35°）。加工过程中的切削用量推荐值如下：粗加工时，主轴转速 n=1 000 r/min，进给量 f=0.1～0.2 mm/r，背吃刀量 a_p=1～2 mm；精加工时，n=1 500 r/min，f=0.05～0.1 mm/r，a_p=0.1～0.3 mm。

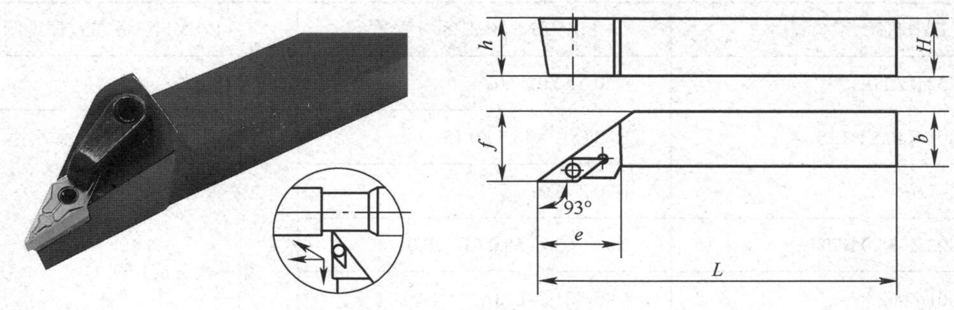

图 1–51　外圆车刀

2. 设计加工路线

加工本例工件时，采用 X 向偏移的方法进行分层切削，分三次粗加工和一次精加工，其切削轨迹如图 1–52 所示，精加工余量为 0.25 mm（半径量）。

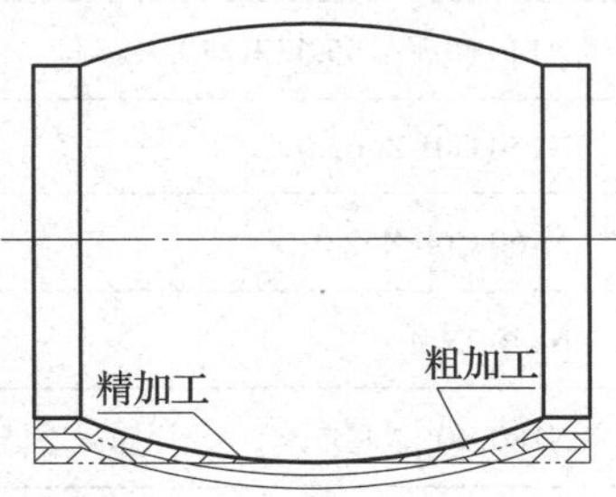

图 1–52　切削轨迹

想一想

加工本例工件时，刀具的最小副偏角应为多少？为什么？

3. 编制加工程序

加工外圆弧面参考程序见表 1–7。

表 1–7　　加工外圆弧面参考程序

FANUC 0i 系统程序	SIEMENS 802D 系统程序	SIEMENS 系统程序说明
O0108；	AA108.MPF；	加工外轮廓
N10 G99 G21 G40；	N10 G95 G71 G40 G90；	程序初始化
N20 T0101；	N20 T1D1；	换 1 号外圆车刀
N30 M03 S1000；	N30 M03 S1000；	主轴正转，转速为 1 000 r/min
N40 G00 X100.0 Z100.0 M08；	N40 G00 X100.0 Z100.0 M08；	刀具至目测安全位置

续表

FANUC 0i 系统程序	SIEMENS 802D 系统程序	SIEMENS 系统程序说明
N50 X52.0 Z2.0；	N50 X52.0 Z2.0；	刀具定位
N60 G01 X46.5 F0.15；	N60 G01 X46.5 F0.15；	第一次分层切削
N70 Z–5.0；	N70 Z–5.0；	
N80 G03 Z–55.0 R70.0；	N80 G03 Z–55.0 CR=70.0；	
N90 G01 Z–62.0；	N90 G01 Z–62.0；	
N100 G00 X52.0；	N100 G00 X52.0；	
N110 Z2.0；	N110 Z2.0；	
N120 G01 X43.5；	N120 G01 X43.5；	第二次分层切削
N130 Z–5.0；	N130 Z–5.0；	
N140 G03 Z–55.0 R70.0；	N140 G03 Z–55.0 CR=70.0；	
N150 G01 Z–62.0；	N150 G01 Z–62.0；	
N160 G00 X52.0；	N160 G00 X52.0；	
N170 Z2.0；	N170 Z2.0；	
N180 G01 X40.5；	N180 G01 X40.5；	第三次分层切削
N190 Z–5.0；	N190 Z–5.0；	
N200 G03 Z–55.0 R70.0；	N200 G03 Z–55.0 CR=70.0；	
N210 G01 Z–62.0；	N210 G01 Z–62.0；	
N220 G00 X52.0；	N220 G00 X52.0；	
N230 Z2.0；	N230 Z2.0；	
N240 M03 S1500；	N240 M03 S1500；	换精加工转速和进给量
N250 G01 X40.0 F0.1；	N250 G01 X40.0 F0.1；	精加工
N260 Z–5.0；	N260 Z–5.0；	
N270 G03 Z–55.0 R70.0；	N270 G03 Z–55.0 CR=70.0；	
N280 G01 Z–62.0；	N280 G01 Z–62.0；	
N290 G00 X52.0；	N290 G00 X52.0；	
N300 X100.0 Z100.0 M09；	N300 X100.0 Z100.0 M09；	程序结束部分
N310 M05；	N310 M05；	
N320 M30；	N320 M02；	

第八节 数控车床的刀具补偿功能

一、数控车床用刀具的交换功能

1. 刀具的交换

指令格式一：T0101；

该指令为 FANUC 系统换刀指令，前面的 T01 表示换 1 号刀，后面的 01 表示使用 1 号刀具补偿。刀具号与刀具补偿号可以相同，也可以不同。

指令格式二：T4D1；

该指令为 SIEMENS 系统换刀指令，T4 表示换 4 号刀，D1 表示使用 4 号刀的 1 号刀沿作为刀具补偿存储器。

2. 换刀点

所谓换刀点，是指刀架自动转位时的位置。对于大部分数控车床来说，其换刀点的位置是任意的，换刀点应选在刀具交换过程中与工件或夹具不发生干涉的位置。还有一些机床的换刀点位置是一个固定点，通常情况下这些点选在靠近机床参考点的位置，或者取机床的第二参考点作为换刀点。

提示

固定的换刀点可以通过系统参数进行设定，而不固定的换刀点则可通过编程设定。

二、刀具补偿功能

1. 刀具补偿功能的定义

在数控编程过程中，为使编程工作更加方便，通常将数控刀具的刀尖假想成一个点，该点称为刀位点或刀尖点。在编程时，一般不考虑刀具的长度与刀尖圆弧半径，只需考虑刀位点与编程轨迹重合。但在实际加工过程中，由于刀尖圆弧半径与刀具长度各不相同，在加工中会产生很大的加工误差。因此，实际加工时必须通过刀具补偿指令，使数控机床根据实际使用的刀具尺寸，自动调整各坐标轴的移动量，确保实际加工轮廓和编程轨迹完全一致。数控机床根据刀具实际尺寸自动改变机床坐标轴或刀具刀位点的位置，使实际加工轮廓和编程轨迹完全一致的功能称为刀具补偿（FANUC 系统界面显示为“刀具补正”）功能。

数控车床的刀具补偿分为刀具偏移（又称刀具长度补偿）和刀尖圆弧半径补偿两种。

2. 刀位点的概念

所谓刀位点，是指编制程序及加工时用于表示刀具特征的点，也是对刀和加工的基准点。数控车刀的刀位点如图 1–53 所示，尖形车刀的刀位点通常是指刀具的刀尖，圆弧形车刀的刀位点是指圆弧刃的圆心，成形刀具的刀位点也通常是指刀具的刀尖。

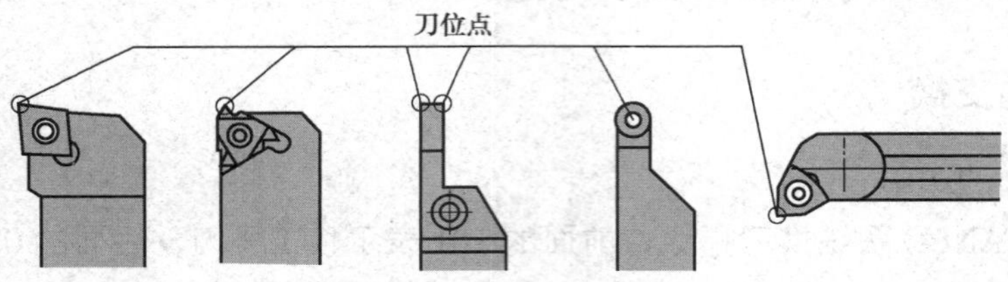

图 1–53　数控车刀的刀位点

三、刀具偏移补偿

1. 刀具偏移的含义

刀具偏移是用来补偿假定刀具长度与基准刀具长度之差的功能。车床数控系统规定 *X* 轴与 *Z* 轴可同时实现刀具偏移。

刀具偏移分为刀具几何偏移和刀具磨损偏移两种。由于刀具的几何形状和安装位置不同而产生的刀具偏移称为刀具几何偏移，由刀具刀尖的磨损产生的刀具偏移称为刀具磨损偏移（又称磨耗）。以下叙述的刀具偏移主要指刀具几何偏移。

刀具偏移补偿功能示例如图 1–54 所示。以 1 号刀作为基准刀具，工件原点采用 G54 指令设定，则其他刀具与基准刀具的长度差值（比基准刀具短用负值表示）及换刀后刀具从刀位点到 *A* 点的移动距离见表 1–8。

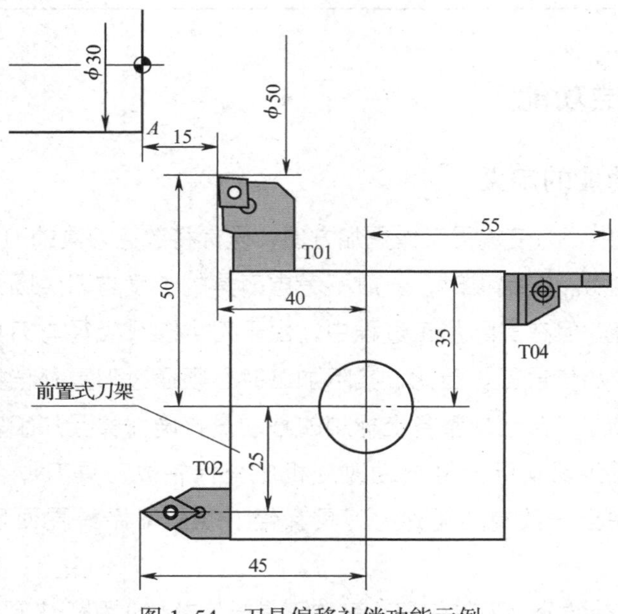

图 1–54　刀具偏移补偿功能示例

表 1-8 刀具偏移补偿示例 mm

项目 \ 刀具	T01（基准刀具）		T02		T04	
	X（直径）	Z	X（直径）	Z	X（直径）	Z
长度差值	0	0	–10	–15	10	–5
刀具移动距离	20	15	30	30	10	20

当转为 2 号刀后，由于 2 号刀在 *X* 轴直径方向比基准刀具短 10 mm，而在 *Z* 向比基准刀具短 15 mm，因此，与基准刀具相比，2 号刀换刀后从刀位点移到 *A* 点时，在 *X* 向要多移动 10 mm，而在 *Z* 向要多移动 15 mm。4 号刀移动距离的计算方法与 2 号刀相同。

FANUC 系统的刀具几何偏移补偿参数设置如图 1–55 所示，如要进行刀具磨损偏移设置，则只需按下［磨耗］软键即可进入相应的设置界面。具体参数设置过程请参阅本书 FANUC 系统机床操作部分（见第二章第七节）的有关内容。

图中的代码“T”指刀沿类型，不是指刀具号，也不是指刀具补偿号。

图 1–55 FANUC 系统的刀具几何偏移补偿参数设置

2. 利用刀具几何偏移进行对刀操作

（1）对刀操作的定义

调整每把刀的刀位点，使其尽量重合于某一理想基准点，这一过程称为对刀。

采用 G54 指令设定工件坐标系后进行对刀时，必须精确测量各刀具安装后相对于基准刀具的长度差值，这给对刀带来了诸多不便，而且基准刀具的对刀误差还会直接影响其他刀具的加工精度。当采用 G50 指令设定工件坐标系后进行对刀时，原设定的坐标系如遇关机即丢失，并且程序起点还不能是任意位置。因此，在数控车床的对刀操作中，目前普遍采用刀具几何偏移（试切法）的方法进行对刀。

（2）对刀操作的过程

直接利用刀具几何偏移进行对刀操作的过程如图 1–56 所示。首先手动操作加工端面，记录下这时刀位点的 Z 向机械坐标值（图中 Z 值，机械坐标值为相对于机床原点的坐标值）。再用手动操作方式加工外圆，记录下这时刀位点的 X 向机械坐标值（图中 X_1 值），停机测量工件直径 D，用公式 $X=X_1-D$ 计算出主轴中心的机械坐标值。最后将 X 值、Z 值输入相应的刀具几何偏移存储器中，完成该刀具的对刀操作。

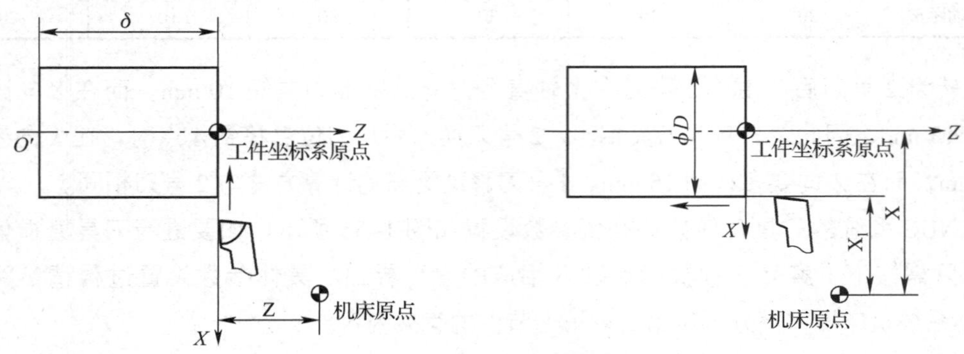

图 1–56　数控车床的对刀操作过程

其余刀具的对刀操作与上述方法相似，不过不能采用试切法进行，而用刀具的刀位点靠到工件表面，即记录下相应的 Z 值和 X_1 值，通过测量及计算后将相应的 X 值、Z 值输入相应的刀具几何偏移存储器（见图 1–55）中。

3. 刀具偏移的应用

利用刀具偏移功能，可以修正因对刀不正确或刀具磨损等原因造成的工件加工误差。

例如，加工外圆表面时，如果外圆直径比要求的尺寸大了 0.2 mm，此时只需将刀具偏移存储器中的 X 值减小 0.2，并用原刀具和原程序重新加工该零件，即可修正该加工误差。同理，如出现 Z 方向的误差，则其修正方法类似。

四、刀尖圆弧半径补偿（G40、G41、G42）

1. 刀尖圆弧半径补偿的定义

在实际加工中，由于刀具产生磨损及精加工的需要，常将车刀的刀尖修磨成半径较小的圆弧，这时的刀位点为实际不存在的假想刀尖。为确保工件轮廓形状，加工时不允许刀具假想刀尖的运动轨迹与被加工工件轮廓重合，而应与工件轮廓偏移一个半径值，这种偏移称为刀尖圆弧半径补偿。圆弧形车刀的切削刃半径偏移也与其相同。

目前，较多车床数控系统都具有刀尖圆弧半径补偿功能。在编程时，只需按工件轮廓进行编程，再通过系统补偿一个刀尖圆弧半径即可。但有些车床数控系统却没有刀尖圆弧半径补偿功能。对于这些系统（机床），如要加工精度较高的圆弧或圆锥表面，则要通过计算来确定假想刀尖的运动轨迹，再进行编程。

2. 假想刀尖与刀尖圆弧半径

在理想状态下，人们总是将尖形车刀的刀位点假想成一个点，该点即为假想刀尖（见

图 1–57 中的 A 点），在对刀时也是以假想刀尖进行对刀的。但实际加工中的车刀，由于工艺或其他要求，刀尖往往不是一个理想的点，而是一段圆弧（见图 1–57 中的圆弧 BC）。

所谓刀尖圆弧半径，是指车刀刀尖圆弧所构成的假想圆半径（见图 1–57 中的 r）。实践中，所有车刀均有大小不等或近似的刀尖圆弧，假想刀尖在实际加工中是不存在的。

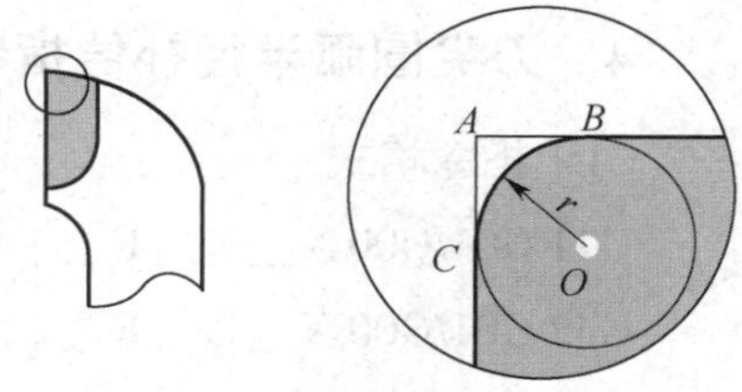

图 1–57　假想刀尖示意图

3. 未使用刀尖圆弧半径补偿时的加工误差分析

用圆弧刀尖的外圆车刀进行切削加工时，圆弧刃车刀（见图 1–57）的对刀点分别为 B 点和 C 点，所形成的假想刀位点为 A 点，但在实际加工过程中，刀具切削点在刀尖圆弧上变动，从而在加工过程中可能产生过切或少切现象。因此，采用圆弧刃车刀在不使用刀尖圆弧半径补偿功能的情况下，所加工的工件会出现以下几种误差情况：

（1）加工台阶面或端面时，对加工表面的尺寸和形状影响不大，但在端面的中心位置和台阶的清角位置会产生残留误差，如图 1–58a 所示。

（2）加工圆锥面时，对圆锥的锥度不会产生影响，但对锥面的大小端尺寸会产生较大的影响，通常情况下，会使外锥面的尺寸变大（见图 1–58b），而使内锥面的尺寸变小。

（3）加工圆弧时，会对圆弧的圆度和圆弧半径产生影响。加工外凸圆弧时，会使加工后的圆弧半径变小，其值 = 理论轮廓半径 R– 刀尖圆弧半径 r，如图 1–58c 所示。加工内凹圆弧时，会使加工后的圆弧半径变大，其值 = 理论轮廓半径 R+ 刀尖圆弧半径 r，如图 1–58d 所示。

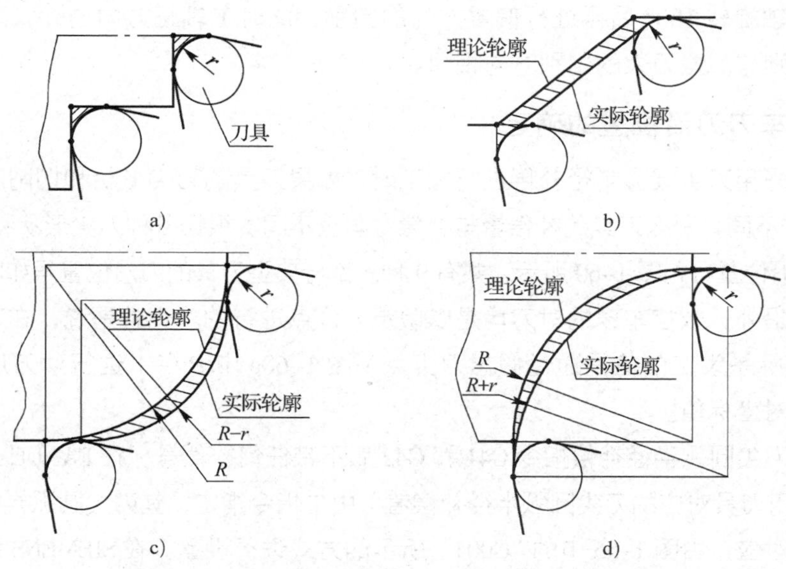

图 1–58　未使用刀尖圆弧半径补偿功能时的误差分析

4. 刀尖圆弧半径补偿指令

（1）指令格式

G41 G01/G00 X__ Z__ F__ ；　　（刀尖圆弧半径左补偿）

G42 G01/G00 X__ Z__ F__ ；　　（刀尖圆弧半径右补偿）

G40 G01/G00 X__ Z__ ；　　（取消刀尖圆弧半径补偿）

（2）指令说明

编程时，刀尖圆弧半径补偿偏置方向的判别如图 1–59 所示。向着 *Y* 轴的负方向并沿刀具的移动方向看，当刀具处在加工轮廓左侧时，称为刀尖圆弧半径左补偿，用 G41 表示；当刀具处在加工轮廓右侧时，称为刀尖圆弧半径右补偿，用 G42 表示。

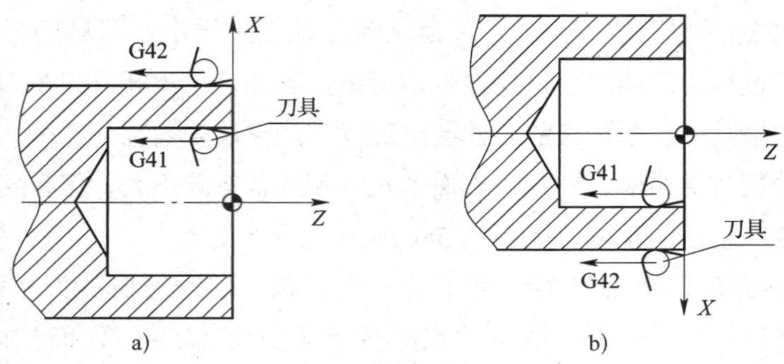

图 1–59　刀尖圆弧半径补偿偏置方向的判别

a）后置刀架，+*Y* 轴向外　b）前置刀架，+*Y* 轴向内

在判别刀尖圆弧半径补偿偏置方向时，一定要沿 *Y* 轴由正方向向负方向观察刀具所处的位置，故应特别注意后置刀架（见图 1–59a）和前置刀架（见图 1–59b）对刀尖圆弧半径补偿偏置方向的影响。对于前置刀架，为防止判别过程中出错，可在图样上将工件、刀具和 *X* 轴同时绕 *Z* 轴旋转 180° 后再进行偏置方向的判别，此时 *Y* 轴正方向向外，刀尖圆弧半径补偿偏置方向则与后置刀架的判别方向相同。

5. 圆弧车刀刀沿位置的确定

数控车床采用刀尖圆弧半径补偿进行加工时，如果刀具的刀尖形状和切削时所处的位置（即刀沿位置）不同，那么刀具的补偿量与补偿方向也不同。根据各种刀尖形状和位置的不同，数控车刀的刀沿位置号如图 1–60 所示，共有 9 种。部分典型刀具的刀沿位置号如图 1–61 所示。

除 9 号刀沿外，数控车床的对刀均是以假想刀位点进行的。也就是说，在刀具偏移存储器中或 G54 坐标系设定的值是通过假想刀尖点（图 1–60c 中 *P* 点）进行对刀后所得的机床坐标系中的绝对坐标值。

数控车床刀尖圆弧半径补偿指令 G41 和 G42 后不带任何补偿号。在 FANUC 系统中，该补偿号（代表所用刀具对应的刀尖圆弧半径补偿值）由 T 指令指定，其刀尖圆弧半径补偿号与刀具偏置补偿号对应，由图 1–55 中的“G004”所示的方式进行设置。在 SIEMENS 系统中，其补偿号由 D 指令指定，其后的数字表示刀具偏移存储器号，其设置方法参阅第四章第六节内容。

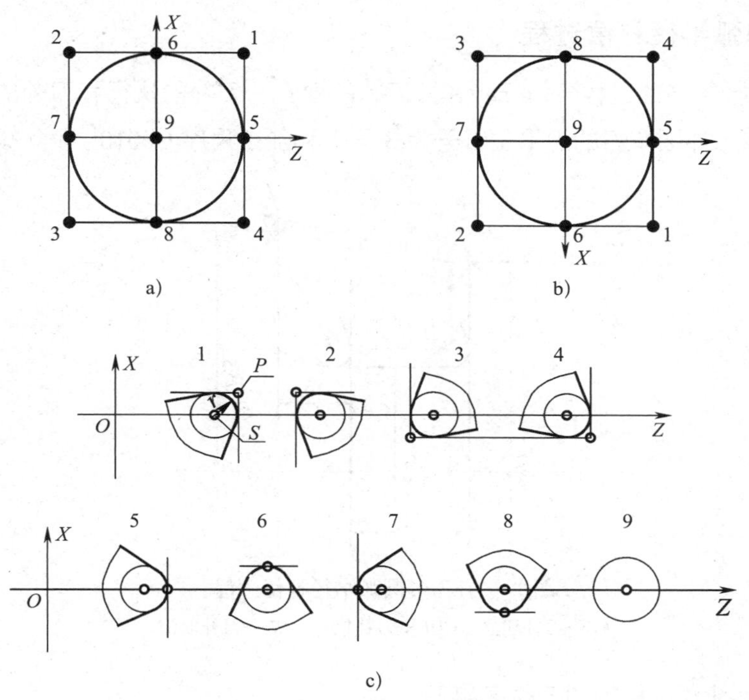

图 1-60　数控车刀的刀沿位置号

a）后置刀架，+Y 轴向外　b）前置刀架，+Y 轴向内　c）具体刀具的相应刀沿位置号

P—假想刀尖点　S—刀沿圆心位置　r—刀尖圆弧半径

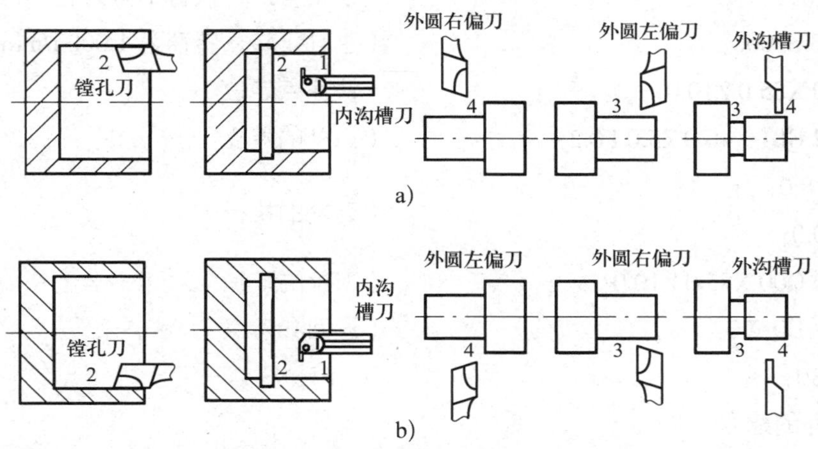

图 1-61　部分典型刀具的刀沿位置号

a）后置刀架的刀沿位置号　b）前置刀架的刀沿位置号

在判别刀沿位置时，同样要沿 Y 轴由正方向向负方向观察刀具，同时也要特别注意前置刀架和后置刀架的区别。前置刀架刀沿位置的判别方法与刀尖圆弧半径补偿偏置方向的判别方法相似，即假想将刀具、工件、X 轴绕 Z 轴旋转 180°，使 Y 轴正方向向外，从而使前置刀架转换成后置刀架来进行判别。例如，当刀尖靠近卡盘侧时，不管是前置刀架还是后置刀架，其外圆车刀的刀沿位置号均为 3 号。

6. 刀尖圆弧半径补偿过程

刀尖圆弧半径补偿的过程分为三步，即刀补的建立、刀补的执行和刀补的取消。其补偿过程通过图 1–62（外圆车刀的刀沿位置号为 3 号）和加工程序 O0010 共同说明。

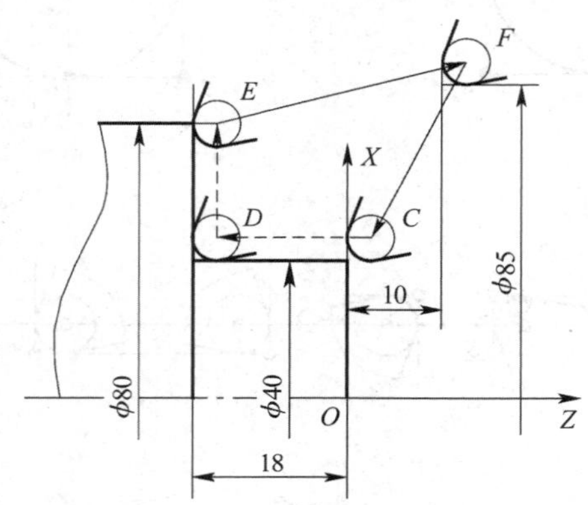

图 1–62　刀尖圆弧半径补偿过程

FC—刀补建立　*CDE*—刀补执行　*EF*—刀补取消

图 1–62 所示补偿过程的加工程序如下：

```
O0109；
N10 G99 G40 G21；                 （程序初始化）
N20 T0101；                       （换 1 号刀，执行 1 号刀补）
N30 M03 S1000；                   （主轴正转，转速为 1 000 r/min）
N40 G00 X85.0 Z10.0；             （快速点定位）
N50 G42 G01 X40.0 Z5.0 F0.2；     （刀补的建立）
N60 Z–18.0；  }
N70 X80.0；   }                   （刀补的执行）
N80 G40 G00 X85.0 Z10.0；         （刀补的取消）
N90 G28 U0 W0；                   （返回参考点）
N100 M30；
```

（1）刀补的建立

刀补的建立是指刀具从起点接近工件时，车刀运动轨迹从以假想刀尖与编程轨迹重合过渡到与编程轨迹偏离一个偏置量的过程。该过程的实现必须与 G00 或 G01 功能在一起才有效。

刀具补偿过程通过 N50 程序段建立。当执行 N50 程序段后，车刀圆弧刃的圆心坐标位置由以下方法确定：将包含 G42 指令的下边两个程序段（N60、N70）预读，并连接在补偿平面内最近两移动语句的终点坐标（图 1–62 中的 *CD* 连线），其连线的垂直方向为偏置方向，根据 G41 或 G42 指令来确定偏向哪一边，偏置量的大小由刀尖圆弧半径值（设置在

图 1–55 所示的界面中）决定。经补偿后，车刀圆弧刃的圆心位于图 1–62 中的 *C* 点处，其坐标值为［（40+ 刀尖圆弧半径 ×2），5.0］。

（2）刀补的执行

在 G41 或 G42 程序段后，程序进入补偿模式，此时车刀圆弧刃的圆心与编程轨迹始终相距一个偏置量，直到刀补取消为止。

在该补偿模式下，机床同样要预读两段程序，找出当前程序段所示刀具轨迹与下一程序段偏置后的刀具轨迹交点，以确保机床把下一段工件轮廓向外补偿一个偏置量，如图 1–62 中的 *D* 点、*E* 点等。

（3）刀补的取消

刀具离开工件，车刀圆弧刃的圆心轨迹过渡到与编程轨迹重合的过程称为刀补取消，如图 1–62 中的 *EF* 段（即 N80 程序段）。

刀补的取消用 G40 指令来执行，需要特别注意：G40 指令必须与 G41 或 G42 指令成对使用。

7. 进行刀尖圆弧半径补偿时应注意的事项

（1）刀尖圆弧半径补偿模式的建立与取消程序段只能在 G00 或 G01 移动指令模式下才有效。虽然现在有一部分系统也支持 G02、G03 模式，但为了防止出现差错，在刀尖圆弧半径补偿建立与取消程序段最好不使用 G02、G03 指令。

（2）G41 和 G42 指令不带参数，其补偿号（代表所用刀具对应的刀尖圆弧半径补偿值）由 T 指令指定。该刀尖圆弧半径补偿号与刀具偏置补偿号对应。

（3）采用切线切入方式或法线切入方式建立或取消刀补。对于不便于沿工件轮廓线切向或法向切入、切出时，可根据情况增加一个过渡圆弧的辅助程序段。

（4）为了防止在刀尖圆弧半径补偿建立与取消过程中刀具产生过切现象，在建立与取消补偿时，程序段的起始位置与终止位置最好与补偿方向在同一侧。

（5）在刀具补偿模式下，一般不允许存在连续两段以上的补偿平面内非移动指令；否则，刀具会出现过切等危险动作。补偿平面内非移动指令通常指仅有 G、M、S、F、T 指令的程序段（如 G90 和 M05 等）和程序暂停程序段（如“G04 X10.0；”）。

（6）在选择刀尖圆弧偏置方向和刀沿位置号时，要特别注意前置刀架和后置刀架的区别。

8. 使用刀具补偿功能的加工实例

例 1–10　试用刀具补偿功能等指令编写图 1–63 所示工件外轮廓的加工程序（内轮廓已加工完成，以内孔定位与装夹）。

精加工本例工件的外圆表面时，选用圆弧车刀进行加工，采用刀尖圆弧半径补偿指令进行编程，以保证工件轮廓的尺寸精度、形状精度和表面质量。本例参考程序见表 1–9。

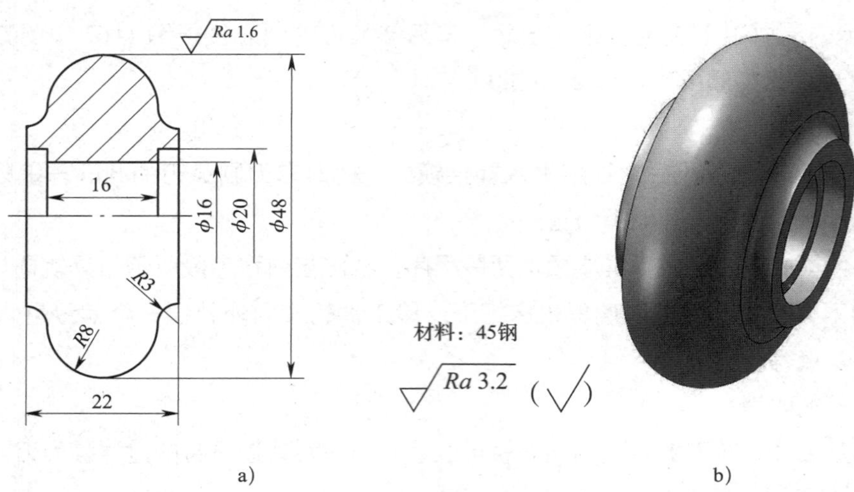

图 1–63　刀具补偿功能编程实例
a）零件图　b）三维立体图

表 1–9　　　　刀具补偿功能加工实例参考程序

FANUC 0i 系统程序	SIEMENS 802D 系统程序	程序说明
O0110；	AA110.MPF；	加工外轮廓
N10 G99 G21 G40；	N10 G95 G71 G40 G90；	程序初始化
N20 T0101；	N20 T1D1；	换 1 号外圆粗车刀
N30 M03 S600；	N30 M03 S600；	主轴正转，转速为 600 r/min
N40 G00 X100.0 Z100.0 M08；	N40 G00 X100.0 Z100.0 M08；	刀具至目测安全位置
N50 X52.0 Z2.0；	N50 X52.0 Z2.0；	刀具定位至循环起点
⋮	⋮	粗加工去除余量
N100 G28 U0 W0；	N100 G74 X0 Z0；	返回参考点
N110 M00 M05；	N110 M00 M05；	粗加工后的暂停
N120 T0202；	N120 T2D1；	换 2 号圆弧车刀
N130 M03 S1200；	N130 M03 S1200；	精加工转速为 1 200 r/min
N140 G00 X52.0 Z4.0；	N140 G00 X52.0 Z4.0；	精加工起点
N150 G42 G01 X26.0 F0.1；	N150 G42 G01 X26.0 F0.1；	精加工，采用刀尖圆弧半径右补偿
N160 Z0；	N160 Z0；	
N170 G02 X32.0 Z–3.0 R3.0；	N170 G02 X32.0 Z–3.0 CR=3.0；	
N180 G03 Z–19.0 R8.0；	N180 G03 Z–19.0 CR=8.0；	
N190 G02 X26.0 Z–22.0 R3.0；	N190 G02 X26.0 Z–22.0 CR=3.0；	

续表

FANUC 0i 系统程序	SIEMENS 802D 系统程序	程序说明
N200 G01 Z-26.0；	N200 G01 Z-26.0；	精加工，采用刀尖圆弧半径右补偿
N210 G40 G00 X52.0；	N210 G40 G00 X52.0；	取消刀尖圆弧半径右补偿
N220 G28 U0 W0；	N220 G74 X0 Z0；	刀具返回参考点
N230 M05；	N230 M05；	主轴停止
N240 M30；	N240 M02；	程序结束

想一想

选择圆弧车刀，采用刀尖圆弧半径补偿指令编写本例工件的精加工程序时，选择的刀沿位置号是几号？

第九节　数控车床的使用与维护

一、数控车床的使用要求

数控车床与普通车床相比，其优越性是很明显的。但数控车床的整个加工过程是由大量电子元件组成的数控系统按照数字化的程序完成的，在数控加工过程中常会出现一系列的系统故障。因此，为了保证数控车床能长时间稳定工作，对数控车床的工作环境、所用电源、操作人员提出了较高的要求。

1. 对工作环境的要求

一般来说，对数控车床的工作环境没有特殊的要求，可以同普通车床一样放在生产车间里，但是要避免阳光的直接照射和其他热辐射，避免太潮湿或粉尘过多的场所。腐蚀性气体最容易使电子元件因受到腐蚀而变质，或造成接触不良和元件短路，影响车床的正常运行。数控车床要远离振动大的设备，如冲床、锻压设备等。对于高精密的车床，还应采取防振措施。

另外，根据一些数控车床的用户经验，在有空调的环境中使用会明显地减少机床的故障率，这是因为电子元件的技术性能受温度影响较大，当温度过高或过低时会使电子元件的技术性能发生较大变化，使工作不稳定或不可靠而增加故障的发生率。对于精度高、价格高的数控车床，将其置于有空调的环境中使用是比较理想的。

2. 对所用电源的要求

数控车床对电源没有特殊要求，一般都允许电压正、负波动 10%，但是由于我国供电的具体情况，不仅电压波动幅度大，而且质量差，交流电源上往往叠加有一些高频杂波信号，用示波器可以清楚地观察到，有时还出现幅度很大的瞬间干扰信号，影响数控车床的正常运行。对于有条件的企业，采用专线供电或增设稳压装置都可以提高供电质量，减少电源波动对电气设备的干扰。

3. 对操作人员的要求

数控车床的使用和维修比普通车床难度大。为充分发挥数控车床的优越性，对操作人员的挑选和培训是相当重要的一环。数控车床的操作人员必须有较强的责任心，善于合作，技术基础较好，有一定机械加工实践经验，同时要善于动脑，勤于学习，对数控技术有钻研精神。例如，编程人员要能同时考虑加工工艺、工件装夹方案、刀具选择、切削用量等。数控车床的维修人员不仅要熟悉数控车床的结构和工作原理，还应具有电气、液压、气动等各方面的专业知识，有对问题进行综合分析、判断的能力。

二、数控车床的定期检查

对数控车床进行预防性保养和定期检查可延长元器件的使用寿命，延长机械部件的磨损周期，防止意外恶性事故的发生，保证车床长时间稳定工作。因此，维修人员应严格按照维护说明书的要求对车床进行定期检查。数控车床定期检查内容见表 1–10。

表 1–10　　数控车床定期检查内容

序号	检查周期	检查部位	检查内容
1	每天	导轨润滑油箱	检查油量，及时添加润滑油，检查润滑油泵是否定时启动及停止
2	每天	主轴润滑恒温油箱	工作是否正常，油量是否充足，温度范围是否合适
3	每天	机床液压系统	油箱泵有无异常噪声，工作油面高度是否合适，压力表指示是否正常，管路和各接头有无泄漏
4	每天	压缩空气气源压力	气动控制系统压力是否在正常范围内
5	每天	*X*、*Z* 轴导轨面	清除切屑和污物，检查导轨面有无划伤、损坏，润滑油是否充足
6	每天	各防护装置	机床防护罩是否齐全、有效
7	每天	电气柜各散热通风装置	各电气柜中冷却风扇是否工作正常，风道过滤网有无堵塞，及时清洗过滤器
8	每周	各电气柜过滤网	清洗黏附的尘土
9	不定期	切削液箱	随时检查液面高度，及时添加切削液，若切削液太脏应及时更换
10	不定期	排屑器	经常清理切屑，检查有无卡住现象
11	半年	主轴驱动带	按说明书要求调整驱动带松紧程度

续表

序号	检查周期	检查部位	检查内容
12	半年	各轴导轨的镶条、压紧滚轮	按说明书要求调整松紧状态
13	一年	电刷	检查换向器表面，去除毛刺，磨损过多的电刷应及时更换
14	一年	液压油路	清洗溢流阀、减压阀、滤油器、油箱，过滤液压油或进行更换
15	一年	主轴润滑恒温油箱	清洗过滤器、油箱，更换润滑油
16	一年	切削液泵过滤器	清洗切削液箱，更换过滤器
17	一年	滚珠丝杠	清洗丝杠上旧的润滑脂，涂上新润滑脂

三、数控车床故障诊断的常规方法

数控车床的故障诊断按照先外部后内部、先机械后电气、先静后动、先公用后专用、先简单后复杂、先一般后特殊的原则进行。通常情况下，数控车床的故障诊断按以下步骤进行：

1. 调查事故现场

数控车床出现故障后，不要急于动手盲目处理，先要查看故障记录，向操作人员询问故障出现的全过程。在确认通电对车床和数控系统无危险的情况下再通电观察，特别要确定以下故障信息：

（1）故障发生时，报警号和报警提示是什么？哪些指示灯或发光管发光？提示的报警内容是什么？

（2）如无报警，系统处于何种工作状态？系统的工作方式诊断结果是什么？

（3）故障发生在哪个程序段？执行哪种指令？故障发生前执行了什么操作？

（4）故障发生在什么速度下？移动轴处于什么位置？与指令值的误差量有多大？

（5）以前是否发生过类似故障？现场是否有异常情况？故障是否重复发生？

2. 分析故障原因

进行故障分析时可采用归纳法和演绎法。归纳法是从故障原因出发，摸索其功能联系，调查原因对结果的影响，即根据可能产生该种故障的原因进行分析，看其最后是否与故障现象相符来确定故障点。演绎法是指从所发生的故障现象出发，对故障原因进行分割式的故障分析方法。即从故障现象开始，根据故障现象，列出多种可能产生该故障的原因，然后对这些原因逐点进行分析，排除不正确的原因，最后确定故障点。

3. 排除故障

找到造成故障的确切原因后，就可以对症下药，修理、调整及更换有关元器件。

四、数控车床常见故障

数控车床的故障种类繁多，有电气、机械、液压、气动等部件的故障，产生的原因也比较复杂，但很大一部分故障是由于操作人员操作机床不当引起的，数控车床常见的操作故障如下：

1．防护门未关，机床不能运转。

2．机床未返回参考点。

3．主轴转速超过最高转速限定值。

4．程序内没有设置 F 值或 S 值。

5．进给修调 F% 或主轴修调 S% 开关设为空挡。

6．回参考点时离机床原点太近或回参考点速度太快，引起超程现象。

7．程序中 G00 位置超过限定值。

8．刀具补偿测量设置错误。

9．刀具换刀位置不正确（换刀点离工件太近）。

10．G40 指令撤销不当，导致刀具切入已加工表面。

11．程序中使用了非法代码。

12．刀尖圆弧半径补偿方向错误。

13．切入、切出方式不当。

14．切削用量太大。

15．刀具钝化。

16．工件材质不均匀，引起振动。

17．机床被锁定（工作台不动）。

18．工件未夹紧。

19．对刀位置不正确，工件坐标系设置错误。

20．使用了不合理的 G 指令。

21．机床处于报警状态。

22．断电后或出现报警现象的机床没有重新返回参考点或复位。

五、数控车床的安全操作规程

数控车床的操作一定要规范，以避免发生人身、设备等安全事故。数控车床的安全操作规程如下：

1．操作前的注意事项

（1）工件加工前，一定要先检查机床能否正常运行。可以通过试车的方法进行检查。

（2）在操作机床前，仔细检查输入的数据，以免引起误操作。

（3）确保指定的进给速度与操作所要求的进给速度相适应。

（4）当使用刀具补偿时，仔细检查补偿方向与补偿量。

（5）数控系统与可编程机床控制器（programmable machine controller，PMC）的参数都是由机床生产厂家设置的，通常不需要修改，如果必须修改参数，在修改前应确保对参数有深入、全面的了解。

（6）机床通电后，数控系统出现位置显示或报警界面前，不要碰 MDI 面板上的任何键。MDI 面板上的有些键专门用于维护和特殊操作，在开机的同时按下这些键，可能使机床数据丢失。

2. 操作过程中的注意事项

（1）手动操作

当手动操作机床时，要确定刀具和工件的当前位置，并保证正确指定了运动轴、方向和进给速度。

（2）手动返回参考点

机床通电后，务必先执行手动返回参考点操作。如果机床没有执行手动返回参考点操作，机床的运动不可预料。

（3）采用手摇脉冲发生器进给

在采用手摇脉冲发生器进给时，一定要选择正确的进给倍率，过大的进给倍率容易导致刀具或机床损坏。

（4）工件坐标系

手动干预、机床锁住或镜像操作都可能使工件坐标系发生移动，用程序控制机床前，应先确认工件坐标系。

（5）空运行

通常使用机床空运行来确认机床运行的正确性。在空运行期间，机床以空运行的进给速度运行，这与程序输入的进给速度不一样，且空运行的进给速度要比编程所用的进给速度快得多。

（6）自动运行

机床在自动执行程序时，操作人员不得离开工作岗位，要密切注意机床、刀具的工作状况，根据实际加工情况调整加工参数。一旦发现意外情况，应立即停止机床动作。

3. 与编程相关的安全操作

（1）坐标系的设定

如果没有设置正确的坐标系，尽管指令是正确的，但机床可能并不按想象的动作运动。

（2）公制和英制的转换

在编程过程中，一定要注意公制和英制的转换，使用的单位制一定要与机床当前使用的单位制相同。

（3）回转轴的功能

当编制极坐标插补或法线方向（垂直）控制程序时，要特别注意主轴的转速。转速不能过高，如果工件装夹不牢，会由于离心力过大被甩出而引起事故。

（4）刀具补偿功能

在补偿功能模式下，发出基于机床坐标系的运动命令或返回参考点命令，补偿就会暂时取消，可能会导致机床产生不可预想的运动。

4. 关机时的注意事项

（1）确认工件已加工完毕。

（2）确认机床的全部运动均已完成。

（3）检查工作台面是否远离行程开关。

（4）检查刀具是否已取下，主轴锥孔内是否已清理干净并涂上润滑脂。

（5）检查工作台面是否已清理干净。

（6）关机时要先关系统电源，再关机床电源。

思考与练习

1. 什么是数控编程？数控编程分为哪几类？

2. 手工编程有哪些步骤？

3. 结合本地区的情况，谈谈车床数控系统的类型和各自的特点。

4. 数控加工程序由哪几部分组成？

5. 什么是数控程序段格式？试写出一个完整的数控程序段，并说明各部分的含义。

6. 数控系统功能指令有哪些？各功能指令有什么用途？

7. 什么是指令分组？什么是模态指令？什么是开机默认指令？

8. 什么是机床坐标系？如何建立机床坐标系？如何确定数控车床中机床坐标系的坐标方向？

9. 什么是工件坐标系？什么是工件坐标系原点？如何选择数控车床的工件坐标系原点？

10. G50 设定的坐标系与 G54 设定的坐标系在编程及设定方法上有什么区别？

11. M00、M01、M02、M30 指令的作用是什么？它们各有哪些不同？

12. 主轴转速功能有哪两种？两者如何进行数值换算？

13. 进给功能分为哪两种？分别用什么指令指定？

14. 试写出圆弧加工程序段的指令格式，并说明 G02 指令与 G03 指令是如何判断的。

15. 采用 I、K 进行圆弧编程时，I、K 值是如何确定的？

16. 试分别按圆弧偏移法和车锥法的加工工艺编写车削图 1–64 所示工件的加工程序（ϕ50 mm 的外圆已加工好）。

17. 什么是刀具补偿功能？刀具补偿功能分为哪几种？

18. 刀尖圆弧半径补偿的过程分为哪几步？在进行刀尖圆弧半径补偿的过程中应注意哪些问题？

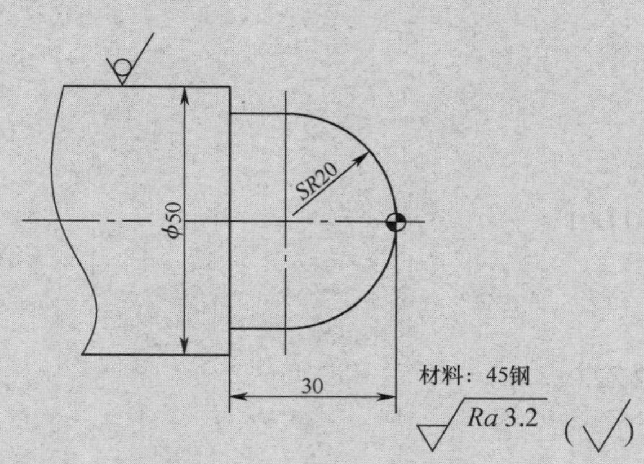

图 1–64 圆弧加工工艺实例

19. 如何确定数控车刀的刀沿位置号？

20. 试分别写出用 FANUC 系统和 SIEMENS 系统编程时的程序内容开始段和程序结束段，并说明每条程序段的功能。

21. 试用刀具补偿功能等指令编写图 1–65 所示工件的精加工程序（φ60 mm 的外圆已加工好）。

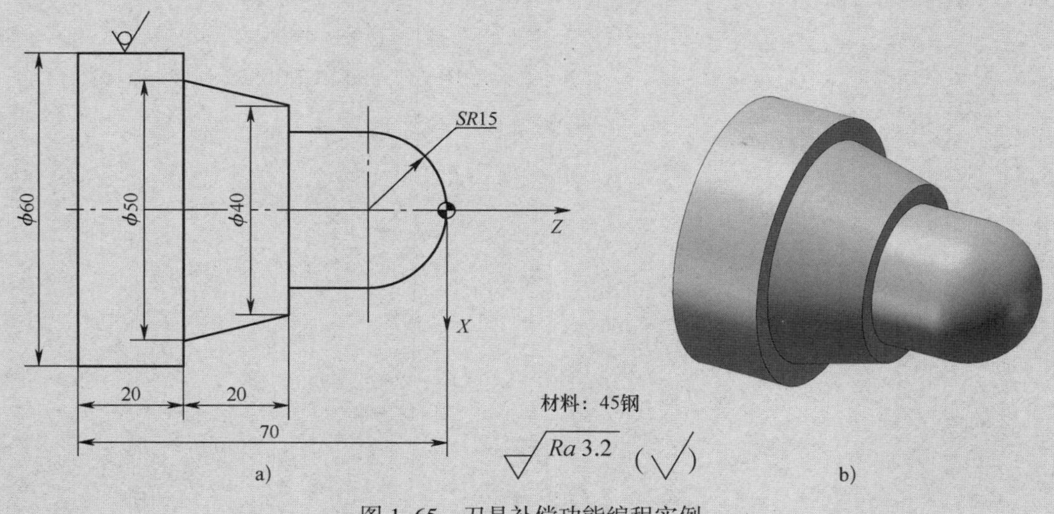

图 1–65 刀具补偿功能编程实例
a）零件图 b）三维立体图

22. 已知用外圆车刀在 FANUC 系统前置刀架式数控车床上进行车削的加工程序，试找出程序中的错误和不当之处，并加以改正。（毛坯直径为 50 mm）

O00109；

N10 G98 G40 G20；

N20 G00 X100.0 Z100.0；

N30 T0101；

```
N40 M03 S600;
N50 G00 X52.0 Z0;
N60 G01 X-1.0;
N70 Z2.0 F0.1;
N80 G41 G00 X30.0 D01;
N90 Z-30.0;
N100 X50.0;
N110 G40 G01 X52 Z2.0;
N120 G28 X0 Z0;
N130 M05;
N140 M99;
```

第二章　FANUC 系统的编程与操作

第一节　FANUC 系统及其功能简介

一、FANUC 数控系统介绍

FANUC 公司生产的数控系统主要有 FS3、FS6、FS0、FS10/11/12、FS15、FS16、FS18、FS21/210 等系列。目前，我国用户使用的主要有 FS0、FS15、FS16、FS18、FS21/210 等系列。

1. FS0 系列

FS0 系列是一种面板装配式的数控系统。它有许多类型，如 FS0–T、FS0–TT、FS0–M、FS0–G、FS0–F 等。T 型数控系统用于单刀架、单主轴的数控车床；TT 型数控系统用于单主轴、双刀架或双主轴、双刀架的数控车床；M 型数控系统用于数控铣床或加工中心；G 型数控系统用于数控磨床；F 型是对话型数控系统。

常用 FS0 系列数控系统的型号有 FANUC 0–TD、FANUC 0–MD、FANUC 0i–TA/TB/ TC/TD、FANUC 0i–MA/MB/MC 等。

2. FS10/11/12 系列

FS10/11/12 系列数控系统有多个品种，可用于车床、铣床、磨床等各种机床。它的类型有 M 型、T 型、TT 型、F 型等。

3. FS15 系列

FS15 系列是 FANUC 公司开发的 32 位数控系统，被称为人工智能数控系统。该系统按功能模块结构组成，可以根据不同的需要组合成最小至最大的系统，控制轴数从 2 轴到 15 轴，同时还有 PMC 的轴控制功能，可配备有 7、9、11 和 13 个槽的控制单元母板，在控制单元上插入各种印制电路板，采用通信专用微处理器和 RS422 接口，并有远程缓冲功能。FS15 系列在硬件方面采用模块式多主总线结构，并且是多微处理器控制系统，主中央处理器（central processing unit，CPU）型号为 68020，同时还有一个子 CPU，因此，该系统适用于大型机床、复合机床的多轴控制和多系统控制。

4. FS16 和 FS18 系列

FS16 和 FS18 系列是在 FS15 系列之后开发的产品，其性能介于 FS15 和 FS0 之间，在显示方面，FS16 系列采用了彩色液晶显示等新技术。

在 FS16 和 FS18 系列中，常用的数控系统型号有 FANUC 18i–TA/TB、FANUC 18i–MA/MB 等。

5. FS21/210 系列

FS21/210 系列是 FANUC 公司最新推出的系统，该系统常用的数控系统型号有 FANUC 21i–MA/MB、FANUC 21i–TA/TB 等。本系列的数控系统适用于中、小型数控机床。

二、FANUC 0i 系统功能介绍

目前，FANUC 0i 系统为我国数控机床上采用较多的数控系统，主要用于数控铣床、加工中心和数控车床，具有一定的代表性。其常用功能指令分为准备功能指令、辅助功能指令和其他功能指令三类。

1. 准备功能指令

FANUC 系统常用准备功能指令见表 2–1。

表 2–1　　FANUC 系统常用准备功能指令

G 指令	组别	功能	程序格式和说明
G00 ▲	01	快速点定位	G00 X__ Z__ ;
G01		直线插补	G01 X__ Z__ F__ ;
G02		顺时针圆弧插补	G02/G03 X__ Z__ R__ F__ ; G02 /G03 X__ Z__ I__ K__ F__ ;
G03		逆时针圆弧插补	
G04	00	暂停	G04 X1.5；或 G04 U1.5； 或 G04 P1500；
G17	16	选择 *XY* 平面	G17；
G18 ▲		选择 *ZX* 平面	G18；
G19		选择 *YZ* 平面	G19；
G20 ▲	06	按英制单位输入	G20；
G21		按公制单位输入	G21；
G27	00	返回参考点检测	G27 X__ Z__ ;
G28		返回参考点	G28 X__ Z__ ;
G30		返回第二、三、四参考点	G30 P3 X__ Z__ ; 或 G30 P4 X__ Z__ ;
G32	01	螺纹切削	G32 X__ Z__ F__ ;（F 为导程）
G34		变螺距螺纹切削	G34 X__ Z__ F__ K__ ;
G40 ▲	07	刀尖圆弧半径补偿取消	G40；
G41		刀尖圆弧半径左补偿	G41 G00/G01 X__ Z__ ;
G42		刀尖圆弧半径右补偿	G42 G00/G01 X__ Z__ ;

续表

G 指令	组别	功能	程序格式和说明
G50 ▲	00	坐标系设定或最高限速	G50 X__ Z__ ; G50 S__ ;
G52	00	局部坐标系设定	G52 X__ Z__ ;
G53	00	选择机床坐标系	G53 X__ Z__ ;
G54 ▲	14	选择工件坐标系 1	G54;
G55	14	选择工件坐标系 2	G55;
G56	14	选择工件坐标系 3	G56;
G57	14	选择工件坐标系 4	G57;
G58	14	选择工件坐标系 5	G58;
G59	14	选择工件坐标系 6	G59;
G65	00	宏程序非模态调用	G65 P__ L__ < 自变量指定 >;
G66	12	宏程序模态调用	G66 P__ L__ < 自变量指定 >;
G67 ▲	12	宏程序模态调用取消	G67;
G70	00	精车循环	G70 P__ Q__ ;
G71	00	粗车循环	G71 U__ R__ ; G71 P__ Q__ U__ W__ F__ ;
G72	00	平端面粗车循环	G72 W__ R__ ; G72 P__ Q__ U__ W__ F__ ;
G73	00	多重复合循环	G73 U__ W__ R__ ; G73 P__ Q__ U__ W__ F__ ;
G74	00	端面切槽循环	G74 R__ ; G74 X（U）__ Z（W）__ P__ Q__ R__ F__ ;
G75	00	径向切槽循环	G75 R__ ; G75 X（U）__ Z（W）__ P__ Q__ R__ F__ ;
G76	00	螺纹复合循环	G76 P $\underline{(m)(r)(\alpha)}$ Q__ R__ ; G76 X（U）__ Z（W）__ R__ P__ Q__ F__ ;
G90	01	内、外圆切削循环	G90 X__ Z__ F__ ; G90 X__ Z__ R__ F__ ;
G92	01	螺纹切削循环	G92 X__ Z__ F__ ; G92 X__ Z__ R__ F__ ;
G94	01	端面切削循环	G94 X__ Z__ F__ ; G94 X__ Z__ R__ F__ ;

续表

G 指令	组别	功能	程序格式和说明
G96	02	恒定线速度	G96 S200；（200 m/min）
G97 ▲		每分钟转数	G97 S800；（800 r/min）
G98	05	每分钟进给	G98 F100；（100 mm/min）
G99 ▲		每转进给	G99 F0.1；（0.1 mm/r）

关于准备功能指令的说明如下：

（1）G 指令有 A、B、C 三种系列，本表所列为 A 系列的 G 指令。

（2）当电源接通或复位时，数控系统进入清零状态，这时的开机默认指令在表中以符号“▲”表示，但是原来的 G21 或 G20 指令仍保持有效。

（3）表 2–1 中的 00 组 G 指令都是非模态指令。

（4）当指定了未在系统说明书中指定的 G 指令时，显示 P/S010 报警。

（5）不同组的 G 指令在同一程序段中可以指定多个。如果在同一程序段中出现了多个同组的 G 指令，则仅执行最后指定的那个 G 指令。

（6）G 指令按组号显示。对于表中没有列出的功能指令，请参阅有关厂家的编程说明书。

2. 辅助功能指令

辅助功能指令以代码 M 表示。FANUC 0i 系统的辅助功能指令与第一章提到的常用 M 指令相同，详见表 1–3。

3. 其他功能指令

FANUC 系统的其他功能指令请参阅本书第一章。

第二节　内、外圆加工单一固定循环

为了达到简化编程的目的，在 FANUC 系统中配备了很多固定循环功能，这些循环功能主要用在工件内孔和外圆的粗、精加工，螺纹加工，内、外沟槽和端面沟槽的加工中。通过对这些固定循环指令的灵活运用，使所编写的加工程序简洁、明了，降低了编程过程中的出错概率。

一、内、外圆切削循环指令（G90）

1. 圆柱面切削循环指令

（1）指令格式

G90 X（U）__ Z（W）__ F__ ；

式中 X（U）__ Z（W）__——循环切削终点（图 2–1 中的 *C* 点）处的坐标，U 和 W 后面数值的符号取决于轨迹 *AB* 和 *BC* 的方向。

F__——循环切削过程中的进给量，该值可沿用到后续程序中，也可沿用循环程序前已经指令的 F 值。

例如，G90 X30.0 Z–30.0 F0.1；

（2）本指令的运动轨迹和工艺说明

圆柱面切削循环（即矩形循环）的运动轨迹如图 2–1 所示。刀具从程序起点 *A* 开始以 G00 方式径向移至指令中的 X 坐标处（图 2–1 中的 *B* 点），再以 G01 的方式沿轴向切削进给至终点坐标处（图 2–1 中的 *C* 点），然后退至循环开始的 X 坐标处（图 2–1 中的 *D* 点），最后以 G00 方式返回循环起点 *A* 处，准备下一个动作。

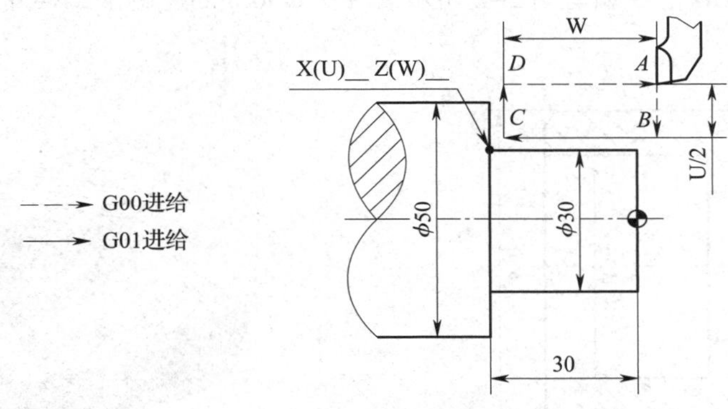

图 2–1 圆柱面切削循环的运动轨迹

该指令与简单的编程指令（如 G00、G01 等）相比，将 *AB*、*BC*、*CD*、*DA* 四条直线指令组合成一条指令进行编程，从而达到了简化编程的目的。

对于数控车床的所有循环指令，要特别注意正确选择程序循环起始点的位置，因为该点既是程序循环的起点，又是程序循环的终点。对于该点，一般宜选择在离开工件或毛坯 1 ~ 2 mm 的位置。

（3）编程实例

例 2–1 试用 G90 指令编写图 2–1 所示工件的加工程序。

```
O0201;
N10 G99 G21 G40;              （程序初始化）
N20 T0101;                    （换 1 号刀，调用 1 号刀补）
N30 M03 S600;                 （主轴正转，转速为 600 r/min）
N40 G00 X52.0 Z2.0;           （固定循环起点）
N50 G90 X46.0 Z–30.0 F0.2;    （调用固定循环加工圆柱表面）
N60 X42.0;                    （固定循环模态调用，下同）
N70 X38.0;
```

```
N80 X34.0;
N90 X30.5;                    （精加工余量为 0.5 mm）
N100 X30.0 F0.1;              （精加工进给量）
N110 G00 X100.0 Z100.0;
N120 M30;                     （程序结束并复位）
```

提示

编制单一固定循环加工程序时，应特别注意循环起点的合理选择，固定循环的起点也是固定循环的终点。

例 2–2 试用 G90 指令编写图 2–2 所示工件中 ϕ36 mm 孔的加工程序（其他轮廓已加工完毕）。

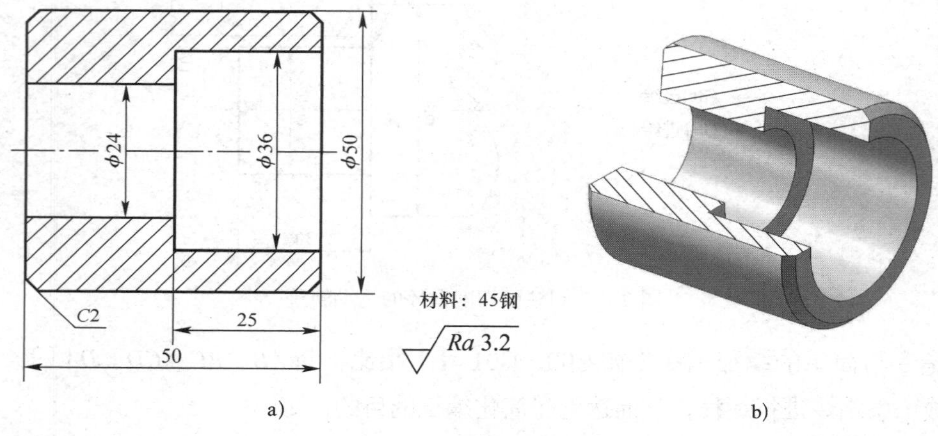

图 2–2 用 G90 指令加工内轮廓
a）零件图 b）三维立体图

```
O0202;
N10 G99 G21 G40;              （程序初始化）
N20 T0101;                    （换 1 号刀，调用 1 号刀补）
N30 M03 S600;                 （主轴正转，转速为 600 r/min）
N40 G00 X22.0 Z2.0;           （内孔固定循环起点）
N50 G90 X28.0 Z-25.0 F0.2;    （调用固定循环加工内轮廓）
N60 X32.0;
N70 X35.5;                    （精加工余量为 0.5 mm）
N80 X36.0 F0.1 S1200;         （变换精加工的进给量和转速）
N90 G00 X100.0 Z100.0;
N100 M30;                     （程序结束并复位）
```

2. 圆锥面切削循环指令

（1）指令格式

G90 X（U）__ Z（W）__ R__ F__；

式中 X（U）__ Z（W）__——循环切削终点处的坐标；

R__——圆锥面切削起点（图 2–3a 中的 *B* 点）处的 X 坐标值与终点（图 2–3a 中的 *C* 点）处 X 坐标值之差的一半；

F__——循环切削过程中进给量的大小。

例如，G90 X30.0 Z–30.0 R–5.0 F0.2；

（2）本指令的运动轨迹和工艺说明

圆锥面切削循环的运动轨迹如图 2–3 所示，类似于圆柱面切削循环。

G90 循环指令中的 R 值有正负之分，当切削起点处的半径小于终点处的半径时，R 为负值，如图 2–3a 中 R 即为负值；反之则为正值。

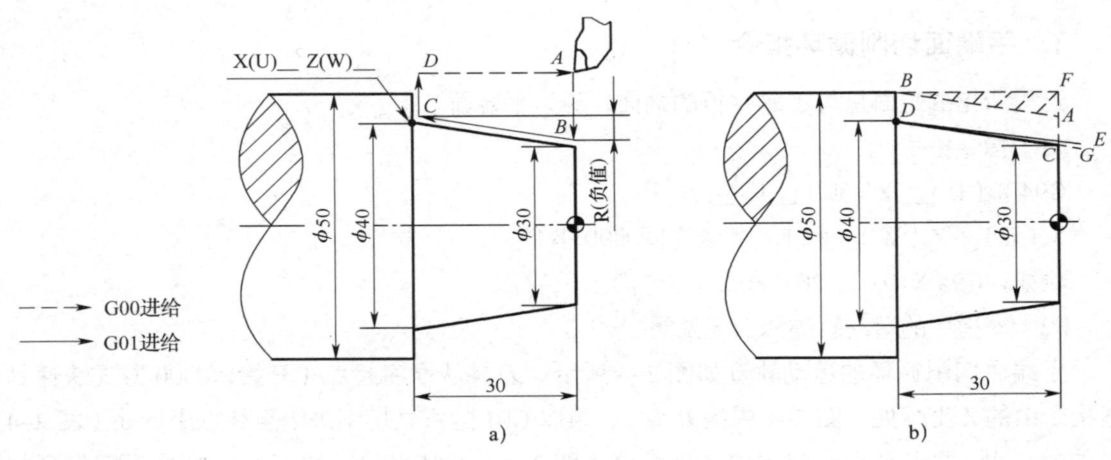

图 2–3 圆锥面切削循环的运动轨迹

为了保证加工锥面时锥度正确，该循环的循环起点一般应在离工件 *X* 向 1 ~ 2 mm 和 *Z* 向为 Z0 的位置处，如图 2–3b 所示。当沿 *CD* 段直线加工时，如果 *Z* 向起刀点处于 Z2.0 位置，其实际的加工路线为 *ED*，从而产生了锥度误差。解决锥度误差的另一种方法是在直线 *DC* 的延长线上起刀（图 2–3b 中的 *G* 点），但这时要重新计算 R 值。

对于锥面加工的背吃刀量，应参照最大加工余量来确定，即以图 2–3b 中 *CF* 段的长度进行平均分配。如果按图 2–3b 中的 *BD* 段长度来分配背吃刀量的大小，则在加工过程中会使第一次执行循环时开始处的背吃刀量过大，如图中 *ABF* 区域所示，即在切削开始处的背吃刀量为 5 mm。

（3）编程实例

例 2–3 试用 G90 指令编写图 2–3a 所示工件的加工程序。

```
O0203；
⋮
N50 G00 X52.0 Z0.0；                  （固定循环起点，Z 向为 Z0）
N60 G90 X56.0 Z-30.0 R-5.0 F0.2；     [调用固定循环加工圆锥表面，在（X46.0，
                                      Z0）处开始切削，平均分配背吃刀量]
N70 X52.0；                           （固定循环模态调用，下同）
N80 X48.0；
N90 X44.0；
N100 X40.5；                          （精加工余量为 0.5 mm）
N110 X40.0 F0.1；                     [起始点为（X30.0，Z0）]
N120 G00 X100.0 Z100.0；
N130 M30；
```

二、端面切削循环指令（G94）

1．平端面切削循环指令

这里所指的端面是与 X 轴平行的端面，称为平端面。

（1）指令格式

G94 X（U）__ Z（W）__ F__；

X（U）__ Z（W）__和 F__的含义同 G90 指令。

例如，G94 X10.0 Z-20.0 F0.2；

（2）本指令的运动轨迹和工艺说明

平端面切削循环的运动轨迹如图 2-4 所示。刀具从程序起点 *A* 开始以 G00 方式快速到达指令中的 Z 坐标处（图 2-4 中的 *B* 点），再以 G01 的方式切削进给至终点坐标处（图 2-4 中的 *C* 点），并退至循环起始的 Z 坐标处（图 2-4 中的 *D* 点），再以 G00 方式返回循环起点 *A*，准备下一个动作。

执行该指令的工艺过程与 G90 指令的工艺过程相似，不同之处在于切削进给速度和背吃刀量应略小，以减小切削过程中的刀具振动。

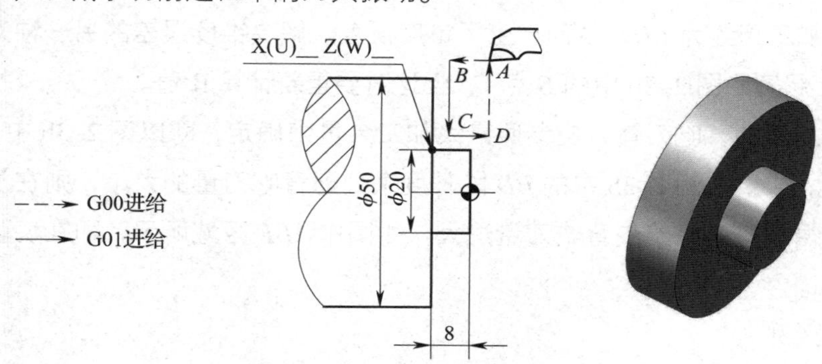

图 2-4　平端面切削循环的运动轨迹

（3）编程实例

例 2-4　试用 G94 指令编写图 2-4 所示工件的加工程序。

```
O0204；
 ⋮
N50 G00 X52.0 Z2.0；              （固定循环起点）
N60 G94 X20.0 Z-2.0 F0.2；        （调用固定循环加工平端面）
N70 Z-4.0；                       （固定循环模态调用，下同）
N80 Z-6.0；
N90 Z-7.5；                       （精加工余量为 0.5 mm）
N100 Z-8.0 F0.1；
N110 G00 X100.0 Z100.0；
N120 M30；
```

2. 斜端面切削循环指令

当圆锥母线在 X 轴上的投影长度大于其在 Z 轴上的投影长度时，该端面即称为斜端面。

（1）指令格式

G94 X（U）__ Z（W）__ R__ F__；

式中　X（U）__ Z（W）__和 F__——含义同 G90 指令。

R__——斜端面切削起点（图 2-5 中的 B 点）处的 Z 坐标值减去其终点（图 2-5 中的 C 点）处的 Z 坐标值。

例如，G94 X20.0 Z-5.0 R-5.0 F0.2；

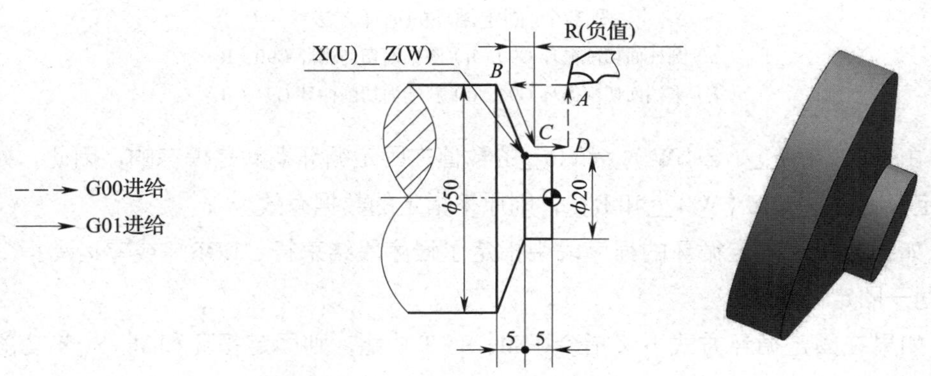

图 2-5　斜端面切削循环的运动轨迹

（2）本指令的运动轨迹和工艺说明

本指令的运动轨迹和工艺说明与 G90 指令相似。

（3）编程实例

例 2-5　试用 G94 指令编写图 2-5 所示工件的加工程序。

```
O0205；
⋮
N50 G00 X53.0 Z7.0；              （固定循环起点）
N60 G94 X20.0 Z5.0 R-5.0 F0.2；   （从延长线上开始切削，且 R 为负值）
N70 Z3.0；                        （固定循环模态调用，下同）
N80 Z1.0；
N90 Z-1.0；
N100 Z-3.0；
N110 Z-4.5；                      （精加工余量为 0.5 mm）
N120 Z-5.0 F0.1 S1200；
N130 G00 X100.0 Z100.0；
N140 M30；
```

三、使用单一固定循环指令（G90、G94）的注意事项

1．对于固定循环指令 G90、G94，应根据毛坯的形状和工件的加工轮廓进行适当的选择，一般情况下的选择方法如图 2–6 所示。

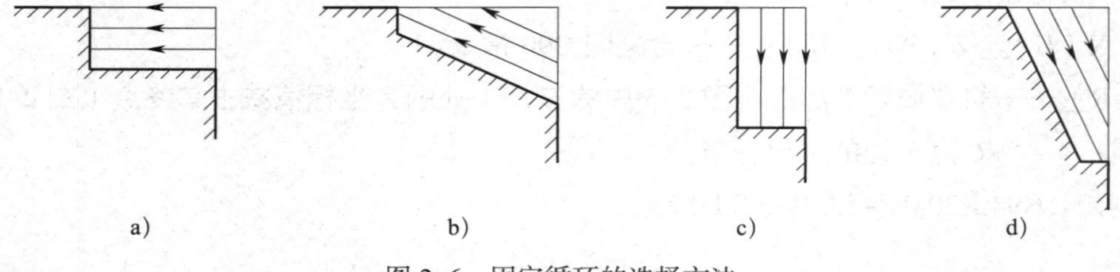

图 2–6　固定循环的选择方法

a）圆柱面切削循环 G90　b）圆锥面切削循环 G90（R）

c）平端面切削循环 G94　d）斜端面切削循环 G94（R）

2．由于 X（U）__、Z（W）__和 R__的数值在固定循环期间是模态的，因此，如果没有重新指定 X（U）__、Z（W）__和 R__，则原来指定的数据有效。

3．如果在使用固定循环的程序段中指定了程序段结束符“EOB”或零运动指令，则重复执行同一固定循环。

4．如果在固定循环方式下又指令了 M、S、T 功能，则固定循环和 M、S、T 功能同时完成。

5．如果在单段运行模式下执行循环，则每一循环分四段进行，执行过程中只需按一次“循环启动”按键。

6．采用不同的切削方式时，其选择的刀具类型也不相同。如选用 G90 指令加工外圆时，可选择图 2–7a 所示的外圆车刀；而选用 G94 指令加工端面时，则应选择图 2–7b 所示的端面车刀。

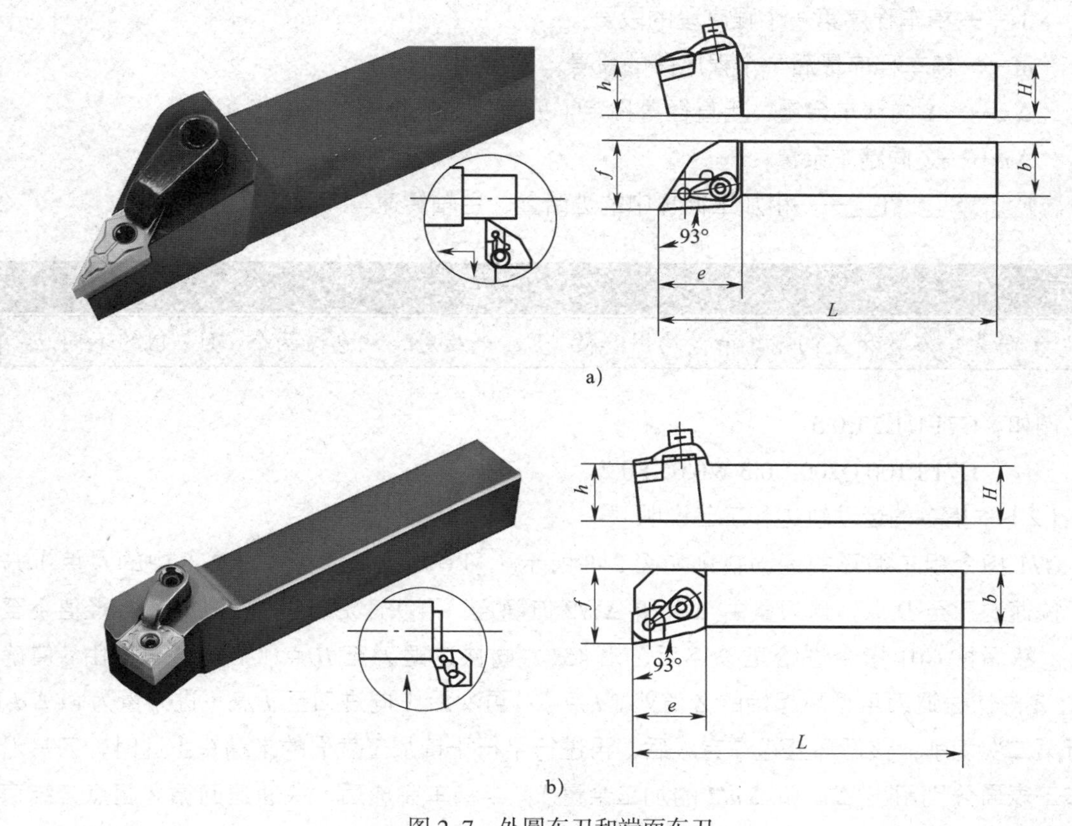

图 2–7 外圆车刀和端面车刀

a）外圆车刀 b）端面车刀

提示

仔细观察这两类刀具，它们的刀具角度有什么区别？

第三节 内、外圆复合固定循环

一、毛坯切削循环

1. 粗车循环指令（G71）

（1）指令格式

G71 U$\underline{\Delta d}$ R$\underline{e}$；

G71 P$\underline{ns}$ Q$\underline{nf}$ U$\underline{\Delta u}$ W$\underline{\Delta w}$ F__ S__ T__；

式中 Δd——X 向背吃刀量（半径量指定），不带符号，且为模态值；

e——退刀量，其值为模态值；

ns——精车程序第一个程序段的段号；

nf——精车程序最后一个程序段的段号；

Δ*u*——*X* 向精车余量，用直径量指定（另有规定的除外）；

Δ*w*——*Z* 向精车余量；

F__、S__、T__——粗加工循环中的进给量、主轴转速与刀具功能。

提示

X 向背吃刀量和 *X* 向精车余量均用参数“U”来指定，注意这两个“U”值的不同点。

例如，G71 U1.5 R0.5；

G71 P100 Q200 U0.3 W0.05 F0.2；

（2）本指令的运动轨迹和工艺说明

G71 指令粗车循环的运动轨迹如图 2–8 所示。刀具从循环起点（图 2–8 中的 *C* 点）开始，快速退刀至 *D* 点，退刀量由 Δ*w* 和 Δ*u*/2 值确定；再快速沿 *X* 向进刀 Δ*d*（半径值）至 *E* 点；然后按 G01 指令进给至 *G* 点后，沿 45° 方向快速退刀至 *H* 点（*X* 向退刀量由 *e* 值确定）；*Z* 向快速退刀至循环起始的 Z 值处（*I* 点）；再次沿 *X* 向进刀至 *J* 点（进刀量为 *e*+Δ*d*）进行第二次切削；该循环至粗车完成后，再进行平行于精加工表面的半精车（这时，刀具沿精加工表面分别留出 Δ*w* 和 Δ*u*/2 的加工余量）；半精车完成后，快速退回循环起点，结束粗车循环所有动作。

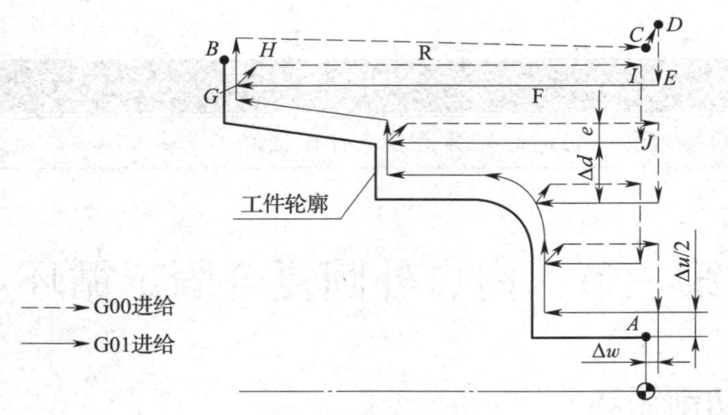

图 2–8　粗车循环的运动轨迹

指令中的 F 值和 S 值是指粗加工循环中的 F 值和 S 值，该值一经指定，则在程序段号 ns 和 nf 之间所有的 F 值和 S 值均无效。另外，该值也可以不加指定而沿用前面程序段中的 F 值和 S 值，并可沿用至粗、精加工结束后的程序中。

通常情况下，FANUC 0i 系统粗加工循环中的轮廓外形必须采用单调递增或单调递减的形式；否则，会出现凹形轮廓不是分层切削而是在半精加工时一次性切削的情况，如图 2–9 所示。当加工图示凹圆弧 *AB* 段时，在粗车循环中，因阴影部分的加工余量 *X* 向的递增与递减形式并存，故无法进行分层切削，而在半精车时一次性进行切削。

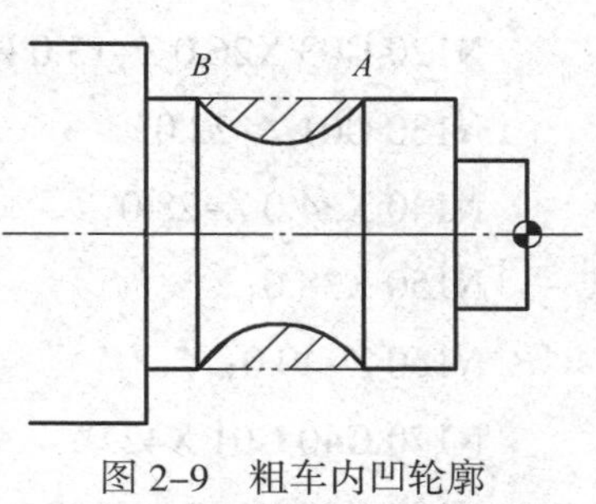

图 2–9　粗车内凹轮廓

在 FANUC 系统的 G71 循环中，ns 程序段必须沿 *X* 向进刀，且不能出现 *Z* 向的运动指令；否则会出现程序报警。

N100 G01 X30.0；　　（正确的 ns 程序段）

N100 G01 X30.0 Z2.0；　　（错误的 ns 程序段，程序段中出现了 *Z* 向的运动指令）

（3）编程实例

例 2–6　试用复合固定循环指令编写图 2–10 所示工件的粗加工程序。

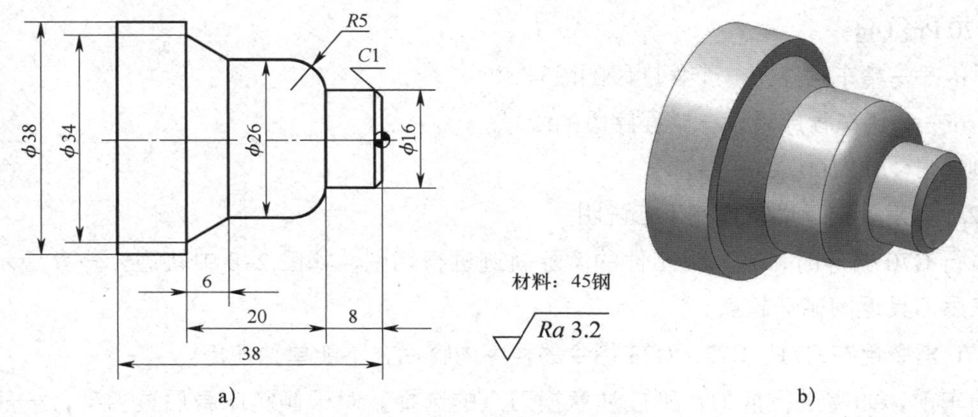

图 2–10　复合固定循环编程实例

a）零件图　b）三维立体图

```
O0206;
N10 G99 G40 G21;
N20 T0101;
N30 G00 X100.0 Z100.0;
N40 M03 S600;
N50 G00 X42.0 Z2.0;                  (快速定位至粗车循环起点)
N60 G71 U1.0 R0.3;                   (粗车循环，指定进刀与退刀量)
N70 G71 P80 Q170 U0.3 W0 F0.2;       (指定循环所属的首、末程序段及精车余量
                                      与进给量，其转速由前面的程序段指定)
N80 G42 G00 X14.0;                   (也可用 G01 指令进刀，不能出现 Z 坐标字)
N90 G01 Z0 F0.1 S1200;               (精车时的进给量和转速)
N100 X16.0 Z-1.0;
N110 Z-8.0;
```

N120 G03 X26.0 Z-13.0 R5.0；

N130 G01 Z-22.0；

N140 X34.0 Z-28.0；

N150 X38.0；

N160 Z-40.0；

N170 G40 G01 X42.0；

N180 G00 X100.0 Z100.0；

N190 M30；

2. 精车循环指令（G70）

（1）指令格式

G70 P<u>ns</u> Q<u>nf</u>；

式中 ns——精车程序第一个程序段的段号；

nf——精车程序最后一个程序段的段号。

例如，G70 P100 Q200；

（2）本指令的运动轨迹和工艺说明

执行 G70 循环时，刀具沿工件的实际轨迹进行切削，如图 2–8 中轨迹 $A \rightarrow B$ 所示。循环结束后刀具返回循环起点。

G70 指令用在 G71、G72、G73 指令的程序内容后，不能单独使用。

精车前，如需进行换刀，则应注意换刀点的选择。对于倾斜床身后置刀架，一般先回机床参考点，再进行换刀，编程时，可在例 2–6 的 N170 程序段后插入下列“程序一”的内容。而选择水平床身前置刀架的换刀点时，通常应选择在换刀过程中刀具不与工件、夹具、顶尖干涉的位置，其换刀程序可选用下列“程序二”的内容。

程序一：

G28 U0 W0；	（返回机床参考点，如果使用了顶尖，则要考虑先返回 *X* 参考点，再返回 *Z* 参考点）
T0202；	（换 2 号精车刀）
G00 X52.0 Z2.0；	（返回循环起点）

程序二：

G00 X100.0 Z100.0；或 G00 X150.0 Z20.0；	（前一程序段未考虑顶尖位置，后一程序段则已考虑了顶尖位置）
T0202；	
G00 X52.0 Z2.0；	（返回循环起点）

G70 指令执行过程中的 F 值和 S 值由段号 ns 和 nf 之间给出的 F 值和 S 值指定，如例 2–6 中 N90 程序段所列。

精车余量的大小受机床、刀具、工件材料、加工方案等因素影响，故应根据前、后工步的表面质量、尺寸、位置和安装精度确定，其值不能过大，也不宜过小。确定加工余量的常用方法有经验估算法、查表修正法、分析计算法三种。车削内、外圆时的加工余量采用经验估算法时一般取 0.2 ~ 0.5 mm。另外，在 FANUC 系统中还要注意加工余量的方向性，即加工外圆时余量为正，加工内孔时余量为负。

（3）编程实例

例 2-7　试用 G71 与 G70 指令编写图 2-11 所示工件内轮廓（毛坯孔直径为 18 mm）粗、精车的加工程序。

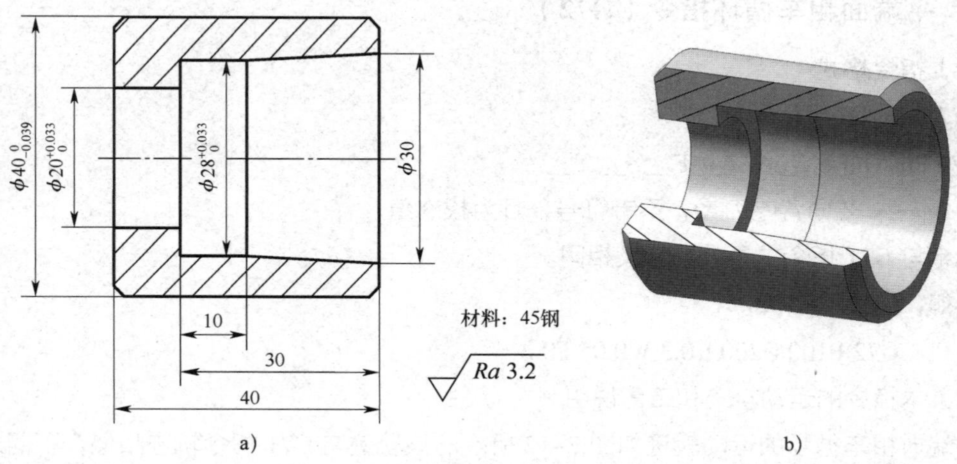

图 2-11　精加工循环编程实例

a）零件图　b）三维立体图

```
O0207;
N10 G99 G40 G21;
N20 T0101;
N30 G00 X100.0 Z100.0;
N40 M03 S600;
N50 G00 X17.0 Z2.0;                      （快速定位至粗车循环起点）
N60 G71 U0.8 R0.3;                       （背吃刀量取较小值）
N70 G71 P80 Q140 U-0.3 W0.05 F0.2;       （精车余量 X 向取负值，Z 向取正值）
N80 G41 G00 X30.0 S1000;
N90 G01 Z0 F0.1;
N100 X28.0 Z-20.0;
N110 Z-30.0;
N120 X20.0;
N130 Z-42.0;
```

N140 G40 G01 X17.0；

N150 G70 P80 Q140；

N160 G00 X100.0 Z100.0；

N170 M30；

提示

加工内轮廓时，应特别注意作为精加工余量的 U 值取负值，且为直径量。

3. 平端面粗车循环指令（G72）

（1）指令格式

G72 W$\underline{\Delta d}$ R$\underline{e}$；

G72 P$\underline{\text{ns}}$ Q$\underline{\text{nf}}$ U$\underline{\Delta u}$ W$\underline{\Delta w}$ F__ S__ T__ ；

式中　Δd——Z 向背吃刀量，不带符号，且为模态值；

其余与 G71 指令中参数的含义相同。

例如，G72 W1.5 R0.5；

G72 P100 Q200 U0.3 W0.05 F0.2；

（2）本指令的运动轨迹和工艺说明

平端面粗车循环的运动轨迹如图 2–12 所示。该轨迹与 G71 指令轨迹相似，不同之处在于该循环是沿 Z 向进行分层切削的。

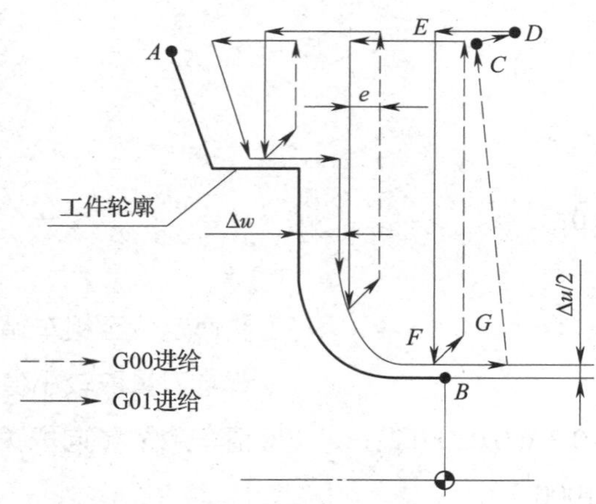

图 2–12　平端面粗车循环的运动轨迹

G72 循环所加工的轮廓形状必须采用单调递增或单调递减的形式。

在 FANUC 系统的 G72 循环指令中，顺序号 ns 所指程序段必须沿 Z 向进刀，且不能出现 X 向的运动指令；否则会出现程序报警。

N100 G01 Z–30.0；　　　　（正确的 ns 程序段）

N100 G01 X30.0 Z-30.0；　　（错误的 ns 程序段，程序段中出现了 X 向的运动指令）

（3）编程实例

例 2-8　试用 G72 和 G70 指令编写图 2-13 所示内轮廓（直径为 12 mm 的孔已钻好）的加工程序。

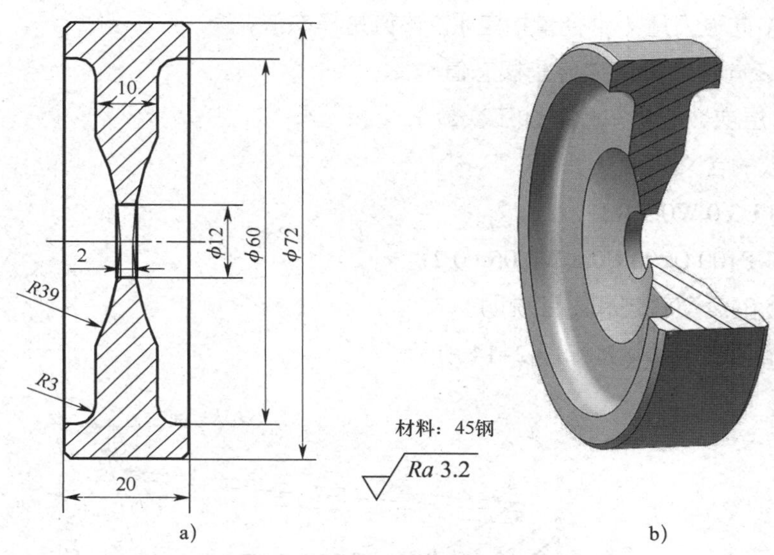

图 2-13　平端面粗车循环编程实例

a）零件图　b）三维立体图

```
O0208;
N10 G99 G40 G21;
N20 T0101;
N30 G00 X100.0 Z100.0;
N40 M03 S600;
N50 G00 X10.0 Z10.0;                （快速定位至粗车循环起点）
N60 G72 W1.0 R0.3;
N70 G72 P90 Q140 U-0.05 W0.3 F0.2;  （精车余量 Z 向取较大值）
N90 G42 G01 Z-8.68 F0.1 S1200;
N100 G02 X38.21 Z-5.0 R39.0;
N110 G01 X54.0;
N120 G02 X60.0 Z-2.0 R3.0;
N130 G01 Z0;
N140 G40 X10.0;
N150 G70 P90 Q140;
N160 G00 X100.0 Z100.0;
N170 M30;
```

4. 多重复合循环指令（G73）

（1）指令格式

G73 U$\underline{\Delta i}$ W$\underline{\Delta k}$ R$\underline{d}$；

G73 P$\underline{ns}$ Q$\underline{nf}$ U$\underline{\Delta u}$ W$\underline{\Delta w}$ F__ S__ T__；

式中 Δi——X 向退刀量（半径量指定），该值是模态值；

Δk——Z 向退刀量，该值是模态值；

d——分层次数（粗车重复加工次数）；

其余各参数的含义同 G71 指令。

例如，G73 U3.0 W0.5 R3；

G73 P100 Q200 U0.3 W0.05 F0.2；

（2）本指令的运动轨迹和工艺说明

多重复合循环的运动轨迹如图 2–14 所示。

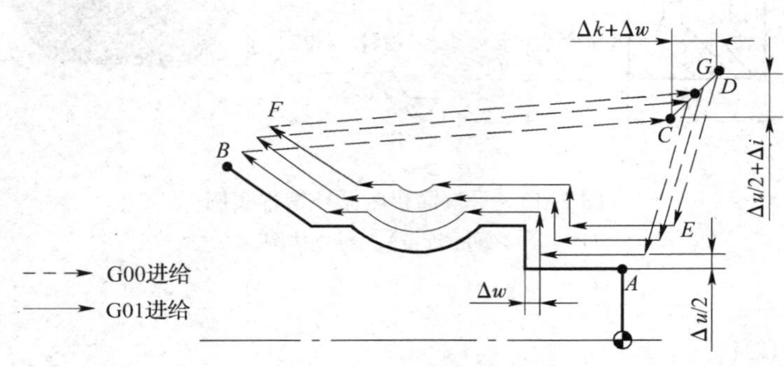

图 2–14 多重复合循环的运动轨迹

1）刀具从循环起点（C 点）开始，快速退刀至 D 点（在 X 向的退刀量为 $\Delta u/2+\Delta i$，在 Z 向的退刀量为 $\Delta k+\Delta w$）。

2）快速进刀至 E 点（E 点坐标值由 A 点坐标、精加工余量、退刀量 Δi 和 Δk、粗车次数确定）。

3）沿轮廓形状偏移一定值后切削至 F 点。

4）快速返回 G 点，准备第二层循环切削。

5）如此分层（分层次数由循环程序中的参数 d 确定）切削至循环结束后，快速退回循环起点（C 点）。

G73 循环主要用于车削固定轨迹的轮廓。这种复合循环可以高效地车削铸造、锻造或已粗车成形的工件。对不具备类似成形条件的工件，如采用 G73 指令进行编程与加工，反而会增加刀具在切削过程中的空行程，而且也不便于计算粗车余量。

在 G73 程序段中，ns 程序段可以沿 X 轴或 Z 轴的任意方向进刀。

G73 循环加工的轮廓形状没有单调递增或单调递减形式的限制。

（3）编程实例

例 2–9　试用 G73 指令编写图 2–15 所示工件右侧外轮廓（左侧加工完成后采用一夹一顶的方式进行装夹）的加工程序。

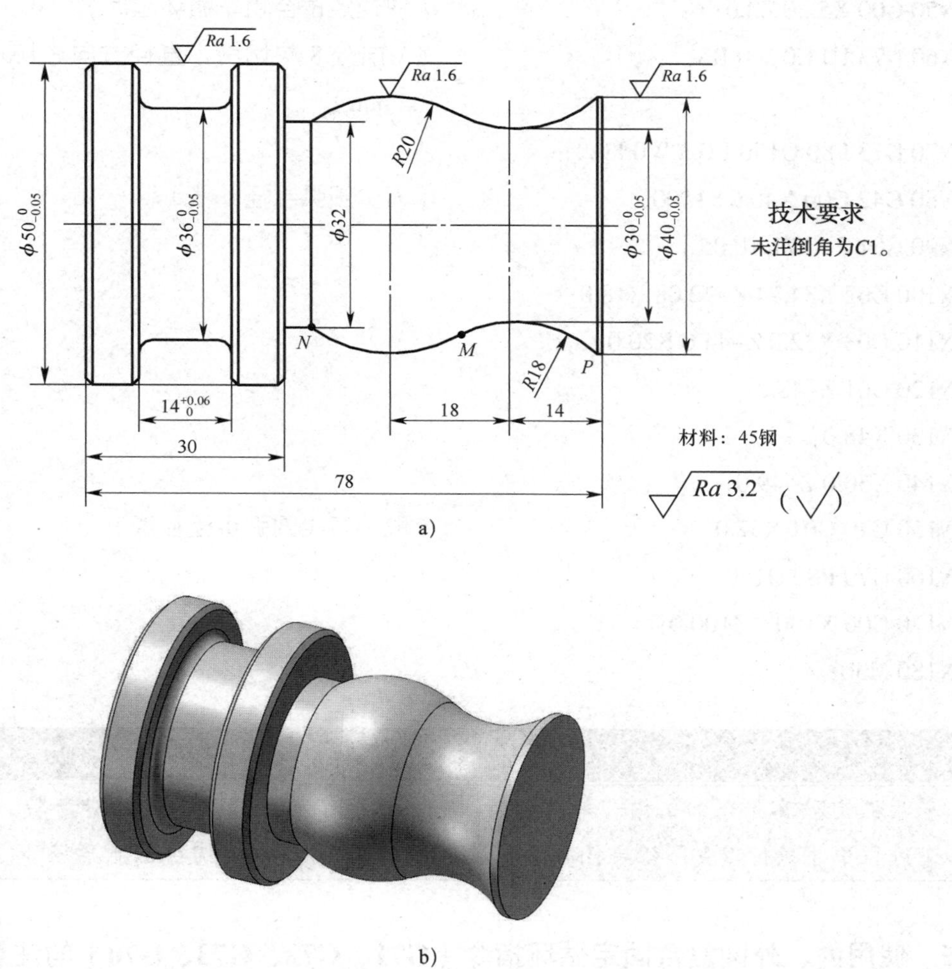

图 2–15　多重复合循环编程实例

a）零件图　b）三维立体图

分析：加工本例工件时，应注意刀具和刀具角度的正确选择，以保证刀具在加工过程中不产生过切现象。本例中，刀具采用图 1–51 所示菱形刀片可转位车刀，其刀尖角为 35°，副偏角为 52°，能满足本例工件的加工要求（加工本例工件所要求的最大副偏角位于图中 *N* 点处，约为 35°）。

采用 CAD 软件进行基点坐标分析，得出局部基点坐标为 *P*（40，–0.71）、*M*（34.74，–22.08）、*N*（32，–44）。另外，本例工件最好采用刀尖圆弧半径补偿指令进行加工。

O0209；

N10 G99 G40 G21；

N20 T0101;
N30 G00 X100.0 Z100.0;
N40 M03 S800;
N50 G00 X52.0 Z2.0;　　（快速定位至粗车循环起点）
N60 G73 U11.0 W0 R8;　　（X 向分 8 次切削，直径方向总切入深度为 22 mm）
N70 G73 P80 Q150 U0.3 W0 F0.2;
N80 G42 G00 X40.0 S1500;　　（刀尖圆弧半径补偿）
N90 G01 Z-0.71 F0.05;
N100 G02 X34.74 Z-22.08 R18.0;
N110 G03 X32.0 Z-44.0 R20.0;
N120 G01 Z-48.0;
N130 X48.0;
N140 X50.0 Z-49.0;
N150 G40 G01 X52.0;　　（取消刀尖圆弧半径补偿）
N160 G70 P80 Q150;
N170 G00 X100.0 Z100.0;
N180 M30;

提示

采用固定循环指令加工内、外轮廓时，如果编写了刀尖圆弧半径补偿指令，则仅在精加工过程中才执行刀尖圆弧半径补偿，在粗加工过程中不执行刀尖圆弧半径补偿。

5. 使用内、外圆复合固定循环指令（G71、G72、G73、G70）的注意事项

（1）对于内、外圆复合固定循环指令，应根据毛坯的形状、工件的加工轮廓及其加工要求适当选择。

G71 固定循环主要用于对径向尺寸要求比较高、轴向切削尺寸大于径向切削尺寸的毛坯进行粗车循环。编程时，*X* 向的精车余量一般大于 *Z* 向精车余量，参见程序 O0206。

G72 固定循环主要用于对端面精度要求比较高、径向切削尺寸大于轴向切削尺寸的毛坯进行粗车循环。编程时，*Z* 向的精车余量一般大于 *X* 向精车余量，参见程序 O0208。

G73 固定循环主要用于已成形工件的粗车循环。精车余量根据具体的加工要求和加工形状来确定，参见程序 O0209。

（2）使用其他内、外圆复合固定循环指令进行编程时，在其 ns ~ nf 之间的程序段中不能含有以下指令：

1）固定循环指令。

2）参考点返回指令。

3）螺纹切削指令。

4）宏程序调用（G73 指令除外）或子程序调用指令。

（3）执行 G71、G72、G73 循环时，只有在 G71、G72、G73 指令的程序段中 F、S、T 值是有效的，在调用的程序段 ns～nf 之间编入的 F、S、T 功能将全部被忽略。相反，在执行 G70 精车循环时，G71、G72、G73 程序段中指令的 F、S、T 功能无效，这时，F、S、T 值取决于程序段 ns～nf 之间编入的 F、S、T 功能。

（4）在 G71、G72、G73 程序段中，Δd（Δi）、Δu 都用地址符 U 进行指定，而 Δk、Δw 都用地址符 W 进行指定，系统是根据 G71、G72、G73 程序段中是否指定 P、Q 来区分 Δd（Δi）、Δu 和 Δk、Δw 的。当程序段中没有指定 P、Q 时，该程序段中的 U 和 W 分别表示 Δd（Δi）和 Δk；当程序段中指定了 P、Q 时，该程序段中的 U、W 分别表示 Δu 和 Δw。

（5）在 G71、G72、G73 程序段中的 Δw、Δu 是指精加工余量值，该值按其余量的方向有正负之分。另外，G73 指令中的 Δi、Δk 值也有正负之分，其正负值是根据刀具位置和进刀、退刀方式来判定的。

二、切槽用复合固定循环

1. 径向切槽循环指令（G75）

（1）指令格式

G75 R$\underline{e}$；

G75 X（U）__ Z（W）__ P$\underline{\Delta i}$ Q$\underline{\Delta k}$ R$\underline{\Delta d}$ F__；

式中 e——退刀量，其值为模态值；

X（U）__ Z（W）__——切槽终点处坐标；

Δi——X 方向的每次切入深度，用不带符号的半径量表示；

Δk——刀具完成一次径向切削后在 Z 方向的偏移量，用不带符号的值表示；

Δd——刀具在切削底部的 Z 向退刀量，无要求时可省略；

F__——径向切削时的进给量。

例如，G75 R0.5；

G75 U6.0 W5.0 P1500 Q2000 F0.1；

（2）本指令的运动轨迹和工艺说明

径向切槽循环的运动轨迹如图 2–16 所示。

1）刀具从循环起点（A 点）开始，沿径向进刀 Δi 并到达 C 点。

2）退刀 e（断屑）并到达 D 点。

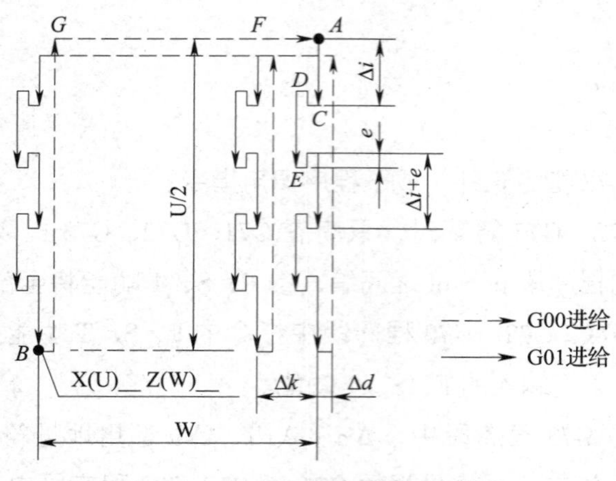

图 2–16　径向切槽循环的运动轨迹

3）按该循环递进切削至径向终点 X 坐标处。

4）退到径向起刀点，完成一次切削循环。

5）沿轴向偏移 Δ*k* 至 *F* 点，进行第二层切削循环。

6）依次循环直至刀具切削至程序终点坐标处（*B* 点），径向退刀至起刀点（*G* 点），再轴向退刀至起刀点（*A* 点），完成整个切槽循环动作。

G75 程序段中的 Z（W）值可省略或设为 0，当 Z（W）值设为 0 时，执行循环指令时刀具仅做 *X* 向进给而不做 *Z* 向偏移。

对于程序段中的 Δ*i*、Δ*k* 值，在 FANUC 系统中，不能输入小数点，而是直接输入最小编程单位，如 P1500 表示径向每次切入深度为 1.5 mm。

车一般外沟槽时，因切槽刀是从外圆切入，其几何形状与切断刀基本相同，车刀两侧副后角相等，车刀左右对称。

（3）编程实例

例 2–10　试用 G75 指令编写图 2–17 所示工件沟槽（设所用切槽刀的刀头宽度为 3 mm）的加工程序。

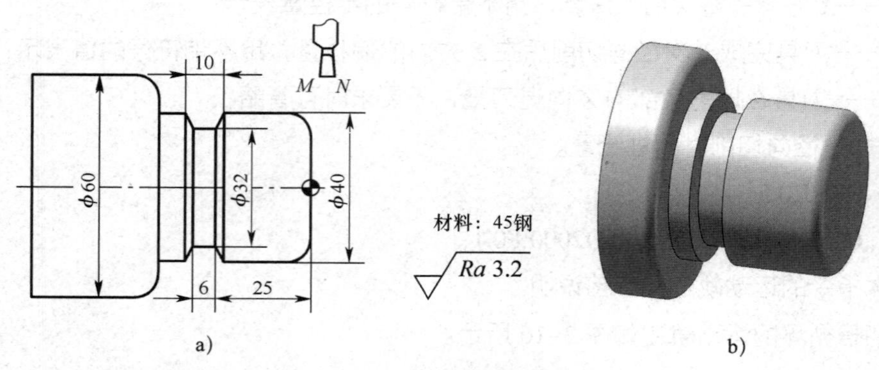

图 2–17　径向切槽循环编程实例

a）零件图　b）三维立体图

分析：在编写本例工件的循环程序段时，要注意循环起点的正确选择。由于切槽刀在对刀时以刀尖点 M（见图 2–17）作为 Z 向对刀点，而切槽时由刀尖点 N 控制长度尺寸 25 mm，因此，G75 循环起点的 Z 向坐标为“–25–3（刀头宽度）=–28”。

O0210；

N10 G99 G40 G21；

N20 T0101；

N30 G00 X100.0 Z100.0；

N40 M03 S600；

N50 G00 X42.0 Z–28.0；　（快速定位至切槽循环起点）

N60 G75 R0.3；

N70 G75 X32.0 Z–31.0 P1500 Q2000 F0.1；

N80 G00 X100.0 Z100.0；

N90 M30；

对于槽侧的两处斜边，在切槽循环结束且不退刀的情况下，巧用切槽刀的左、右刀尖能很方便地进行编程加工，其程序如下：

⋮

N200 G75 X32.0 Z–31.0 P1500 Q2000 F0.1；

N210 G01 X40.0 Z–26.0；　（图 2–17 中刀尖 N 到达切削位置）

N220 X32.0 Z–28.0；　（车削右侧斜面）

N230 X42.0；　（应准确测量刀头宽度，以确定刀具 Z 向移动量）

N240 X40.0 Z–33.0；　（用刀尖 M 车削左侧斜面）

N250 X32.0 Z–31.0；

N260 X42.0；

⋮

2. 端面切槽循环指令（G74）

（1）指令格式

G74 R$\underline{e}$；

G74 X（U）__ Z（W）__ P$\underline{\Delta i}$ Q$\underline{\Delta k}$ R$\underline{\Delta d}$ F__ ；

式中　Δi——刀具完成一次轴向切削后在 X 向的偏移量，该值用不带符号的半径量表示；

Δk——Z 向每次切入深度，用不带符号的值表示；

其余各参数的含义同 G75 指令。

例如，G74 R0.5；

G74 U6.0 W5.0 P1500 Q2000 F0.1；

（2）本指令的运动轨迹和工艺说明

G74 循环运动轨迹类似于 G75 循环轨迹，如图 2–18 所示。不同之处是刀具从循环起点 *A* 出发，先沿轴向进给，再径向平移，依次循环，直至完成全部动作。

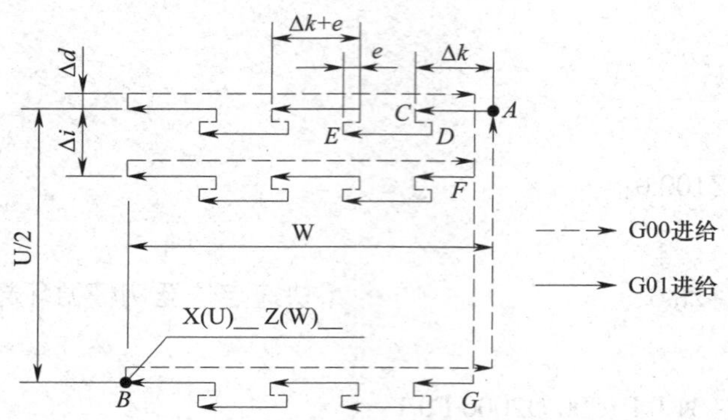

图 2–18　端面切槽循环的运动轨迹

G75 循环指令中的 X（U）值可省略或设为 0，当 X（U）值设为 0 时，在 G75 循环执行过程中，刀具仅做 *Z* 向进给而不做 *X* 向偏移。此时该指令可用于端面啄式深孔钻削循环，但使用该指令时，装夹在刀架（尾座无效）上的刀具一定要精确定位到工件的回转中心。

（3）编程实例

例 2–11　试用 G74 指令编写图 2–19 所示工件的切槽（切槽刀的刀头宽度为 3 mm）及钻孔加工程序。

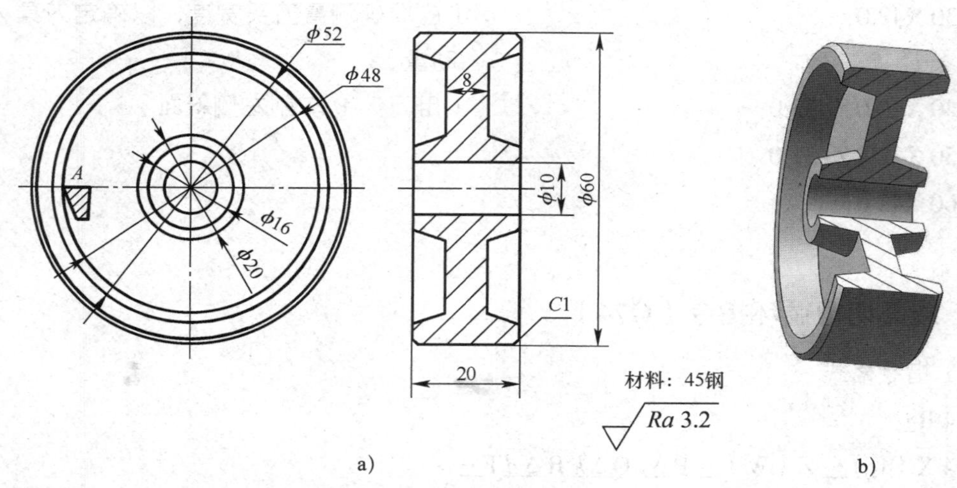

图 2–19　端面槽加工编程实例

a）零件图　b）三维立体图

O0211；

⋮

N50 G00 X20.0 Z1.0；　　　　　　（快速定位至切槽循环起点）

```
N60 G74 R0.3；
N70 G74 X42.0 Z-6.0 P1000 Q2000 F0.1；     （X 坐标相差一个刀头宽度）
N80 G01 X16.0 Z0；                         （加工内锥面）
N90 X20.0 Z-6.0；
N100 X42.0；
N110 Z2.0；
N120 X46.0 Z0；
N130 X42.0 Z-6.0；
N140 Z2.0；
N150 G28 U0 W0；                           （返回参考点，以便于换刀）
N160 T0202；                               [换 2 号刀（即 φ10 mm 钻头）]
N170 G00 X0 Z1.0；                         （快速定位到啄式钻削起点）
N180 G74 R0.3；
N190 G74 Z-25.0 Q5000 F0.1；
N200 G28 U0 W0；
N210 M30；
```

提示

车削图 2-19 所示工件的端面槽时，车刀的刀尖点 A 处于车孔状态，为了避免车刀与工件沟槽的较大圆弧面相碰，刀尖 A 处的副后面必须根据端面槽圆弧的大小磨成圆弧形，并保证一定的后角。

3. 使用切槽复合固定循环指令（G74、G75）的注意事项

（1）在 FANUC 系统中，若执行切槽复合固定循环指令中出现以下情况，将会出现程序报警。

1）X（U）或 Z（W）指定，而 Δi 或 Δk 值未指定或指定为 0。

2）Δk 值大于 Z 轴的移动量（W）或 Δk 值设定为负值。

3）Δi 值大于 U/2 或 Δi 值设定为负值。

4）退刀量大于进刀量，即 e 值大于每次切入深度 Δi 或 Δk。

（2）由于 Δi 和 Δk 为无符号值，因此，刀具切入深度达到要求后的偏移方向由系统根据刀具起刀点和切槽终点的坐标自动判断。

（3）切槽过程中，刀具或工件受较大的单方向切削力，容易在切削过程中产生振动，因此，切槽加工中进给速度 F 的取值应略小（特别是在端面切槽时），通常取 0.1～0.2 mm/r。

三、内、外圆加工编程实例

例 2–12 试分析图 2–20 所示工件（毛坯尺寸为 ϕ58 mm×98 mm，材料为 45 钢）的加工方案并编写其加工程序。

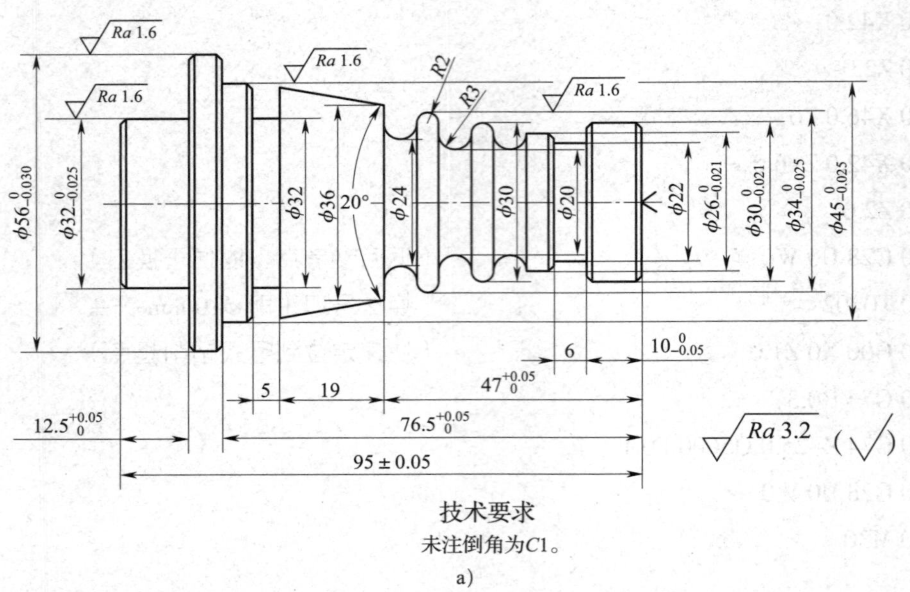

a）

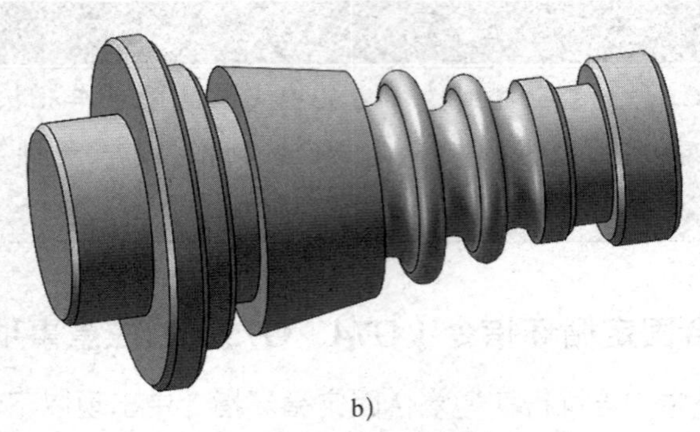

b）

图 2–20 轮廓加工实例 1

a）零件图 b）三维立体图

1. 选择机床与夹具

选择 FANUC 0i 系统、前置刀架式数控车床进行加工，夹具采用三爪自定心卡盘，编程原点分别设在工件左、右端面与 Z 轴相交的交点处。

2. 加工步骤

（1）采用 G71 和 G70 指令粗、精加工工件左侧外轮廓。

（2）掉头车端面，保证总长，钻中心孔。

（3）采用一夹一顶的方式进行装夹。

（4）采用 G71 和 G70 指令粗、精加工工件右侧外轮廓。

（5）采用 G75 指令进行切槽加工。

（6）采用 R1.5 mm 圆弧车刀加工凹、凸圆弧轮廓。

（7）工件去毛刺，倒钝锐边，检查各项尺寸精度。

3. 选择刀具与切削用量

（1）1 号刀为 90° 外圆车刀。选择粗车切削用量 n=600 r/min、f=0.2 mm/r、a_p=1.5 mm，精车切削用量 n=1 200 r/min、f=0.1 mm/r、a_p=0.25 mm。

（2）2 号刀为切槽刀，刀头宽度为 3 mm，切削用量 n=600 r/min、f=0.1 mm/r。

（3）3 号刀为 R1.5 mm 的圆弧车刀，切削用量 n=800 r/min、f=0.1 mm/r。

4. 编写加工程序

```
O0212;                                （工件左侧加工程序）
N10 G99 G21 G40;
N20 T0101;                            （换 1 号刀，用 G71 指令进行加工）
N30 M03 S600;
N40 G00 X62.0 Z2.0;
N50 G71 U1.5 R0.3;                    （粗车循环）
N60 G71 P70 Q140 U0.5 W0 F0.2;
N70 G00 X30.0 S1200;
N80 G01 Z0 F0.1;
N90 X32.0 Z-1.0;                      （轮廓倒角）
N100 Z-12.5;
N110 X54.0;
N120 X56.0 Z-13.5;
N130 Z-25.0;
N140 G01 X62.0;
N150 G70 P70 Q140;                    （精车左侧外轮廓）
N160 G00 X100.0 Z100.0;
N170 M30;
O0213;                                （工件右侧加工程序）
N10 G99 G21 G40;
N20 T0101;                            （换 1 号刀，用 G71 指令进行加工）
N30 M03 S600;
N40 G00 X62.0 Z2.0;
N50 G71 U1.5 R0.3;                    （粗车循环）
```

```
N60 G71 P70 Q190 U0.5 W0 F0.2；
N70 G00 X28.0 S1200；
N80 G01 Z0 F0.1；
N90 X30.0 Z-1.0；                           （轮廓倒角）
N100 Z-37.0；
N110 X34.0；
N120 Z-47.0；
N130 X36.0；
N140 X42.7 Z-66.0；
N150 Z-71.0；
N160 X43.0；
N170 X45.0 Z-72.0；
N180 X45.0；
N190 Z-76.5；
N200 X54.0；
N210  X56.0 Z-77.5；
N220 G01 X62.0；
N230 G70 P70 Q190；                         （精车右侧外轮廓）
N240 G00 X150.0 Z50.0；                     （有顶尖，注意换刀位置）
N250 T0202；                                （换 2 号刀，刀头宽度为 3 mm）
N260 M03 S600；
N270 G00 X32.0 Z-13.0；
N280 G75 R0.3；                             （加工第一条槽）
N290 G75 X22.0 Z-16.0 P2000 Q2000 F0.1；
N300 G01 X30.0 Z-12.0；
N310 X28.0 Z-13.0；
N320 X26.0 Z-17.0；
N330 X24.0 Z-16.0；
N340 G00 X47.0；
N350 Z-69.0；
N360 G75 R0.3；                             （加工第二条槽）
N370 G75 X32.0 Z-71.0 P2000 Q2000 F0.1；
N380 G00 X150.0 Z50.0；
N390 M30；
```

```
O0214;                                 （凹、凸圆弧的精加工程序）
N10 G99 G21 G40;
N20 T0303;                             （换 3 号圆弧车刀）
N30 M03 S800 F0.1;
N40 G00 X40.0 Z-14.0;
N50 G42 G01 X26.0;
N60 Z-21.0;
N70 G02 Z-27.0 R3.0;
N80 G03 Z-31.0 R2.0;
N90 G02 Z-37.0 R3.0;
N100 G01 X30.0
N110 G03 Z-41.0 R2.0;
N120 G02 Z-47.0 R3.0;
N130 G01 X40.0;
N140 G40 G00 X40.0 Z-14.0;
N150 G00 X150.0 Z50.0;                 （注意：退刀过程中不要与顶尖发生干涉）
N160 M30;
```

提示

O0214 为精加工程序，在实际加工过程中要通过修改磨耗值的方式进行分层切削，每次分层切削均要修改一次磨耗值。

例 2-13　欲加工图 2-21 所示的工件，毛坯尺寸为 ϕ82 mm×15 mm，材料为 45 钢，中间已加工出 ϕ2 mm 的孔，试分析其加工方案并编写数控加工程序。

分析：加工本例工件时，选用 G72 指令编程加工左侧轮廓，再选用 G73 指令加工右侧轮廓。

```
O0215;                                 （工件左侧加工程序）
N10 G99 G21 G40;
N20 T0101;                             （换 1 号刀，用 G72 指令进行加工）
N30 M03 S600;
N40 G00 X82.0 Z2.0;
N50 G72 W1.0 R0.3;                     （粗车循环，去除部分余量）
N60 G72 P70 Q130 U0.1 W0.3 F0.2;
N70 G00 Z-10.0 S1200;
N80 G01 X78.0 F0.1;
N90 Z-6.21;
N100 X42.0 Z-4.0;
N110 X17.0;
```

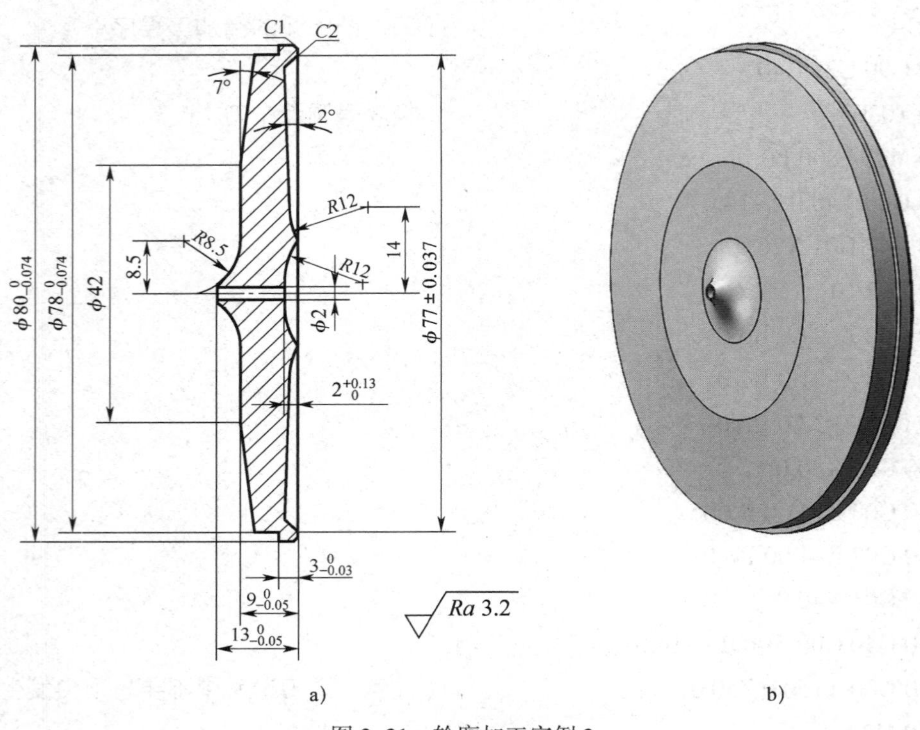

a）　　b）

图 2-21　轮廓加工实例 2

a）零件图　b）三维立体图

```
N120 G03 X1.58 Z1.0 R8.5;
N130 G01 Z2.0;
N140 G70 P70 Q130;                     （精加工左侧轮廓）
N150 G00 X100.0 Z100.0;                （退刀至换刀点）
N160 M30;
O0216;                                 （工件右侧加工程序）
N10 G99 G96 G21 G40;
N20 G50 S2000;                         （采用恒线速度，限制最高转速）
N30 T0202;                             （换 2 号刀，用 G73 指令进行加工）
N40 M03 S200;
N50 G00 X1.0 Z1.0;
N60 G73 U0 W3.0 R3;                    （粗加工右侧轮廓）
N70 G73 P80 Q150 U0 W0.3 F0.2;
N80 G01 X1.6 Z-2.0 S1200 F0.1;
N90 X7.24;
N100 G02 X20.51 Z0 R12.0;
N110 G02 X27.16 Z-0.59 R12.0;
N120 G01 X74.17 Z-1.42;
```

```
N130 X77.0 Z0;
N140 X82.0;
N150 G01 Z1.0;
N160 G70 P80 Q150;                    （精加工右侧轮廓）
N170 G00 X100.0 Z100.0;
N180 M30;
```

第四节　螺纹加工及其固定循环

在 FANUC 数控系统中，车削螺纹的加工指令有 G32、G34 和其固定循环加工指令 G92、G76。通过这些指令，在数控车床上加工各种螺纹更加简便。

一、普通螺纹的加工工艺

1. 普通螺纹的尺寸计算

普通螺纹是我国应用最广泛的一种三角形螺纹，其牙型角为 60°。普通螺纹分为粗牙普通螺纹和细牙普通螺纹。粗牙普通螺纹的螺距是标准螺距，其代号用字母“M”和公称直径表示，如 M16、M12 等。细牙普通螺纹代号用字母“M”和公称直径 × 螺距表示，如 M24×1.5、M27×2 等。

普通螺纹有左旋螺纹和右旋螺纹之分，左旋螺纹应在螺纹标记的末尾处加注“LH”，如 M20×1.5—LH 等，未注明的是右旋螺纹。

普通螺纹的基本牙型如图 2–22 所示，该牙型图上标出了螺纹的各基本尺寸。

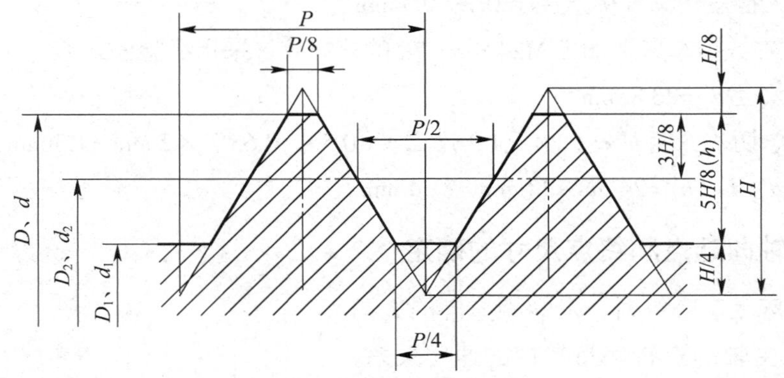

图 2–22　普通螺纹的基本牙型

P——螺纹螺距；

H——螺纹原始三角形高度，H=0.866P；

D、d——螺纹大径；

D_2、d_2——螺纹中径；

D_1、d_1——螺纹小径。

螺纹基本尺寸的计算如下：

（1）螺纹大径（D、d）

螺纹大径的公称尺寸与螺纹的公称直径相同。外螺纹大径在加工螺纹前通过车削外圆得到，该外圆的实际直径通过其大径公差带或借用其中径公差带进行控制。

（2）螺纹中径（D_2、d_2）

$$D_2(d_2)=D(d)-(3H/8)\times 2=D(d)-0.649\,5P$$

在数控车床上，螺纹的中径是通过控制螺纹的削平高度（由螺纹车刀的刀尖体现）、牙型高度、牙型角和小径来综合控制的。

（3）螺纹小径（D_1、d_1）与螺纹的牙型高度（h）

$$D_1(d_1)=D(d)-(5H/8)\times 2=D(d)-1.082\,5P$$

$$h=5H/8=0.541\,25P\text{，取 }h=0.54P$$

（4）螺纹编程直径与总切入深度的确定

在编制螺纹加工程序或车削螺纹时，因受到螺纹车刀刀尖形状及其尺寸刃磨精度的影响，为保证螺纹中径达到要求，故在编程或车削过程中通常采用以下经验公式进行调整或确定其编程小径（d_1'、D_1'）：

$$d_1'=d-(1.1\sim1.3)P$$

$$D_1'=D-P\text{（车削塑性金属）}$$

$$D_1'=D-1.05P\text{（车削脆性金属）}$$

在以上经验公式中，直径 d、D 均指其公称尺寸。在各编程小径的经验公式中，已考虑到部分直径公差的要求。

同理，考虑螺纹的公差要求和螺纹切削过程中因挤压作用对大径的影响，编程或车削过程中的外螺纹大径应比其公称直径小 0.1 ~ 0.3 mm。

例 2–14 在数控车床上加工 M24×2—7h 的外螺纹，采用经验公式取：

螺纹编程大径 d' =23.8 mm

半径方向总切入深度 $h'=(1.1\sim1.3)P/2=(0.55\sim0.65)\times 2\text{ mm}\approx1.3\text{ mm}$

编程小径 $d_1'=d-2h'=24\text{ mm}-2.6\text{ mm}=21.4\text{ mm}$

2. 螺纹轴向起点和终点尺寸的确定

在数控车床上车螺纹时，沿螺距方向的 Z 向进给应与机床主轴的旋转保持严格的速比关系，但在实际车削螺纹开始时，伺服系统不可避免地有一个加速的过程，结束前也相应有一个减速的过程。在这两段时间内螺距得不到有效保证。为了避免在进给机构加速或减速过程中切削螺纹，在安排其工艺时要尽可能考虑合理的导入距离 δ_1 和导出距离 δ_2，如图 2–23 所示。

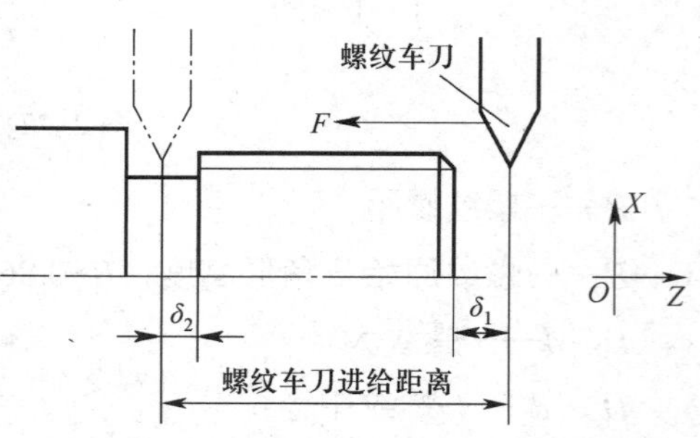

图 2–23 螺纹切削的导入距离和导出距离

δ_1 和 δ_2 的数值不仅与机床传动系统的动态特性有关，还与螺纹的螺距和螺纹的精度有关。一般 δ_1 取（2～3）P，对大螺距和高精度的螺纹则取较大值；δ_2 一般取（1～2）P。若螺纹收尾处没有退刀槽，其 δ_2=0。这时，该处的收尾形状由数控系统的功能确定。

3. 螺纹加工的多刀切削

如果螺纹牙型较深或螺距较大，可分多次进给。每次进给的背吃刀量是用实际牙型高度减精加工背吃刀量后所得的差，并按递减规律分配。常用公制螺纹切削时的进给次数与实际背吃刀量（直径量）可参考表 2–2 选取。

表 2–2　常用普通螺纹切削的进给次数与背吃刀量　mm

螺距		1.0	1.5	2.0	2.5
总切入深度		1.3	1.95	2.6	3.25
每次切入深度	1 次	0.8	1.0	1.2	1.3
	2 次	0.4	0.6	0.7	0.9
	3 次	0.1	0.25	0.4	0.5
	4 次		0.1	0.2	0.3
	5 次			0.1	0.15
	6 次				0.1

二、螺纹切削指令（G32、G34）

1. 等螺距直线螺纹切削指令（G32）

等螺距直线螺纹包括普通圆柱螺纹和圆锥螺纹。

（1）等螺距圆柱螺纹切削指令

1）指令格式

G32 X（U）__ Z（W）__ F__ Q__ ；

式中　X（U）__ Z（W）__ ——等螺距直线螺纹的终点坐标；

F__ ——等螺距直线螺纹的导程，如果是单线螺纹，则为等螺距直线螺纹的螺距；

Q__ ——螺纹起始角，该值为不带小数点的非模态值，其单位为 0.001°，如果是单线螺纹，则该值不用指定，这时该值为 0。

在该指令格式中，当只有 *Z* 向坐标数据字 Z（W）__时，指令用于加工等螺距圆柱螺纹；当只有 *X* 向坐标数据字 X（U）__时，指令用于加工等螺距端面螺纹。

例如，G32 W–30.0 F4.0；

2）本指令的运动轨迹和工艺说明。执行 G32 指令加工圆柱螺纹的运动轨迹如图 2–24 所示。G32 指令近似于 G01 指令，刀具从 *B* 点以每转进给一个导程（螺距）的速度切削至 *C* 点。其切削前的进刀和切削后的退刀都要通过快速点定位指令 G00 的程序段来实现，如图 2–24 中的 *AB*、*CD*、*DA* 程序段。

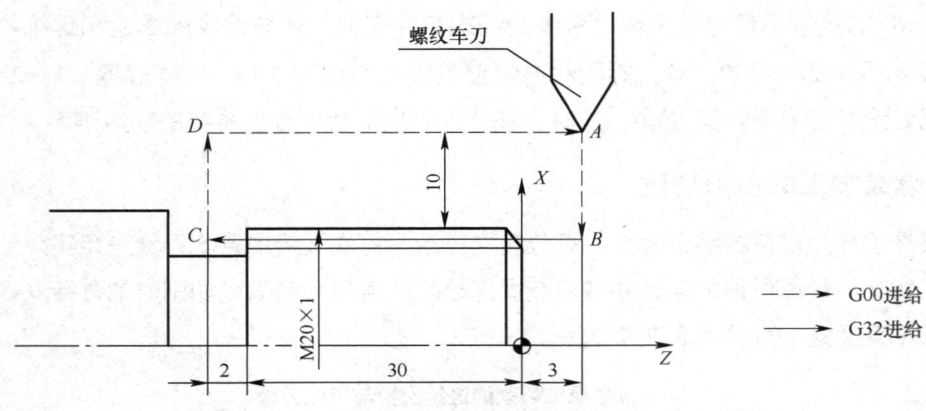

图 2-24　G32 指令加工圆柱螺纹的运动轨迹与编程实例

在加工等螺距圆柱螺纹和除端面螺纹外的其他各种螺纹时，均需特别注意其螺纹车刀的安装方法（正向、反向）和主轴的旋转方向应与车床刀架的配置方式（前置、后置）相适应。采用图 2-24 所示后置刀架车削右旋螺纹时，螺纹车刀必须反向（即前面向下）安装，车床主轴用 M03 指令其旋向，则起刀点应改为图 2-24 中的 *B* 点；否则，车出的螺纹将不是右旋，而是左旋。如果螺纹车刀正向安装，主轴用 M04 指令，则起刀点应改为图 2-24 中的 *C* 点。

3）编程实例。

例 2-15　试用 G32 指令编写图 2-24 所示工件螺纹的加工程序。

分析：因该螺纹为普通连接螺纹，没有规定其公差要求，可参照螺纹公差的国家标准，对其大径尺寸（车螺纹前的外圆直径），可靠近最低配合要求的公差带，如 8e($^{-0.06}_{-0.34}$)，并取其中值确定，或按经验取为 19.8 mm，以避免合格螺纹的牙顶过尖。

切削螺纹时导入距离 δ_1 取 3 mm，导出距离 δ_2 取 2 mm。螺纹的总背吃刀量预定为 1.3 mm，分三次切削，背吃刀量依次为 0.8 mm、0.4 mm 和 0.1 mm。

程序如下：

```
O0217;
⋮
N50 G00 X40.0 Z3.0;           (δ1=3 mm)
N60 U-20.8;
N70 G32 W-35.0 F1.0;          (螺纹第一刀切削，背吃刀量为 0.8 mm)
N80 G00 U20.8;
N90 W35.0;
N100 U-21.2;
N110 G32 W-35.0 F1.0;         (背吃刀量为 0.4 mm)
N120 G00 U21.2;
N130 W35.0;
N140 U-21.3;
```

N150 G32 W-35.0 F1.0；　　　　（背吃刀量为 0.1 mm）

N160 G00 U21.3；

N170 W35.0；

N180 G00 X100.0 Z100.0；

N190 M30；

例 2-16　试用 G32 指令编写图 2-24 所示工件螺纹（螺纹代号改为 M20×Ph2P1）的加工程序。

O0218；

⋮

N50 G00 X40.0 Z6.0；　　　　（导入距离 δ_1=6 mm）

N60 X19.2；

N70 G32 Z-32.0 F2.0 Q0；　　　　（加工第一条螺旋槽，螺纹起始角为 0°）

N80 G00 X40.0；

N90 Z6.0；

⋮

N150 X19.2；　　　　（至第一条螺旋槽加工完成）

N160 G32 Z-32.0 F2.0 Q180000；　　　　（加工第二条螺旋槽，螺纹起始角为 180°）

N170 G00 X40.0；

N180 Z6.0；

⋮　　　　（多刀重复切削至第二条螺旋槽加工完成）

N250 M30；

（2）等螺距圆锥螺纹切削指令

1）指令格式

G32 X（U）__ Z（W）__ F __ ；

例如，G32 U3.0 W-30.0 F4.0；

2）本指令的运动轨迹和工艺说明。执行 G32 指令加工圆锥螺纹的运动轨迹（见图 2-25）与加工圆柱螺纹的运动轨迹相似。

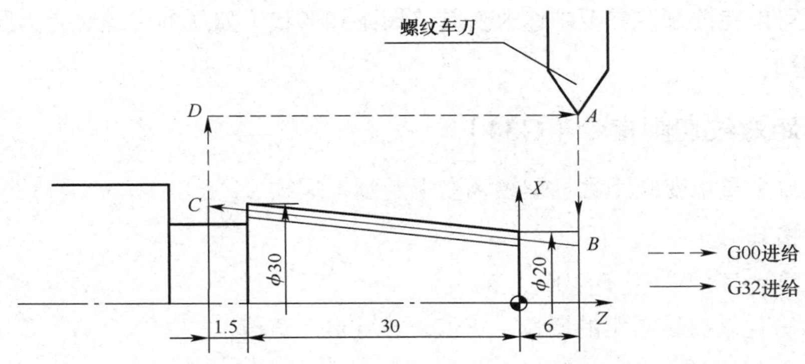

图 2-25　G32 指令加工圆锥螺纹的运动轨迹与编程实例

加工圆锥螺纹时，要特别注意受 δ_1、δ_2 影响后的螺纹切削起点与终点坐标，以保证螺纹锥度的正确性。

圆锥螺纹在 *X* 向或 *Z* 向的导程各不相同，程序中导程 F 的取值以两者中较大值为准。

3）编程实例。

例 2–17 试用 G32 指令编写图 2–25 所示工件的螺纹（P=2.5 mm）加工程序。

分析：经计算，圆锥螺纹的牙顶在 *B* 点处的坐标为（18.0，6.0），在 *C* 点处的坐标为（30.5，–31.5）。

程序如下：

```
O0219；
⋮
N50 G00 X16.7 Z6.0；              （δ1=6）
N60 G32 X29.2 Z–31.5 F2.5；       （螺纹第一刀切削，背吃刀量为 1.3 mm）
N70 G00 U20.0；
N80 W37.5；
N90 G00 X16.0 Z6.0；
N100 G32 X28.5 Z–31.5 F2.5；      （螺纹第二刀切削，背吃刀量为 0.7 mm）
⋮
```

（3）G32 指令的其他用途

G32 指令除了可用于加工以上螺纹，还可以加工以下几种螺纹：

1）多线螺纹。编制加工多线螺纹的程序时，只要用地址 Q 指定主轴一转信号与螺纹切削起点的偏移角度即可。

2）端面螺纹。执行端面螺纹的程序段时，刀具在指定螺纹切削距离内以 F 指令的进给速度沿 *X* 向进给，而 *Z* 向不做运动。

3）连续螺纹切削。连续螺纹切削功能是指程序段交界处的少量脉冲输出与下一程序段开头的脉冲输出是重叠的。因此，执行连续程序段进行加工时，由运动中断而引起的断续加工被消除，故可以完成那些需要中途改变其等螺距和形状（如从圆柱螺纹变为圆锥螺纹）的特殊螺纹的切削。

2. 变螺距螺纹切削指令（G34）

变螺距螺纹主要指变螺距圆柱螺纹和变螺距圆锥螺纹。

（1）指令格式

G34 X（U）__ Z（W）__ F__ K __ ；

式中　K __——主轴每转螺距的增量（正值）或减量（负值）；

其余参数的含义同 G32 指令的规定。

例如，G34 W–30.0 F4.0 K0.1；

（2）本指令的运动轨迹和工艺说明

在执行 G34 指令中，除每转螺距有增量外，其余动作和运动轨迹与 G32 指令相同。

3. 使用螺纹切削指令（G32、G34）的注意事项

（1）在螺纹切削过程中，进给速度倍率功能无效。

（2）在螺纹切削过程中，进给暂停功能无效，如果在螺纹切削过程中按了进给暂停按键，刀具将在执行非螺纹切削的程序段后停止。

（3）在螺纹切削过程中，主轴速度倍率功能失效。

（4）在螺纹切削过程中，不宜使用恒线速度控制功能，而应采用恒转速控制功能。

三、螺纹切削单一固定循环指令（G92）

1. 圆柱螺纹切削循环指令

（1）指令格式

G92 X（U）__ Z（W）__ F __；

式中　X（U）__ Z（W）__——螺纹切削终点处的坐标，U 和 W 后面数值的符号取决于轨迹 *AB*（见图 2–26）和 *BC* 的方向；

F __——螺纹的导程，如果是单线螺纹，则为螺距。

例如，G92 X30.0 Z–30.0 F2.0；

（2）本指令的运动轨迹和工艺说明

执行 G92 指令进行圆柱螺纹切削循环的运动轨迹如图 2–26 所示，与 G90 循环相似，其运动轨迹也是一个矩形。刀具从循环起点 *A* 沿 *X* 向快速移至 *B* 点，然后以 F 指令的进给速度沿 *Z* 向切削进给至 *C* 点，再沿 *X* 向快速退刀至 *D* 点，最后返回循环起点 *A*，准备下一次循环。

在 G92 指令循环编程中，仍应注意循环起点的正确选择。通常情况下，*X* 向循环起点取在离外圆表面 1～2 mm（直径量）的位置，*Z* 向循环起点根据导入距离的大小进行选取。

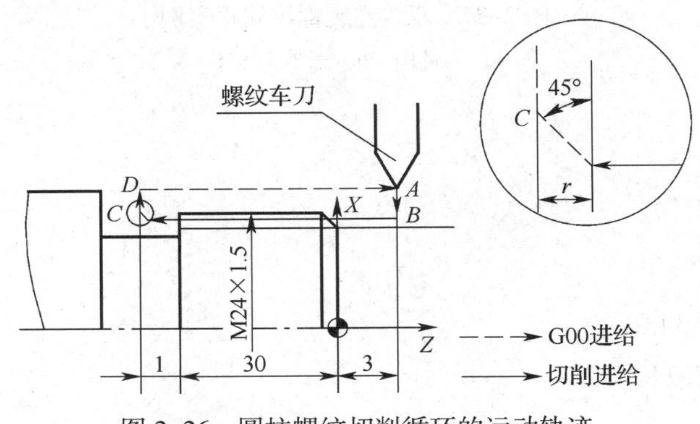

图 2–26　圆柱螺纹切削循环的运动轨迹

（3）编程实例

例 2–18 在后置刀架式数控车床上，试用 G92 指令编写图 2–26 所示工件的螺纹加工程序。在加工螺纹前，其外圆已加工好，直径为 23.75 mm。

螺纹加工程序如下：

O0220；	
N10 G99 G40 G21；	
⋮	
N50 T0202；	（螺纹车刀的前面向下）
N60 M04 S600；	
N70 G00 X25.0 Z3.0；	（螺纹切削循环起点）
N80 G92 X22.9 Z–31.0 F1.5；	（多刀切削螺纹，背吃刀量分别为 1.1 mm、0.5 mm、0.25 mm 和 0.1 mm）
N90 X22.4；	（模态指令，只需指令 X 值，其余值不变）
N100 X22.15；	
N110 X22.05；	
N120 G00 X150.0；	（若有顶尖，应先沿 *X* 轴退刀，再沿 *Z* 轴退刀）
N130 Z20.0；	
N140 M30；	

例 2–19 在前置刀架式数控车床上，试用 G92 指令编写图 2–27 所示双线左旋螺纹的加工程序。在加工螺纹前，其外圆直径已加工至 29.8 mm。

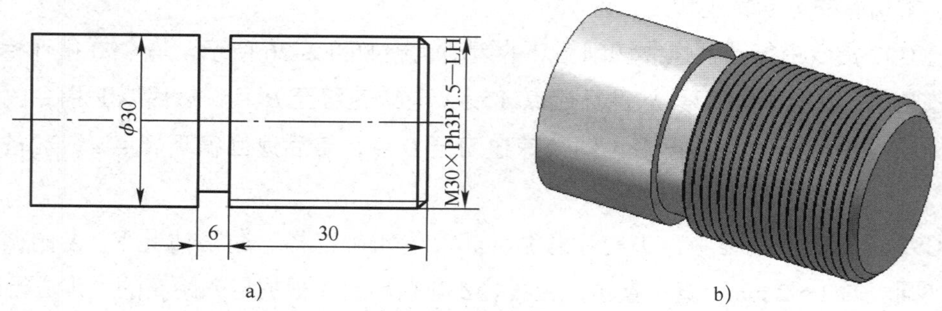

图 2–27 双线左旋螺纹编程实例

a）零件图 b）三维立体图

O0221；

N10 G99 G40 G21；

N20 T0202；

N30 M03 S600；

N40 G00 X31.0 Z–34.0；

N50 G92 X28.9 Z3.0 F3.0；

N60 X28.4；

N70 X28.15；

N80 X28.05；

N90 G01 Z-32.5 F0.2； （Z 向平移一个螺距）

N100 G92 X28.9 Z4.5 F3.0； （加工第二条螺旋线）

N110 X28.4；

N120 X28.15；

N130 X28.05；

N140 G00 X100.0 Z100.0；

N150 M30；

2. 圆锥螺纹切削循环指令

（1）指令格式

G92 X（U）__ Z（W）__ R __ F __ ；

R 的大小为圆锥螺纹切削起点（图 2-28 中的 *B* 点）处 X 坐标值与其终点（编程终点）处 X 坐标值之差的二分之一；

R 的方向规定如下：当切削起点处的半径小于终点处的半径（即顺圆锥外表面）时，R 取负值；反之，R 取正值。

其余参数参照圆柱螺纹 G92 指令的规定。

例如，G92 X30.0 Z-30.0 R-5.0 F2.0；

（2）本指令的运动轨迹和工艺说明

执行 G92 指令进行圆锥螺纹切削循环的运动轨迹与圆柱螺纹切削循环的运动轨迹相似（只是将图 2-26 所示的水平直线 *BC* 改为倾斜直线）。

对于圆锥螺纹中的 R 值，在编程时除要注意有正、负值之分外，还要根据不同长度来确定 R 值的大小，在图 2-28 中，用于确定 R 值的长度为 $30+\delta_1+\delta_2$，R 值的大小应按该式计算，以保证螺纹锥度的正确性。

圆锥螺纹的牙型角为 55°，其余尺寸参数（如牙型高度、大径、中径、小径等）通过查表确定。

（3）编程实例

请参照 G92 指令圆柱螺纹编程。

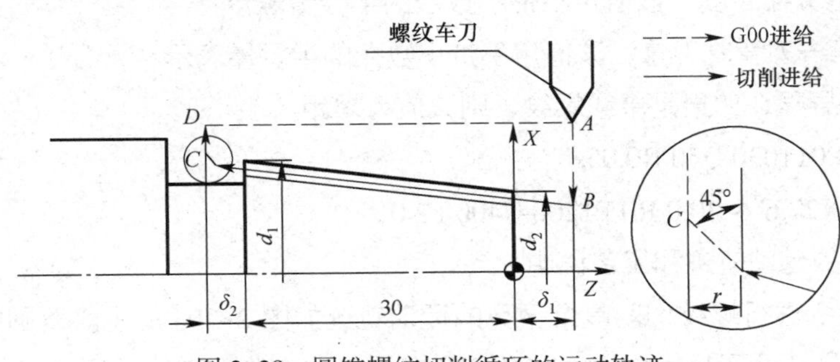

图 2-28 圆锥螺纹切削循环的运动轨迹

3. 使用螺纹切削单一固定循环指令（G92）的注意事项

（1）在螺纹切削过程中，按下“循环暂停”按键时，刀具立即按斜线回退，然后先回到 X 轴的起点，再回到 Z 轴的起点。在回退期间，不能进行另外的暂停。

（2）如果在单段方式下执行 G92 循环，则每执行一次循环只需按一次“循环启动”按键。

（3）G92 指令是模态指令，当 Z 轴移动量没有变化时，只需对 X 轴指定其移动指令即可重复执行固定循环动作。

（4）执行 G92 循环时，在螺纹切削的退尾处，刀具沿接近 45° 的方向斜向退刀，Z 向退刀距离 $r=(0.1\sim12.7)P_h$（导程），如图 2–28 所示，该值由系统参数设定。

（5）在 G92 指令执行过程中，进给速度倍率功能和主轴速度倍率功能均无效。

四、螺纹切削复合固定循环指令（G76）

1. 螺纹复合循环指令

（1）指令格式

G76 P$\underline{(m)(r)(\alpha)}Q\underline{\Delta d_{min}}$ R$\underline{d}$；

G76 X（U）__ Z（W）__ R$\underline{i}$ P$\underline{k}$ Q$\underline{\Delta d}$ F__ ；

式中 m——精加工重复次数 01～99；

r——倒角量，即螺纹切削退尾处（45°）的 Z 向退刀距离，当导程（螺距）用 P_h 表示时，可以设定为（0.1～9.9）P_h，设定时用 00～99 之间的两位数表示；

α——刀尖角度（螺纹牙型角），可以选择 80°、60°、55°、30°、29°、0° 共六种中的任意一种，该值由两位数规定；

Δd_{min}——最小背吃刀量，该值用不带小数点的半径量表示；

d——精加工余量，该值用带小数点的半径量表示（外螺纹为正值，内螺纹为负值）；

X（U）__ Z（W）__——螺纹切削终点处的坐标；

i——螺纹半径差，如果 i=0，则进行圆柱螺纹切削；

k——牙型编程高度，该值用不带小数点的半径量表示；

Δd——第一刀背吃刀量，该值用不带小数点的半径量表示；

F__ ——导程，如果是单线螺纹，则该值为螺距。

例如，G76 P011030 Q50 R0.05；

G76 X27.6 Z–30.0 R0 P1200 Q400 F2.0；

（2）本指令的运动轨迹和工艺说明

执行 G76 指令进行螺纹切削复合循环的运动轨迹如图 2–29a 所示。以圆柱外螺纹（i 值为零）为例，刀具从循环起点 A 处，以 G00 方式沿 X 向进给至螺纹牙顶 X 坐标处（B 点，该点的 X 坐标值 = 小径 +2k），然后沿与基本牙型一侧平行的方向进给（见图 2–29b），X 向背吃刀量为 Δd，再以螺纹切削方式切削至离 Z 向终点距离为 r 处，倒角退刀至 D 点，再沿 X 向退刀至 E 点，最后返回 A 点，准备第二刀切削循环。如此分多刀切削循环，直至循环结束。

第一刀切削循环时，背吃刀量为 Δd（见图 2–29b），第二刀的背吃刀量为（$\sqrt{2}-1$）Δd，第 n 刀的背吃刀量为（$\sqrt{n}-\sqrt{n-1}$）Δd。因此，执行 G76 循环的背吃刀量是逐步递减的。

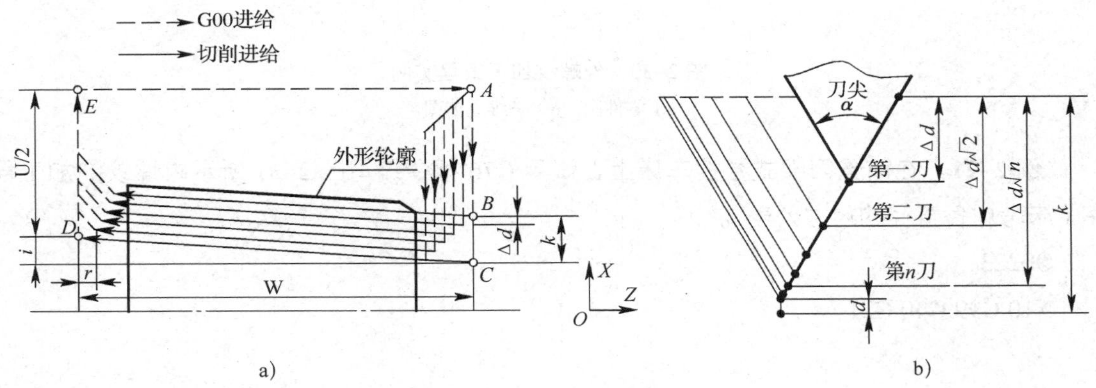

图 2–29　螺纹切削复合循环的运动轨迹和进刀轨迹

如图 2–29b 所示，螺纹车刀向深度方向并沿与基本牙型一侧平行的方向进刀，从而保证螺纹粗车过程中始终用一个切削刃进行切削，减小了切削力，延长了刀具寿命，为螺纹的精车质量提供了保证。

在 G76 循环指令中，m、r、α 用地址符 P 和后面各两位数字指定，每个两位数中的前置 0 不能省略。这些数字的具体含义和指定方法如下：

例如，P001560 的具体含义如下：精加工次数为“00”，即 m=0；倒角量为“15”，即 r=15×0.1P_h=1.5 P_h（P_h 是导程）；刀尖角度（螺纹牙型角）为“60”，即 α=60°。

（3）编程实例

例 2–20　在前置刀架式数控车床上，试用 G76 指令编写图 2–30 所示外螺纹的加工程序（未考虑各直径的尺寸公差）。

```
O0222;
N10 G99 G40 G21;
⋮
N60 T0202;
N70 M03 S600;
N80 G00 X32.0 Z6.0;
N90 G76 P021060 Q50 R0.1;
N100 G76 X27.4 Z-30.0 P1300 Q500 F2.0;
⋮
```

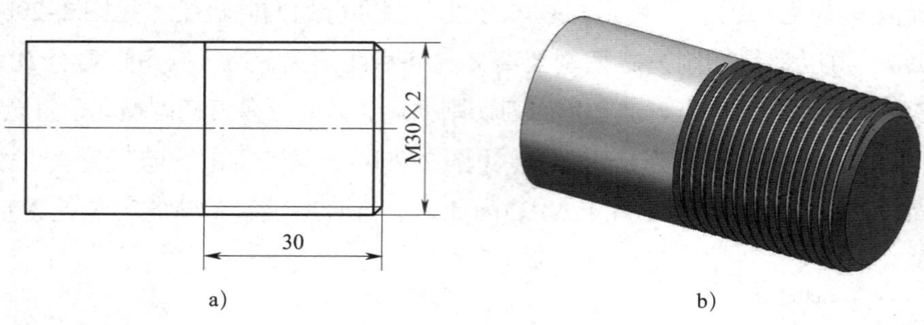

图 2-30 外螺纹加工编程实例
a）零件图 b）三维立体图

例 2-21 在前置刀架式数控车床上，试用 G76 指令编写图 2-31 所示内螺纹的加工程序（未考虑各直径的尺寸公差）。

```
O0223;
N10 G99 G40 G21;
⋮
N60 T0404;
N70 M03 S400;
N80 G00 X26.0 Z6.0;                 （螺纹切削循环起点）
N90 G76 P021060 Q50 R-0.08;         （设定精加工两次，精加工余量为 0.08 mm，
                                     倒角量等于螺距 Ph，牙型角为 60°，最小背
                                     吃刀量为 0.05 mm）
N100 G76 X30.0 Z-30.0 P1200 Q300 F2.0;（设定牙型高度为 1.2 mm，第一刀背吃刀量
                                     为 0.3 mm）
N110 G00 X100.0 Z100.0;
N120 M30;
```

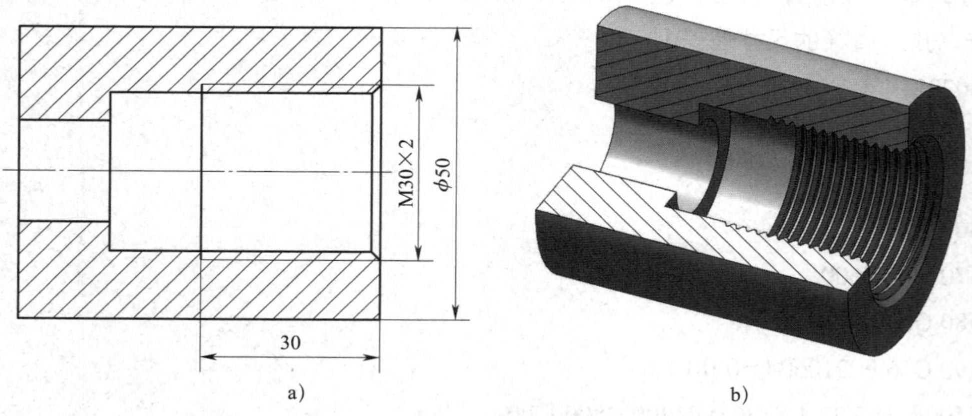

图 2-31 内螺纹加工编程实例
a）零件图 b）三维立体图

2. 用 G76 指令加工梯形螺纹

（1）梯形螺纹的尺寸计算

梯形螺纹的代号用字母“Tr”和公称直径 × 螺距表示，单位均为 mm。左旋螺纹需在其标记的末尾处加注“LH”，右旋则不用标注，如 Tr36×6、Tr44×8LH 等。

国家标准规定，公制梯形螺纹的牙型角为 30°。梯形螺纹的牙型如图 2–32 所示，各基本尺寸的计算公式见表 2–3。

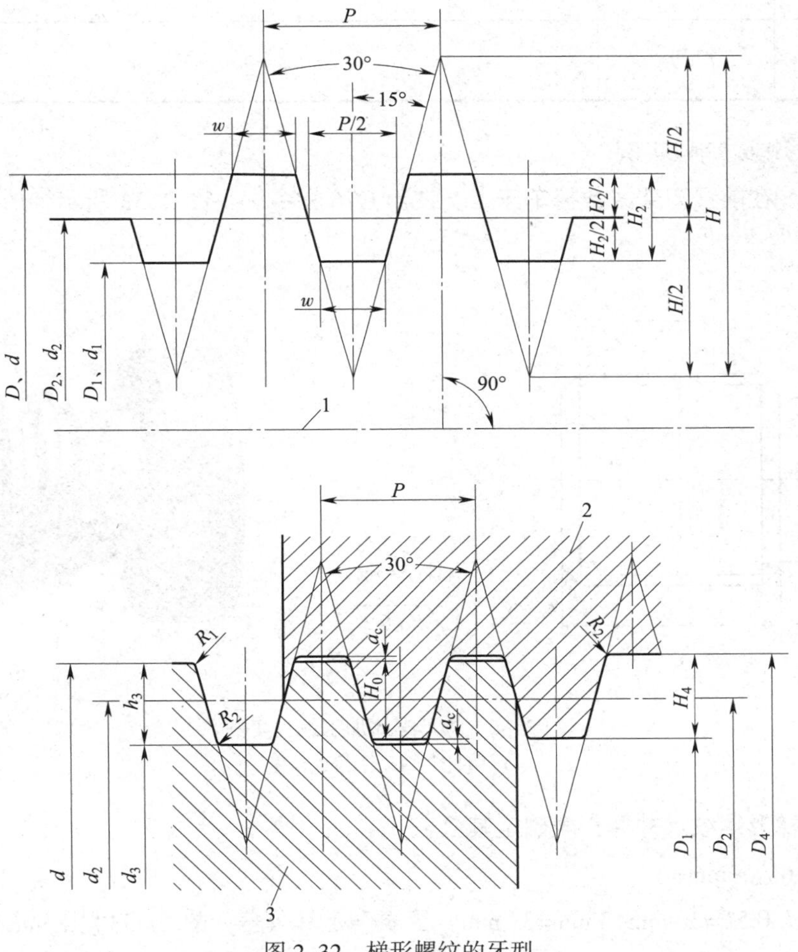

图 2–32　梯形螺纹的牙型

1—螺纹轴线　2—内螺纹　3—外螺纹

表 2–3　梯形螺纹各部分名称、代号和计算公式　mm

名称	代号	计算公式			
大径、小径间隙	a_c	P	1.5 ~ 5	6 ~ 12	14 ~ 44
		a_c	0.25	0.5	1
大径	d、D_4	d= 公称直径，$D_4=d+2a_c$			
中径	d_2、D_2	$d_2=d-0.5P$，$D_2=d_2$			

续表

名称	代号	计算公式
小径	d_3、D_1	$d_3=d-2h_3$，$D_1=d-P$
基本牙型高度	H_2	$H_2=0.5P$
外螺纹、内螺纹牙高	h_3、H_4	$h_3=H_4=0.5P+a_c$
牙顶宽和牙底宽	w	$w=0.366P$
牙顶、牙底倒圆半径	R_1、R_2	$R_{1max}=0.5a_c$、$R_{2max}=a_c$

（2）梯形螺纹编程实例

例 2–22　在前置刀架式数控车床上，试用 G76 指令编写图 2–33 所示梯形螺纹的加工程序。

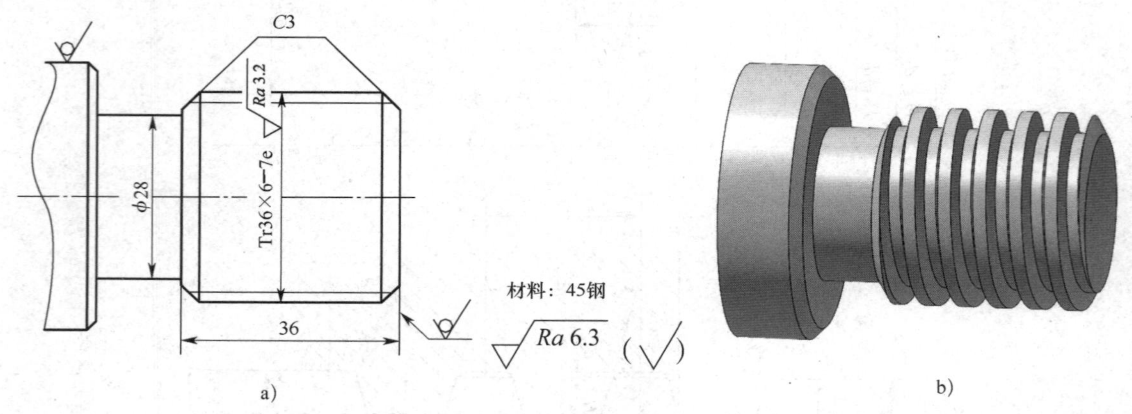

图 2–33　梯形螺纹加工编程实例

a）零件图　b）三维立体图

1）计算梯形螺纹尺寸并查表确定其公差

大径 $d=36_{-0.375}^{\ 0}$ mm；

中径 $d_2=d-0.5P=36$ mm-3 mm$=33$ mm，查表确定其公差，故 $d_2=33_{-0.453}^{-0.118}$ mm；

牙高 $h_3=0.5P+a_c=3.5$ mm；

小径 $d_3=d-2h_3=29$ mm；查表确定其公差，故 $d_3=29_{-0.537}^{\ 0}$ mm；

牙顶宽和牙底宽 $w=0.366P=2.196$ mm；

用 $\phi 3.1$ mm 的量针测量中径，则其测量尺寸 $M=d_2+4.864d_D-1.866P\approx 36.88$ mm，其中 d_D 为测量用量针的直径；根据中径公差带（7e）确定其公差，则 $M=36.88_{-0.453}^{-0.118}$ mm。

2）编写数控加工程序

```
O0224；
N10 G99 G40 G21；
```

N20 G28 U0 W0；

N30 T0202；

N40 M03 S400；

N50 G00 X37.0 Z12.0；

N60 G76 P020530 Q50 R0.08；　（设定精加工两次，精加工余量为 0.08 mm，倒角量等于 0.5 倍螺距，牙型角为 30°，最小背吃刀量为 0.05 mm）

N70 G76 X28.75 Z-40.0 P3500 Q600 F6.0；（设定螺纹牙型高为 3.5 mm，第一刀背吃刀量为 0.6 mm）

N80 G00 X150.0；

N90 M30；

在梯形螺纹的实际加工中，由于刀尖宽度并不等于牙槽底宽，在经过一次 G76 切削循环后，仍无法正确控制螺纹中径等各项尺寸。因此，可将刀具 Z 向偏置后，再次进行 G76 循环加工，即可解决以上问题。

3. 使用螺纹复合循环指令（G76）的注意事项

（1）G76 指令可以在“MDI”模式下使用。

（2）在执行 G76 循环时，如按下“循环暂停”按键，则刀具在螺纹切削后的程序段暂停。

（3）G76 指令为非模态指令，所以必须每次指定。

（4）在执行 G76 循环时，如要进行手动操作，刀具应返回循环操作停止的位置。如果没有返回循环操作停止位置就重新启动循环操作，手动操作的位移将叠加在该条程序段停止时的位置上，刀具轨迹就多移动了一个手动操作的位移量。

五、外形加工综合实例

例 2-23　加工图 2-34 所示工件（毛坯直径为 80 mm，已钻直径为 20 mm 的孔），试编写 FANUC 系统数控车加工程序。

1. 选择机床与夹具

选择 FANUC 0i 系统、前置刀架式数控车床加工，夹具采用三爪自定心卡盘，编程原点分别设在工件左、右端面与主轴轴线的交点处。

2. 加工步骤

（1）用 G71、G70 指令粗、精加工左端外轮廓。

（2）用 G71、G70 指令粗、精加工内孔。

（3）用 G75 指令加工内沟槽。

（4）用 G92 指令加工内螺纹。

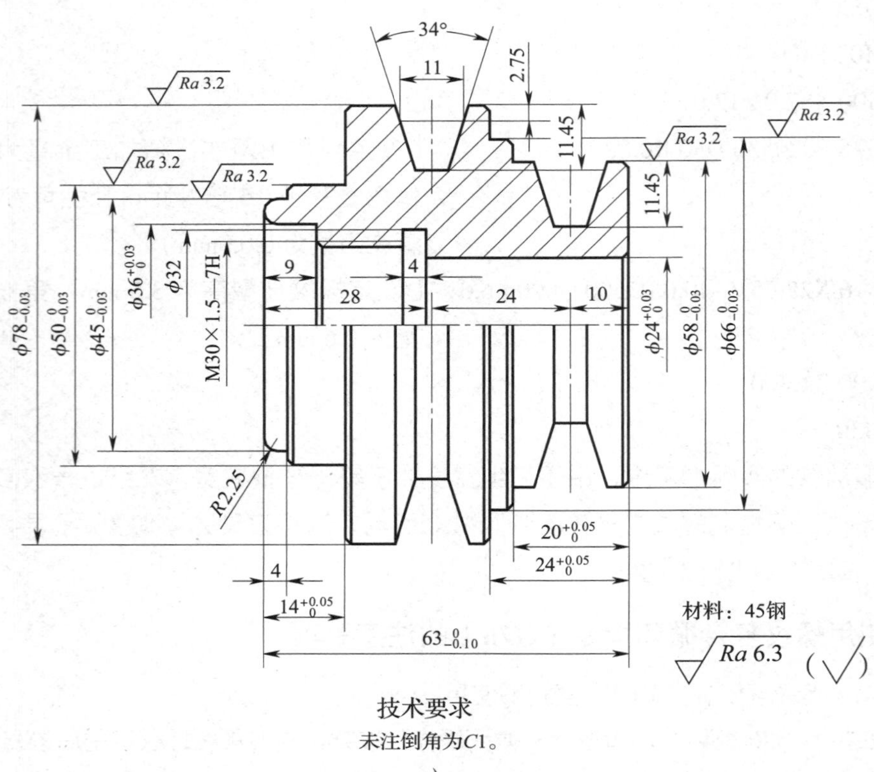

a）

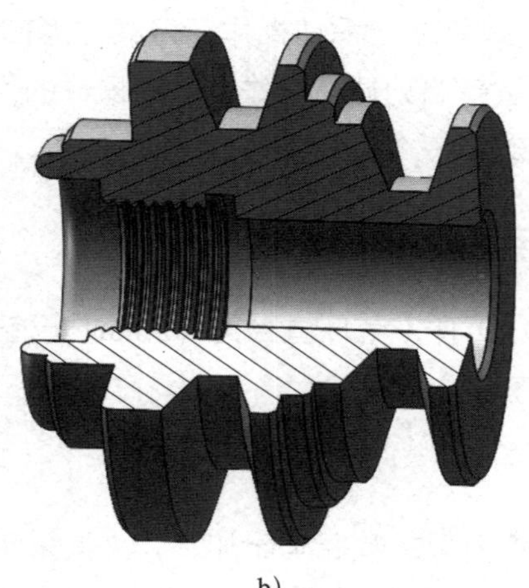

b）

图 2-34　外形加工综合实例

a）零件图　b）三维立体图

（5）掉头校正与装夹（以外圆面装夹或以螺纹配合装夹），用 G71、G70 指令粗、精加工右端外轮廓。

（6）用 G75 指令加工外沟槽。

（7）用 G90 指令加工内孔。

3. 基点计算（略）

4. 选择刀具与切削用量

（1）外圆车刀，切削用量：粗车时 n=600 r/min、f=0.2 mm/r、a_p=1.5 mm；精车时 n=1 200 r/min、f=0.1 mm/r、a_p=0.15 mm。

（2）内孔车刀，粗车时 n=800 r/min、f=0.15 mm/r、a_p=1 mm；精车时 n=1 500 r/min、f=0.1 mm/r、a_p=0.15 mm。

（3）内切槽刀，刀头宽度为 3 mm，切削用量 n=400 r/min、f=0.1 mm/r。

（4）内螺纹车刀，切削用量 n=500 r/min、f=1.5 mm/r。

（5）外切槽刀，刀头宽度为 3 mm，切削用量 n=500 r/min、f=0.1 mm/r。

5. 编写加工程序

```
O0225;                                  （加工工件左端）
N10 G99 G40 G21;
N20 T0101;                              （换外圆车刀）
N30 M03 S600;
N40 G00 X82.0 Z2.0 M08;
N50 G71 U1.5 R0.3;                      （粗车外轮廓）
N60 G71 P70 Q170 U0.3 W0 F0.2;
N70 G42 G00 X40.5;
N80 G01 Z0 F0.1 S1200;
N90 G03 X45.0 Z-2.25 R2.25;
N100 G01 Z-4.0;
N110 X48.0;
N120 X50.0 Z-5.0;
N130 Z-14.0;
N140 X76.0;
N150 X78.0 Z-15.0;
N160 Z-40.0;
N170 G40 G01 X82.0;
N180 G00 X100.0 Z100.0;
N190 M05;
N200 M00;
N210 G99 G40 G21;
N220 M03 S1200 T0101;
N230 G00 X82.0 Z2.0;
```

```
N240 G70 P70 Q170;                      （精车外轮廓）
N250 G00 X100.0 Z100.0;
N260 T0202;                             （换内孔车刀）
N270 M03 S800;
N280 G00 X19.0 Z2.0;
N290 G71 U1.0 R0.3;                     （粗车内轮廓）
N300 G71 P310 Q380 U-0.3 W0 F0.2;
N310 G41 G00 X40.5;
N320 G01 Z0 F0.1 S1500;
N330 G02 X36.0 Z-2.25 R2.25;
N340 G01 Z-9.0;
N350 X30.5;
N360 X28.5 Z-10.0;
N370 Z-28.0;
N380 G40 G01 X19.0;
N390 G00 Z2.0;
N400 M05;
N410 M00;
N420 M03 S1500 T0202;
M430 G00 X19.0 Z2.0;
N440 G70 P310 Q380;                     （精车内轮廓）
N450 G00 X100.0 Z100.0;
N460 T0303;                             （换内切槽刀）
N470 M03 S400;
N480 G00 X26.0 Z2.0;
N490 Z-27.0;
N500 G75 R0.3;
N510 G75 X32.0 Z-28.0 P1500 Q1000 F0.1;
N520 G00 Z2.0;
N530 G00 X100.0 Z100.0;
N540 T0404;                             （换内螺纹车刀）
N550 M03 S500;
N560 G00 X26.0
N570 Z-7.0;
N580 G92 X29.0 Z-26.0 F1.5;
```

```
N590 X29.6;
N600 X29.9;
N610 X30.0;
N620 G00 Z2.0;
N630 G00 X100.0 Z100.0;
N640 M30;
```

提示

前置式四方刀架无法同时安装四把内、外型腔加工刀具，此时可将加工程序分段，分段执行内、外轮廓的加工。

```
O0226;                              （加工工件右端）
N10 G99 G40 G21;
N20 T0101;                          （换外圆车刀）
N30 M03 S600;
N40 G00 X82.0 Z2.0 M08;
N50 G71 U1.5 R0.3;                  （粗车外圆）
N60 G71 P70 Q160 U0.3 W0 F0.2;
N70 G00 X56.0;
N80 G01 Z0 F0.1 S1200;
N90 X58.0 Z-1.0;
N100 Z-20.0;
N110 X64.0;
N120 X66.0 Z-21.0;
N130 Z-24.0;
N140 X76.0;
N150 X78.0 Z-25.0;
N160 G01 X82.0;
N170 G00 X100.0 Z100.0;
N180 M05;
N190 M00;
N200 G99 G40 G21;
N210 M03 S1200 T0101;
N220 G00 X82.0 Z2.0;
N230 G70 P70 Q160;                  （精车外圆）
```

```
N240 G00 X100.0 Z100.0;
N250 T0202;                                  （换外切槽刀，刀头宽度为 3 mm）
N260 M03 S500;
N270 G00 X60.0 Z-10.16;
N280 G75 R0.3;                               （加工第一条 T 形槽）
N290 G75 X35.1 Z-12.84 P2500 Q1500 F0.1;
N300 G01 X58.0 Z-8.0;                        （分两层切削槽右侧斜面）
N310 X35.1 Z-10.16;
N320 G00 X60.0;
N330 G01 X58.0 Z-6.66;
N340 X35.1 Z-10.16;
N350 G00 X60.0;
N360 G01 X58.0 Z-15.0;                       （分两层切削槽左侧斜面）
N370 X35.1 Z-12.84;
N380 G00 X60.0;
N390 G01 X58.0 Z-16.34;
N400 X35.1 Z-12.84;
N410 G00 X80.0;
N420 G00 X60.0 Z-34.16;
N430 G75 R0.3;                               （加工第二条 T 形槽）
N440 G75 X55.1 Z-36.84 P2500 Q1500 F0.1;
N450 G01 X78.0 Z-32.0;                       （分两层切削槽右侧斜面）
N460 X55.1 Z-34.16;
N470 G00 X80.0;
N480 G01 X78.0 Z-30.66;
N490 X55.1 Z-34.16;
N500 G00 X80.0;
N510 G01 X78.0 Z-39.0;                       （分两层切削槽左侧斜面）
N520 X55.1 Z-36.84;
N530 G00 X80.0;
N540 G01 X78.0 Z-40.34;
N550 X55.1 Z-36.84;
N560 G00 X80.0;
N570 G00 X100.0 Z100.0;
N580 T0303;                                  （换内孔车刀）
```

```
N590 M03 S800;
N600 G00 X19.0 Z2.0;
N610 G90 X22.0 Z-36.0 F0.15;
N620 X23.5;
N630 M03 S1500 F0.1;
N640 G90 X24.0 Z-36.0;
N650 G00 X100.0 Z100.0;
N660 M30;
```

第五节　子　程　序

一、子程序的概念

1. 子程序的定义

机床的加工程序可以分为主程序和子程序两种。主程序是一个完整的工件加工程序，或是工件加工程序的主体部分。它与被加工工件或加工要求一一对应，不同的工件或不同的加工要求都有唯一的主程序。

在编制加工程序中，有时会遇到一组程序段在一个程序中多次出现，或者在几个程序中都出现的情况。这个典型的加工程序可以做成固定程序，并单独加以命名，这组程序段就称为子程序。

子程序一般都不可以作为独立的加工程序使用，它只能通过主程序进行调用，实现加工中的局部动作。子程序执行结束后，能自动返回调用它的主程序中。

2. 子程序的嵌套

为了进一步简化加工程序，可以允许其子程序再调用另一个子程序，这一功能称为子程序的嵌套。

当主程序调用子程序时，该子程序被认为是一级子程序，FANUC 0 系统中的子程序允许四级嵌套，如图 2-35 所示。

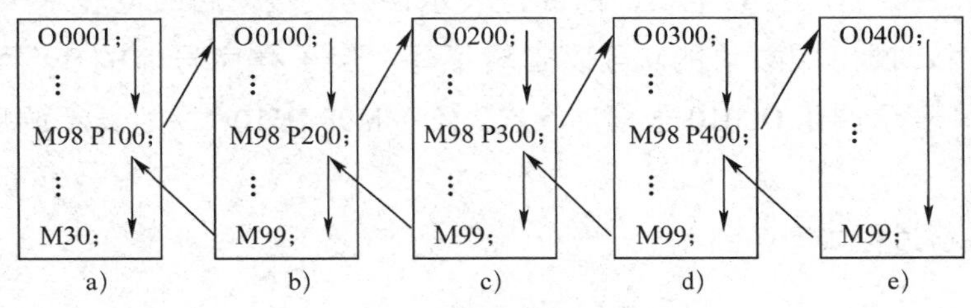

图 2-35　子程序的嵌套

a）主程序　b）一级嵌套　c）二级嵌套　d）三级嵌套　e）四级嵌套

二、子程序的调用

1. 子程序的格式

在大多数数控系统中，子程序和主程序并无本质区别。子程序和主程序在程序号和程序内容方面基本相同，仅结束标记不同。主程序用 M02 或 M30 表示其结束，而在 FANUC 系统中则用 M99 表示子程序结束，并实现自动返回主程序功能，如下述子程序所示：

O0001；

G01 U-1.0 W0；

⋮

G28 U0 W0；

M99；

对于子程序结束指令 M99，不一定要单独书写一行，如上面子程序中最后两段可写成“G28 U0 W0 M99；”。

2. 子程序在 FANUC 系统中的调用

在 FANUC 0 系列的系统中，子程序可通过辅助功能指令 M98 进行调用，同时在调用格式中将子程序的程序号地址改为 P，其常用的子程序调用格式有以下两种：

格式一：M98 P××××L××××；

例如，M98 P100L5；

或 M98 P100；

其中，地址符 P 后面的四位数字为子程序号，地址 L 后面的数字表示重复调用的次数，子程序号和调用次数前的 0 可省略不写。如果只调用一次子程序，则地址 L 及其后的数字可省略。如“M98 P100L5；”表示调用 O100 子程序 5 次，而“M98 P100；”表示调用子程序 1 次。

格式二：M98 P××××××××；

例如，M98 P50010；

或 M98 P510；

在地址符 P 后面的八位数字中，前四位表示调用次数，后四位表示子程序号，采用这种调用格式时，调用次数前的 0 可以省略不写，但子程序号前的 0 不可省略。例如，“M98 P50010；”表示调用 O0010 子程序 5 次，而“M98 P510；”则表示调用 O510 子程序 1 次。

子程序的执行过程如下：

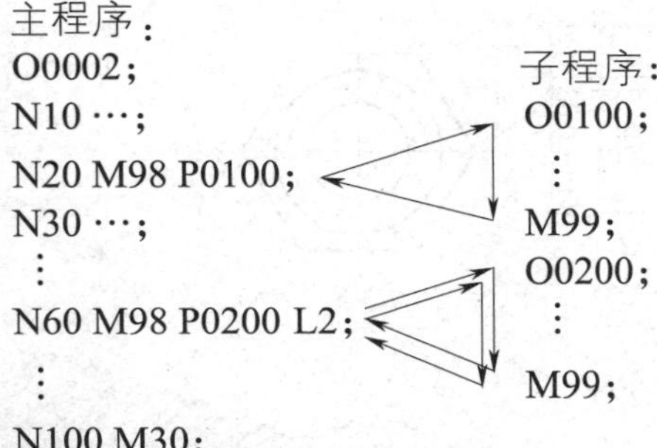

3. 子程序调用的特殊用法

（1）子程序返回主程序中的某一程序段

如果在子程序的返回指令中加上 Pn 指令，则子程序在返回主程序时，将返回主程序中程序段号为 n 的那个程序段，而不直接返回主程序。其程序格式如下：

M99 Pn；

M99 P100；（返回 N100 程序段）

（2）自动返回程序开始段

如果在主程序中执行 M99，则程序将返回主程序的开始程序段并继续执行主程序。也可以在主程序中插入“M99 Pn；”用于返回指定的程序段。为了能够执行后面的程序，通常在该指令前加“/”，以便在不需要返回执行时跳过该程序段。

（3）强制改变子程序重复执行的次数

用“M99 L××；”指令可以强制改变子程序重复执行的次数，其中“L××”表示子程序调用的次数。例如，如果主程序用“M98 P×× L99；”，而子程序采用“M99 L2；”返回，则子程序重复执行的次数为 2 次。

三、子程序调用编程实例

例 2–24　试利用子程序编写图 2–36 所示软管接头右端楔槽的加工程序。

1. 选择加工用刀具

粗加工右端轮廓时，采用 60°V 形刀片的右偏刀（见图 2–37a）进行加工；加工接头右端的内凹轮廓时，采用 35° 菱形刀片的左偏刀（见图 2–37b）进行加工。此外，当进行批量加工时，还可采用特制的成形刀具（见图 2–37c）进行加工。

2. 加工程序

本例工件的加工程序如下：

O0227；

N10 G99 G40 G21；

N20 T0101；　　　　（换外圆车刀）

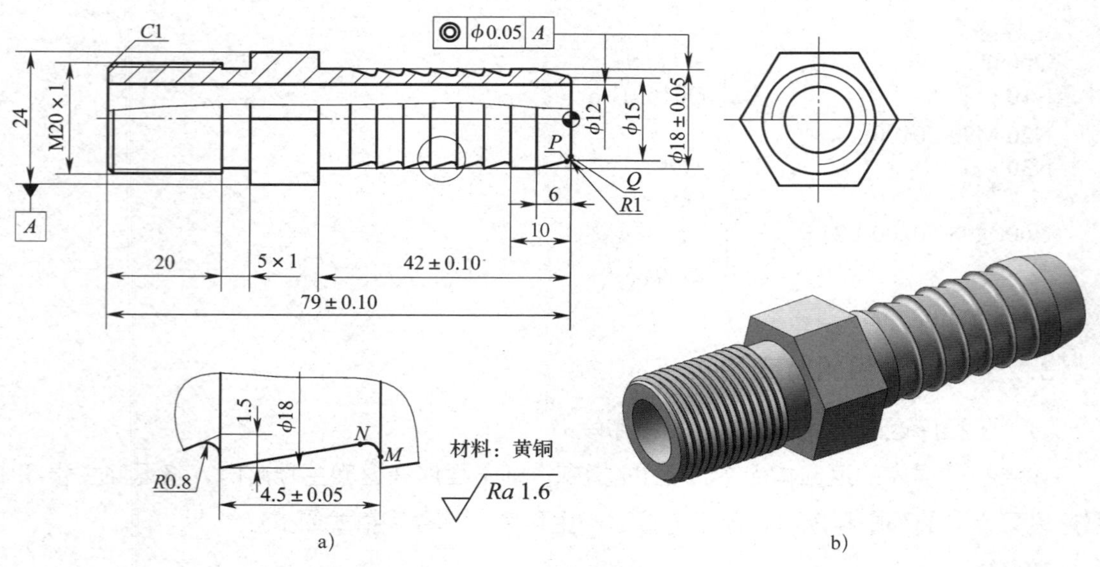

a)　　b)

图 2-36　子程序调用实例 1

a）零件图　b）三维立体图

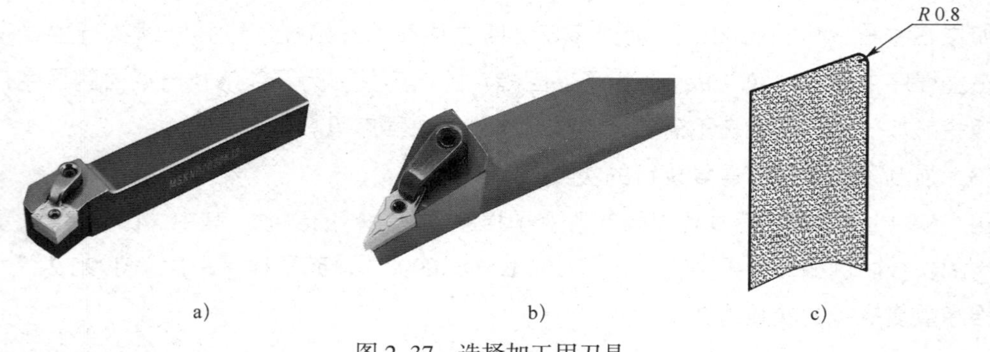

a)　　b)　　c)

图 2-37　选择加工用刀具

```
N30 M03 S800;
N40 G00 X28.0 Z2.0;
N50 G71 U1.5 R0.3;                  （粗车外圆表面）
N60 G71 P70 Q120 U0.3 W0 F0.2;
N70 G00 X13.44 S1600;
N80 G01 Z0 F0.05;
N90 G03 X15.38 Z-0.76 R1.0;
N100 G01 X18.0 Z-6.0;
N110 Z-42.0;
N120 G01 X28.0;
N130 G70 P70 Q120;                  （精车外圆）
N140 G00 X100.0 Z100.0;
```

```
N150 T0202;                  （换 35° 菱形车刀，设刀头宽度为 3 mm）
N160 M03 S1600;
N170 G00 X20.0 Z-37.0;       （注意循环起点的位置）
N180 G01 X18.0;
N190 M98 P60228;             （调用子程序 6 次）
N200 G00 X100.0 Z100.0;
N210 M30;
O0228;                       （子程序）
N10 G01 U-2.94 W3.67;        （35° 菱形车刀到达车削右端第一槽的起点位置）
N20 G03 U1.6 W0.83 R0.8;
N30 G01 U1.34;               （注意切点的计算）
N40 M99;
```

例 2–25　试利用子程序编写图 2–38 所示活塞杆外轮廓的加工程序。

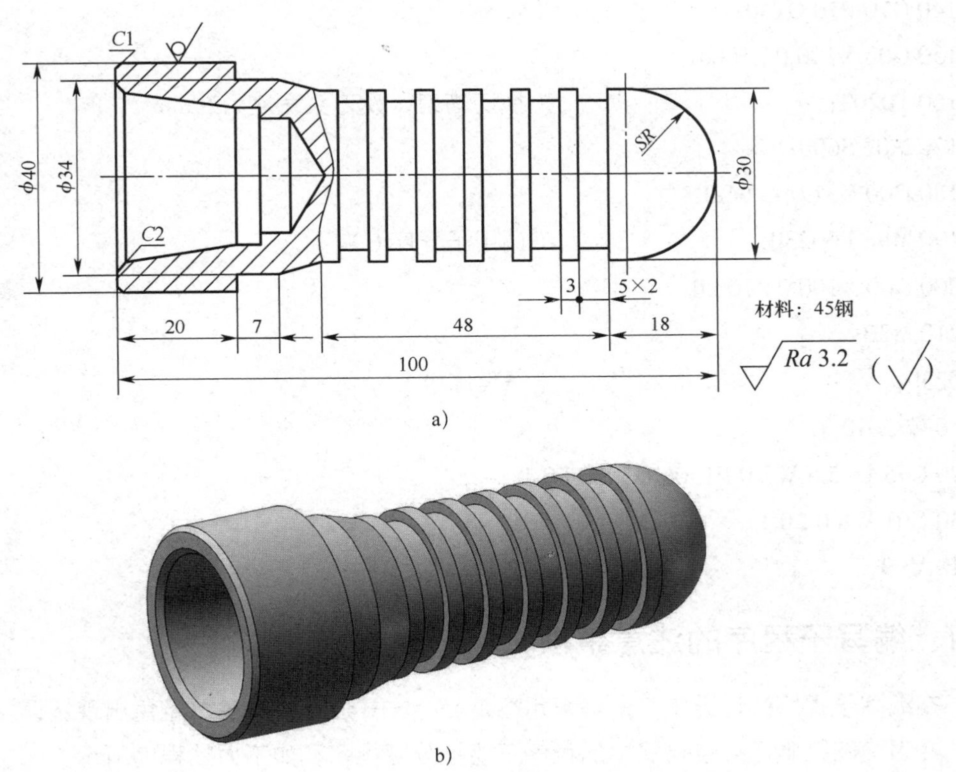

图 2–38　子程序调用实例 2

a）零件图　b）三维立体图

分析：本例的主要目的是使学生掌握切槽等固定循环在子程序中的运用。具体加工程序如下：

```
O0229;
N10 G99 G40 G21;
N20 T0101;                         （换外圆车刀）
N30 M03 S800;
N40 G00 X41.0 Z2.0;
N50 G71 U1.5 R0.3;                 （粗车外圆表面）
N60 G71 P70 Q130 U0.3 W0 F0.2;
N70 G00 X0 S1600;
N80 G01 Z0 F0.05;
N90 G03 X30.0 Z-15.0 R15.0;
N100 G01 Z-66.0;
N110 X34.0 Z-73.0;
N120 Z-80.0;
N130 G01 X41.0;
N140 G70 P70 Q130;                 （精车外圆）
N150 G00 X100.0 Z100.0;
N160 T0202;                        （换切槽刀，设刀头宽度为 3 mm）
N170 M03 S600;
N180 G00 X31.0 Z-66.0;
N190 M98 P60230;                   （调用子程序 6 次）
N200 G00 X100.0 Z100.0;
N210 M30;
O0230;                             （子程序）
N10 G75 R0.3;
N20 G75 U-5.5 W2.0 P1500 Q2000 F0.1;
N30 G01 W8.0 F0.1;
N40 M99;
```

四、编写子程序的注意事项

1．在编写子程序的过程中，最好采用增量坐标方式进行编程，以避免出现错误。

2．在刀尖圆弧半径补偿模式中的程序不能被分隔指令，如下面的程序所示：

```
O1;（MAIN）                        O2;（SUB）
G91 … ;                            ⋮
G41 … ;                            M99;
M98 P2;
```

G40 … ;

M30;

在上面的程序中，刀尖圆弧半径补偿模式因在主程序中被“M98 P2;”分隔而无法执行，在编程过程中应该避免出现这种编写形式。在有些系统中如果出现这种刀尖圆弧半径补偿被分隔指令的程序，在程序运行过程中还可能出现系统报警。正确的书写格式如下：

O1;（MAIN）	O2;（SUB）
G91 … ;	G41 … ;
⋮	⋮
M98 P2;	G40 … ;
M30;	M99;

第六节 B 类用户宏程序

用户宏程序是 FANUC 数控系统和类似产品中的特殊编程功能。用户宏程序的实质与子程序相似，它也是把一组实现某种功能的指令以子程序的形式预先存储在系统存储器中，通过宏程序调用指令执行这一功能。在主程序中，只要编入相应的调用指令就能实现这些功能。

一组以子程序的形式存储并带有变量的程序称为用户宏程序，简称宏程序。调用宏程序的指令称为用户宏程序指令或宏程序调用指令，简称宏指令。

宏程序与普通程序相比，普通程序的程序字为常量，一个程序只能描述一个几何形状，所以缺乏灵活性和适用性。而在用户宏程序的本体中，可以使用变量进行编程，还可以用宏指令对这些变量进行赋值、运算等处理。通过使用宏程序可使数控机床加工一些按一定规律变化的轮廓（如非圆二次曲线轮廓等）。

用户宏程序分为 A、B 两种。一般情况下，在一些较老的 FANUC 系统（如 FANUC 0TD）中采用 A 类宏程序，而在较为先进的系统（如 FANUC 0i）中则采用 B 类宏程序。本节主要介绍 B 类宏程序的运用。

一、B 类宏程序编程

1. 宏程序中的变量

在常规的主程序和子程序中，总是将一个具体的数值赋给一个地址，为了使程序更具有通用性和灵活性，故在宏程序中设置了变量。

（1）变量的种类

变量分为局部变量、公共变量（全局变量）和系统变量三种。在 A 类和 B 类宏程序中，其分类均相同。

1）局部变量。局部变量（#1 ~ #33）是在宏程序中局部使用的变量。当宏程序 A 调用宏程序 B 而且都有变量 #1 时，因为变量 #1 服务于不同的局部，所以 A 中的 #1 与 B 中的 #1 不是同一个变量，因此可以赋予不同的值，且互不影响。

2）公共变量。公共变量（#100 ~ #149、#500 ~ #549）贯穿于整个程序中。同样，当宏程序 A 调用宏程序 B 而且都有变量 #100 时，由于 #100 是公共变量，因此 A 中的 #100 与 B 中的 #100 是同一个变量。

3）系统变量。系统变量是指有固定用途的变量，它的值决定系统的状态。系统变量包括刀具偏置值变量、接口输入与接口输出信号变量、位置信号变量等。

（2）变量的表示

一个变量由符号 # 和变量序号组成，如 #I（I=1、2、3…）。

例如，#100、#500、#5 等。

此外，B 类宏程序的变量还可以用表达式来表示，但其表达式必须全部写入方括号“[ ]”中。程序中的圆括号“( )”仅用于注释。

例如，在 #［#1+#2+10］中，当 #1=10，#2=100 时，该变量表示 #120。

（3）变量的引用

将跟随在地址符后的数值用变量来代替的过程称为变量的引用。

例如，G01 X#100 Y−#101 F#102；

当 #100=100.0，#101=50.0，#102=80 时，上式即表示为：

G01 X100.0 Y−50.0 F80；

此外，B 类宏程序的变量引用也可以采用表达式来表示。

例如，G01 X［#100−30.0］Y−#101 F［#101+#103］；

当 #100=100.0，#101=50.0，#103=80.0 时，上式即表示为：

G01 X70.0 Y−50.0 F130；

2. 变量的赋值

变量的赋值方法有两种，即直接赋值和引数赋值。

（1）直接赋值

变量可以在操作面板上用“MDI”模式直接赋值，也可以在程序中以等式方式赋值，但等号左边不能用表达式。

例如，#100=100.0；

#100=30.0+20.0；

（2）引数赋值

若宏程序以子程序方式出现，所用的变量可以在调用宏程序时赋值。

例如，G65 P1000 X100.0 Y30.0 Z20.0 F0.1；

该处的 X、Y、Z 不代表坐标字，F 也不代表进给字，而是对应于宏程序中的变量号，变量的具体数值由引数后的数值决定。引数宏程序体中的变量对应关系有两种（见

表 2–4 和表 2–5），这两种方法可以混用，其中 G、L、N、O、P 不能作为引数代替变量赋值。

表 2–4 变量赋值方法 Ⅰ

引数	变量	引数	变量	引数	变量	引数	变量
A	#1	I_3	#10	I_6	#19	I_9	#28
B	#2	J_3	#11	J_6	#20	J_9	#29
C	#3	K_3	#12	K_6	#21	K_9	#30
I_1	#4	I_4	#13	I_7	#22	I_{10}	#31
J_1	#5	J_4	#14	J_7	#23	J_{10}	#32
K_1	#6	K_4	#15	K_7	#24	K_{10}	#33
I_2	#7	I_5	#16	I_8	#25		
J_2	#8	J_5	#17	J_8	#26		
K_2	#9	K_5	#18	K_8	#27		

表 2–5 变量赋值方法 Ⅱ

引数	变量	引数	变量	引数	变量	引数	变量
A	#1	H	#11	R	#18	X	#24
B	#2	I	#4	S	#19	Y	#25
C	#3	J	#5	T	#20	Z	#26
D	#7	K	#6	U	#21		
E	#8	M	#13	V	#22		
F	#9	Q	#17	W	#23		

例如，采用变量赋值方法 Ⅰ

G65 P0030 A50.0 I40.0 J100.0 K0 I20.0 J10.0 K40.0；

经赋值后，#1=50.0，#4=40.0，#5=100.0，#6=0，#7=20.0，#8=10.0，#9=40.0。

例如，采用变量赋值方法 Ⅱ

G65 P0020 A50.0 X40.0 F100.0；

经赋值后，#1=50.0，#24=40.0，#9=100.0。

例如，变量赋值方法 Ⅰ 和 Ⅱ 混合使用

G65 P0030 A50.0 D40.0 I100.0 K0 I20.0；

经赋值后，I20.0 与 D40.0 同时分配给变量 #7，则后一个 #7 有效，所以变量 #7=20.0，其余同上。

例如，G65 P0504 A12.5 B25.0 C0 D126.86 F100.0；

经赋值后，#1=12.5，#2=25.0，#3=0，#7=126.86，#9=100.0。

3. 变量的运算

B 类宏程序的运算指令类似于数学运算，仍用各种数学符号来表示。变量的各种运算见表 2-6。

表 2-6　变量的各种运算

功能	格式	备注与示例
定义、转换	#i=#j	#100=#1；#100=30.0
加法	#i=#j+#k	#100=#1+#2
减法	#i=#j−#k	#100=#1−#2
乘法	#i=#j*#k	#100=#1*#2
除法	#i=#j/#k	#100=#1/#30
正弦	#i=SIN［#j］	#100=SIN［#1］ #100=COS［36.3+#2］ #100=ATAN［#1］/［#2］
反正弦	#i=ASIN［#j］	
余弦	#i=COS［#j］	
反余弦	#i=ACOS［#j］	
正切	#i=TAN［#j］	
反正切	#i=ATAN［#j］/［#k］	
平方根	#i=SQRT［#j］	#100=SQRT［#1*#1−100］ #100=EXP［#1］
绝对值	#i=ABS［#j］	
舍入	#i=ROUND［#j］	
下取整	#i=FIX［#j］	
上取整	#i=FUP［#j］	
自然对数	#i=LN［#j］	
指数函数	#i=EXP［#j］	
或	#i=#j OR #k	逻辑运算一位一位地按二进制执行
异或	#i=#j XOR #k	
与	#i=#j AND #k	
BCD 转 BIN	#i=BIN［#j］	用于与 PMC 的信号交换
BIN 转 BCD	#i=BCD［#j］	

关于运算指令的说明如下：

（1）函数 SIN、COS 等的角度单位是度，分和秒要换算成带小数点的度。例如，90°30′ 表示为 90.5°，30°18′ 表示为 30.3°。

（2）宏程序数学计算的次序依次为函数运算（如 SIN、COS、ATAN 等）、乘和除运算（*、/、AND 等）、加和减运算（如 +、-、OR、XOR 等）。

例如，“#1=#2+#3*SIN[#4];”的运算次序为函数运算 SIN[#4]→乘运算 #3*SIN[#4]→加运算 #2+#3*SIN[#4]。

（3）函数中的括号用于改变运算次序，允许嵌套使用，但最多只允许嵌套五层。

例如，#1= SIN[[[#2+#3]*4+#5]/#6];

（4）数控系统处理数值运算时，若操作产生的整数绝对值大于原数的绝对值时为上取整；反之则为下取整。

例如，设 #1=1.2，#2=-1.2。

执行 #3=FUP[#1]时，2.0 赋给 #3。

执行 #3=FIX[#1]时，1.0 赋给 #3。

执行 #3=FUP[#2]时，-1.0 赋给 #3。

执行 #3=FIX[#2]时，-2.0 赋给 #3。

4. 控制指令

控制指令起到控制程序流向的作用。

（1）分支语句

格式一：GOTO *n*;

例如，GOTO 1000;

该例为无条件转移。当执行该程序段时，将无条件转移到 N1000 程序段执行。

格式二：IF[条件表达式]GOTO *n*;

例如，IF[#1 GT #100]GOTO 1000;

该例为有条件转移语句。如果条件成立，则转移到 N1000 程序段执行；如果条件不成立，则执行下一程序段。条件表达式的种类见表 2-7。

表 2-7　条件表达式的种类

条件	意义	示例
#i EQ #j	等于（=）	IF[#5 EQ #6]GOTO 100;
#i NE #j	不等于（≠）	IF[#5 NE 100]GOTO 100;
#i GT #j	大于（>）	IF[#5 GT #6]GOTO 100;
#i GE #j	大于或等于（≥）	IF[#5 GE 100]GOTO 100;
#i LT #j	小于（<）	IF[#5 LT #6]GOTO 100;
#i LE #j	小于或等于（≤）	IF[#5 LE 100]GOTO 100;

（2）循环指令

WHILE［条件表达式］DO*m*（*m*=1、2、3…）;

⋮

END*m*;

当条件满足时，就循环执行 WHILE 与 END 之间的程序段 *m* 次；当条件不满足时，就执行 END*m* 的下一个程序段。

5. B 类宏程序编程实例

例 2–26 试用 B 类宏程序编写图 2–39 所示曲线轮廓的数控车加工程序。

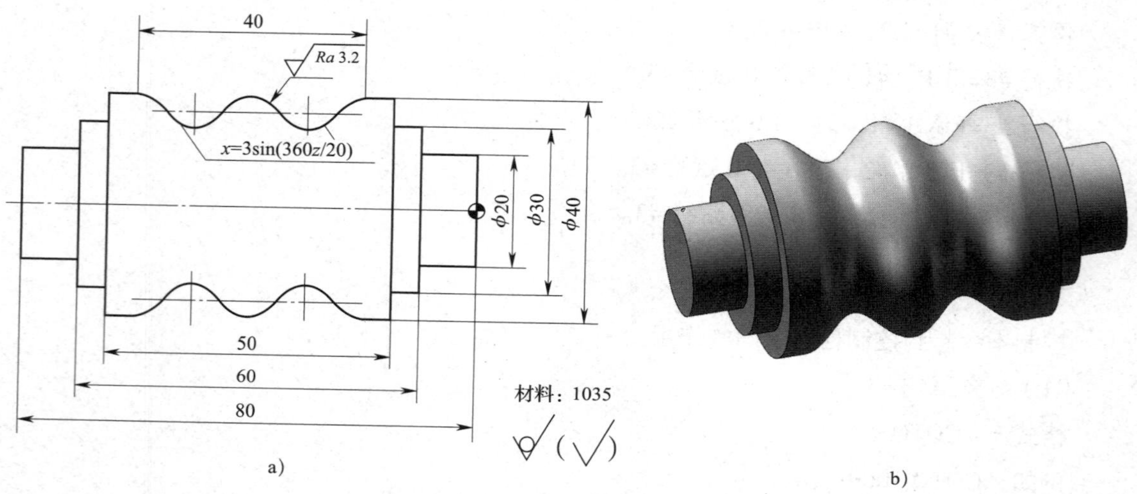

图 2–39 B 类宏程序编程实例

a）零件图 b）三维立体图

该正弦曲线由两个周期组成，总角度为 720°（–270°～450°）。将该曲线分成 80 条线段后，用直线进行拟合，每一线段在 *Z* 轴方向的间距为 0.5 mm，对应其正弦曲线的角度增加量 =360°×0.5/20=9°。根据公式，计算出曲线上每一线段终点的 X 坐标值，$X=3\sin\alpha$。

工件两端外圆和中心孔加工完成后，采用一夹一顶的方式加工正弦曲线。加工正弦曲线时，直接采用 G73 指令进行粗、精加工（G73 指令中可以包含宏程序，而 G71 和 G72 指令中不能含有宏程序）。编程过程中使用以下变量进行运算：

#100：正弦曲线各点在公式中的 Z 坐标。

#101：正弦曲线各点在公式中的 X 坐标。

#103：正弦曲线各点在工件坐标系中的 Z 坐标，#103=#100–45.0。

#104：正弦曲线各点在工件坐标系中的 X 坐标，#104=34.0+2*#101。

加工程序如下：

O0231;　　　　　　　　　　（主程序）

```
N10 G99 G40 G21;
N20 T0101;                              （换菱形刀片可转位车刀）
N30 M03 S600 F0.2;
N40 G00 X42.0 Z-13.0;
N50 G73 U6.0 W0 R5;
N60 G73 P70 Q160 U0.3 W0 F0.2;
N70 G42 G00 X40.0;
N80 #100=25.0;                          （公式中的 Z 坐标）
N90 #101=3.0*SIN［18.0*#100］;          （公式中的 X 坐标）
N100 #103=#100-45.0;                    （工件坐标系中的 Z 坐标）
N110 #104=34.0+2*#101;                  （工件坐标系中的 X 坐标）
N120 G01 X#104 Z#103 F0.1 S1200;
N130 #100=#100-0.5;                     （Z 坐标每次减小 0.5 mm）
N140 IF［#100 GE -15.0］GOTO 90;        （循环转移）
N150 G01 Z-67.0;
N160 G40 G01 X42.0;
N170 G70 P70 Q160;
N180 G00 X100.0 Z100.0;
N190 M30;
```

例 2-27　试用 B 类宏程序编写图 2-40 所示灯罩模具内曲面的粗、精加工程序（已经预先钻好ϕ20 mm 的孔）。

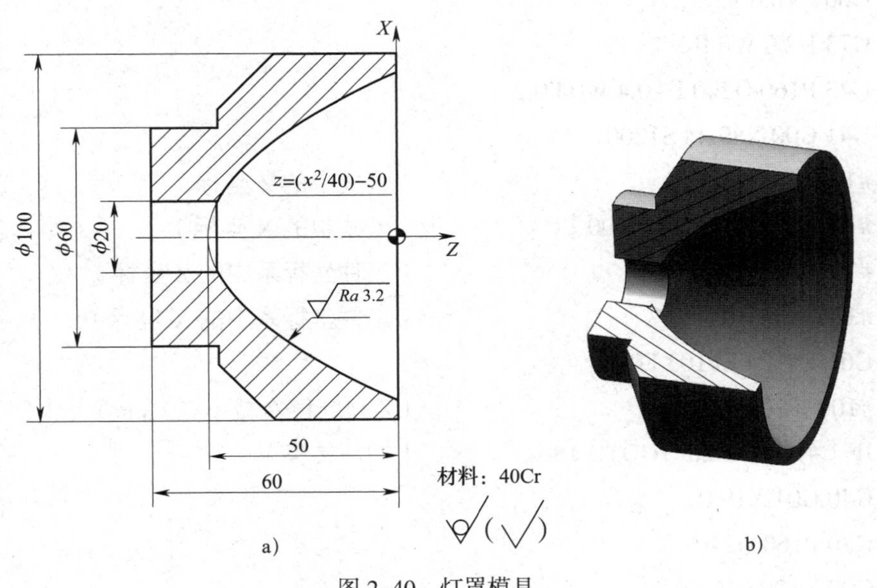

图 2-40　灯罩模具

a）零件图　b）三维立体图

加工该曲面时，先用 G71 指令进行粗加工以去除余量。精加工时，采用 G73 指令进行编程与加工，以 Z 坐标作为自变量，X 坐标作为因变量。

用宏指令编程时，使用以下变量进行运算：

#100：公式中的 Z 坐标；

#101：公式中的 X 坐标；

#103：工件坐标系中的 Z 坐标，#103=#100−50.0；

#104：工件坐标系中的 X 坐标，#104=2*#101。

粗、精加工宏程序如下：

```
O0232;                              (主程序)
N10 G99 G40 G21;
N20 T0101;                          (换菱形刀片可转位车刀)
N30 M03 S600;
N40 G00 X16.0 Z2.0;
N50 G71 U1.5 R0.3;                  (粗车内轮廓)
N60 G71 P70 Q110 U-0.5 W0 F0.2;
N70 G00 X89.0 S1600;
N80 G01 Z1.0 F0.05;
N90 X20.0 Z-46.0;
N100 Z-66.0;
N110 G01 X16.0;
N120 G70 P70 Q110;                  (精车内轮廓，曲面上仍有 1 mm 余量)
N130 G00 X16.0 Z2.0;
N140 G73 U2.0 W0 R2;
N150 G73 P160 Q240 U-0.4 W0 F0.2;
N160 G41 G00 X89.44 S1200;
N170 #100=50.0;                     (公式中的 Z 坐标)
N180 #101=SQRT[40.0*#100];          (公式中的 X 坐标)
N190 #103=#100-50.0;                (工件坐标系中的 Z 坐标)
N200 #104=2*#101;                   (工件坐标系中的 X 坐标)
N210 G01 X#104 Z#103 F0.1;
N220 #100=#100-0.5;                 (Z 坐标每次减小 0.5 mm)
N230 IF[#100 GE 2.5]GOTO 180;       (循环转移)
N240 G40 G01 X19.0;
N250 G70 P160 Q240;
N260 G00 X100.0 Z100.0;
N270 M30;
```

二、宏程序在坐标变换编程中的应用

坐标平移指令是一个非常实用的指令，在数控车床编程过程中，如果能合理运用该指令，将会达到方便数学计算和简化编程的目的。

1. 坐标平移指令

指令格式：G52 X__ Z__；　　　　　　　　（设定局部坐标系）

　　　　　G52 X0 Z0；　　　　　　　　　（取消局部坐标系）

式中　X__ Z__——局部坐标系的原点在原工件坐标系中的位置，该值用绝对坐标值加以指定，且此处的 X 值为直径量。

例如，G52 X10.0 Z0；

坐标平移指令编程实例如图 2-41 所示。通过将工件坐标系偏移一个距离，从而给程序选择一个新的坐标系。

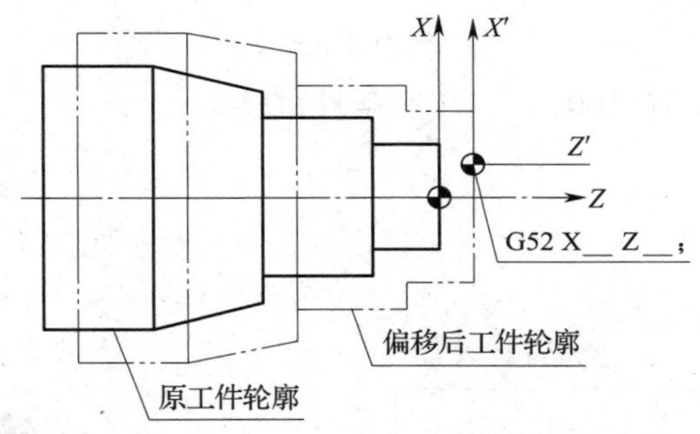

图 2-41　坐标平移指令编程实例

通过 G52 指令建立新的工件坐标系后，可通过指令"G52 X0 Z0；"将局部坐标系再次设为工件坐标系，从而达到取消局部坐标系的目的。

2. 坐标平移指令编程实例

例 2-28　试采用手工编程方式编写图 2-42 所示工件内凹外轮廓的数控车加工程序。

编程分析：加工本例工件的内凹外轮廓时，先选用切槽刀进行粗加工，再选用 *R*2 mm 的圆弧车刀进行半精加工和精加工，采用刀尖圆弧半径补偿指令进行编程。因为 G73 指令执行过程中不执行刀尖圆弧半径补偿指令，所以无法采用 G73 指令编写半精加工程序。因此，本例采用坐标平移指令与宏程序指令相结合的方法编程，其刀具轨迹与系统轮廓粗加工循环（G73）的轨迹相似，加工程序如下：

```
O0233;
⋮
N80 G00 X52.0 Z-10.0;
N90 #1=6.0;                    （X 方向坐标平移总量为 6 mm）
```

```
N100 G52 X#1 Z0;                  （X 方向坐标平移）
N110 G42 G01 X50.0 Z-3.0 F0.1;    （刀尖圆弧半径补偿）
N120 X46.0 Z-5.0;
N130 X44.0;
N140 G02 X38.0 Z-8.0 R3.0;
N150 G01 Z-9.80;
N160 G02 Z-20.2 R6.0;
N170 G01 Z-22.0;
N180 G02 X44.0 Z-25.0 R3.0;
N190 G01 X46.0;
N200 X50.0 Z-27.0;
N210 G40 G00 X52.0 Z-10.0;
N220 #1=#1-1.0;                   （坐标平移量每次减少 1 mm，即每次切削的背吃刀
                                  量为 1 mm）
N230 IF[#1 GE 0]GOTO 100;         （有条件跳转）
N240 G52 X0 Z0;
⋮
```

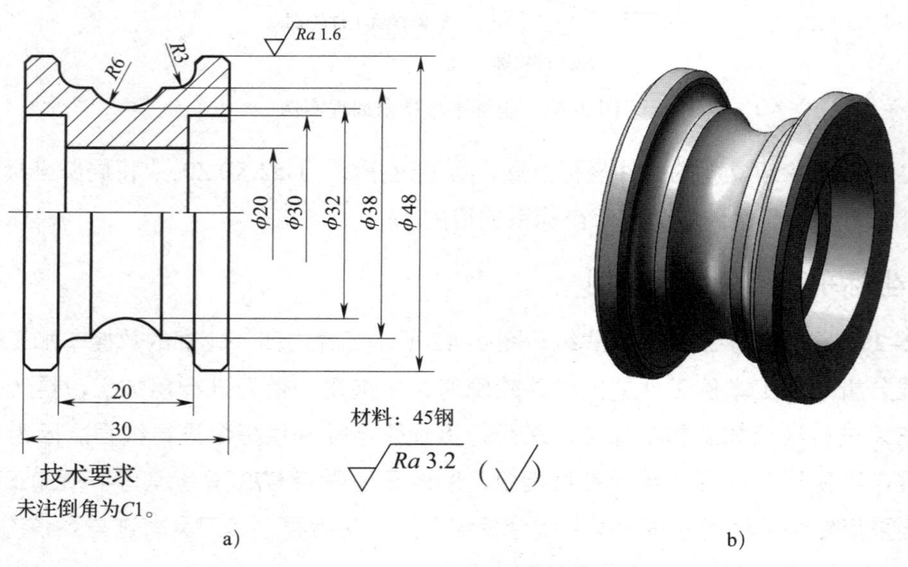

图 2-42　坐标平移指令编程实例 1

a）零件图　b）三维立体图

例 2-29　加工图 2-43 所示工件的螺旋线，螺旋线的螺距为 2 mm，总切入深度为 1.3 mm（直径量为 2.6 mm），试编写其数控车加工程序。

编程分析：加工该工件的螺旋线时，采用 G32 指令进行编程。对于螺旋槽的 *X* 向分层

切削，则需采用修改刀补值的方法进行切削加工。如采用坐标平移指令进行编程，则只需一次编程与加工即可完成所有的分层切削，其编程指令如下：

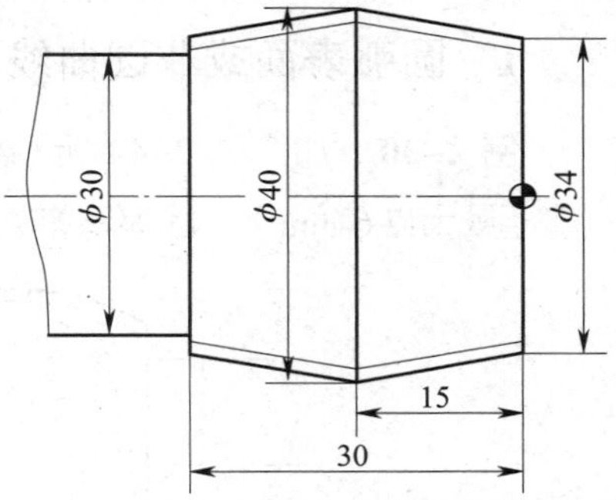

```
O0234;
⋮
N30 G00 X44.0 Z1.5;
N40 #110=0;
N50 G52 X#110;                    （X 方向坐标平移）
N60 G00 X34.0;
N70 G01 X33.4 Z1.5 F0.1;
N80 G32 X40.0 Z-15.0 F2.0;
N90 G32 X33.4 Z-31.5 F2.0;
N100 G00 X44.0;
N110 Z1.5;
N120 #110=#110-0.2;               （坐标平移量每次减少 0.2 mm）
N130 IF [#110 GE -2.6] GOTO 50;  （有条件跳转）
N140 G52 X0;
N150 G00 X100.0 Z100.0;
N160 M05;
N170 M30;
```

φ30 φ40 φ34 15 30

图 2-43　坐标平移指令编程实例 2

3. 坐标平移指令使用注意事项

在数控车床上采用坐标平移指令进行编程时，应注意以下几个问题：

（1）采用坐标平移指令时，指令中的 X 坐标是直径量。另外，在数控车床上一般不进行 Z 向坐标平移。

（2）采用坐标平移指令后，注意及时进行坐标平移指令的取消。坐标平移指令取消的实质就是将坐标原点平移至原工件坐标系原点。

（3）采用坐标平移指令编程时，一定要准确预见刀具的行进轨迹，以防产生刀具干涉等事故。

三、宏程序编程在加工异形螺旋槽中的运用

宏程序编程和坐标平移指令相结合，还可以加工一些异形螺旋槽，常见的有圆弧表面或非圆曲线表面的螺旋槽和一些非标准牙型螺旋槽等。

1. 圆弧表面或非圆曲线表面的螺旋槽

例 2–30 加工图 2–44 所示椭圆表面的三角形螺旋槽，其螺距为 2 mm，槽深为 1.3 mm（直径量为 2.6 mm），试编写其数控车加工程序。

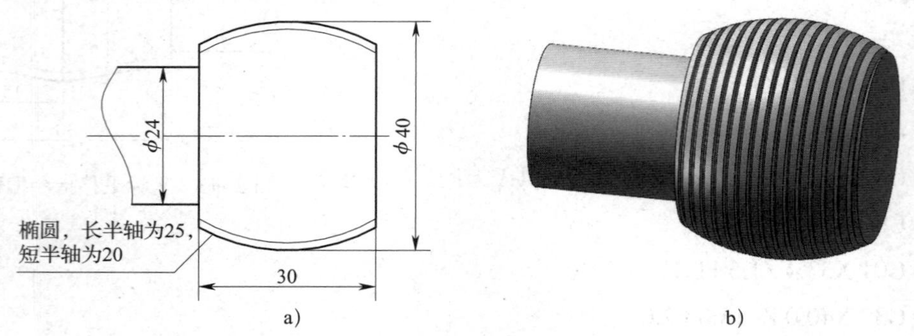

图 2–44 椭圆表面的螺旋槽

a）零件图 b）三维立体图

加工本例工件时，加工难点有两处：一是拟合椭圆表面的螺旋槽；二是该螺旋槽的分层切削。

拟合椭圆表面的螺旋槽时，采用 G32 指令拟合圆弧表面，在拟合椭圆表面的过程中采用以下变量进行计算，其加工程序见子程序。

#1：公式中的 Z 坐标，#1=16.0。

#2：公式中的 X 坐标，#2=20*SQRT［625.0–#1*#1］/25，起点值为 15.37。

#3：工件坐标系中的 Z 坐标，#3=#1–15。

#4：工件坐标系中的 X 坐标，#4=#2*2。

采用坐标平移指令进行螺旋槽分层切削的编程，编程时以 #100 作为坐标平移变量，其加工程序见主程序。

```
O0235;                              （主程序）
N10 G99 G40 G21;
N20 T0101;                          （换三角形螺纹车刀）
N30 M03 S600;
N40 G00 X44.0 Z2.0;
N50 #100=–0.2;
N60 G52 X#100 Z0;                   （X 方向坐标平移）
N70 M98 P0236;
N80 G52 X0 Z0;                      （取消坐标平移指令）
N90 #100=#100–0.2;                  （坐标平移量每次减少 0.2 mm）
N100 IF［#100 GE –2.6］GOTO 60;     （2.6 mm 为直径方向的总切入深度）
N110 G00 X100.0 Z100.0;
N120 M30;
```

```
O0236;                                    （加工椭圆表面螺旋槽子程序）
N10 G01 X30.75 Z1.0 F0.1;
N20 #1=16.0;
N30 #2=20*SQRT［625.0-#1*#1］/25;         （跳转目标）
N40 #3=#1-15.0;
N50 #4=#2*2;
N60 G32 X#4 Z#3 F2;
N70 #1=#1-2.0;                            （条件运算及坐标计算）
N80 IF［#1 GE -16.0］GOTO 30;             （有条件跳转）
N90 G00 X44.0;
N100 Z2.0
N110 M99;
```

2. 非标准牙型螺旋槽

例 2-31　加工图 2-45 所示的非标准牙型螺旋槽，其螺距为 6 mm，试编写其数控车加工程序。

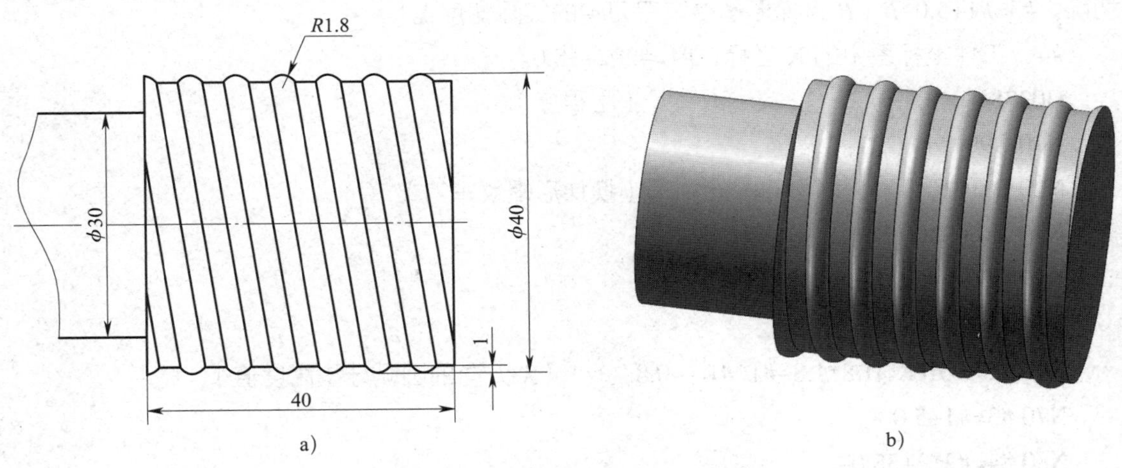

图 2-45　非标准牙型螺旋槽
a）零件图　b）三维立体图

加工本例工件时，由于其牙型为非标准牙型，无法采用成形刀具进行加工，因此其加工难点为拟合非标准牙型螺旋槽。加工过程分成两部分，首先用梯形螺纹车刀车出底部平底螺旋槽，然后用同一把梯形螺纹车刀拟合圆弧牙型。

加工平底螺旋槽时，采用坐标平移指令编写分层切削加工程序。一次加工完成后，根据槽底的宽度和梯形螺纹车刀的刀尖宽度，计算 Z 向平移量，再进行二次加工。其加工程序如下：

```
O0237;                          （主程序）
N10 G99 G40 G21;
```

```
N20 T0101;                          （换梯形螺纹车刀）
N30 M03 S600;
N40 G00 X44.0 Z6.6;
N50 #100=-0.2;
N60 G52 X#100 Z0;                   （X 方向坐标平移）
N70 G92 X40.0 Z-46.0 F6.0;
N80 G52 X0 Z0;                      （取消坐标平移指令）
N90 #100=#100-0.2;                  （坐标平移量每次减少 0.2 mm）
N100 IF [#100 GE -2.0] GOTO 60;     （直径方向的总切入深度为 2.0 mm）
N110 G00 X100.0 Z100.0;
N120 M30;
```

在拟合圆弧牙型过程中，左、右圆弧面分别使用梯形螺纹车刀的两个刀尖进行切削。编程过程中采用以下变量进行计算：

#1：公式中的 Z 坐标，起点 *Z*= SQRT [1.8*1.8-0.64] =1.6。

#2：*X* 方向的圆弧牙型高度值，#2=SQRT [1.8*1.8-#1*#1]-0.8，起点值为 0。

#3：工件坐标系中的 Z 坐标，#3=#1+5.0；拟合左侧半个圆弧时，用刀具的右刀尖进行切削，#3=#1+5.0-*B*（*B* 为梯形螺纹车刀刀尖的实际宽度）。

#4：工件坐标系中的 X 坐标，#4=#2*2+38.0。

```
O0238;                              （主程序）
N10 G99 G40 G21;
N20 T0101;                          （换梯形螺纹车刀）
N30 M03 S600 M08;
N40 G00 X42.0 Z6.5;
N50 #1=1.5;
N60 #2=SQRT [1.8*1.8-#1*#1]-0.8;    （X 方向的圆弧牙型高度值）
N70 #3=#1+5.0;
N80 #4=#2*2+38.0;
N90 G01 X#4 Z#3 F0.1;               （用梯形螺纹车刀的左刀尖加工）
N100 G32 X#4 Z-46.0 F6.0;
N110 G00 X42.0;
N120 Z6.5;
N130 X38.0;
N140 #1=#1-0.1;
N150 IF [#1 GE 0] GOTO 60;
N160 #1=-0.1;
N170 #2=SQRT [1.8*1.8-#1*#1]-0.8;   （X 方向的圆弧牙型高度值）
```

```
N180 #3=#1+5.0-B;          (B 为梯形螺纹车刀刀尖的实际宽度)
N190 #4=#2*2+38.0;
N200 G01 X#4 Z#3;          (用梯形螺纹车刀的右刀尖加工)
N210 G32 X#4 Z-46.0 F6.0;
N220 G00 X42.0;
N230 Z6.5;
N240 X38.0;
N250 #1=#1-0.1;
N260 IF [#1 GE -1.6] GOTO 170;
N270 G00 X100.0 Z100.0;
N280 M30;
```

第七节　FANUC 系统及其车床的操作

在 FANUC 系统的车床中，因车床系列、型号、规格各有不同，在使用功能、操作方法和面板设置上也不尽相同。本节以 FANUC 0i–TD 系统为例进行讲述。FANUC 0i–TD 系统机床总面板如图 2–46 所示。为了便于读者使用，本书中将面板上的按键分成以下三组。

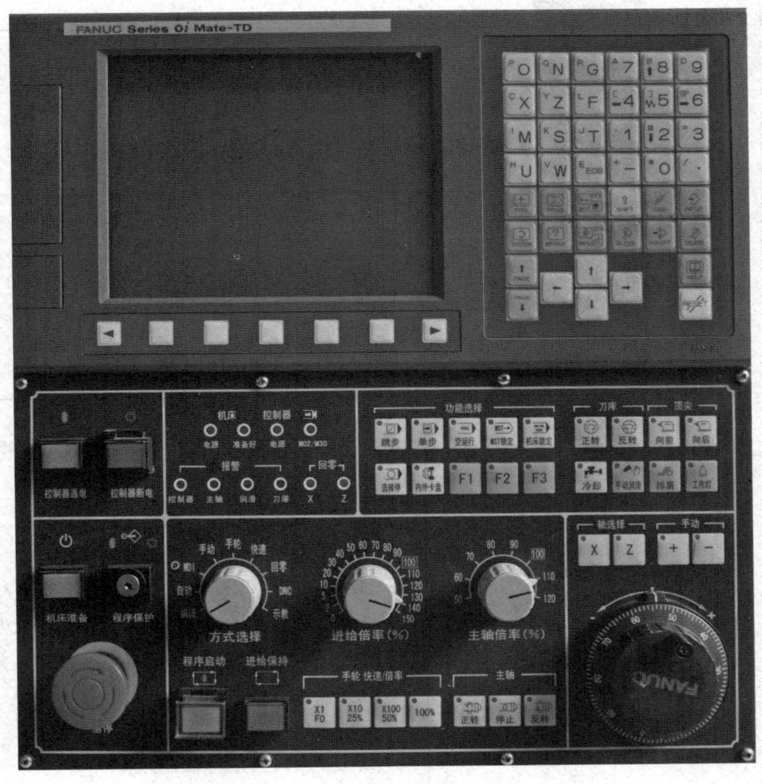

图 2–46　FNAUC 0i–TD 系统机床总面板

（1）机床控制面板上的按键用加“ ”的字母或文字表示，如“JOG”等。

（2）系统操作面板上的 MDI 功能键用加 [ ] 的字母或文字表示，如 [POS] 等。

（3）显示屏相对应的软键用加［ ］的字母或文字表示，如［N SRH］等。

一、数控系统控制面板按钮和按键及其功能介绍

1. 机床控制面板按钮和按键功能介绍

FANUC 0i–TD 机床控制面板按钮和按键功能介绍见表 2–8。

表 2–8　　FANUC 0i–TD 机床控制面板按钮和按键功能介绍

名称	功能键图	功能
机床总电源开关		机床总电源开关一般位于机床的背面，置于“ON”时为主电源开
系统电源开关	控制器通电　控制器断电	按下“控制器通电”按钮，向机床润滑、冷却等机械部分和数控系统供电
紧急停止与机床报警按钮		当出现紧急情况而按下“急停”按钮时，在显示屏上出现“EMG”字样，机床报警指示灯亮
机床准备	机床准备	打开驱动开关，数控系统复位准备操作
程序保护开关	程序保护	程序编辑功能保护开关，扳至“1”时，程序编辑功能开启，可正常输入程序字符；扳至“0”时，该功能关闭
回参考点指示灯	回零 X Z	相应轴返回参考点后，对应轴的返回参考点指示灯亮
模式选择旋钮	手动 手轮 快速 MDI 回零 自动 DNC 编辑 示教	“编辑”模式：程序的输入及编辑操作 “自动”模式：自动运行加工 “MDI”模式：手动数据（如参数等）输入的操作 “手动”模式：手动切削进给或手动快速进给 “手轮”模式：手摇进给操作 “快速”模式：手动快速进给操作 “回零”模式：回参考点操作 “DNC”模式：在线加工操作 “示教”模式：示教操作

续表

名称	功能键图	功能
“自动”模式下的按键	功能选择 跳步 单步 空运行 MST锁定 机床锁定 选择停 内外卡盘 F1 F2 F3	跳步：程序段跳跃。按下该按键，前面加符号“/”的程序段将被跳过执行 单步：单段运行。该模式下，每按一次“循环启动”按键，机床将执行一段程序后暂停 空运行：空运行。用于检查刀具运行轨迹的正确性，该模式下自动运行过程中的刀具进给始终为快速进给 MST锁定：辅助功能锁住开关，该功能打开时指示灯亮，M、S、T 功能输出无效 机床锁定：用于检查所编制程序的正确性，该模式下刀具在自动运行过程中的移动功能将被限制 选择停：选择停止。该模式下，M01 指令的功能与 M00 指令的功能相同 内外卡盘：按住该按键后通过液压踏板可控制卡爪夹紧或放开工件 F1 F2 F3：厂家自定义按键
进给倍率旋钮	进给倍率（%）	进给速度可通过进给速度倍率旋钮进行调节，调节范围为 0 ~ 150%。另外，对于自动执行的程序中指定的速度 F，也可用进给速度倍率旋钮进行调节
主轴倍率旋钮	主轴倍率（%）	在主轴旋转过程中，可以通过主轴倍率旋钮对主轴转速进行 50% ~ 120% 的无级调速。同样，在程序执行过程中，也可对程序中指定的转速进行调节
增量步长选择按键	手轮 快速/倍率 X1 F0　X10 25%　X100 50%　100%	增量进给步长：“×1”“×10”“×100”分别代表移动量为 0.001 mm、0.01 mm、0.1 mm，适用于“手轮”模式 快速倍率：“F0”“25%”“50%”“100%”为四种不同的快速进给倍率，适用于“快速”模式
主轴功能按键	主轴 正转 停止 反转	正转：主轴正转按键 反转：主轴反转按键 停止：主轴停止按键 注：以上按键仅在“手动”或“手轮”模式下有效

续表

名称	功能键图	功能
机床辅助功能按键		正转 反转：手动控制刀架正转或反转
		向前 向后：控制顶尖前后移动
		冷却：控制机床冷却泵的打开或关闭
		手动润滑：控制机床润滑泵的打开或关闭，对机床进行润滑
		排屑：启动或关闭排屑电动机，对机床进行自动排屑
		工作灯：控制机床照明灯的打开或关闭
轴选择按键		在“手动”或“手轮”模式下，通过该按键选择 *X* 轴或 *Z* 轴
		在“手动”或“快速”模式下，机床进给轴正向或负向移动
手轮脉冲控制器		当模式选择旋钮旋至“手轮”方式时，转动该手轮可以控制机床进给轴的运动，顺时针转动手轮，轴向正方向进给；逆时针转动手轮，轴向负方向进给
加工控制按键		程序启动：用于启动自动运行 进给保持：在机床自动加工的状态下，按下此按键，机床暂停程序运行和刀具切削加工功能，光标停在当前程序段位置，主轴、冷却系统等功能不变。再次按下此按键，机床继续当前程序段之后的自动加工

2. 数控系统 MDI 功能键

数控系统 MDI 按键功能见表 2–9。

表 2–9　　数控系统 MDI 按键功能

名称	功能键图	功能
数字键		用于输入数字 1 ~ 9 和“+”“–”“*”“/”等运算符号
运算键		
字母键		用于输入 A、B、C、X、Y、Z、I、J、K 等字母
程序段结束		EOB 键用于输入程序段结束符“*”或“；”

续表

名称	功能键图	功能
位置显示	POS PROG OFS/SET	POS 键用于显示刀具的坐标位置
程序显示		PROG 键用于显示“编辑”模式下存储器中的程序；在“MDI”模式下输入及显示 MDI 数据；在“自动”模式下显示程序指令值
刀具设定		OFS/SET 键用于设定并显示刀具补偿值、工件坐标系、宏程序变量
系统	SYSTEM MESSAGE CSTM/GRPH	SYSTEM 键用于参数的设定和显示、自诊断功能数据的显示等
报警信号键		MESSAGE 键用于显示数控系统报警信号信息、报警记录等
图形显示		CSTM/GRPH 键用于显示刀具轨迹等图形
上挡键	SHIFT CAN INPUT ALTER INSERT DELETE	SHIFT 键用于实现按键上挡内容的输入
字符取消键		CAN 键用于取消最后一个输入的字符或符号
参数输入键		INPUT 键用于输入参数或补偿值
替代键		ALTER 键用于实现程序编辑过程中程序字的替代
插入键		INSERT 键用于实现程序编辑过程中程序字的插入
删除键		DELETE 键用于删除程序字、程序段、整个程序
帮助键	HELP	HELP 是帮助功能键
复位键	RESET	RESET 键用于使所有操作停止，返回初始状态
向前翻页键	↑ PAGE	↑ PAGE 键用于向程序开始的方向翻页
向后翻页键	PAGE ↓	PAGE ↓ 键用于向程序结束的方向翻页
光标移动键	↑ ← → ↓	光标移动键共四个，用于使光标上下或前后移动

3. 显示器中的软键功能

在显示器的下方有一排软按键，这排软按键的功能是根据显示器中的对应提示来指定的。

二、机床操作

1. 机床电源的开 / 关

（1）电源开

1）检查数控系统和机床外观是否正常。

2）接通机床电气柜电源，按下“控制器通电”按钮。

3）检查显示器界面显示资料，如图 2–47 所示。

4）如果显示器界面显示“EMG”报警界面，可松开“急停”按钮并按下 键数秒后，系统即可复位。

5）检查散热风扇等是否运转正常。

（2）电源关

1）检查操作面板上的循环启动灯是否关闭。

2）检查数控机床的移动部件是否都已经停止移动。

3）如有外部输入 / 输出设备接到机床上，应先关闭外部设备的电源。

4）先按下“急停”按钮后，再按下“控制器断电”按钮，关闭机床总电源。

2. 手动操作

（1）返回参考点操作

1）将模式选择旋钮旋至“回零”，按下 MDI 功能键 。

2）按下“轴选择”按键 。

3）按下“手动”模式下的按键 不松开，直到 *X* 轴的返回参考点指示灯亮。

4）按下“轴选择”按键 。

5）按下“手动”模式下的按键 不松开，直到 *Z* 轴的返回参考点指示灯亮。此时显示屏界面如图 2–48 所示。

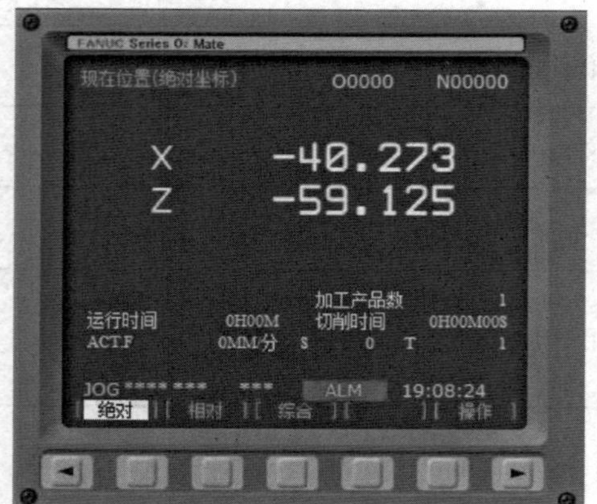

图 2–47　开机后的界面

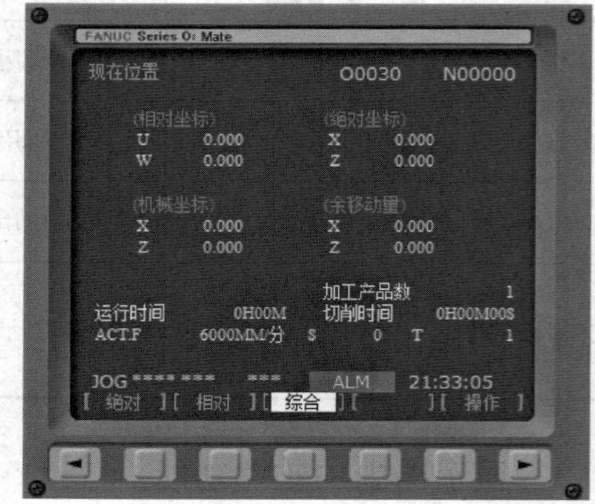

图 2–48　返回参考点显示界面

在返回参考点过程中，为了刀具和机床的安全，数控车床的返回参考点操作一般应按先 *X* 轴后 *Z* 轴的顺序进行。

（2）手轮进给操作

1）将模式选择旋钮旋至“手轮”，按下 MDI 功能键 。

2）在机床面板“轴选择”方式中选择相应的移动轴（*X*/*Z*）。

3）选择增量步长。

4）顺时针或逆时针旋转手轮脉冲控制器，使刀具沿轴向移动［“+”为顺时针（正向），“–”为逆时针（负向）］。

（3）手动连续进给与手动快速进给

手动连续进给操作步骤如下：

1）将模式选择旋钮旋至“手动”，按下 MDI 功能键 POS。

2）“轴选择”方式中选择相应的移动轴（X/Z）。

3）在“手动”模式下选中相应的方向（+/–），按住按键可连续移动，松开按键则停止移动。

手动快速进给与手动连续进给操作方式相同。手动和手轮进给显示界面如图 2–49 所示。

3. 程序的编辑

（1）程序的操作

1）建立一个新程序。建立新程序的界面如图 2–50 所示。

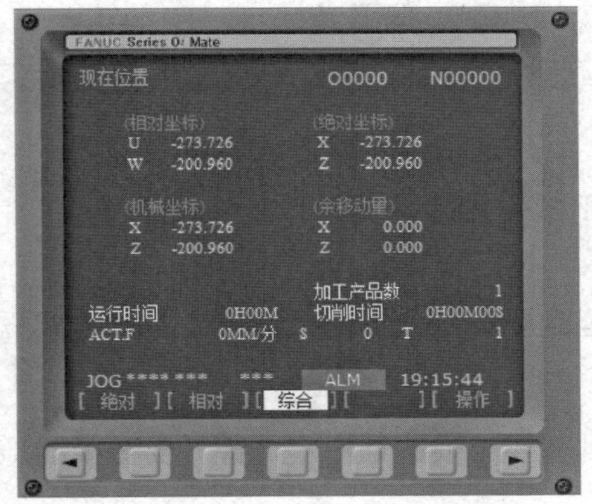

图 2–49　手动和手轮进给显示界面

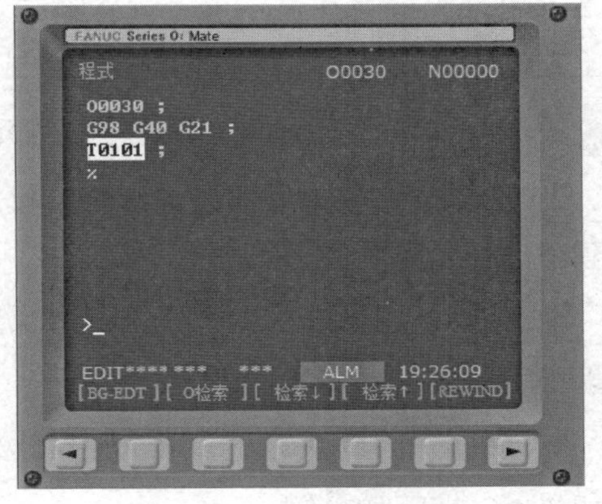

图 2–50　建立新程序的界面

将模式选择旋钮旋至“编辑”，按下 MDI 功能键 PROG，输入地址符 O，输入程序号（如 O0030），先按下 INSERT 键，然后按下 EOB 键，再按下 INSERT 键，即可完成新程序“O0030”的输入。

建立新程序时，要注意建立的程序号应为存储器中没有的新程序号。

2）调用存储器中储存的程序。将模式选择旋钮旋至“编辑”，按下 MDI 功能键 PROG，输入地址符 O，输入程序号（如 O0123），按下向下移动键，即可完成程序“O0123”的调用。

在调用程序时，一定要调用存储器中已存入的程序。

3）删除程序。将模式选择旋钮旋至“编辑”，按下 MDI 功能键 PROG，输入地址符 O，输入程序号（如 O0123），按下 DELETE 键，即可完成单个程序“O0123”的删除。

如果要删除存储器中的所有程序，只要在输入“O–9999”后按下 DELETE 键，即可将存储器中所有的程序删除。

如果要删除指定范围内的程序，只要在输入“OXXXX，OYYYY”后按下 DELETE 键，即可将存储器中“OXXXX ~ OYYYY”范围内的所有程序删除。

（2）程序段的操作

1）删除程序段。将模式选择旋钮旋至“编辑”，用光标移动键检索或扫描到将要删除的程序段 N×××× 处，按下 EOB 键，按下 DELETE 键，即可将当前光标所在的程序段删除。

如果要删除多个程序段，则用光标移动键检索或扫描到将要删除的程序开始段的地址（如 N0010），键入地址符 N 和最后一个程序段号（如 N1000），按下 DELETE 键，即可将 N0010 ~ N1000 内的所有程序段删除。

2）程序段的检索。程序段的检索功能主要用于自动运行模式中。其检索过程如下：将模式选择旋钮旋至“自动”，按下 PROG 键显示程序界面，输入地址 N 及要检索的程序段号，按下显示器下的软键［N SRH］，即可找到所要检索的程序段。

（3）程序字的操作

1）扫描程序字。将模式选择旋钮旋至“编辑”，按下光标向左或向右移动键（见图 2–51），光标将在显示屏上向左或向右移动一个地址字。按下光标向上或向下移动键，光标将移到上一个或下一个程序段的开始段。按下 PAGE↑ 键或 PAGE↓ 键，光标将向前或向后翻页显示。

图 2–51　光标移动键

2）跳到程序开始段。在“编辑”模式下，按下 RESET 键即可使光标跳到程序开始段。

3）插入一个程序字。在“编辑”模式下，扫描到要插入位置前的程序字，键入要插入的地址字和数据，按下 INSERT 键。

4）程序字的替换。在“编辑”模式下，扫描到将要替换的程序字，键入要替换的地址字和数据，按下 ALTER 键。

5）程序字的删除。在“编辑”模式下，扫描到将要删除的程序字，按下 DELETE 键。

6）输入过程中字的取消。在程序字的输入过程中，如发现当前字符输入错误，按下一次 CAN 键，则删除一个当前输入的字符。

（4）程序输入与编辑实例

例 2–32　将下列加工程序输入数控系统中。

```
O0239;
N10 G40 G21 G99;
N20 T0101;
N30 S600 M03;
N40 G00 X52.0 Z52.0;
N50 G01 X30.0 F0.1;
N60 Z-20.0;
N70 X40.0 Z-30.0;
```

N80 X52.0;

N90 G28 U0 W0;

N100 M30;

程序的输入过程如下:

将模式选择旋钮旋至“编辑”，按下 MDI 功能键 PROG，将程序保护开关置于“OFF”位置。

O0239　按 INSERT EOB INSERT 键

N10 G40 G20　按 EOB INSERT 键

N20 T0101　按 EOB INSERT 键

N30 S600 M03 M04　按 EOB INSERT 键

N40 G00 X52.0 Z52.0　按 EOB INSERT 键

N50 G01 X30.0 F0.1　按 EOB INSERT 键

N60 Z-20.0　按 EOB INSERT 键

N70 X40.0 Z-30.0　按 EOB INSERT 键

N80 X52.0　按 EOB INSERT 键

N90 G28 U0 W0　按 EOB INSERT 键

N100 M30　按 EOB INSERT 键

按 RESET 键

程序输入后，系统将会自动生成程序段号。另外，检查后发现第二行程序中 G20 应改成 G21，并少输了 G99，第四行中多输了 M04，则应进行以下修改:

将光标移到 G20 上，输入 G21，按下 ALTER 键; 将光标移到 G21 上，输入 G99，按下 INSERT 键; 将光标移到 M04 上，按下 DELETE 键。

4. 工件的装夹

根据加工要求，正确装夹工件，并用百分表进行找正。

5. 设置刀具偏移值（设定工件坐标系）

（1）在“MDI”模式下，输入主轴功能指令

1）将模式选择旋钮旋至“MDI”，按下 PROG 键。

2）S600 M03 EOB INSERT。

3）按下“循环启动”按键，按下 RESET 键。

（2）在“MDI”模式下，将 1 号刀转到当前位置

1）将模式选择旋钮旋至“MDI”，按下 PROG 键。

2）T0101 EOB INSERT。

3）按下“循环启动”按键，将 1 号刀转到当前加工位置。

（3）设置 X 向和 Z 向刀具偏移值（设定工件坐标系）

1）将模式选择旋钮旋至“手轮”，选择相应的刀具。

2）按下主轴“正转”按键，主轴将以前面设定的 600 r/min 的转速正转。

3）按下 POS 键，再按下软键［综合］，这时机床显示器出现图 2–52a 所示的界面。

4）选择相应的坐标轴，摇动手摇脉冲发生器或直接采用“手动”模式，试切工件端面（见图 2–52b）后沿 X 向退刀，记录下 Z 向机械坐标值“Z”。

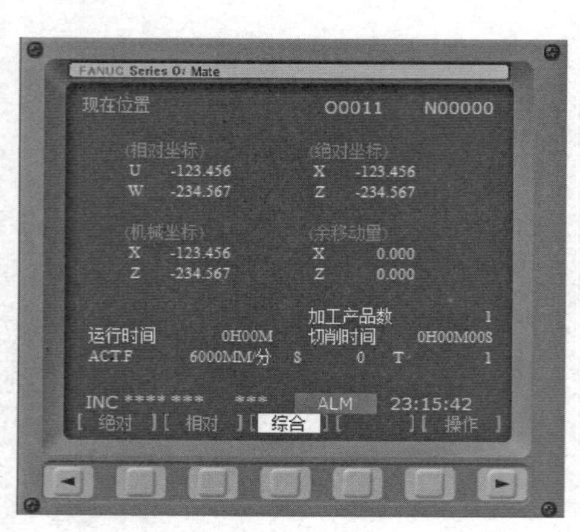

a)

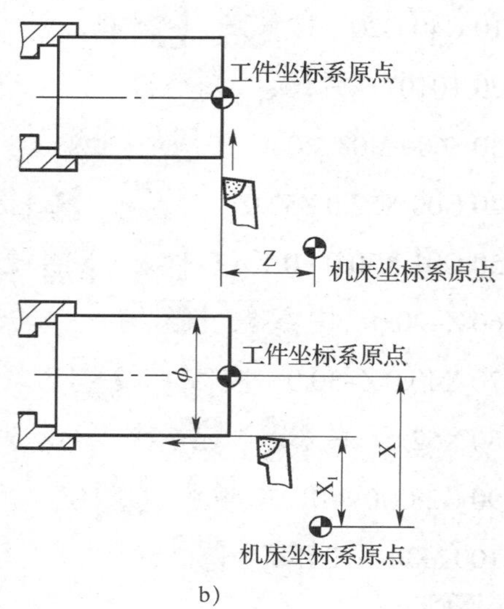

b)

图 2–52 机床对刀操作

5）按 MDI 键盘中的 OFS/SET 键，按软键［补正］和［形状］后，显示图 2–53 所示的刀具补偿参数设置界面。移动光标选择与刀具号相对应的刀补参数（如 1 号刀，则将光标移至“G001”行），输入“Z0”，按软键［测量］，Z 向刀具偏移参数即自动存入（其值等于记录的 Z 值）。

6）试切外圆后，刀具沿 Z 向退离工件，记录下 X 向机械坐标值“X_1”。停机实测工件外圆直径（假设测量出直径为 50.123 mm）。

7）在界面的“G001”行中输入“X50.123”后，按软键［测量］，X 向的刀具偏移参数即自动存入。1 号刀具偏置设定完成，其他刀具按同样的方法设定。

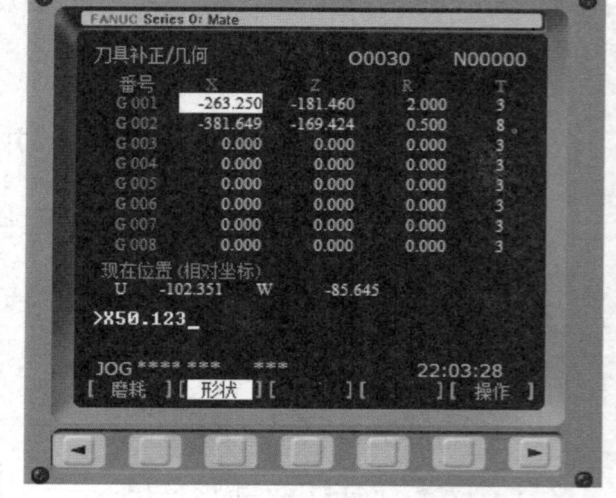

图 2–53 刀具补偿参数设置界面

8）校验刀具偏移参数。在“MDI”模式下选刀，并调用 1 号刀具偏置补偿，在 POS 界面下，手动移动刀具靠近工件，观察刀具与工件间的实际相对位置，对照显示屏显示的绝对坐标，判断刀具偏移参数设定是否正确。

在设定刀具偏移时，也可直接将 Z 值、X 值输入刀具偏移补偿存储器中。

如果刀具使用一段时间后产生了磨耗，则可直接将磨耗值输入对应的位置，对刀具进行磨耗补偿。

6. 设置刀具刀尖圆弧半径补偿参数

刀尖圆弧半径值与刀沿位置号同样在图 2–53 所示界面中进行设定。例如，1 号刀为外圆车刀，刀尖圆弧半径为 2 mm；2 号刀为普通外螺纹车刀，刀尖圆弧半径为 0.5 mm，则其设定方法如下：

（1）移动光标选择与刀具号相对应的刀具半径参数。如 1 号刀，则将光标移至“G001”行的 R 参数，键入“2.0”后按下 INPUT 键。

（2）移动光标选择与刀具号相对应的刀沿位置号参数。如 1 号刀，则将光标移至“G001”行的 T 参数，键入刀沿位置号“3”后按下 INPUT 键。

（3）用同样的方法设定第二把刀具的刀尖圆弧半径补偿参数，其刀尖圆弧半径值为 0.5 mm，车刀在刀架上的刀沿位置号为“8”。

7. 自动加工

上述工作完成后，即可进行自动加工。

（1）机床试运行

1）将模式选择旋钮旋至“自动”。

2）按下 PROG 键，按下软键［检视］，使显示屏显示正在执行的程序和坐标。

3）按下“机床锁定”按键 机床锁定，按下“单步”执行按键 单步。

4）按下“循环启动”按键中的单步循环启动，每按一下，机床执行一段程序，这时即可检查编辑与输入的程序是否正确。

机床的试运行检查还可以在空运行状态下进行，两者虽然都被用于程序自动运行前的检查，但检查的内容却有区别。机床锁住运行主要用于检查程序编制是否正确，程序有无编写格式错误等；而机床空运行主要用于检查刀具轨迹是否与要求相符。

（2）机床的自动运行

1）调出需要执行的程序，确认程序正确。

2）将模式选择旋钮旋至“自动”。

3）按下 PROG 键，按下软键［检视］，使显示屏显示准备执行的程序和坐标。

4）按下“循环启动”按键，自动循环执行加工程序。

5）根据实际需要调整主轴转速和刀具进给速度。在机床运行过程中，可以转动主轴倍率旋钮进行主轴转速的调整，但应注意不能进行高、低挡转速的切换。转动进给倍率旋钮可进行刀具进给速度的调整。

机床自动运行检视操作显示界面如图 2–54 所示。

（3）手动干预与返回功能

在自动运行期间用“循环暂停”按键使移动的刀具停止，进行手动干预操作（如手动退

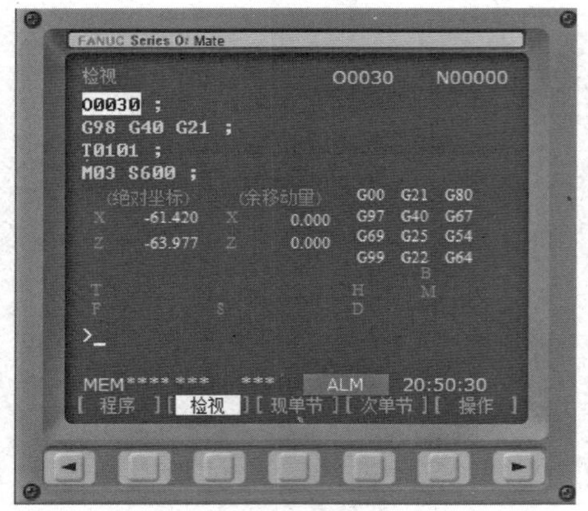

图 2–54　机床自动运行检视操作显示界面

刀、换刀等），当按下“循环启动”按键使自动运行恢复时，手动干预与返回功能可使刀具返回手动干预前的开始处。该功能的操作过程如下：

1）在程序自动运行过程中按下“循环暂停”按键。

2）在“手动”或“手轮”模式下移动刀具。

3）按下返回中断点按键，刀具以空运行速度返回中断点。

4）在“AUTO”模式下按下“循环启动”按键，恢复自动运行。

（4）图形显示功能

图形显示功能可以显示自动运行或手动运行期间的刀具移动轨迹，操作人员可通过观察显示屏显示出的轨迹检查加工过程，显示的图形可以进行放大及复原。

图形显示的操作过程如下：

1）将模式选择旋钮旋至“自动”。

2）在系统操作面板上按下 键，按下软键［参数］，显示图 2–55 所示的界面。

3）通过光标移动键将光标移至所需设定的参数处，输入数据后按下 键，依次完成各项参数的设定。

4）按下软键［图形］。

5）按下“循环启动”按键，在显示屏上绘出刀具的运动轨迹。

6）在图形显示过程中，按下软键［扩大］可进行图形的放大 / 恢复操作。

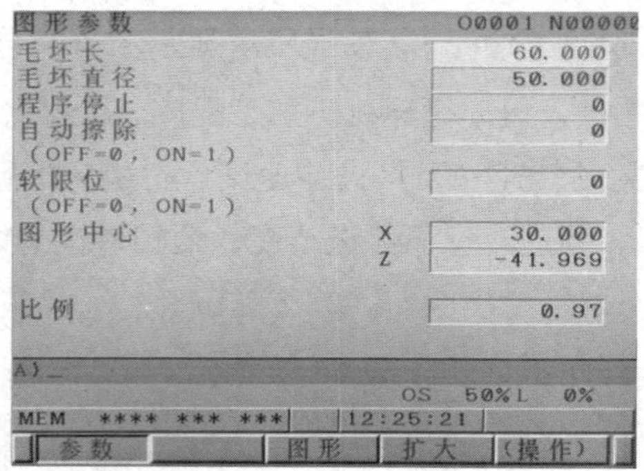

图 2–55　图形显示参数设置界面

8. 工件的加工与检测

确认各项准备工作和加工程序准确无误后，即可在自动运行模式下启动加工程序，进行首件试切，然后卸下工件，并按图样要求对工件逐项进行检测。

9. 机床保养

加工完成后，要按规定对机床和工作环境进行清理、维护与保养。

思考与练习

1. 试写出内、外圆加工时所用单一固定循环（G90）的指令格式，并说明该循环中R值的确定方法。
2. 试写出内、外圆复合粗加工循环（G71）的指令格式，并说明指令中各参数的含义。
3. 试写出多重复合循环（G73）的指令格式，并说明指令中各参数的含义。
4. 采用内、外圆复合固定循环（G71、G72、G73、G70）时的注意事项有哪些？
5. 试写出切槽循环指令 G75 的指令格式，并说明指令中各参数的含义。
6. 加工图 2-56 所示的工件，试编写其 FANUC 系统数控车加工程序。

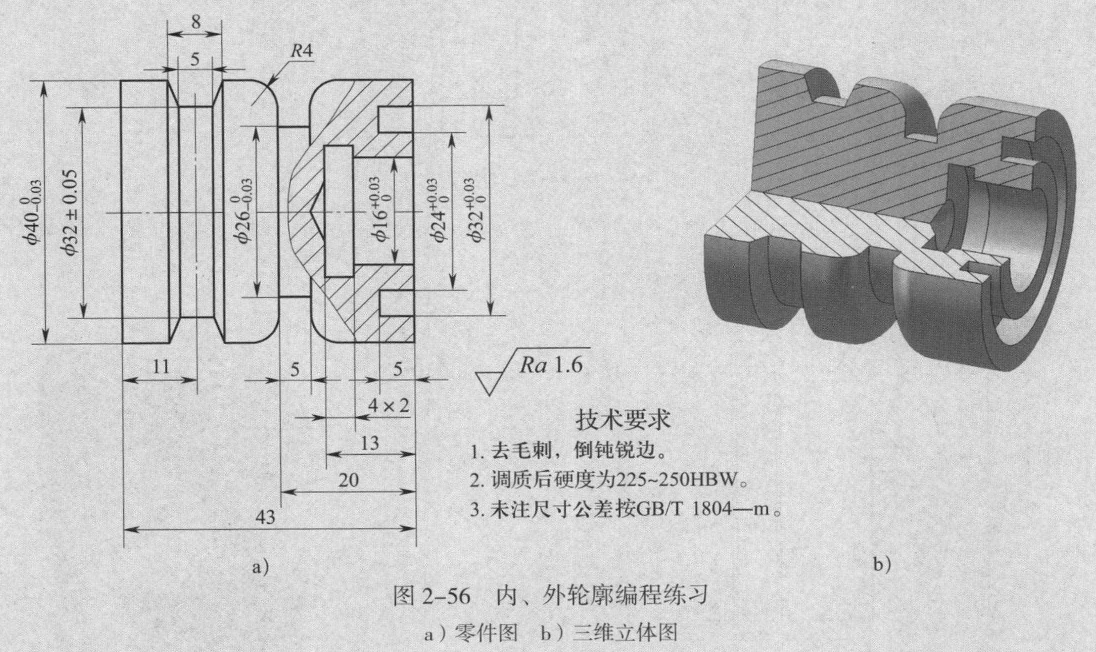

图 2-56 内、外轮廓编程练习
a）零件图 b）三维立体图

7. 对于螺距为 3 mm 的普通外螺纹，如何分配其加工过程中的背吃刀量？
8. 在数控加工过程中，如何计算普通螺纹 M27×2—7h 和 M30×1.5—6H 的小径？
9. 在数控车削过程中，双线螺纹、左旋螺纹是如何编程及加工的？
10. 试写出螺纹切削复合固定循环（G76）的指令格式，并说明指令中各参数的含义。
11. 在使用螺纹切削单一固定循环指令（G92）过程中的注意事项有哪些？

12. 什么是子程序？FANUC 系统是如何进行子程序调用的？

13. 什么是用户宏程序？它的最大特点是什么？

14. 宏程序的变量可分为哪几类？各有什么特点？

15. B 类宏程序是如何实现程序转移的？

16. 如何进行机床电源的开、关操作？

17. 系统操作面板上的 INSERT 键与 INPUT 键有什么区别？各用于什么场合？

18. 系统操作面板上的 DELETE 键与 CAN 键有什么区别？各用于什么场合？

19. 如何进行程序的检索？如何进行程序段的检索？

20. 如何进行机床的手动回参考点操作？如何编写程序中的回参考点程序段？

21. 如何进行机床空运行操作？如何进行机床锁住试运行操作？两种试运行操作有什么区别？

22. 试采用坐标平移指令编写图 2–57 所示工件内凹外轮廓的数控车加工程序。

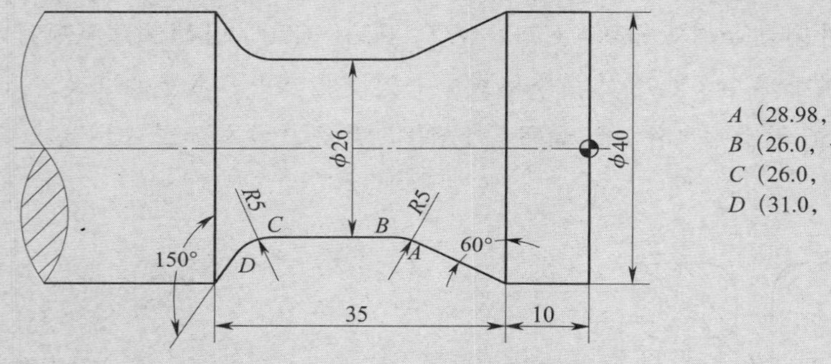

图 2–57 坐标平移编程练习

23. 加工图 2–58 所示的工件，毛坯尺寸为 $\phi 80$ mm × 52 mm，材料为 45 钢，试编写其数控车加工程序。

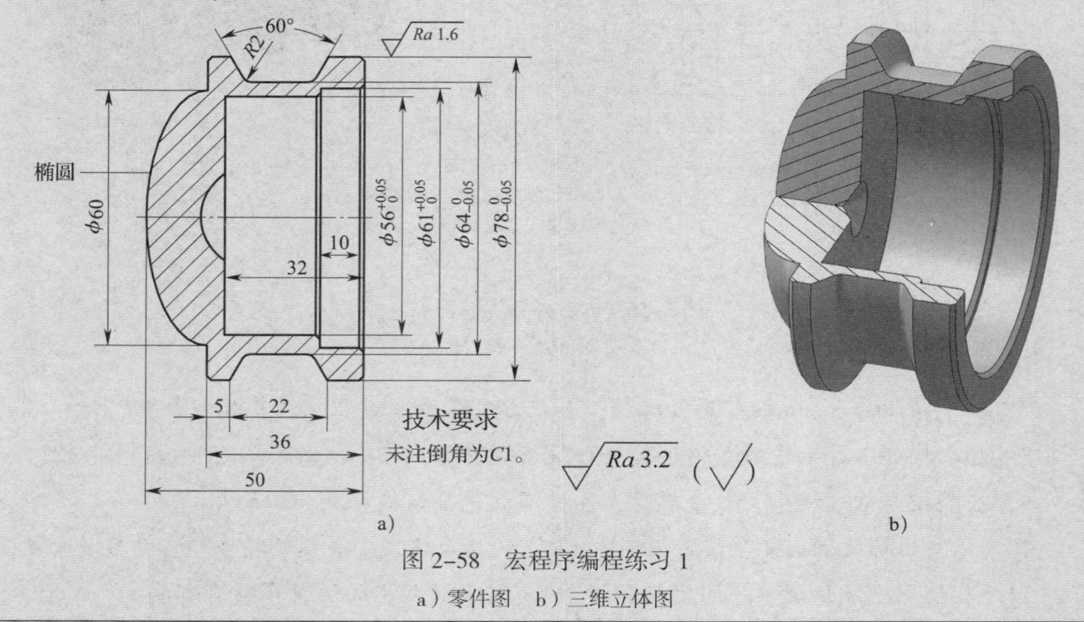

图 2–58 宏程序编程练习 1

a）零件图 b）三维立体图

24. 加工图 2–59 所示的工件，毛坯尺寸为 ϕ80 mm×56 mm，材料为 45 钢，试编写其数控车加工程序。

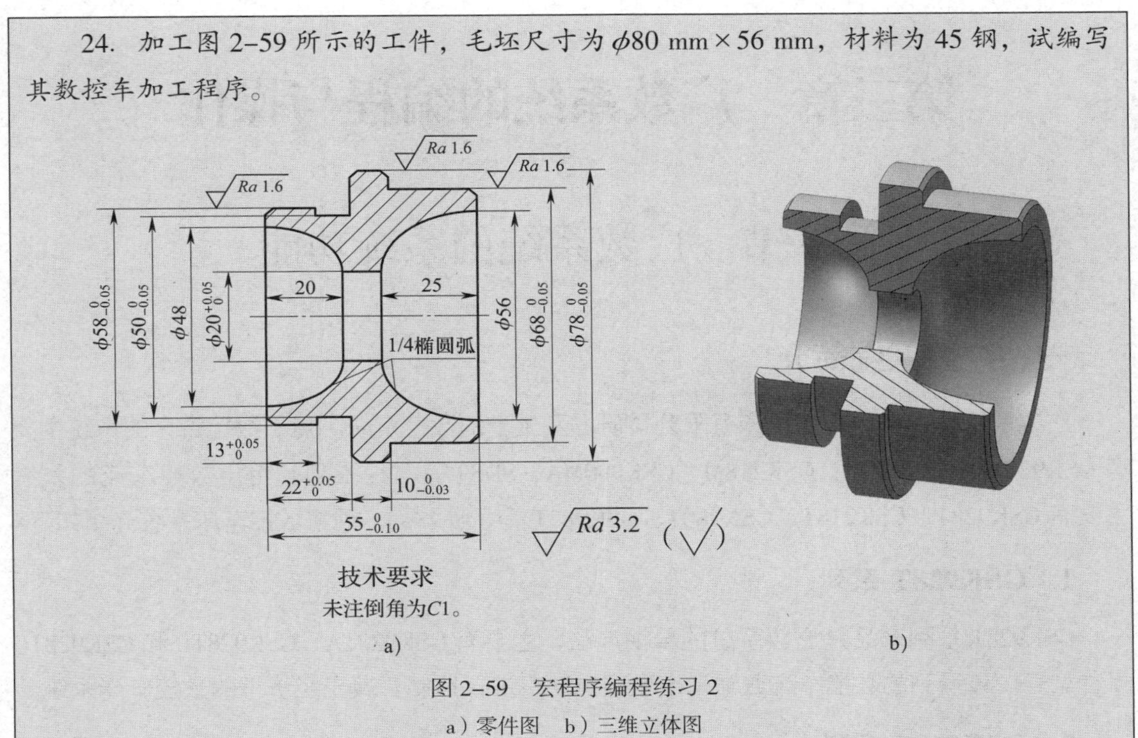

图 2–59 宏程序编程练习 2

a）零件图 b）三维立体图

第三章　广数系统的编程与操作

第一节　广数系统的系统功能

一、广数系统简介

广数系统是由广州数控机床有限公司研发及生产的数控系统。用于数控铣床的系统主要有 GSK928M、GSK980M、GSK218M、GSK990MA、SDS9 等多种系列。用于数控车床的系统主要有 GSK928T、GSK218T、GSK980T、GSK983T 等多种系列。现将数控车床系统介绍如下：

1. GSK928T 系列

GSK928T 系列产品是广数系统的早期产品，主要有 GSK928TA、GSK928TB 和 GSK928TC 三种型号。该系列的数控车床通常采用变频电动机进行控制，属于经济型的数控车床系统。

2. GSK218T 系列

GSK218T 系列产品为广州数控研制的新一代普及型车床数控系统，采用 32 位高性能的 CPU 和超大规模可编程元器件，运用实时多任务控制技术和硬件插补技术，可实现微米级精度的运动控制。

3. GSK980T 系列

GSK980T 系列产品有 GSK980TC、GSK980TD 和 GSK980TDi 等多种型号，该数控系统采用 7.4 inLCD 显示器，具备 PLC（可编程逻辑控制器，programmable logic controller，PLC）梯形图显示、实时监控功能，提供操作面板 I/O 接口，可由用户设计、选配独立的操作面板。GSK980T 系列数控系统具有卓越的性价比，是中、低档数控车床的最佳选择。

4. GSK983T 系列

GSK983T 系列产品采用 10.4 in、800×600 高分辨率、高亮度彩色 LCD 显示屏；采用超大规模高集成电路，全贴片工艺，能极大地提高性能；可达到 60 000 mm/min 的快速定位速度和 30 000 mm/min 的切削进给速度。

本书主要介绍 GSK980TD 系列数控系统。

二、常用准备功能简介

GSK980TD 系统常用准备功能见表 3-1。

表 3-1　　**GSK980TD** 系统常用准备功能一览表

G 指令	组别	功能	程序格式和说明
G00 ▲	01	快速点定位	G00 X__ Z__ ;
G01		直线插补	G01 X__ Z__ F__ ;
G02		顺时针圆弧插补	G02/G03 X__ Z__ R__ F__ ; G02/G03 X__ Z__ I__ K__ F__ ;
G03		逆时针圆弧插补	
G04	00	暂停	G04 X1.5；或 G04 U1.5； 或 G04 P1500；
G28		返回参考点	G28 X__ Z__ ;
G17	16	选择 *XY* 平面	G17；
G18 ▲		选择 *ZX* 平面	G18；
G19		选择 *YZ* 平面	G19；
G32	01	螺纹切削	G32 X__ Z__ F__ ;（F 为导程）
G40 ▲	07	刀尖圆弧半径补偿取消	G40；
G41		刀尖圆弧半径左补偿	G41 G00/G01 X__ Z__ ;
G42		刀尖圆弧半径右补偿	G42 G00/G01 X__ Z__ ;
G50 ▲	00	坐标系设定	G50 X__ Z__ ;
G52	14	局部坐标系设定	G52 X__ Z__ ;
G53		选择机床坐标系	G53 X__ Z__ ;
G54 ▲		选择工件坐标系 1	G54；
G55		选择工件坐标系 2	G55；
G56		选择工件坐标系 3	G56；
G57		选择工件坐标系 4	G57；
G58		选择工件坐标系 5	G58；
G59		选择工件坐标系 6	G59；
G65	00	宏程序非模态调用	G65 P__ L__ < 自变量指定 >;
G70		精车循环	G70 P__ Q__ ;
G71		粗车循环	G71 U__ R__ ; G71 P__ Q__ U__ W__ F__ ;
G72		平端面粗车循环	G72 W__ R__ ; G72 P__ Q__ U__ W__ F__ ;
G73		多重复合循环	G73 U__ W__ R__ ; G73 P__ Q__ U__ W__ F__ ;

续表

G 指令	组别	功能	程序格式和说明
G74	00	端面切槽循环	G74 R__； G74 X（U）__Z（W）__P__Q__R__F__；
G75		径向切槽循环	G75 R__； G75 X（U）__Z（W）__P__Q__R__F__；
G76		螺纹复合循环	G76 P（*m*）（*r*）（*α*）Q__R__； G76 X（U）__Z（W）__R__P__Q__F__；
G90	01	内、外圆切削循环	G90 X__Z__F__； G90 X__Z__R__F__；
G92		螺纹切削循环	G92 X__Z__F__； G92 X__Z__R__F__；
G94		端面切削循环	G94 X__Z__F__； G94 X__Z__R__F__；
G96	02	恒定线速度	G96 S200；（200 m/min）
G97 ▲		每分钟转数	G97 S800；（800 r/min）
G98	05	每分钟进给	G98 F100；（100 mm/min）
G99 ▲		每转进给	G99 F0.1；（0.1 mm/r）

三、辅助功能及其他功能

辅助功能及其他功能可参阅本书第一章。

第二节　A 类用户宏程序

在 FANUC 0MD 及 GSK980TD 系统的系统面板上没有“+”“-”“*”“/”“=”“[ ]”等符号。故不能进行这些符号的输入，也不能用这些符号进行赋值及数学运算。因此，在这类系统中只能按 A 类宏程序进行编程，本节主要介绍用 A 类宏程序进行编程。GSK980TDb 以后的系统采用 B 类宏程序，相关内容可参阅本书第二章。

在常规的主程序和子程序内，总是将一个具体的数值赋给一个地址，为了使程序具有更多的通用性、灵活性，故在宏程序中设置了变量。

一、A 类宏程序的变量

在 A 类和 B 类宏程序中，变量的分类均相同。变量分为局部变量、公共变量（全局变量）和系统变量三种，具体可参阅本书第二章。

1. A 类宏程序变量的表示

一个变量由符号 # 和变量序号组成，如 #I（I=1、2、3…）。

例如，#100、#500、#5 等。

2. A 类宏程序变量的引用

将跟随在地址符后的数值用变量来代替的过程称为变量引用。

例如，G01 X#100 Y–#101 F#102；

当 #100=100.0，#101=50.0，#102=80 时，上式即表示为：

G01 X100.0 Y–50.0 F80；

注意 A 类宏程序变量的引用不能使用表达式。

二、用户宏程序的格式及调用

1. 宏程序格式

用户宏程序与子程序相似，以程序号 O 和后面的四位数字组成，以 M99 指令作为结束标记。

```
O0301；
N10 G65 H01 P#100 Q100；        （将值 100 赋给 #100）
N20 G00 X#100 Y…；
 ⋮
N100 M99；                      （宏程序结束）
```

2. 宏程序的调用

宏程序的调用有两种形式，一种与子程序调用方法相同，即用 M98 指令进行调用；另一种用 G65 指令进行调用，具体如下：

G65 P0070 L5 X100.0 Y100.0 Z–30.0；

G65：调用宏程序指令，该指令必须写在句首。

P0070：宏程序的程序号为 O0070。

L5：调用次数为 5 次。

X100.0 Y100.0 Z–30.0：变量引数，引数为有小数点的正、负数。

三、A 类宏程序的运算和转移指令

宏程序运算和转移指令的功能与定义见表 3–2。

表 3–2　宏程序运算和转移指令的功能与定义

指令	H 码	功能	定义
G65	H01	定义、替换	#I=#j
G65	H02	加	#I=#j+#k
G65	H03	减	#I=#j–#k
G65	H04	乘	#I=#j*#k
G65	H05	除	#I=#j/#k
G65	H11	逻辑或	#I=#jOR#k
G65	H12	逻辑与	#I=#jAND#k
G65	H13	异或	#I=#jXOR#k
G65	H21	平方根	#I= $\sqrt{\#j}$
G65	H22	绝对值	#I= | #j |
G65	H23	求余	#I=#j–trunc（#j/#k）*#k
G65	H24	十进制码变为二进制码	#I=BIN（#j）
G65	H25	二进制码变为十进制码	#I=BCD（#j）
G65	H26	复合乘 / 除	#I=（#i*#j）/#k
G65	H27	复合平方根 1	#I= $\sqrt{\#j^2+\#k^2}$
G65	H28	复合平方根 2	#I= $\sqrt{\#j^2-\#k^2}$
G65	H31	正弦	#I=#j*SIN（#k）
G65	H32	余弦	#I=#j*COS（#k）
G65	H33	正切	#I=#j*TAN（#k）
G65	H34	反正切	#I=ATAN（#j/#k）
G65	H80	无条件转移	GOTO *n*
G65	H81	条件转移 1（EQ）	IF #j=#k GOTO *n*
G65	H82	条件转移 2（NE）	IF #j≠#k GOTO *n*
G65	H83	条件转移 3（GT）	IF #j>#k GOTO *n*
G65	H84	条件转移 4（LT）	IF #j<#k GOTO *n*
G65	H85	条件转移 5（GE）	IF #j≥#k GOTO *n*
G65	H86	条件转移 6（LE）	IF #j≤#k GOTO *n*
G65	H99	产生 P/S 报警	P/S 报警号 500 + *n* 出现

1. 宏程序的运算指令

宏程序的运算指令通过 G65 指令的不同表达形式实现，其指令的一般形式如下：

G65 H*m* P#i Q#j R#k；

格式中各参数的含义如下：

m：可以是 01 ~ 99 中的任何一个整数，表示运算指令或转移指令的功能。

#i：存放运算结果的变量。

#j：需要运算的变量 1；也可以是常数，常数可以直接表示，不带“#”。

#k：需要运算的变量 2；也可以是常数，常数可以直接表示，不带“#”。

指令所代表的含义是 #i=#j ○ #k；其中○代表运算符号，由 H*m* 指定。

例如，G65 H02 P#100 Q#101 R#102；　　（#100=#101+#102）

G65 H03 P#100 Q#101 R15；　　（#100=#101−15）

G65 H04 P#100 Q−100 R #102；　　（#100=−100*#102）

G65 H05 P#100 Q−100 R #102；　　（#100=−100/#102）

变量值是不含小数点的数值，其单位是系统的最小输入单位。例如，当 #100=10 时，X # 100 代表 0.01 mm。另外，用 G65 指令指定的 H 代码对选择刀具长度补偿的偏置号没有任何影响。

在使用宏程序运算指令中，当变量以角度形式指定时，其单位是 0.001°。在各运算中，当必要的 Q、R 没有指定时，系统自动将其值赋为“0”参加运算。而且运算、转移指令中的 H、P、Q、R 都必须写在 G65 指令之后，因此，在 G65 指令前的地址符只能有 O、N。

由于变量值只取整数，当运算结果出现小数点后的数值时，其值将被舍去。另外，还应注意宏程序的运算顺序与普通运算的区别。

例如，若 #100=35，#101=10，#102=5，依次执行以下指令，其运算结果如下：

#110=#100/#101；　　结果为 3，小数点后的数值被舍去

#111=#110*#102；　结果为 15

#120=#100*#102；　结果为 175

#121=#120/#101；　结果为 17，小数点后的数值被舍去

2. 宏程序的转移指令

宏程序的转移指令与运算指令相似，即通过 G65 指令的不同表达形式实现。A 类宏程序的转移指令有以下几种情况：

（1）G65 H80 P*n*；（*n*：目标程序段号，以下相同）

例如，G65 H80 P120；

该程序段无条件转移到 N120 程序段。

（2）G65 H81 P*n* Q#J R#K；

例如，G65 H81 P1000 Q#101 R#102；

当 #101=#102 时，转移到 N1000 程序段；当 #101 ≠ #102 时，程序继续执行。

（3）G65 H82 P*n* Q#J R#K；

例如，G65 H82 P1000 Q#101 R#102；

当 #101 ≠ #102 时，转移到 N1000 程序段；当 #101=#102 时，程序继续执行。

（4）G65 H83 P*n* Q#J R#K；

例如，G65 H83 P1000 Q#101 R#102；

当 #101>#102 时，转移到 N1000 程序段；当 #101 ⩽ #102 时，程序继续执行。

（5）G65 H84 P*n* Q#J R#K；

例如，G65 H84 P1000 Q#101 R#102；

当 #101<#102 时，转移到 N1000 程序段；当 #101 ⩾ #102 时，程序继续执行。

（6）G65 H85 P*n* Q#J R#K；

例如，G65 H85 P1000 Q#101 R#102；

当 #101 ⩾ #102 时，转移到 N1000 程序段；当 #101<#102 时，程序继续执行。

（7）G65 H86 P*n* Q#J R#K；

例如，G65 H86 P1000 Q#101 R#102；

当 #101 ⩽ #102 时，转移到 N1000 程序段；当 #101>#102 时，程序继续执行。

四、A 类宏程序编程实例

例 3–1 试用 A 类宏程序编写精车图 3–1 所示小手柄的加工程序。

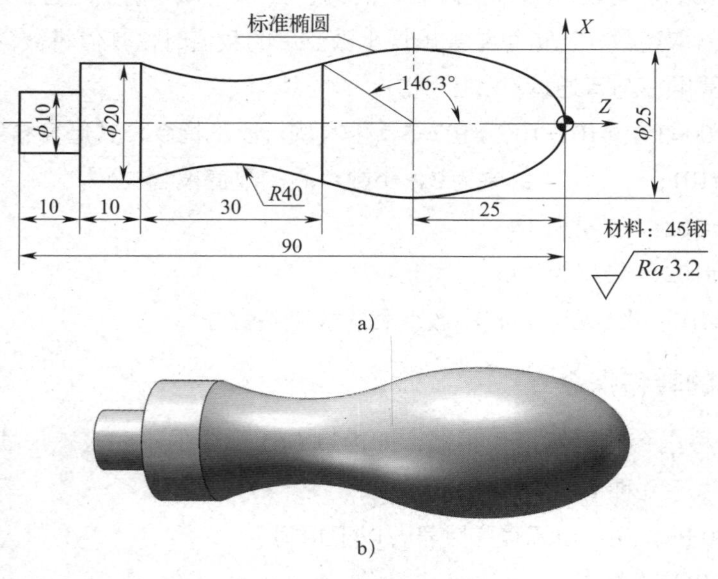

图 3–1 小手柄编程实例

a）零件图 b）三维立体图

1. 例题分析

用宏程序加工非圆曲线时，将该曲线细分成许多段后用直线进行拟合。因此，实际加工完成的非圆曲线是由许多极短的折线段构成的。

如图 3-1 所示，该椭圆的方程为$\frac{x^2}{12.5^2}+\frac{(z+25)^2}{25^2}=1$。该椭圆方程的极坐标表达式为“$x=12.5\sin\alpha$，$z=25\cos\alpha-25$”，椭圆上各点坐标分别是（$12.5\sin\alpha$，$25\cos\alpha-25$），坐标值随角度的变化而变化，$\alpha$ 是自变量，而坐标 X 和 Z 是因变量。

提示

注意椭圆中极坐标角度与普通几何角度的区别，此处与几何角度 146.3° 对应的极角为 126.86°。

用 A 类宏程序编写本例工件的精加工程序（粗加工时可用圆弧拟合椭圆，加工程序略）时，使用以下变量：

#100：椭圆 *X* 向半轴 *A* 的长度；

#101：椭圆 *Z* 向半轴 *B* 的长度；

#102：椭圆上各点对应的角度 α；

#103：公式中椭圆各点的 X 坐标，$A\sin\alpha$；

#104：公式中椭圆各点的 Z 坐标，$B\cos\alpha$；

#105：椭圆上各点在工件坐标系中的 X 坐标；

#106：椭圆上各点在工件坐标系中的 Z 坐标。

2. 加工程序

```
O0302;                              （主程序）
N10 G99 G40 G21 F0.1;
N20 T0101;                          （换菱形刀片外圆车刀）
N30 M03 S1200;
N40 G00 X0 Z5.0;                    （宏程序起点）
N50 M98 P0303;                      （调用精加工宏程序，加工椭圆轮廓）
N60 G02 X20.0 Z-70.0 R40.0;
N70 G01 Z-85.0;
N80 G00 X100.0 Z100.0;
N90 M30;
O0303;                              （精加工宏程序）
N10 G65 H01 P#100 Q12500;           （短半轴 A 赋初值，A=12.5 mm）
N20 G65 H01 P#101 Q25000;           （长半轴 B 赋初值，B=25 mm）
N30 G65 H01 P#102 Q0;               （角度 α 赋初值，α=0°）
```

```
N40 G65 H31 P#103 Q#100 R#102;          （#103=#100sin［#102］）
N50 G65 H32 P#104 Q#101 R#102;          （#104=#101cos［#102］）
N60 G65 H04 P#105 Q#103 R2;             （椭圆上各点的 X 坐标，#105=2*#103）
N70 G65 H03 P#106 Q#104 R25000;         （椭圆上各点的 Z 坐标，#106=#104−25.0）
N80 G01 X#105 Z#106 F0.1;
N90 G65 H02 P#102 Q#102 R10;            （角度增量为 0.01°）
N100 G65 H86 P40 Q#102 R126860;         （条件判断，极角 α ≤ 126.86° 时转移到 N40
                                         执行循环；否则循环结束）
M99;
```

提示

程序中变量的初值也可以用保持型变量 #500～#549 进行赋值。对于变量 #500～#549 的赋值，可以像子程序 O0303 中的变量 #100～#104 一样赋初值，也可用“MDI”模式对其赋初值。

第三节　广数 980T 系统编程实例

广数 980T 系统基本编程指令与 FANUC 系统的编程指令类似，关于这些指令的说明，请参阅本书的第一章和第二章。

例 3–2　加工图 3–2 所示工件（毛坯尺寸为 ϕ50 mm×40 mm，已钻出 ϕ20 mm 的孔），试编写其 GSK 980TD 系统数控车加工程序。

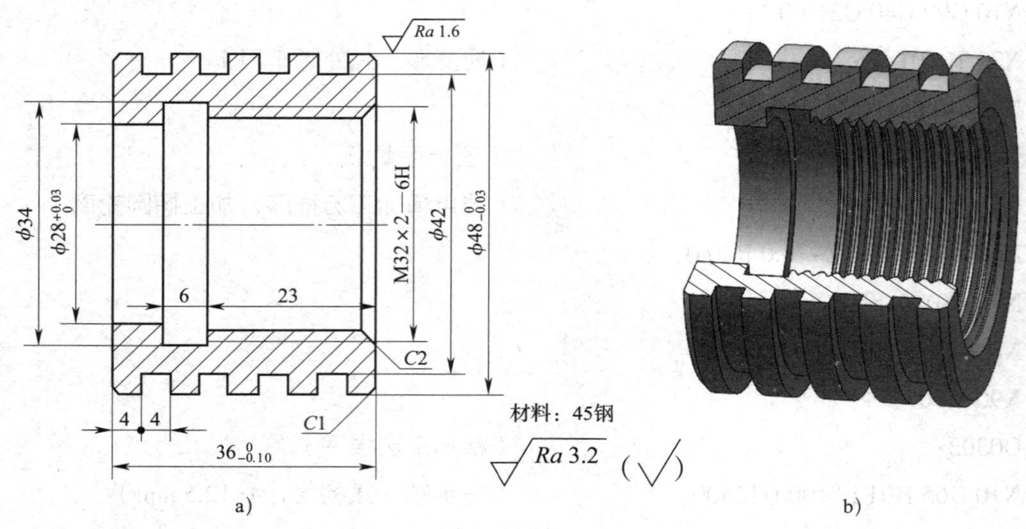

图 3–2　编程实例 1

a）零件图　b）三维立体图

（1）选择机床

加工本例工件时，选择 GSK980T 系统的 CKA6140 型机床进行加工。该机床的刀架为四工位前置刀架。

（2）确定加工步骤

本例工件的加工步骤列入表 3–3 的数控加工工艺卡中。

表 3–3　　**数控加工工艺卡**

工步号	工步内容（加工面）	刀具号	刀具规格	主轴转速 /（$r \cdot min^{-1}$）	进给量 /（$mm \cdot r^{-1}$）	背吃刀量 / mm
1	手动加工右端面	T01	外圆车刀	600	0.2	0.5
2	粗加工右端外圆轮廓			600	0.2	0.75
3	精加工右端外圆轮廓			1 000	0.1	0.25
4	加工外圆槽	T02	外切槽刀	500	0.1	3
5	粗加工右端内轮廓	T01	内孔车刀	600	0.2	1.0
6	精加工右端内轮廓			1 000	0.1	0.25
7	加工内圆槽	T02	内切槽刀	500	0.1	3
8	加工内螺纹	T03	内螺纹车刀	600	2	分层
9	掉头，手动加工左端面	T01	外圆车刀	600	0.2	0.5
10	粗加工左端外圆轮廓			600	0.2	0.75
11	精加工左端外圆轮廓			1 000	0.1	0.25
12	加工外圆槽	T02	外切槽刀	500	0.1	3
13	检测工件精度					
编制		审核	批准	年　月　日	共　页　第　页	

（3）编制加工程序

本例工件右侧外圆和内轮廓的加工程序如下：

```
O0304;                              （右侧外圆加工程序）
N10 G99 G40 G21;
N20 T0101;                          （换外圆粗车刀）
N30 G00 X150.0 Z150.0;
N40 M03 S600;
N50 G00 X52.0 Z2.0;
N60 G90 X48.5 Z-21.0 F0.2;
N70 X48.0 Z-21.0 F0.1 S1000;
N80 G00 X150.0 Z150.0 ;
N90 T0202;                          （换外切槽刀，刀头宽度为 3 mm）
N100 M03 S500;
```

```
N110 G00 X49.0 Z-7.0；
N120 G75 R0.5；
N130 G75 X42.0 Z-8.0 P1000 Q1000 F0.1；
N140 G00 X49.0 Z-15.0；
N150 G75 R0.5；
N160 G75 X42.0 Z-16.0 P1000 Q1000 F0.1；
N170 G00 X150.0 Z150.0 ；
N180 M05；
N190 M30；
O0305；                                    （内轮廓加工程序）
N10 G99 G40 G21；
N20 T0101；                                （换内孔车刀）
N30 G00 X150.0 Z150.0；
N40 X18.0 Z2.0；
N50 M03 S600；
N60 G71 U1.0 R0.5；
N70 G71 P80 Q140 U-0.5 W0 F0.2；
N80 G00 X34.0 S1000；
N90 G01 Z0 F0.1；
N100 X30.0 Z-2.0；
N110 Z-29.0；
N120 X28.0；
N130 Z-37.0；
N140 X18.0；
N150 G70 P80 Q140；
N160 G00 X150.0 Z150.0；
N170 T0202；                               （换内切槽刀，刀头宽度为 3 mm）
N180 M03 S500；
N190 G00 X27.5 ；
N200 Z-26.0；
N210 G75 R0.5；
N220 G75 X34.0 Z-29.0 P1000 Q1000 F0.1；
N230 G00 Z2.0；
N240 G00 X150.0 Z150.0；
N250 T0303；                               （换内螺纹车刀）
```

N260 M03 S600;

N270 G00 X29.0 Z2.0;

N280 G92 X30.7 Z–25.0 F2.0;

N290 X31.2;

N300 X31.6;

N310 X31.85;

N320 X32.0;

N330 G00 X150.0 Z150.0;

N340 M05;

N350 M30;

提示

加工本例工件的内圆槽时，应特别注意退刀方式的合理选择，应先进行 Z 向退刀，再进行其他坐标轴方向的退刀，以防止刀具在退刀过程中出现干涉现象。

例 3–3 加工图 3–3 所示工件（毛坯尺寸为 ϕ60 mm × 100 mm，加工后切断，切断程序略），试编写其 GSK 980TD 系统数控车加工程序。

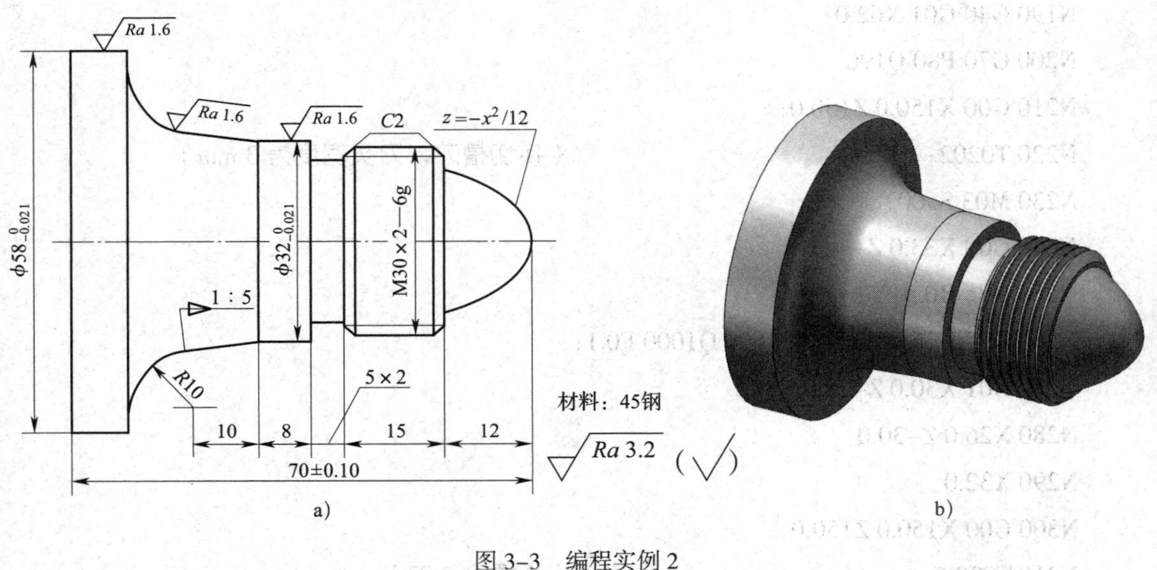

图 3–3 编程实例 2
a）零件图 b）三维立体图

编程分析：加工本例工件时，右侧非圆曲面先用 R13 mm 的圆弧替代进行粗加工，其他轮廓加工完成后再进行非圆曲面的精加工，其加工程序如下：

O0306; （右侧外轮廓加工程序）

N10 G99 G40 G21;

```
N20 T0101;                          （换外圆粗车刀）
N30 G00 X150.0 Z150.0;
N40 M03 S600;
N50 G00 X62.0 Z2.0;
N60 G71 U1.0 R0.5;
N70 G71 P80 Q190 U0.5 W0 F0.2;
N80 G42 G01 X0 F0.1 S1200;
N90 Z1.0;
N100 G03 X26.0 Z-12.0 R13.0;
N110 G01 X30.0 Z-14.0;
N120 Z-32.0;
N130 X32.0;
N140 Z-40.0;
N150 X34.2 Z-51.0;
N160 G02 X54.1 Z-60.0 R10.0;
N170 G01 X58.0;
N180 Z-70.0;
N190 G40 G01 X62.0;
N200 G70 P80 Q190;
N210 G00 X150.0 Z150.0;
N220 T0202;                         （换切槽刀，刀头宽度为 3 mm）
N230 M03 S500;
N240 G00 X33.0 Z-30.0;
N250 G75 R0.5;
N260 G75 X26.0 Z-32.0 P1500 Q1000 F0.1;
N270 G01 X30.0 Z-28.0;
N280 X26.0 Z-30.0;
N290 X32.0;
N300 G00 X150.0 Z150.0;
N310 T0303;                         （换螺纹车刀）
N320 M03 S600;
N330 G00 X32.0 Z-10.0;
N340 G92 X29.0 Z-30.0 F2.0;
N350 X28.3;
N360 X27.8;
```

```
N370 X27.5;
N380 X27.4;
N390 G00 X150.0 Z150.0;
N400 M05;
N410 M30;
O0307;                                  (非圆曲线精加工程序)
N10 G99 G40 G21;
N20 T0101;                              (换外圆精车刀)
N30 G00 X150.0 Z150.0;
N40 M03 S600;
N50 G00 X62.0 Z2.0;
N60 X0;
N70 G65 H01 P#100 Q0;                   (X 半径量赋初值)
N80 G65 H04 P#101 Q#100 R#100;          (#101=#100*#100)
N90 G65 H05 P#102 Q#101 R-12000;        (Z 坐标值)
N100 G65 H04 P#103 Q#101 R2;            (X 坐标直径量)
N110 G01 X#103 Z#102 F0.1;
N120 G65 H02 P#100 Q#100 R200;
N130 G65 H86 P80 Q#100 R12000;          (条件判断，X ≤ 12.0 时转移到 N80 执行循
                                         环；否则循环结束)
N140 G01 X40.0;
N150 G00 X150.0 Z150.0;
N160 M05;
N170 M30;
```

第四节　广数 980T 系统及其车床的操作

一、机床面板按键及其功能介绍

GSK980TD 数控车床面板如图 3–4 所示。

1. 模式选择按键

如图 3–5 所示的六个模式选择按键为单选按键，在操作时只能按下其中的一个。

（1）编辑

按下此按键，可以对储存在存储器中的程序数据进行编辑。

图 3–4　GSK 980TD 数控车床面板

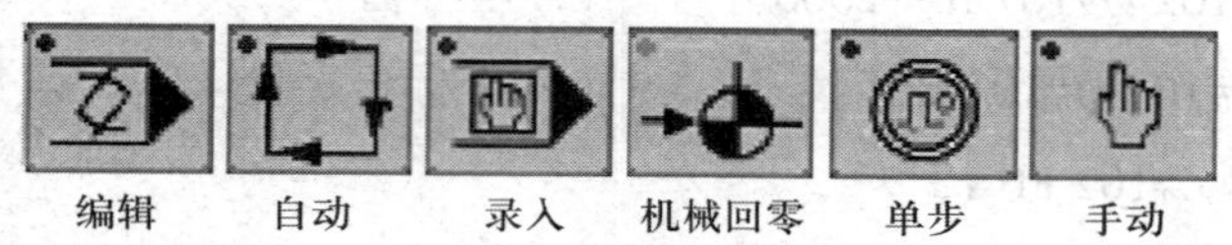

图 3–5　模式选择按键

（2）自动

按下此按键后，可自动执行程序。按下图 3–6 所示的前四个按键之一后，自动运行又有以下四种不同的运行模式：

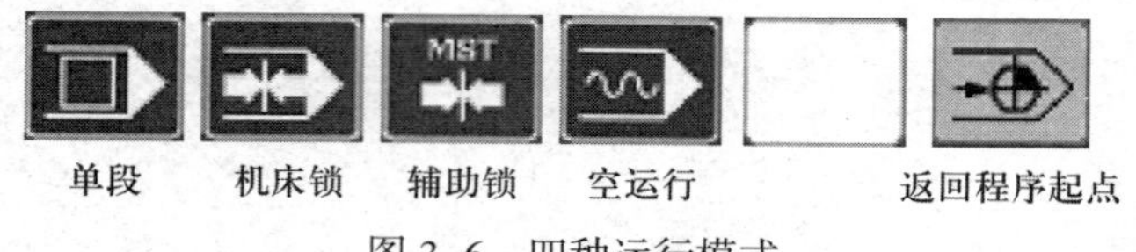

图 3–6　四种运行模式

1）单段运行。按下“单段”按键后，机床面板上对应指示灯亮，每按下一次“循环启动”按键，机床将执行完一个程序段后暂停。再次按下“循环启动”按键，则机床再执行一个程序段后暂停。采用这种方法可对程序和操作进行检查。

2）全轴机床锁。“机床锁”按键用于控制刀具在自动运行过程中的移动功能。启动该功能后，机床面板上对应指示灯亮，刀具在自动运行过程中的移动功能将被限制执行，但能执行 M、S、T 指令。系统显示程序运行时刀具的位置坐标，该功能主要用于检查所编制程序是否正确。

3）辅助功能锁。按下“辅助锁”按键后，机床面板上对应指示灯亮，刀具在自动运行过程中的移动功能将被限制执行，不能执行 M、S、T 指令（M00、M30、M98、M99 按常规执行）。该功能和全轴机床锁一起用于程序的校验。

4）空运行。按下此按键后，机床面板上对应指示灯亮，在自动运行过程中刀具按机床参数指定的速度快速运行，该功能主要用于检查刀具的运动轨迹是否正确。

在空运行时，不管程序中如何指定进给速度，都按表 3–4 中的速度运动。

表 3–4　空运行速度

手动快速进给按键状态	程序指令	
	快速进给	切削进给
手动快速进给按键 ON（开）	快速进给	JOG 进给最高速度
手动快速进给按键 OFF（关）	JOG 进给速度或快速进给	JOG 进给速度

（3）录入

在录入状态下，可以在输入单一的指令或几条程序段后，立即按下“循环启动”按键使机床动作，以满足工作需要。例如，开机后可录入指定转速的程序段“S1000 M03；”。

（4）机械回零

在该状态下机床进入回零方式。

（5）单步 / 手轮进给

在该状态下，选择恰当的增量步长，然后选择所要驱动的进给轴，可控制机床的进给运动。增量步长选择键有“0.001”“0.01”“0.1”三种，如图 3–7 所示。其中“0.001”表示单位增量为 0.001 mm。

图 3–7　增量步长选择键

（6）手动连续进给

1）手动连续慢速进给。可通过进给倍率控制机床的进给速度。手动进给速度倍率有 0 ~ 150% 共 16 挡可供选择，每挡对应的进给速度见表 3–5。另外，对于自动执行的程序中指定的速率 F，也可用进给倍率进行调节。

表 3–5　手动进给倍率对应的进给速度

进给倍率 /%	进给速度 /（mm · min^{-1}）	进给倍率 /%	进给速度 /（mm · min^{-1}）
0	0	80	50
10	2.0	90	79
20	3.2	100	126
30	5.0	110	200
40	7.9	120	320
50	12.6	130	500
60	20	140	790
70	32	150	1 260

注：此表约有 3% 的误差。

在手动进给方式中进给倍率的选择方法如下：每按下进给倍率增量键“+”（见图 3–8）一次，则进给速度倍率增加一挡，到 150% 时不再增加；同样，每按下进给倍率递减键“–”（见图 3–8）一次，则进给速度倍率减小一挡，到 0 时不再减小。

图 3–8　进给倍率增减键

2）手动连续快速进给。可实现某一轴的自动快速进给。机床的进给速度可由快速进给倍率增减键来选择。

快速进给倍率有 F0、25%、50%、100% 四挡，可通过快速进给倍率增减键来选择。另外，该快速进给倍率对 G00 快速进给、固定循环中的快速进给、G28 快速进给、手动返回参考点的快速进给都有效。

2. “循环启动”按键

（1）循环启动开始

在自动运行状态下，按下“循环启动”按键，机床自动运行程序。

（2）进给保持

在机床循环启动状态下，按下“循环暂停”按键，程序运行及刀具运动将处于暂停状态，其他功能（如主轴转速、冷却等）保持不变。再次按下“循环启动”按键，机床重新进入自动运行状态。

3. 主轴功能键

（1）“主轴正转”按键

在“手动”或“手轮”模式下，按下“主轴正转”按键，手动开机床并使主轴正转。

（2）“主轴反转”按键

在“手动”或“手轮”模式下，按下“主轴反转”按键，手动开机床并使主轴反转。

（3）“主轴停转”按键

在“手动”或“手轮”模式下，按下“主轴停转”按键，手动关机床并使主轴停止旋转。

（4）主轴倍率增减键

在主轴旋转过程中，通过主轴倍率增减键，可使主轴转速在 50% ~ 120% 范围内无级调速。每按一下主轴倍率增量键，主轴转速增加 10%；同样，每按一下主轴倍率递减键，主轴转速减少 10%。

增加：50% → 60% → 70% → 80% → 90% → 100% → 110% → 120%。

减少：120% → 110% → 100% → 90% → 80% → 70% → 60% → 50%。

4. 用户自定义键

（1）手动冷却按键

按下“手动冷却”按键，机床即执行切削液“开”功能；再次按下该按键，则冷却功能停止。

（2）手动润滑按键

按下“手动润滑”按键，将自动对机床进行间歇性润滑，间歇时间由系统参数设定；再次按下该按键，则润滑功能停止。

（3）手动换刀按键

每按一次“手动换刀”按键，刀架将依次转过一个刀位。

5. MDI 键盘和显示屏

（1）MDI 按键功能

本书中 MDI 按键用加☐的字母或文字表示，如 程序PRG 等。各 MDI 按键功能见表 3–6。

表 3–6 MDI 按键功能

按键		功能
数字 / 地址键		输入字母、数字等字符，“EOB”为程序段结束符
双功能定义键		每个键有两个定义，按第一次为第一定义值，按第二次，系统将第一定义值改为第二定义值
界面显示键	位置 POS	显示坐标位置，共有［相对］、［绝对］、［综合］、［位置 / 程序］四页，可通过翻页键转换
	程序 PRG	程序的显示、编辑等，共有［MDI/ 模式］、［程序］、［目录 / 存储量］三页
	刀补 OFT	设定、显示补偿量和宏变量
	报警 ALM	显示数控系统报警信号信息和报警记录
	设置 SET	设置显示及加工轨迹图形的显示
	参数 PAR	设定显示参数
	诊断 DGN	显示诊断信息及软键盘机床面板
程序编辑键	插入 修改	用于程序编辑时程序字等的插入、修改，通过按键 转换CHG 切换
	删除 DEL	删除程序字、程序段和整个程序
取消 CAN		消除输入缓冲寄存器中的字符或符号

续表

按键	功能
输入 IN	用于输入参数和补偿量；用于“MDI”模式下程序段的输入
输出 OUT	启动通信输出
转换 CHG	用于切换参数内容提示方式：逐位提示或字节提示
	向前翻页
	向后翻页
⇧ ⇨ ⇩ ⇦	用于使光标上下或前后移动
//	解除报警，数控系统复位，使所有操作停止

（2）显示屏

显示屏主要用于显示菜单操作、系统状态和数控系统报警信息等，还可用于加工轨迹的图形仿真等。

二、机床操作

1. 手动操作

（1）机械回零操作

1）选择“机械回零”方式，显示屏右下角显示［机械回零］。

2）功能键选择 位置 POS，利用翻页键找到图 3–9 所示的界面。

3）选择手动快速进给倍率。

4）选择移动轴。

按下“+X”轴的方向选择按键不松开，直到 X 轴的返回参考点指示灯亮。

按下“+Z”轴的方向选择按键不松开，直到 Z 轴的返回参考点指示灯亮。

在返回参考点过程中，为了刀具和机床安全，数控车床的返回参考点操作一般应按先 X 轴后 Z 轴的顺序进行。

机床沿着选择轴方向快速移动，在快速进给期间，快速进给倍率有效，碰到减速开关后，以减速后的进给速度慢速移到参考点。

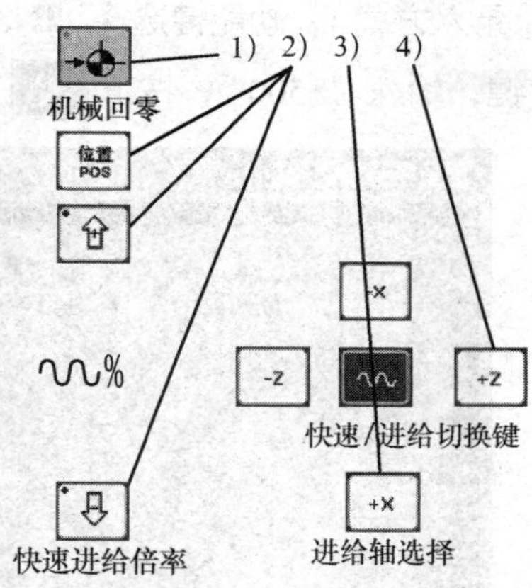

图 3–9　机械回零操作

（2）手动返回程序起点操作

首先选择“返回程序起点”方式，显示屏右下角显示［返回程序起点］，然后同机械回零操作执行步骤 2）~4）。

（3）单步进给操作

1）模式按键选择“单步”方式，显示屏右下角显示［单步方式］。

2）功能键选择［位置 POS］，利用翻页键找到图 3–9 所示的界面。

3）选择增量步长。

4）选择所要驱动的进给轴向相应的方向移动。

5）机床运动。按一次轴选择键，则在此轴方向上的移动量为所选择的增量步长；再按一次，则再移动一次。以增量形式实现单步进给。

（4）手轮进给操作

1）模式按键选择“手轮”方式，显示屏右下角显示［手轮方式］。

2）功能键选择［位置 POS］，利用翻页键找到图 3–9 所示的界面。

3）选择增量步长。

4）按下手轮轴选择键，选择刀具要移动的轴。

（5）手动连续进给操作

1）模式按键选择“手动”方式，显示屏右下角显示［手动方式］。

2）功能键选择［位置 POS］，利用翻页键找到图 3–9 所示的界面。

3）选择进给倍率。

4）选择所要驱动的进给轴，驱动机床向相应的方向移动。

5）快速进给。选择手动快速进给方式，机床面板上的快速指示灯亮，选择快速进给倍率，即可实现某一轴的自动快速进给。

（6）主轴旋转

1）主轴转速的设定。如要求设定主轴转速为 500 r/min，选择“录入”方式，显示屏右下角显示［录入方式］，功能键选择 程序PRG，利用翻页键找到图 3–10 所示的界面；输入“M03”，按下 输入IN 键，输入“S500”，按下 输入IN 键，再按下 运行 键，即完成主轴转速的设定。

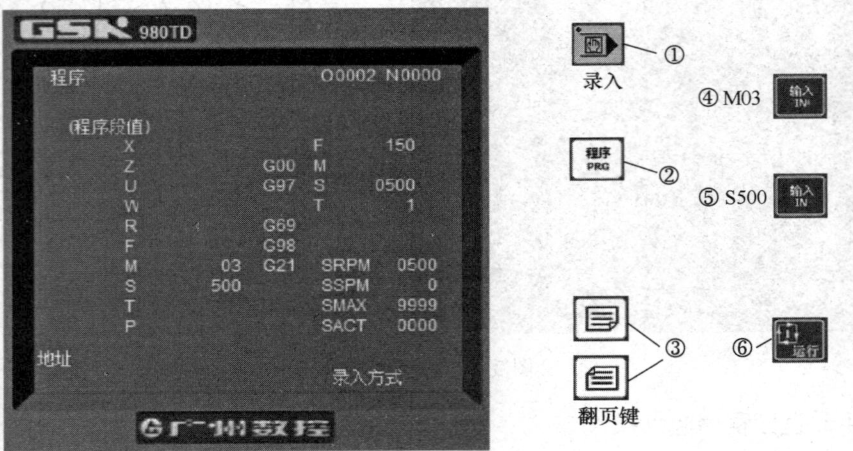

图 3–10　主轴转速的设定

2）主轴的旋转运动。选择“单步”方式、“手轮”方式或“手动”方式，按下“主轴正转”按键，完成主轴的启动；在主轴旋转时按下主轴停止按键，则主轴停止。

提示

主轴的实际输出转速为参数设定值乘以主轴倍率后的数值。

（7）刀架的旋转运动

1）选择“录入”方式，显示屏右下角显示［录入方式］，功能键选择 程序PRG，利用翻页键找到图 3–10 所示的界面；输入“T0202”后按下 输入IN 键，再按下 运行 键，即完成当前刀位（2 号刀位）的选定。

2）同理，可选择“单步”方式、“手轮”方式或“手动”方式，利用刀架转位按键旋转刀架，则每按一次按键，刀架顺时针旋转一个刀位，例如，从 1 号刀位转至 2 号刀位、3 号刀位、4 号刀位。

（8）切削液的启动

1）选择“录入”方式，显示屏右下角显示［录入方式］，功能键选择 程序PRG，利用翻页键找到图 3–10 所示的界面；输入“M08（M09）”，按下 输入IN 键，再按下 运行 键，即完成切削液的开启与关闭。

2）同理，可选择“单步”方式、“手轮”方式或“手动”方式，利用切削液的开关按键直接进行切削液的开启与关闭。

2. 程序的输入与编辑

下面主要介绍利用 MDI 键盘进行程序的输入与编辑。

（1）程序号的操作

1）建立一个新程序。建立新程序界面如图 3–11 所示，具体操作步骤如下：

①模式按键选择“编辑”方式，显示屏右下角显示［编辑方式］。

②按下 MDI 功能键 程序PRG，利用翻页键找到图 3–11 所示的界面。

③输入地址“O”，输入程序号“12”。

④按 EOB 键，即可完成新程序“O12”的建立。

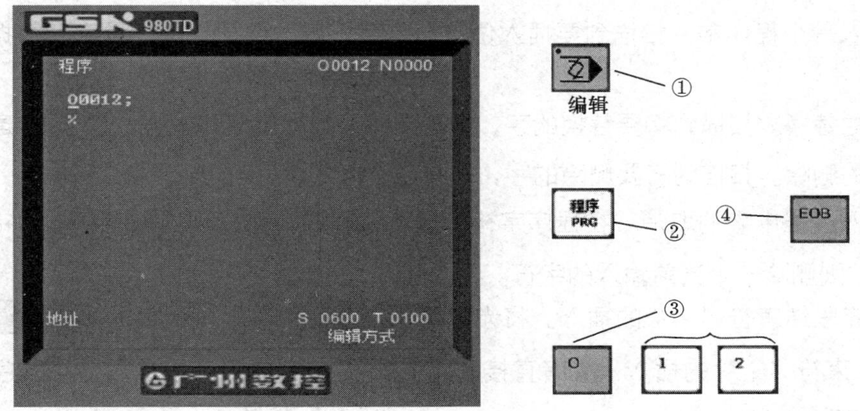

图 3–11　建立新程序界面

建立新程序时，要注意建立的程序号应为存储器中没有的新程序号。可通过下列操作查看程序目录：

第一，模式按键可选择“录入”方式（只要非编辑方式即可）。

第二，按下 MDI 功能键 程序PRG。

第三，利用翻页键找到图 3–12 所示程序目录界面。

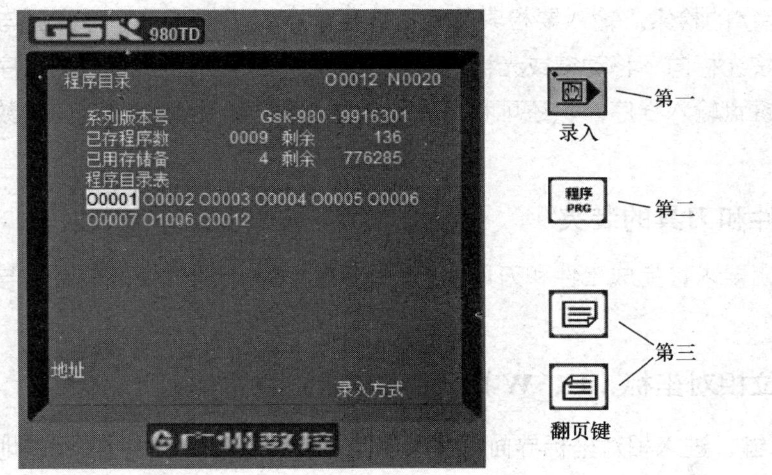

图 3–12　程序目录

2）调用存储器中储存的程序。模式按键选择“编辑”，按下 MDI 功能键 [程序 PRG]，输入程序号，如“O12”，按光标向下移动键即可进入程序“O12”的编辑状态。

调用程序时一定要调用存储器中已存在的程序。

3）删除程序。模式按键选择“编辑”，按下 MDI 功能键 [程序 PRG]，输入程序号，如“O12”，按 [删除 DEL] 键即可完成单个程序“O12”的删除。若需删除全部程序，只需输入 O-9999，并按 [删除 DEL] 键即可完成。

（2）程序字和程序段的操作

1）插入一个程序字。扫描到要插入位置前的字，键入要插入的地址字和数据，按 [插入 修改] 键。

2）字的替换。扫描到将要替换的字，键入要替换的地址字和数据，按 [插入 修改] 键。

3）字的删除。扫描到将要删除的字，按 [删除 DEL] 键。

4）输入过程中字的取消。在程序字符的输入过程中，如发现当前字符输入错误，按一次 [取消 CAN] 键，则删除一个当前输入的字符。

5）程序段结束符“；”的插入。将光标置于程序段的最后一个字上，按 [EOB] 键直接完成程序段结束符“；”的插入；或者直接利用 [EOB] 键，完成程序段最后一个程序字与程序段结束符的插入。

6）多个程序段的删除。将光标置于所要删除区域的起始程序字上，键入所要删除的最终程序段号，按 [删除 DEL] 键，即可完成。

（3）程序字的检索

1）扫描程序字。按下光标向上或向下移动键，光标将在显示屏上向左或向右移动一个地址字。

按翻页键，光标将向前或向后翻页显示。

2）跳到程序开头。按下复位键，即可使光标跳到程序头。

3）程序字的检索。输入要检索的地址或程序字，根据当前光标位置与所要检索的位置间的关系，按光标向下移动键或光标向上移动键，可检索到所要检索的程序字。

除使用键盘输入程序外，还可利用计算机输入程序，也可将机床中的数据参数通过计算机输出。

3. 工件和刀具的装夹

根据加工要求，完成工件和刀具的正确装夹。注意刀具的安装位置应与程序中的刀位号一致。

4. 复位相对坐标（U、W），使其坐标值为零

按 [位置 POS] 键，进入相对坐标界面，按“U”或“W”键，此时所按键的地址闪烁，然后按 [取消 CAN] 键，此时在闪烁地址的相对位置被复位成 0。

5. 对刀

加工程序执行前，调整每把刀的刀位点，使其尽量重合于某一理想基准点，这一过程称为对刀。

对刀一般分为手动对刀和自动对刀两大类。目前，绝大多数的数控机床（特别是车床）采用手动对刀，其基本方法有定位对刀法、光学对刀法、自动刀具交换装置对刀法和试切对刀法。在前三种对刀法中，均因可能受到手动和目测等多种误差的影响，对刀精度有限，实际生产中往往通过试切法对刀，以得到更加准确和可靠的结果。

试切法对刀主要利用刀具的偏移功能，将车刀刀尖位置与编程位置存在的差值，通过补偿值进行设定，使刀具在 X 轴、Z 轴方向加以补偿，保证刀具能按照编程中的设定运动。

下面以 90° 车刀为例介绍试切法对刀（见图 3–13）的具体操作方法。

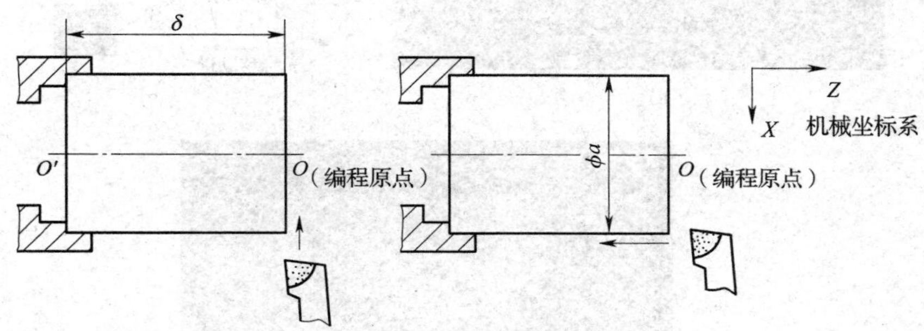

图 3–13　试切法对刀

（1）将工件装夹好后，先用手动方式操纵机床，用已选好的刀具将工件端面车一刀，然后保持刀具纵向尺寸不变，沿横向退刀。当取工件右端面 O 作为工件原点时，将当前的机械坐标 Z 值输入相应的刀具长度补偿中；当取工件左端面 O' 作为工件原点时，需要测量从左端面到加工面的长度尺寸 δ，此时对刀输入值一般为当前的机械坐标 Z 值减去 δ 值后所得到的值。

（2）用同样的方法先将工件外圆表面车一刀，然后保持刀具在横向上的尺寸不变，从纵向退刀，使主轴停止转动，再量出工件车削后的直径 a，将当前的机械坐标 X 值减去 a 值后所得到的值输入相应的刀具长度补偿中即可。

注意，在试切法对刀时应根据机床说明书的要求输入数据。若车削中只使用一把刀，且在程序中设定 T0101 时，则刀具应安装在 1 号刀位，刀具长度补偿值的输入位置为 101 号（刀具补偿号 +100）刀补。若在加工工件时用到多把刀具，则一定要注意程序编制中每把刀具的代码、具体安装位置和长度补偿输入位置间的关系。

6. 刀具补偿量的设定

（1）刀具偏移补偿量的设定

刀具补偿量的设定方法可分为绝对值输入和增量值输入两种。

1）绝对值输入

①按下 MDI 功能键。

②利用翻页键找到图 3–14a 所示的刀补数据输入前界面。

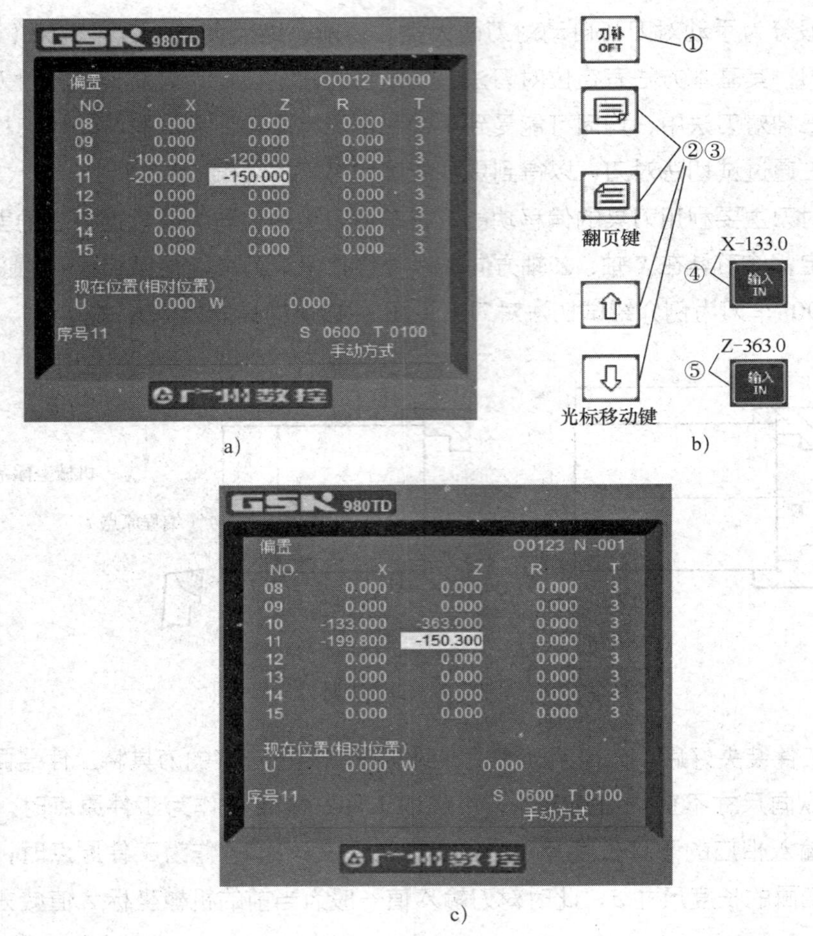

图 3–14 刀具参数设定界面

a）刀补数据输入前 b）操作步骤 c）刀补数据输入后

③利用翻页键和光标移动键，把光标移到要变更的刀具补偿号（10）的位置。

④ *X* 向补偿数据输入。输入所需的补偿值（如 X–133.0），按下 键，设定或替换原来的数值。

⑤ *Z* 向补偿数据输入。输入所需的补偿值（如 Z–363.0），按下 键。完成输入后的界面如图 3–14c 所示。

2）增量值输入。如要将 *X* 向补偿数据增大 0.2，则可键入 U0.2，按 键即可；如要将 *Z* 向补偿数据减小 0.3，则可键入 W–0.3，按 键即可。数控系统会把当前的补偿量与所键入的增量值相加后的结果作为新的补偿量显示并存储起来。

例如，已设定的 11 号补偿量	X −200.000	Z −150.000
键盘输入的增量	U 0.2	W −0.3
新设定的 11 号补偿量	X −199.800	Z −150.300

提示

在自动运转中，变更补偿量时，新的补偿量不能立即生效，必须在指定其补偿号的 T 指令被执行后才开始生效。

（2）刀具半径补偿量的设定

把光标移到要变更的刀具半径位置处，输入参数，如键入 R0.5 再按下 输入IN 键即可；把光标移到要变更的刀具位置处，输入参数，如键入 T3 再按下 输入IN 键即可。

7. 自动加工

前面的工作完成后，即可进行自动加工。

（1）机床试运行

1）调出所要加工的程序，光标移至开始加工的位置。

2）模式选择按键选择“自动”方式，显示屏右下角显示 [自动方式]。

3）按下 程序PRG 键，利用翻页键找到图 3–15 所示的自动运行检视操作界面。

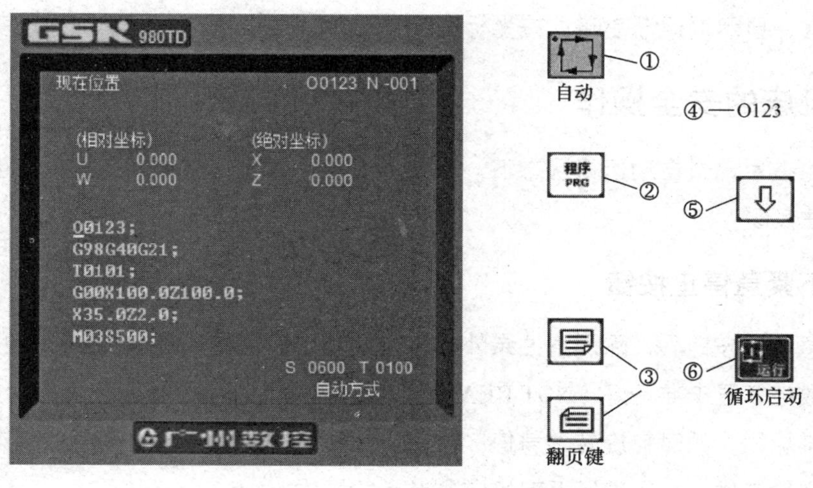

图 3–15　自动运行检视操作界面

4）按下“机床锁”按键，按下“单段”按键。

5）按下“循环启动”按键，每按一下，机床执行一段程序。

机床的试运行检查还可以在空运行状态下进行，两者虽然都被用于程序自动运行前的检查，但检查的内容却有区别。机床锁住运行主要用于检查程序编制是否正确，程序有没有编写格式错误；而机床空运行主要用于检查刀具轨迹是否与要求相符。

现在，在很多机床上都带有自动运行图形显示功能，对于这种机床，可直接用图形显示功能进行程序的检查与校正。

（2）机床的自动运行

1）调出所要加工的程序，确定程序正确。

2）按下模式选择按键“自动”。

3）按下 位置 POS 键。

4）按下“循环启动”按键，自动循环执行加工程序。

在加工过程中，可根据实际情况，通过主轴倍率键进行主轴转速的调节，通过进给倍率键进行进给速度的调节。

8. 工件的检测

拆卸工件，对工件进行检测。

9. 机床保养

加工完成后，要养成对机床定时保养的良好习惯。

10. 显示屏界面亮度调整

在位置界面的第一页（相对坐标）按 U 或 W，使 U 或 W 闪烁，此时按光标向下移动键，每按一次，显示屏逐渐变暗；按光标向上移动键，每按一次，显示屏逐渐变亮。

三、机床的安全操作

机床无论在手动或自动运行状态下，遇到不正常的情况，需要机床紧急停止时，可通过下列操作方法实现：

1. 按下紧急停止按钮

按下“急停”按钮后，除润滑油泵外，机床的动作和各种功能均被立即停止；同时，显示屏上出现数控装置未准备好（NOT READY）报警信号。

待故障排除后，顺时针旋转“急停”按钮，被压下的按钮弹起，则急停状态解除。但此时要恢复机床的工作，必须进行返回机床参考点的操作。

2. 按下复位键

机床在自动运转过程中，按下复位键则机床全部动作均停止。

3. 按下数控系统电源断开键

按下数控系统电源的“OFF”键，机床停止工作。

4. 按下进给保持按键

机床在自动运转状态下，按下进给保持按键，则滑板停止运动，但机床的其他功能仍有效。当需要恢复机床运转时，按下“循环启动”按键，机床从当前位置继续执行下面的程序。

四、机床故障处理

1．当显示屏显示报警信息时，可参照数控系统“报警代码一览表”确定故障原因。如果显示“PS □□□”，是关于程序或者设定数据方面的错误，应修改程序或设定的数据。

2．当显示屏上未显示报警信息时，可根据显示屏显示的内容知道系统运行到何处和处理的内容。

若为超程报警，则是由于刀具进入了由参数规定的禁止区域（存储行程极限），机床显示超程报警，且刀具减速后停止。此时可手动将刀具向安全方向移动，按 // 键，即可解除报警。

思考练习题

1. 试写出内、外圆加工时所用单一固定循环的指令格式，并说明该循环中 R 值的确定方法。

2. 试写出内、外圆复合粗加工循环指令 G71 的指令格式，并说明指令中各参数的含义。

3. 试写出多重复合循环指令 G73 的指令格式，并说明指令中各参数的含义。

4. 试写出切槽循环指令 G75 的指令格式，并说明指令中各参数的含义。

5. 试写出螺纹切削复合固定循环指令 G76 的指令格式，并说明指令中各参数的含义。

6. 如何进行机床的手动回参考点操作？如何编写程序中的回参考点程序段？

7. 如何进行机床空运行操作？如何进行机床锁住试运行操作？两种试运行操作有什么区别？

8. 加工图 3-16 所示的工件，毛坯尺寸为 $\phi72$ mm × 90 mm，材料为 45 钢，试编写该工件的数控车加工程序。

9. 加工图 3-17 所示的工件，毛坯尺寸为 $\phi50$ mm × 84 mm，材料为 45 钢，试编写该工件的数控车加工程序。

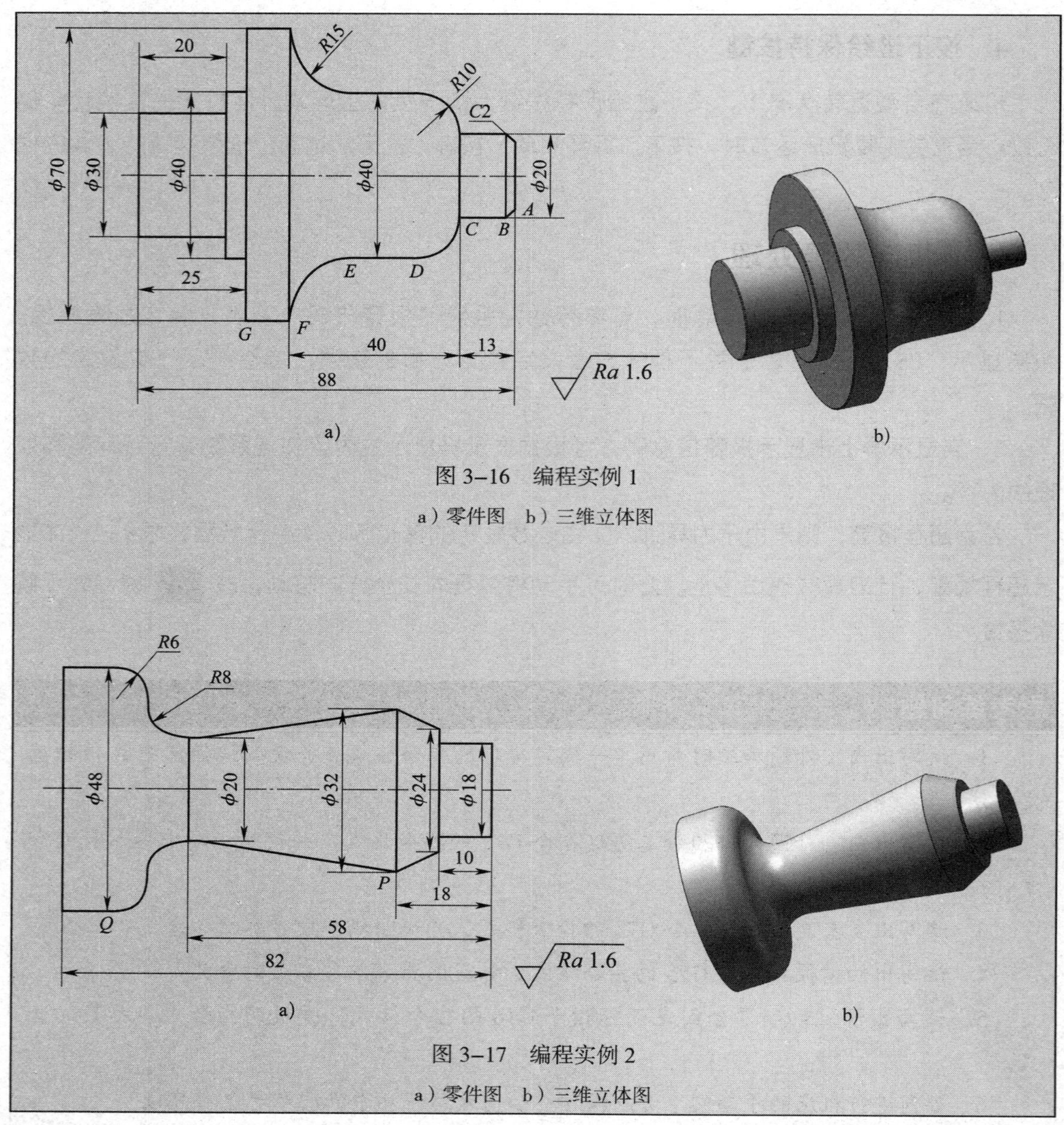

图 3–16　编程实例 1

a）零件图　b）三维立体图

图 3–17　编程实例 2

a）零件图　b）三维立体图

第四章　SIEMENS 系统的编程与操作

第一节　SIEMENS 系统功能简介

一、SIEMENS 数控系统简介

SIEMENS 数控系统主要由德国 SIEMENS 公司生产，已经形成了多个系列，其主要产品有 SINUMERIK8 系列、SINUMERIK3 系列、SINUMERIK810/820/850/880 系列、SINUMERIK840D 系列、SINUMERIK810D 系列、SINUMERIK802D 系列等。

1. SINUMERIK8/3 系列

SINUMERIK8/3 系列产品生产于 20 世纪 70 年代末和 80 年代初，其主要型号有 SINUMERIK8M/8ME/8ME-C、Sprint8M/8ME/8ME-C，主要用于数控钻床、铣床和加工中心等。其中 SINUMERIK8M/8ME/8ME-C 用于大型镗铣床，而 Sprint 系列产品则具有根据图形编程的功能。

2. SINUMERIK810/820/850/880 系列

SINUMERIK810/820/850/880 系列产品生产于 20 世纪 80 年代中、末期，其体系和结构与 SINUMERIK8/3 系列基本相似。

3. SINUMERIK840D 系列

SINUMERIK840D 系列产品生产于 1994 年，是一种全数字化数控系统。系统具有高度模块化和规范化的结构，它将数控系统和驱动控制器集成在一块电路板上，将闭环控制的全部硬件和软件集成于 1 cm^2 的范围内，便于操作、编程和监控。

4. SINUMERIK810D 系列

SINUMERIK810D 系列产品是在 840D 数控系统的基础上开发的数控系统。该系统配备了强大的软件功能，如提前预测、坐标变换、固定点停止、刀具管理、样条插补、温度补偿等功能，从而大大提高了 810D 系列产品的应用范围。

1998 年，在 810D 系列产品的基础上，SIEMENS 公司又推出了基于 810D 系列产品的现场编程软件 ManulTurn 和 ShopMill，前者适用于数控车床现场编程，后者适用于数控铣床现场编程。

5. SINUMERIK802 系列

20 世纪 90 年代末，SIEMENS 公司又针对我国市场专门推出了在南京生产的 SINUMERIK 802

系列数控系统，该系统主要有 802S/C/D 等型号。其中，802S 采用步进电动机进行驱动，802C 和 802D 则采用伺服电动机进行驱动。

二、SIEMENS 802 系列数控系统常用功能指令介绍

1. 常用功能指令分类

目前，SIEMENS 802D 系统是在我国数控机床上采用较多的数控系统，主要用于数控车床和数控铣床，具有一定的代表性。该系统常用功能指令主要分为三类，即准备功能指令、辅助功能指令和其他功能指令。

（1）准备功能指令

SIEMENS 系统常用准备功能指令见表 4–1。

表 4–1　　SIEMENS 系统常用准备功能指令

G 指令	组别	功能	程序格式和说明
G00		快速点定位	G00 X__ Z__ ;
G01 ▲	01	直线插补	G01 X__ Z__ F__ ;
G02		顺时针圆弧插补	G02/G03 X__ Z__ CR=__ F__ ;
G03		逆时针圆弧插补	G02/G03 X__ Z__ I__ K__ F__ ;
G04*	02	暂停	G04 F__ ；或 G04 S__ ;
CIP ★	01	通过中间点的圆弧	CIP X__ Z__ I1__ K1__ F__ ;
CT ★		带切线过渡圆弧	CT X__ Z__ F__ ;
G17		选择 *XY* 平面	G17;
G18 ▲	06	选择 *ZX* 平面	G18;
G19		选择 *YZ* 平面	G19;
G25*	3	主轴转速下限	G25 S__ S1=__ S2=__ ;
G26*		主轴高速限制	G26 S__ S1=__ S2=__ ;
G33		恒螺距螺纹切削	G33 Z__ K__ SF__ ;（圆柱螺纹）
G34 ★	01	变螺距，螺距增加	G34 Z__ K__ F__ ;
G35 ★		变螺距，螺距减小	G35 Z__ K__ F__ ;
G40 ▲		刀尖圆弧半径补偿取消	G40;
G41	07	刀尖圆弧半径左补偿	G41 G00/G01 X__ Z__ ;
G42		刀尖圆弧半径右补偿	G42 G00/G01 X__ Z__ ;
G53*	9	取消零点偏置	G53;
G500	8	取消零点偏置	G500;
G54 ~ G59 ★		零点偏置	G54；或 G55；等

续表

G 指令	组别	功能	程序格式和说明
G64	10	连续路径加工	G64；
G70（G700 ★）	13	英制	G70；（G700；）
G71 ▲（G710 ★）	13	公制	G71；（G710；）
G74*	2	返回参考点	G74 X1=0 Z1=0；
G75*		返回固定点	G75 FP=2 X1=0 Z1=0；
G90 ▲	14	绝对值编程	G90 G01 X__ Z__ F__；
AC ★			G91 G01 X__ Z=AC__ F__；
G91		增量值编程	G91 G01 X__ Z__ F__；
IC ★			G90 G01 X=IC__ Z__ F__；
G94		每分钟进给	mm/min
G95 ▲		每转进给	mm/r
G96		恒线速度	G96 S500 LIMS=__；（500 m/min）
G97		取消恒线速度	G97 S800；（800 r/min）
G450 ▲	18	圆角过渡拐角方式	G450；
G451		尖角过渡拐角方式	G451；
DIAMOF ★	29	半径量方式	DIAMOF；
DIAMON ★▲		直径量方式	DIAMON；
TRANS ★	框架指令	可编程平移	TRANS X__ Z__；
ATRANS ★			ATRANS X__ Z__；
CYCLE93 ★	车削循环	沟槽切削	CALL CYCLE9__（ ）； LCYC9__；
CYCLE94 ★		退刀槽（E 型和 F 型）切削	
CYCLE95 ★	车削循环	毛坯切削	CALL CYCLE9__（ ）； LCYC9__；
CYCLE97 ★		螺纹切削	

注：1. 当电源接通或复位时，数控系统进入清除状态，此时的开机默认指令在表 4–1 中以符号“▲”表示。但此时原来的 G71 或 G70 指令保持有效。

2. 表 4–1 中的固定循环和固定样式循环及用“*”表示的 G 指令均为非模态指令。

3. 表 4–1 中以符号“★”表示的指令为 802D 系统特有的指令，其余指令则为 802S/C/D 系统的通用指令。

4. 不同组的 G 指令在同一程序段中可以指令多个。如果在同一程序段中指令了多个同组的 G 指令，仅执行最后指定的那一个。

（2）辅助功能指令

辅助功能以指令“M”表示。SIEMENS 系统的辅助功能指令与通用的 M 指令相同，请参阅本书第一章。

（3）其他功能指令

常用进给功能指令、转速功能指令、刀具功能指令的含义和用途请参阅本书第一章。

2. 部分指令的含义和格式

除了在第一章中所介绍的常用功能指令，SIEMENS 802D 数控系统还有一些实用性强或与前面章节中已介绍内容有所不同的功能指令，现叙述如下：

（1）顺圆弧插补指令 G02 和逆圆弧插补指令 G03

前面已介绍了两种常用的圆弧插补格式，即圆心坐标（I、K）指令格式和圆弧半径（CR）指令格式，现介绍另一种圆弧张角（AR）的指令格式。

圆弧张角即圆弧轮廓所对应的圆心角，单位是度（0.000 01°~359.999 99°）。

1）终点和张角的圆弧插补。其指令格式为“G02/G03 X_ Z_ AR=_；”。

例如，图 4–1 所示圆弧编程实例如下：

N30 G00 X40.0 Z10.0；（用于指定 N40 段的圆弧起点）

N40 G02 Z30.0 AR=105.0；（终点和张角）

说明：N40 程序段中不需指令其圆弧半径和圆心坐标，由数控系统在插补过程中自动生成。

2）圆心和张角的圆弧插补。其指令格式为“G02 I_ K_ AR=_；”。

例如，图 4–2 所示圆弧编程实例如下：

N30 G00 X40.0 Z10.0；（用于指定 N40 段的圆弧起点）

N40 G02 I–10.0 K10.0 AR=105.0；（圆心和张角）

说明：N40 程序段中不需指令其圆弧半径和圆心坐标，由数控系统在插补过程中自动生成。

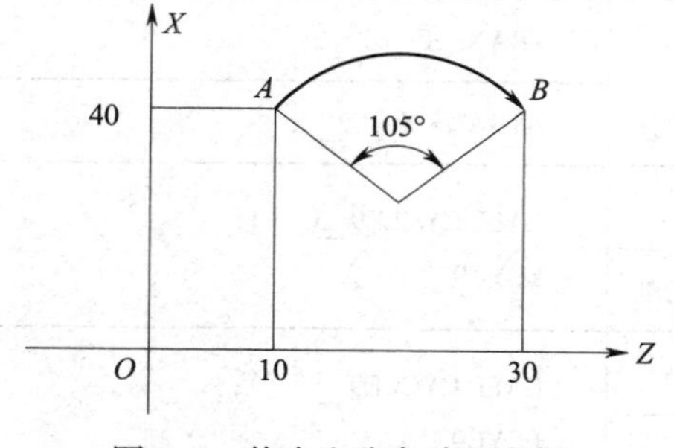

图 4–1 终点和张角编程实例

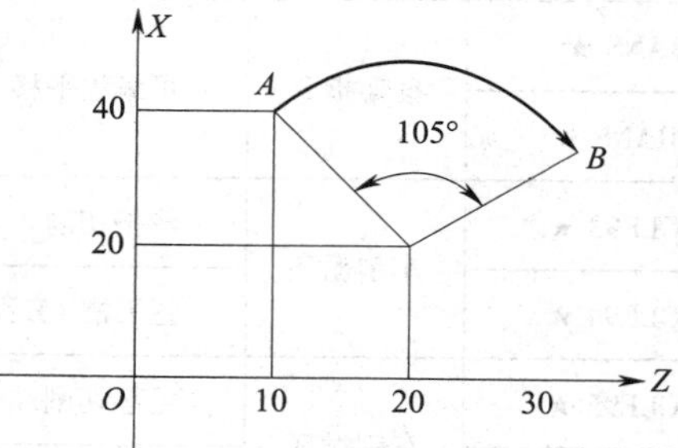

图 4–2 圆心和张角编程实例

提示

编程时应特别注意在各种圆弧程序段中的 I 值均为圆心相对于其起点在 X 坐标轴方向上的半径量。

（2）中间点圆弧插补指令 G05

指令格式：G05 X_ Z_ IX=_ KZ=_ ；

式中 IX——圆弧上任一中间点在 *X* 坐标轴上的半径量；

KZ——圆弧上任一中间点的 *Z* 向坐标值。

例如，图 4–3 所示圆弧编程实例如下：

N30 G00 X30.0 Z10.0； （用于指定 N40 段的圆弧起点）

N40 G05 Z30.0 IX=20 KZ=25； （圆弧终点和中间点）

说明：该指令是根据“不在一条直线上的三个点可确定一个圆”的数学原理，由系统自动计算其圆弧的半径和圆心位置并进行插补运行的，该功能对以后编制非圆等特殊曲线十分有益。该指令属于模态指令。

（3）切线过渡圆弧 CT

指令格式：CT X_ Z_ ；

例如，图 4–4 所示圆弧编程实例如下：

G01 X40.0 Z10.0； （圆弧起点和切点）

CT X36.0 Z34.0； （圆弧终点）

说明：该指令由圆弧终点和切点（圆弧起点）来确定圆弧半径的大小，该指令为 802D 系统专有指令。

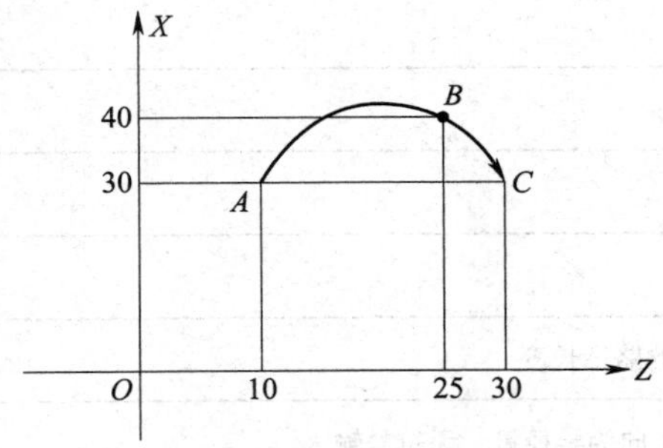

图 4–3 中间点圆弧插补实例

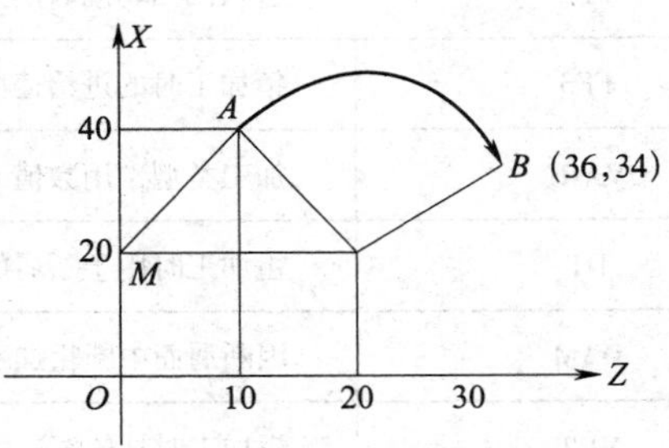

图 4–4 切线过渡圆弧插补实例

（4）返回机床固定点功能指令 G75

用 G75 指令可使刀架返回在机床参数中设置的某个固定点，如换刀点等。G75 指令的执行速度为 G00 指令的速度。G75 应为独立程序段。G75 编程举例如下：

N80 G75 X0 Z0；

该程序段中的 X、Z 坐标值不被识别。

第二节 内、外圆车削循环

为了达到简化编程的目的，与 FANUC 系统一样，在 SIEMENS 系统中同样配备了许多固定循环功能。这些循环功能主要用于对工件进行内、外圆粗、精加工，螺纹加工，外沟槽和端面槽等加工。本节主要介绍 SIEMENS 802D 系统中的内、外圆车削循环。

一、毛坯切削循环

1. 毛坯切削循环指令格式

CYCLE95（NPP，MID，FALZ，FALX，FAL，FF1，FF2，FF3，VARI，DT，DAM，VRT）；

例如，CYCLE95（“BB411”，1.5，0.05，0.2，，200，100，100，9，1，，0.5）；

SIEMENS 802D 系统中 CYCLE95 参数的含义和规定见表 4–2。

表 4–2　　SIEMENS 802D 系统中 CYCLE95 参数的含义和规定

参数	含义和规定
NPP	轮廓子程序名称
MID	最大粗加工背吃刀量，无符号输入
FALZ	*Z* 向精加工余量，无符号输入
FALX	*X* 向精加工余量，无符号输入，半径量
FAL	沿轮廓方向的精加工余量
FF1	非退刀槽加工的进给速度
FF2	进入凹凸切削时的进给速度
FF3	精加工时的进给速度
VARI	加工类型，用数值 1 ~ 12 表示
DT	粗加工时用于断屑的停顿时间
DAM	因断屑而中断粗加工时所经过的路径长度
VRT	粗加工时从轮廓退刀的距离，*X* 向为半径量，无符号输入

2. 加工方式与切削动作

毛坯切削循环的加工方式用参数 VARI 表示，按其形式不同分为三类 12 种：第一类为纵向加工与横向加工，第二类为内部加工与外部加工，第三类为粗加工、精加工与综合加工。这 12 种加工方式见表 4–3。

表 4–3　　毛坯切削循环加工方式

数值（VARI）	纵向加工与横向加工	内部加工与外部加工	粗加工、精加工与综合加工
1	纵向	外部	粗加工
2	横向	外部	粗加工

续表

数值（VARI）	纵向加工与横向加工	内部加工与外部加工	粗加工、精加工与综合加工
3	纵向	内部	粗加工
4	横向	内部	粗加工
5	纵向	外部	精加工
6	横向	外部	精加工
7	纵向	内部	精加工
8	横向	内部	精加工
9	纵向	外部	综合加工
10	横向	外部	综合加工
11	纵向	内部	综合加工
12	横向	内部	综合加工

（1）纵向加工与横向加工

1）纵向加工。纵向加工是指沿 *X* 轴方向切入，而沿 *Z* 轴方向切削进给的一种加工方式，刀具的切削动作如图 4–5 所示。

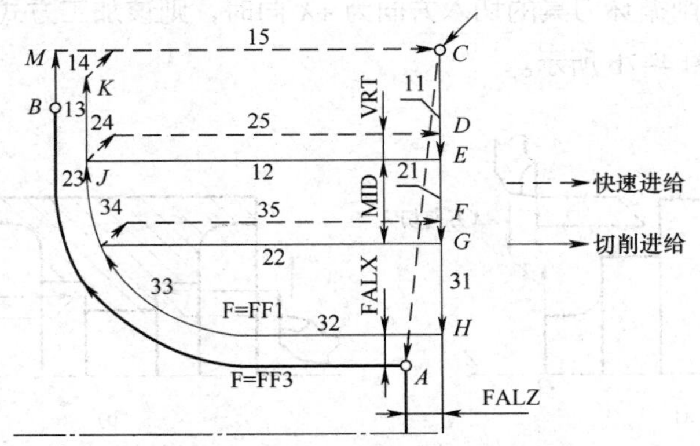

图 4–5　纵向加工刀具的切削动作

①刀具定位至循环起点（刀具以 G00 方式定位到循环起点 *C*）。

②轨迹 11 以 G01 方式沿 *X* 轴方向根据系统计算出的参数 MID 值进给至 *E* 点。

③轨迹 12 以 G01 方式按参数 FF1 指定的进给速度进给至交点 *J*。

④轨迹 13 以 G01/G02/G03 方式按参数 FF1 指定的进给速度沿着“轮廓 + 精加工余量”粗加工到最后一点 *K*。

⑤轨迹 14、轨迹 15 以 G00 方式退刀至循环起点 *C*，完成第一刀切削加工循环。

⑥重复以上过程，完成切削循环（如第二刀切削加工的轨迹为 21 ~ 25）。

2）横向加工。横向加工是指沿 *Z* 轴方向切入，而沿 *X* 轴方向切削进给的一种加工方式。横向加工刀具的切削动作如图 4–6 所示，与纵向加工切削动作相似，不同之处在于纵向加工是沿 X 轴方向切入并沿 Z 轴方向进行多刀循环切削的，而横向加工是沿 Z 轴方向切入并沿 X 轴方向进行多刀循环切削的。其进给路线如下：进刀（CD，轨迹 11）→X 向切削（轨迹 12）→沿工件轮廓切削（轨迹 13）→退刀（轨迹 14 和 15）→重复以上动作（轨迹 21～25 等）。

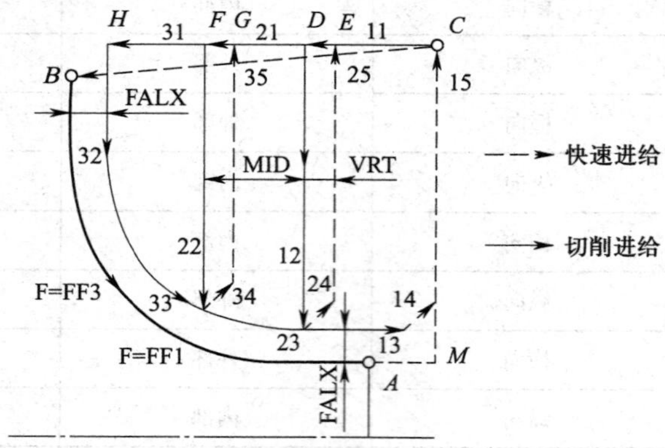

图 4-6 横向加工刀具的切削动作

（2）内部加工与外部加工

1）纵向加工方式中的内部加工与外部加工。在纵向加工方式中，当毛坯切削循环刀具的切入方向为 -X 向时，则该加工方式为纵向外部加工方式（VARI=1/5/9），如图 4-7a 所示；反之，当毛坯切削循环刀具的切入方向为 +X 向时，则该加工方式为纵向内部加工方式（VARI=3/7/11），如图 4-7b 所示。

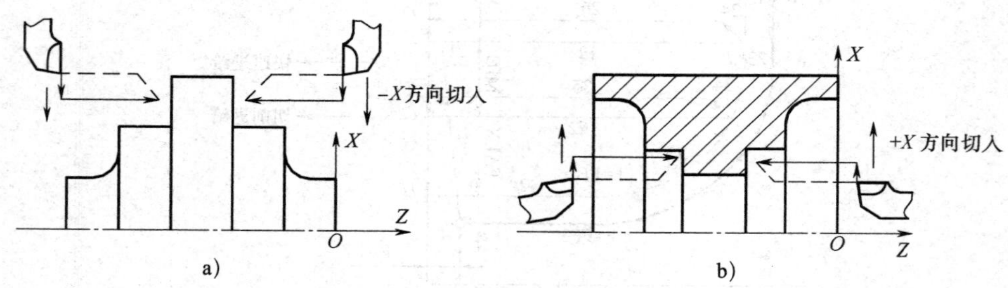

图 4-7 纵向加工方式中的内部加工与外部加工

2）横向加工方式中的内部加工与外部加工。横向加工方式中的内部加工与外部加工如图 4-8 所示。当毛坯切削循环刀具的切入方向为 -Z 向时，则该加工方式为横向外部加工方式（VARI=2/6/10）；反之，当毛坯切削循环刀具的切入方向为 +Z 向时，则该加工方式为横向内部加工方式（VARI=4/8/12）。

（3）粗加工、精加工与综合加工

1）粗加工。粗加工（VARI=1/2/3/4）是指采用分层切削的方式切除余量的一种加工方式，粗加工完成后保留精加工余量。

2）精加工。精加工（VARI=5/6/7/8）是指刀具沿轮廓轨迹一次性进行加工的一种加工方式。精加工循环时，系统将自动启用刀尖圆弧半径补偿功能。

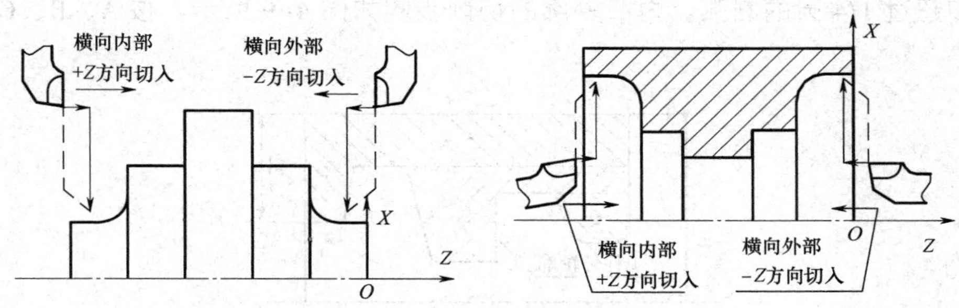

图 4-8 横向加工方式中的内部加工与外部加工

3）综合加工。综合加工（VARI=9/10/11/12）是粗加工和精加工的合成。执行综合加工时，先进行粗加工，再进行精加工。

3. 轮廓的定义与调用

（1）轮廓的调用

轮廓调用的方法有两种，一种是将工件轮廓编写在子程序中，在主程序中通过参数“NPP”对轮廓子程序进行调用，如例 4-1 所示；另一种是用“ANFANG：ENDE”表示，用“ANFANG：ENDE”表示的轮廓直接跟在主程序循环调用后，如例 4-2 所示。

例 4-1

```
MAIN1.MPF;                              SUB2.SPF
⋮                                       ⋮
CYCLE95（“SUB2”，⋯）;                   RET;
⋮
```

例 4-2

```
MAIN1.MPF;
⋮
CYCLE95（“ANFANG：ENDE”，⋯）;
ANFANG：;
⋮                                       （定义轮廓）
ENDE：;
⋮
```

（2）轮廓定义的要求

1）轮廓由直线或圆弧组成，并可以在其中使用倒圆（RND）指令和倒棱（CHA）指令。

2）轮廓必须含有三个具有两个进给轴的加工平面内的运动程序段。

3）定义轮廓的第一个程序段必须含有 G00、G01、G02 和 G03 指令中的一个。

4）轮廓子程序中不能含有刀尖圆弧半径补偿指令。

4. 轮廓的切削过程

（1）轮廓切削次序

802D 系统的毛坯切削循环不仅能加工单调递增或单调递减的轮廓，还能加工内凹的轮廓和超过 1/4 圆的圆弧。内凹轮廓的切削步骤如图 4–9 所示，按 A、B、C 的顺序进行。

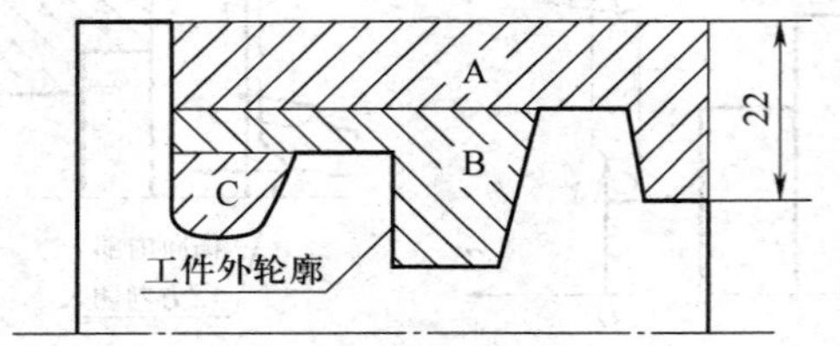

图 4–9　内凹轮廓的切削步骤

（2）循环起点的确定

循环起点的坐标值根据工件加工轮廓、精加工余量、退刀量等因素由系统自动计算，具体计算方法如图 4–10 所示。

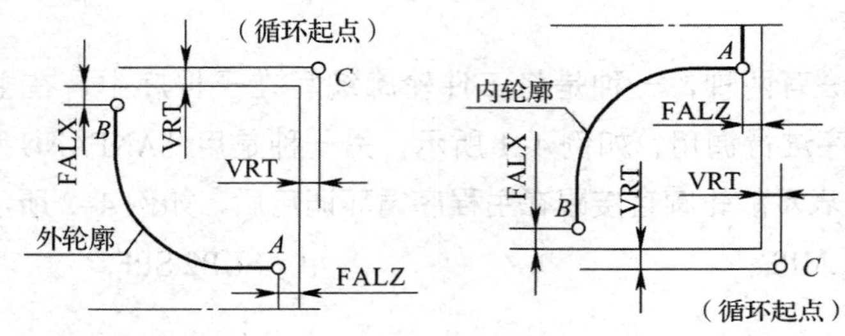

图 4–10　循环起点的计算

刀具定位及退刀至循环起点的方式有两种，粗加工时，刀具两轴同时返回循环起点；精加工时，刀具分别返回循环起点，且先返回刀具切削进刀轴。

（3）粗加工进刀深度

参数 MID 定义的是粗加工最大可能的进刀深度，实际切削时的进刀深度由系统自动计算得出，且每次进刀深度相等。计算时，数控系统根据最大可能的进刀深度和待加工的总深度计算出总的进刀数，再根据进刀数和待加工的总深度计算出每次粗加工的进刀深度。

例如，图 4–9 中步骤 A 的总切入深度为 22 mm，参数 MID 中定义的值为 5 mm，则数控系统先计算出总的进刀数为 5 次，再计算出实际加工过程中的进刀深度为 4.4 mm。

（4）精加工余量

在 802D 系统中，分别用参数 FALX、FALZ 和 FAL 定义 *X* 轴、*Z* 轴和根据轮廓确定的精加工余量，*X* 方向的精加工余量以半径值表示。

5. CYCLE95 指令编程实例

（1）应用纵向、外部加工方式（VARI=1/5/9）的编程实例

例 4–3　试用纵向、外部加工方式并按 SIEMENS 802D 系统的规定编写图 4–11 所示工件（外圆已加工至 ϕ48 mm）的数控车加工程序。

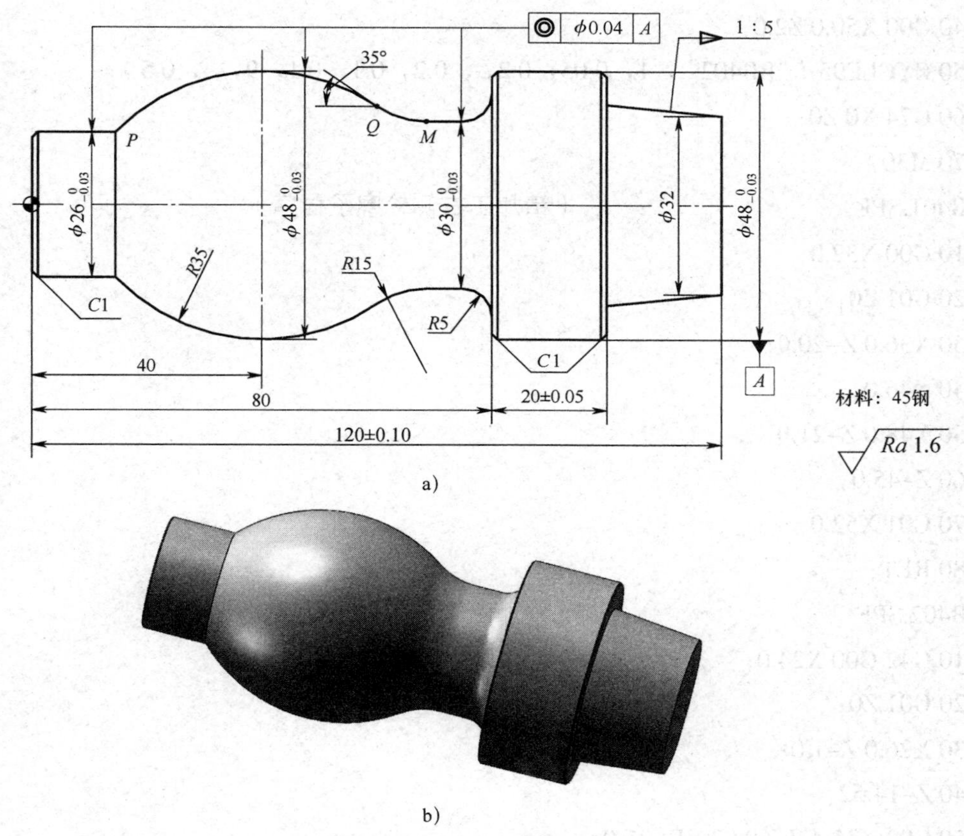

图 4–11　纵向、外部加工方式编程实例

a）零件图　b）三维立体图

编程说明：本例工件以外部、纵向综合加工方式进行加工，轮廓子程序为“BB401”和“BB402”，精加工余量为 0.2 mm，退刀量为 0.5 mm，粗加工进给量为 0.2 mm/r，精加工和内凹轮廓加工时的进给量为 0.1 mm/r。

```
AA401.MPF;
N10 G90 G95 G40 G71;                 （程序初始化）
N20 T1D1;                            （换 1 号菱形刀片可转位车刀）
N30 M03 S600 F0.2;
N40 G00 X50.0 Z2.0;                  （刀具定位至循环起点）
N50 CYCLE95（“BB401”，1，0.05，0.2，，0.2，0.1，0.1，9，，，0.5）;
N60 G74 X0 Z0;                       （刀具返回参考点）
N70 M30;
AA402.MPF;
N10 G90 G95 G40 G71;
N20 T1D1;
N30 M03 S600 F0.2;
```

N40 G00 X50.0 Z2.0;

N50 CYCLE95（“BB402”，1，0.05，0.2，，0.2，0.1，0.1，9，，，0.5）;

N60 G74 X0 Z0;

N70 M30;

BB401.SPF; （精加工右侧轮廓子程序）

N10 G00 X32.0;

N20 G01 Z0;

N30 X36.0 Z−20.0;

N40 X46.0;

N50 X48.0 Z−21.0;

N60 Z−45.0;

N70 G01 X52.0;

N80 RET;

BB402.SPF; （精加工左侧轮廓子程序）

N10 G42 G00 X24.0; （刀尖圆弧半径补偿）

N20 G01 Z0;

N30 X26.0 Z−1.0;

N40 Z−14.52;

N50 G03 X35.4 Z−60.03 CR=35.0;

N60 G02 X30.0 Z−68.62 CR=15.0;

N70 G01 Z−75.0;

N80 G02 X40.0 Z−80.0 CR=5.0;

N90 G01 X46.0;

N100 X48.0 Z−81.0;

N110 G40 G01 X52.0;

N120 RET;

（2）应用内部加工方式（VARI=3/7/11，VARI=4/8/12）的编程实例

例 4−4 试用内部加工方式并按 SIEMENS 802D 系统的规定编写图 4−12 所示工件（毛坯已预先钻出 ϕ18 mm 的孔）内轮廓的加工程序。

AA403.MPF;

N10 G90 G95 G40 G71; （程序初始化）

N20 T1D1; （换 1 号内孔车刀）

N30 M03 S600 F0.2;

N40 G00 X16.0 Z2.0; （刀具定位至循环起点）

N50 CYCLE95（“BB403”，1，0.05，0.2，，0.2，0.1，0.1，11，，，0.5）;

N60 G74 X0 Z0; （刀具返回参考点）

```
N70 M30；
BB403.SPF；                    （精加工轮廓子程序）
N10 G00 X36.0；                （沿 X 向切入）
N20 G01 Z0；
N30 X30.0 Z-20.57；
N40 Z-30.0；
N50 X20.0；
N60 Z-42.0；
N70 X18.0；
N80 RET；
```

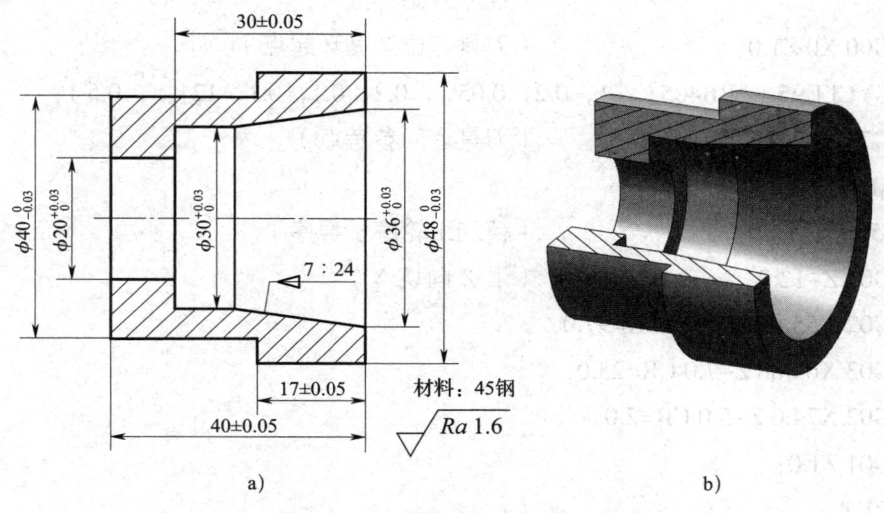

图 4-12 内部加工方式编程实例

a）零件图 b）三维立体图

（3）应用横向加工方式（VARI=2/6/10）的编程实例

例 4-5 试用横向加工方式并按 SIEMENS 802D 系统的规定编写图 4-13 所示工件轮廓的加工程序。

编程说明：加工本例工件的右侧轮廓时，采用外部、横向综合加工方式进行加工，轮廓子程序为“BB404”；而加工本例工件的左侧内轮廓时，预先钻出孔，再采用内部、横向综合加工方式进行加工，轮廓子程序为“BB405”。

```
AA404.MPF；                    （加工右侧轮廓）
⋮                              （程序开始部分）
N50 G00 X82.0 Z1.0；           （刀具定位至循环起点）
N60 CYCLE95（“BB404”，1，0.2，0.05，，0.2，0.1，0.1，10，，，0.5）；
N70 G74 X0 Z0；                （刀具返回参考点）
N80 M30；
BB404.SPF；                    （精加工轮廓子程序）
```

```
N10 G00 Z-7.0;                    （沿 Z 向切入）
N20 G01 X80.0;
N30 G02 X76.0 Z-5.0 CR=2.0;
N40 G01 X68.55;
N50 G03 X57.12 Z-4.16 CR=20.0;
N60 G02 X0 Z0 CR=100.0;
N70 G01 Z1.0;
N80 RET;
AA405.MPF;                        （加工左侧内轮廓）
⋮                                 （程序开始部分）
N50 G00 X0 Z1.0;                  （刀具定位至循环起点）
N60 CYCLE95（"BB405"，1，0.2，0.05，，0.2，0.1，0.1，12，，，0.5）;
N70 G74 X0 Z0;                    （刀具返回参考点）
N80 M30;
BB405.SPF;                        （精加工轮廓子程序）
N10 G01 Z-12.0;                   （沿 Z 向切入）
N20 G02 X55.42 Z-7.95 CR=97.0;
N30 G03 X69.88 Z-7.0 CR=23.0;
N40 G02 X74.0 Z-5.0 CR=2.0;
N50 G01 Z1.0;
N60 RET;
```

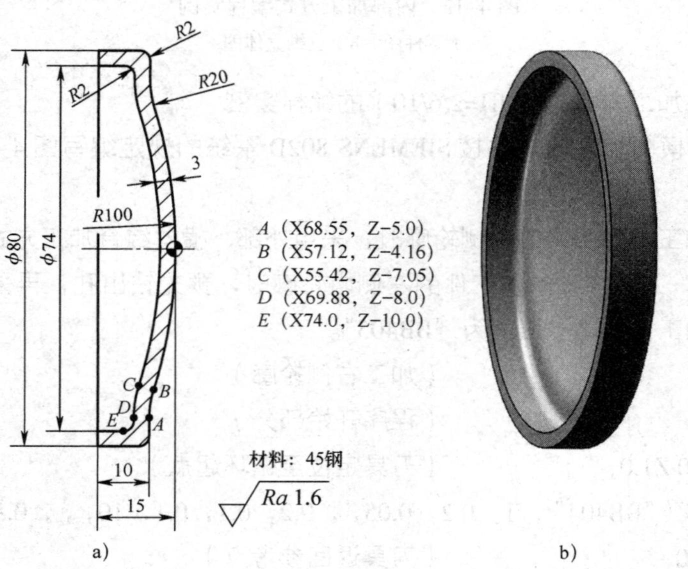

图 4-13　横向加工方式编程实例

a）零件图　b）三维立体图

二、切槽循环

1. 指令格式

CYCLE93（SPD，SPL，WIDG，DIAG，STA1，ANG1，ANG2，RCO1，RCO2，RCI1，RCI2，FAL1，FAL2，IDEP，DTB，VARI）；

例如，CYCLE93（50，-10.36，8，5，0，10，10，1，1，1，1，0.3，0.3，3，1，1）；

纵向切槽加工的参数如图 4-14 所示，其含义和规定见表 4-4。

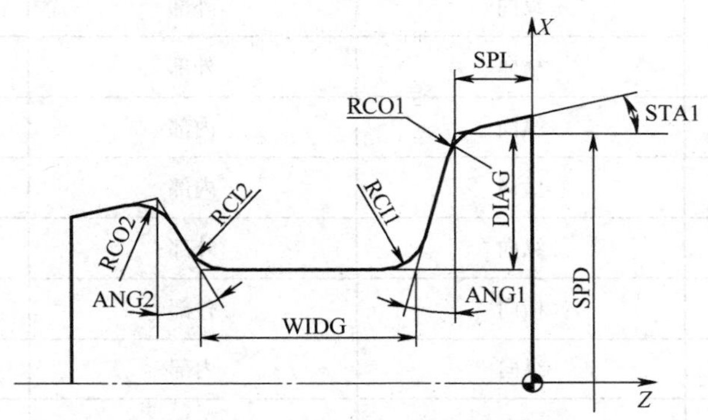

图 4-14　纵向切槽加工的参数

表 4-4　SIEMENS 802D 系统中 CYCLE93 参数的含义和规定

参数	含义和规定
SPD	横向坐标轴起始点，直径值
SPL	纵向坐标轴起始点
WIDG	槽宽，无符号
DIAG	槽深，无符号（X 向为半径值）
STA1	轮廓和纵向轴之间的角度，数值为 0° ~ 180°
ANG1	侧面角 1，在切槽一边，由起始点决定
ANG2	侧面角 2，在切槽另一边，数值为 0° ~ 89.999°
RCO1	半径 / 倒角 1，外部位于起始点决定的一边
RCO2	半径 / 倒角 2，外部位于起始点的另一边
RCI1	半径 / 倒角 1，内部位于起始点决定的一边
RCI2	半径 / 倒角 2，内部位于起始点的另一边
FAL1	槽底面精加工余量
FAL2	槽侧面精加工余量
IDEP	切入深度，无符号（X 向为半径值）
DTB	槽底停留时间
VARI	加工类型，数值为 1 ~ 8 和 11 ~ 18

2. 加工方式与切削动作

切槽循环的加工方式用参数 VARI 表示，按其形式不同分为三类共 8 种：第一类为纵向加工与横向加工，第二类为内部加工与外部加工，第三类为起始点位于槽左侧或右侧。这 8 种加工方式见表 4–5。

表 4–5　切槽循环的加工方式

数值	纵向加工与横向加工	内部加工与外部加工	起始点位置
1	纵向	外部	左侧
2	横向	外部	左侧
3	纵向	内部	左侧
4	横向	内部	左侧
5	纵向	外部	右侧
6	横向	外部	右侧
7	纵向	内部	右侧
8	横向	内部	右侧

（1）纵向加工与横向加工

1）纵向加工。纵向加工是指槽的深度方向为 *X* 方向、槽的宽度方向为 *Z* 方向的一种加工方式。以纵向外部槽为例，其切槽循环参数如图 4–14 所示，刀具的切削动作如图 4–15 所示。

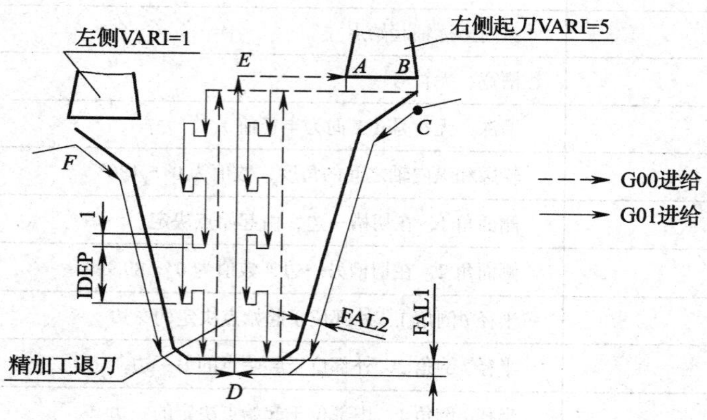

图 4–15　纵向切槽加工刀具的切削动作

纵向、外部加工方式中刀具的切削动作说明如下：

①刀具定位到循环起点后，沿深度方向（*X* 轴方向）切削，每次切入深度为 IDEP 值后，回退 1 mm，再次切削，如此循环，直至切入深度至距轮廓为 FAL1 值处，*X* 向快退至循环起点 X 坐标处。

②刀具沿 *Z* 向平移，重复以上动作，如此循环直至切出槽宽。

③分别用刀尖（A 点和 B 点）对左、右槽侧各进行一次槽侧的粗切削，槽侧切削后精加工余量为 FAL2。

④用刀尖（B 点）沿轮廓 CD 进行精加工并快速退回 E 点，然后用刀尖（A 点）沿轮廓 FD 进行精加工并快速退回 E 点。

⑤退回循环起点，完成全部切槽动作。

2）横向加工。横向加工是指槽的深度方向为 Z 方向、槽的宽度方向为 X 方向的一种加工方式。以横向右侧槽为例，其切槽加工的参数如图 4–16 所示，刀具的切削动作如图 4–17 所示。

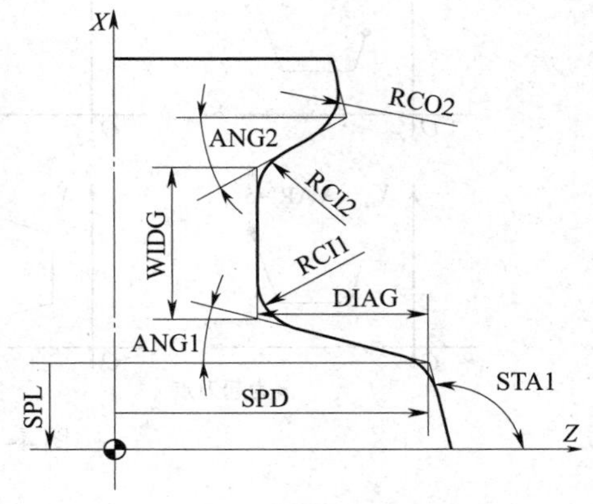

图 4–16　横向切槽加工的参数

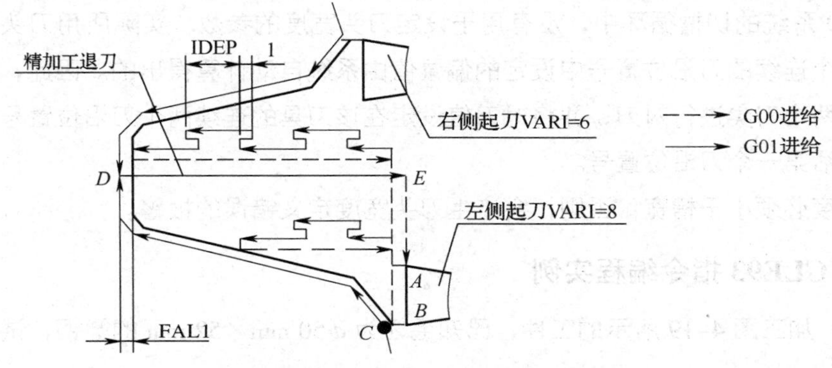

图 4–17　横向切槽加工刀具的切削动作

横向右侧加工方式中刀具的切削动作说明如下：

①刀具定位至循环起点后，先沿 –Z 方向分层切削进给至距离轮廓 FAL1 值处，再沿 +Z 方向快速回退至循环起点 Z 坐标处。

②刀具沿 X 向平移，重复以上动作，如此循环直至切出槽宽。

③粗切槽两侧，与纵向切槽相似。

④精切槽轮廓，与纵向切槽相似。

⑤退回循环起点，完成全部切槽动作。

（2）左侧加工与右侧加工

切槽循环加工类型中关于左侧起刀与右侧起刀的判断方法如下：站在操作人员位置观察刀具，不管是纵向切槽还是横向切槽，当循环起点位于槽的右侧时，称为右侧起刀；反之则称为左侧起刀。

（3）外部加工与内部加工

切槽循环加工类型中关于外部加工与内部加工的判断方法如下：当刀具在 X 轴方向朝 –X 向切入时，均称为外部加工；反之则称为内部加工。

切槽加工类型的判断如图 4–18 所示。

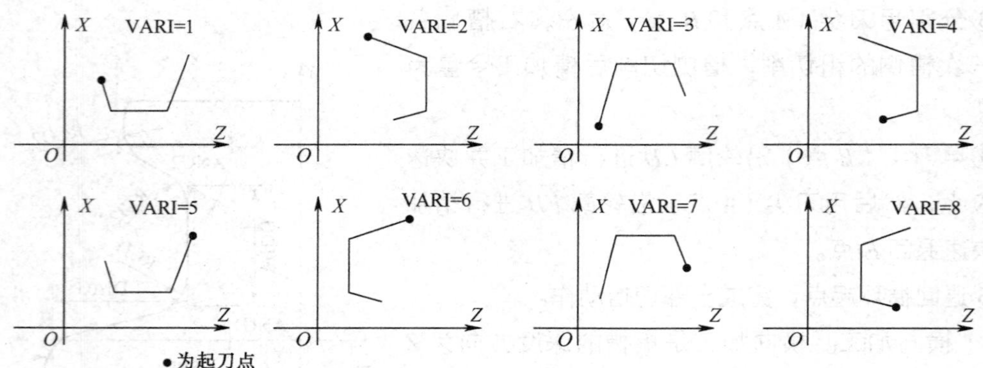

图 4-18　切槽加工类型的判断

3. 刀头宽度的设定

在 802D 系统的切槽循环中，没有用于设定刀头宽度的参数。实际所用刀头宽度是通过该切槽刀两个连续的刀沿位置号中设定的偏置值由系统自动计算得出的。因此，加工前必须对切槽刀的两个刀尖进行对刀，并将对刀值设定在该刀具的连续两个刀沿位置号中。加工编程时只需激活第一个刀沿位置号。

刀头宽度必须小于槽宽；否则，会产生刀头宽度定义错误的报警。

4. CYCLE93 指令编程实例

例 4-6　加工图 4-19 所示的工件，已知毛坯为 ϕ50 mm×52 mm 的圆钢，试编写其数控车加工程序。

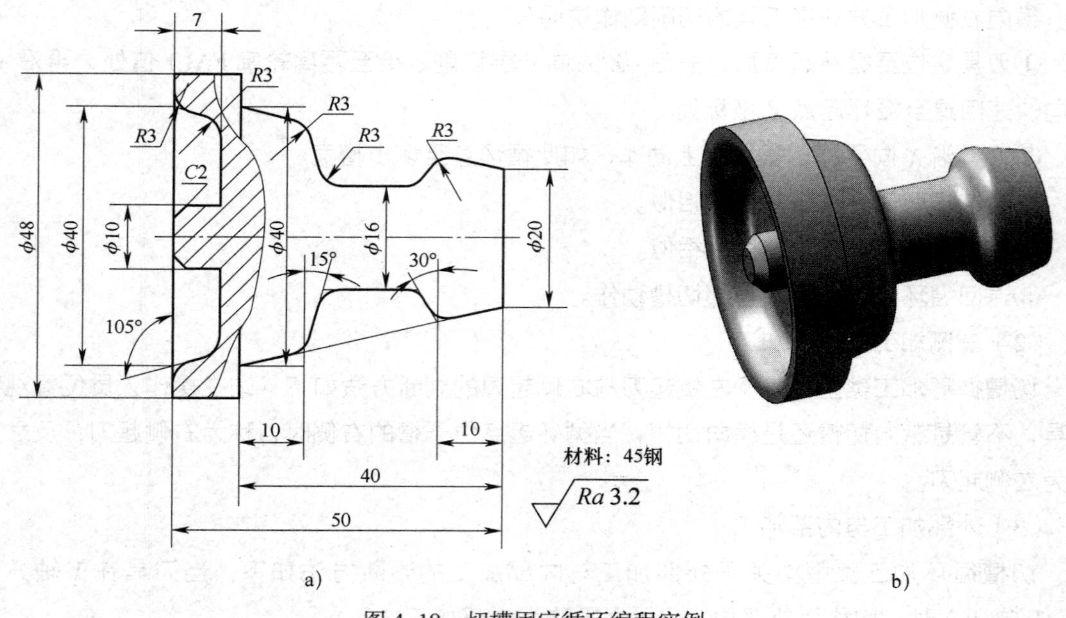

图 4-19　切槽固定循环编程实例

a）零件图　b）三维立体图

分析：加工本例工件时，先加工工件左侧轮廓，再采用一夹一顶的方式加工右侧外圆轮廓。加工程序如下：

```
AA406.MPF;                          (加工左端外轮廓)
N10 G90 G95 G40 G71;
N20 T1D1;                           (换外圆车刀)
N30 M03 S800 F0.1 M08;
N40 G00 X52.0 Z2.0;
N50 G01 X48.0;                      (加工左端外圆)
N60 Z-20.0;
N70 G00 X100.0 Z100.0;
N80 T2D1;                           (换端面切槽刀，刀头宽度为 3 mm)
N90 G00 X10.0 Z2.0;
N100 CYCLE93(10，0，12.12，7，90，0，15，-2，0，3，3，0.2，0.3，3.0，1.0，6);
N110 G74 X0 Z0;
N120 M30;
AA407.MPF;                          (加工右端外轮廓)
N10 G90 G95 G40 G71;
N20 T1D1;                           (换外圆车刀)
N30 M03 S800 F0.1 M08;
N40 G00 X52.0 Z2.0;
N50 CYCLE95("BB407"，2，0，0.3，，0.2，0.2，0.05，9，，，0.5);
N60 G00 X100.0 Z100.0;
N70 T3D1;                           (换外圆切槽刀，刀头宽度为 3 mm)
N80 G00 X27.0 Z-10.0;
N90 CYCLE93(25，-10，14.86，4.5，165.95，30，15，3，3，3，3，0.2，0.3，3，1，5);
N100 G74 X0 Z0;
N110 M30;
BB407.SPF;                          (加工右端外轮廓子程序)
N10 G01 X20.0 Z0;
N20 X40.0 Z-40.0;
N30 X52.0;
N40 RET;
```

第三节 螺纹加工及其固定循环

在采用 SIEMENS 802D 系统的数控车床上，螺纹切削指令有 G33、G34、G35、CYCLE97 等。

一、数控车削普通螺纹的加工工艺

数控车削普通螺纹的加工工艺请参阅第二章。

二、螺纹切削指令

1. 等螺距圆柱螺纹

（1）等螺距圆柱螺纹的指令格式

G33 Z__ K__ SF__ ;

式中 Z__——圆柱螺纹的终点坐标；

K__——圆柱螺纹的导程，如果是单线螺纹则为螺距；

SF__——螺纹起始角，该值为不带小数点的非模态值，其单位为 0.001°，如果是单线螺纹，则该值不用指定并为 0。

例如，G33 Z-30.0 K4.0；

（2）本指令的运动轨迹及工艺说明

用 G33 指令加工圆柱螺纹的运动轨迹如图 4-20 所示。G33 指令类似于 G01 指令，刀具从 *B* 点开始以每转进给 1 个导程（螺距）的速度切削至 *C* 点。该指令切削前的进刀和切削后的退刀都要通过其他移动指令来实现，如图 4-20 中的 *AB*、*CD*、*DA* 三段轨迹。

（3）编程实例

例 4-7 在后置刀架式数控车床上，试用 G33 指令编写图 4-20 所示工件的螺纹加工程序。

分析：在加工螺纹前，其外圆已车至 ϕ19.85 mm，以保证螺纹大径的公差要求（取其中值）。螺纹切削导入距离 δ_1 取 3 mm，导出距离 δ_2 取 1 mm。螺纹的总背吃刀量为 1.3 mm（即编程时螺纹小径为 18.7 mm），分三次切削，每次背吃刀量依次为 0.8 mm、0.4 mm 和 0.1 mm。

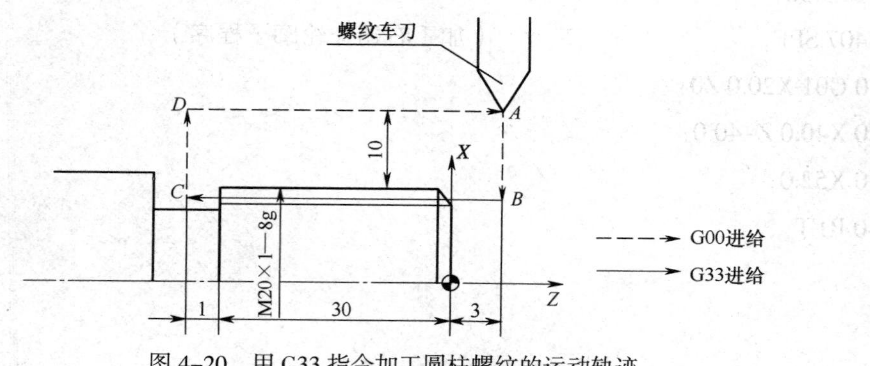

图 4-20 用 G33 指令加工圆柱螺纹的运动轨迹

其加工程序如下：

```
AA408.MPF；
N10 G90 G95 G40 G71；
N20 T1D1；                    （车刀反装，其前面向下）
N30 M03 S600；
N40 G00 X40.0 Z3.0；          （螺纹导入距离 δ1=3 mm）
N50 G91 X-20.8；
N60 G33 Z-34.0 K1.0；         （第一刀切削，背吃刀量为 0.8 mm）
N70 G00 X20.8；
N80 Z34.0；
N90 X-21.2；
N100 G33 Z-34.0 K1.0；        （背吃刀量为 0.4 mm）
N110 G00 X21.2；
N120 Z34.0；
N130 X-21.3；
N140 G33 Z-34.0 K1.0；        （背吃刀量为 0.1 mm）
N150 G00 X21.3；
N160 Z34.0；
N170 G90 G00 X100.0 Z100.0；
N180 M30；
```

例 4-8 在前置刀架式数控车床上，试用 G33 指令编写图 4-20 所示双线螺纹（螺纹代号改为 M20×Ph2P1—LH）的加工程序。

```
AA409.MPF；
⋮
N50 T1D1；                    （车刀正装，其前面向上）
N60 M03 S600；
N70 G00 X40.0 Z-33.0；        （螺纹导入距离 δ1=3 mm，从螺纹左侧起刀向右进给）
N80 X19.2；
N90 G33 Z1.0 K2.0 SF=0；      （加工第一条螺旋线，螺纹起始角为 0°）
N100 G00 X40.0；
N110 Z-33.0；
N120 X18.9；
N130 G33 Z1.0 K2.0 SF=0；
N140 G00 X40.0；
⋮                             （至第一条螺旋线加工完成）
```

N200 X19.2；

N210 G33 Z1.0 K2.0 SF=180000；（加工第二条螺旋线，螺纹起始角为 180°）

N220 G00 X40.0；

N230 Z-33.0；

⋮　　（多刀重复切削至第二条螺旋线加工完成）

N300 M30；

2. 等螺距圆锥螺纹

（1）指令格式

G33 X_ Z_ K__；或 G33 X_ Z_ I__；

式中　X_ Z__——圆锥螺纹的终点坐标；

K__——圆锥螺纹 Z 向螺距，其锥角小于 45°，即 Z 轴位移较大；

I__——圆锥螺纹 X 向螺距，其锥角大于 45°，即 X 轴位移较大。

例如，G33 X30.0 Z-30.0 K4.0；

G33 X30.0 Z-30.0 I4.0；

（2）本指令的运动轨迹及工艺说明

用 G33 指令加工圆锥螺纹的运动轨迹如图 4-21 所示，与用 G33 指令加工圆柱螺纹的运动轨迹相似。

加工圆锥螺纹时，要特别注意螺纹切削的起点坐标与终点坐标，以保证圆锥螺纹的锥度。

圆锥螺纹在 X 向、Z 向有不同的导程（螺距），在程序中指令导程 K 或 I 的取值以两者中的较大值为准。

（3）编程实例

例 4-9　试用 G33 指令编写图 4-21 所示工件的螺纹（P=2.5 mm）加工程序。

分析：经计算，圆锥螺纹牙顶在 B 点处的坐标为（18，6），在 C 点处的坐标为（30. 5，-31. 5）。

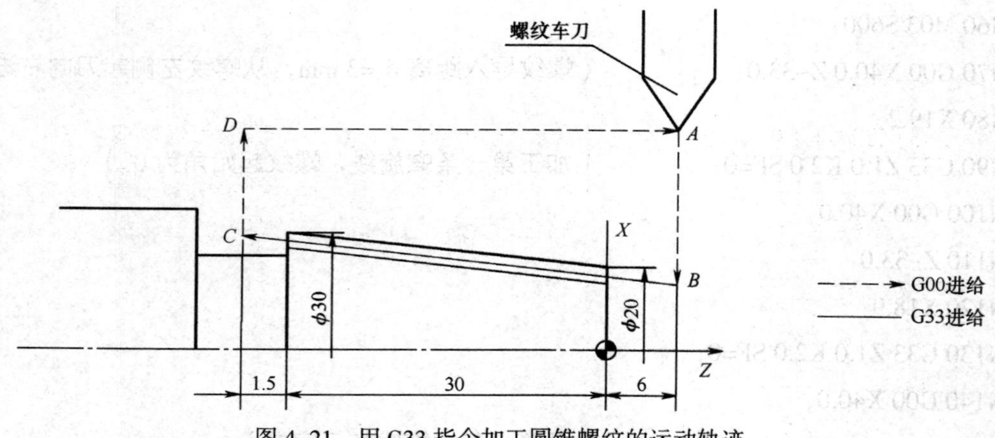

图 4-21　用 G33 指令加工圆锥螺纹的运动轨迹

其加工程序如下：

```
AA410.MPF；
⋮
N50 G00 X16.7 Z6.0；              （δ1=6 mm）
N60 G33 X29.2 Z-31.5 K2.5；       （螺纹切削第一刀，背吃刀量为 1.3 mm）
N70 G00 X40.0；
N80 Z3.0；
N90 X16.0 Z6.0；
N100 G33 X28.5 Z-31.5 K2.5；      （螺纹切削第二刀，背吃刀量为 0.7 mm）
⋮
```

3. G33 指令加工其他螺纹

G33 指令还可用于加工以下几种螺纹：

（1）多线螺纹

编制多线螺纹的加工程序时，只需用地址"SF="指定主轴一转信号与螺纹切削起点的偏移角度。

（2）左旋螺纹和右旋螺纹

加工左旋螺纹或右旋螺纹可由主轴旋转方向（M3 和 M4）确定，还可在不改变旋转方向的条件下，通过改变刀具的进给方向确定。具体采用哪种方式，应根据图样上的轮廓（如有无退刀槽等）而定。

（3）端面螺纹

端面螺纹的指令格式为"G33 X_ I_ ；"。

式中 X_——端面螺纹的终点坐标；

I_——端面螺纹的导程（螺距）。

（4）连续螺纹

多段连续螺纹之间的过渡可以通过连续路径方式指令"G64"自动实现。如果多个螺纹连续编程，则起点偏移只有在第一个螺纹段才有效，也只有在这里才能使用此参数。如三段不同螺距的等螺距圆柱连续螺纹的编程如下：

```
G64 G33 Z20.0 K1.0 SF0；    （第一段为螺距 1 mm 的等螺距圆柱螺纹）
        Z50.0 K1.5；        （第二段为螺距 1.5 mm 的等螺距圆柱螺纹）
        Z85.0 K2.0；        （第三段为螺距 2 mm 的等螺距圆柱螺纹）
```

4. 变螺距螺纹

（1）指令格式

```
G34 Z_ K_ F_ ；             （增螺距圆柱螺纹）
G35 X_ I_ F_ ；             （减螺距端面螺纹）
```

G35 X__ Z__ K__ F__ ；　　　　　（减螺距圆锥螺纹）

其中 G34 用于加工增螺距螺纹，G35 用于加工减螺距螺纹；

式中　I__、K__——起始处螺距；

F__——主轴每转螺距的增量或减量；

其余参数同 G33 指令。

例如，G34 Z-30.0 K4.0 F0.1；

（2）变螺距螺纹加工指令的运动轨迹及工艺说明

除每转螺距有增量（减量）外，其余动作和轨迹与 G33 指令相同。

5. 使用螺纹切削指令（G33、G34、G35）时的注意事项

（1）在螺纹切削过程中，进给速度倍率功能无效。

（2）在螺纹切削过程中，循环暂停功能无效，如果在螺纹切削过程中按下了“循环暂停”按键，刀具将在执行非螺纹切削的程序段后停止。

（3）在螺纹切削过程中，主轴速度倍率功能无效。

（4）在螺纹切削过程中，不要使用恒线速度控制，而应采用合适的恒转速控制。

三、螺纹切削循环

螺纹切削循环可以方便地车出各种圆柱或圆锥内螺纹和外螺纹，并且既能加工单线螺纹，也能加工多线螺纹。在切削过程中，其每一刀的背吃刀量可由系统自动设定。

1. 指令格式

CYCLE97（PIT，MPIT，SPL，FPL，DM1，DM2，APP，POP，TDEP，FAL，IANG，NSP，NRC，NID，VARI，NUMT）；

螺纹切削循环的参数如图 4-22 所示，SIEMENS 802D 系统规定的 CYCLE97 参数含义和规定见表 4-6。

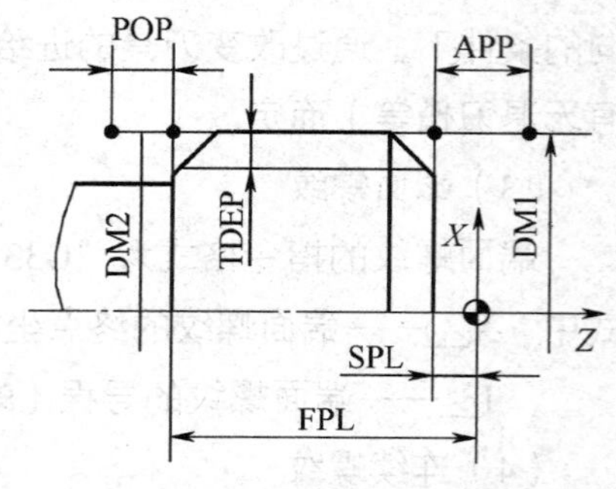

图 4-22　螺纹切削循环的参数

表 4-6　SIEMENS 802D 系统规定的 CYCLE97 参数含义和规定

参数	含义和规定
PIT	实际螺距数值，无符号输入
MPIT	用螺纹公称直径表示螺距（如 M10 螺纹的螺距为 1.5 mm），M3～M60
SPL	螺纹起始点的纵坐标
FPL	螺纹终点的纵坐标
DM1	起始点的螺纹直径
DM2	终点的螺纹直径
APP	空刀导入距离，无符号输入

续表

参数	含义和规定
POP	空刀导出距离，无符号输入
TDEP	螺纹深度，无符号输入
FAL	精加工余量，半径量，无符号输入
IANG	切入进给角，“+”表示沿侧面进给，“–”表示交错进给
NSP	首牙螺纹的起始点偏移，无符号角度值
NRC	螺纹粗加工次数，无符号输入
NID	停顿时间，无符号输入
VARI	螺纹加工类型：数值 1～4
NUMT	螺纹线数，无符号输入

例如，CYCLE97（6，，0，–36，35.7，35.7，6，6，3.5，0.05，–15，0，20，1，3，1）；

在该程序段中，每个数字表示的含义可与指令格式中的代号一一对应，如果格式中的“，”前无数值，则表示该数值可省略，但注意不能省略“，”。

2. 指令说明

（1）螺纹切削循环的动作

执行螺纹切削循环时，刀具的切削动作如图 4–23 所示，说明如下：

1）刀具以 G00 方式定位至第一条螺旋线空刀导入距离的起始处，即循环起点 *A* 处。

2）按照参数 VARI 确定的加工方式，根据系统计算出的背吃刀量沿深度方向进刀至 *B* 点处。

3）以 G33 方式切削加工至空刀退出终点 *C* 处。

4）退刀（图中轨迹 *CD*、*DA*）至循环起点。

5）根据指令的粗切削次数，重复以上动作，分多刀粗车螺纹。

6）以 G33 方式精车螺纹。

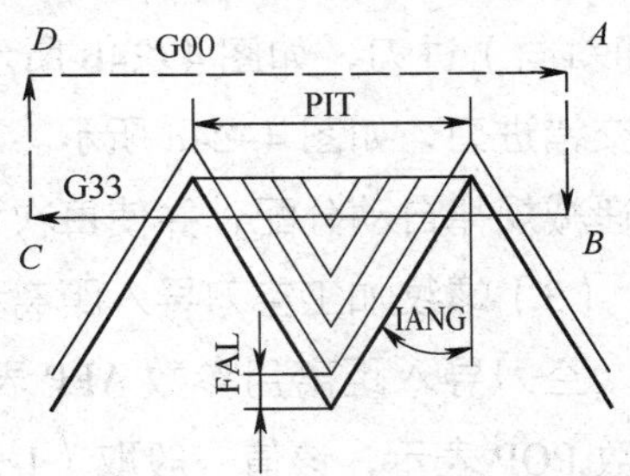

图 4–23 螺纹切削循环刀具的切削动作

（2）加工方式

CYCLE97 指令的加工方式用参数 VARI 表示，该参数不仅确定了螺纹的加工类型，还确定了螺纹背吃刀量的定义方法。参数 VARI 的值为 1～4，SIEMENS 802D 系统规定的螺纹加工类型和进给方式见表 4–7。

表 4–7 SIEMENS 802D 系统规定的螺纹加工类型和进给方式

加工类型	外部与内部	进给方式
1	外部	恒定背吃刀量进给
2	内部	恒定背吃刀量进给
3	外部	恒定切削截面积进给
4	内部	恒定切削截面积进给

1）内部与外部方式。内部方式指内螺纹的加工，外部方式指外螺纹的加工。

2）恒定背吃刀量进给和恒定切削截面积进给方式。恒定背吃刀量进给方式如图 4–24a 所示，此时螺纹切入角参数 IANG 的值为 0，刀具以直进法进刀。粗加工螺纹时，每次背吃刀量相等，其值由参数 TDEP、FAL 和 NRC 确定，计算公式如下：

$$a_p = (TDEP - FAL)/NRC$$

式中 a_p——粗加工每次背吃刀量，mm；

TDEP——螺纹总切入深度，mm；

FAL——螺纹精加工余量，mm；

NRC——螺纹粗加工次数。

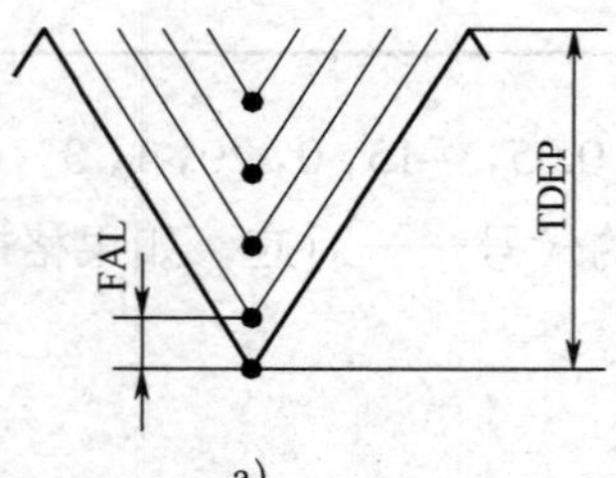

a）

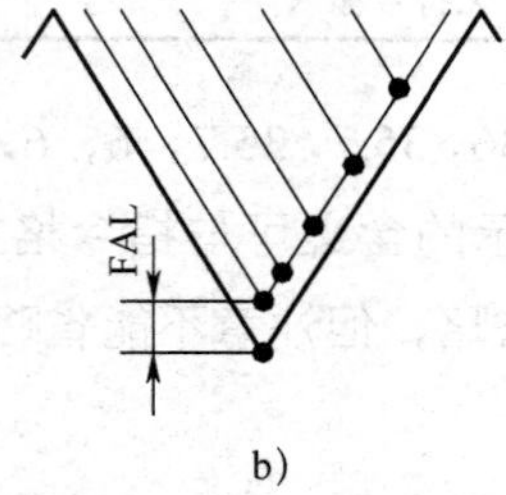

b）

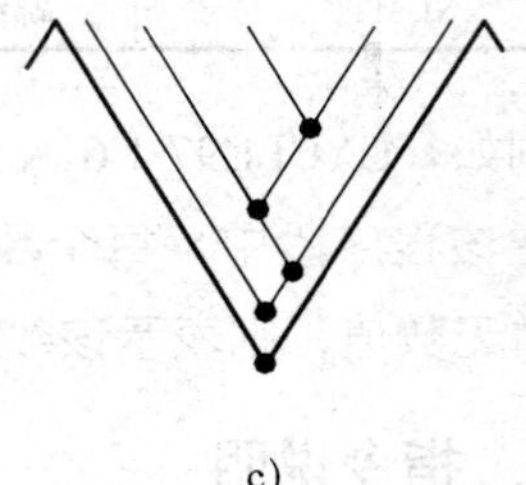
c）

图 4–24 螺纹切削循环的背吃刀量

恒定切削截面积进给方式如图 4–24b、c 所示，螺纹切入角参数 IANG 的值不为 0。此时，刀具的进刀方式有两种：一种是当参数 IANG 值为正值时，刀具始终沿牙型同一侧面（即斜向）进刀，如图 4–24b 所示；另一种是当参数 IANG 值为负值时，刀具分别沿牙型两侧交错进刀，如图 4–24c 所示。采用恒定切削截面积进给方式进行螺纹粗加工时，背吃刀量按递减规律自动分配，并使每次切除表面的截面积近似相等。

（3）螺纹加工空刀导入距离和空刀导出距离

空刀导入距离用参数 APP 表示，该值一般取（2～3）P（P 为螺距）。空刀导出距离用参数 POP 表示，该值一般取（1~2）P。

（4）螺距的确定

螺纹的螺距可用两种方法表示，即用参数 PIT 表示实际螺距数值或用参数 MPIT 表示螺纹公称直径，其螺距的大小则由普通粗牙螺纹的尺寸确定（例如，当 MPIT=10 时，虽然在 PIT 中不能输入数据，但其实际值为 1.5）。在实际设定时，只能设定其中的一个参数。

（5）使用 CYCLE97 指令编程时的注意事项

1）进行螺纹切削循环时，如采用直进法进刀，因为在螺纹切削循环中每次的背吃刀量均相等，随着切入深度的增加，切削面积将越来越大，切削力也越来越大，容易产生扎刀现象，所以应根据实际情况选择适当的 VARI 参数。

2）对于循环开始时刀具所到达的位置，可以是任意位置，但应保证刀具在螺纹切削完成后退回该位置时不发生任何碰撞。

3）在使用 G33、G34、G35 指令编程时的注意事项在这里仍然有效。

4）使用 CYCLE97 指令编程时，应注意 DM 参数与 TDEP 是相互关联的。以加工普通外螺纹为例，当 DM 取其公称直径时，则 TDEP 取推荐值 1.3*P*。

3. CYCLE97 指令编程实例

例 4–10 在数控车床上加工图 4–25 所示的工件（毛坯外形为六棱柱），试编写其加工程序。

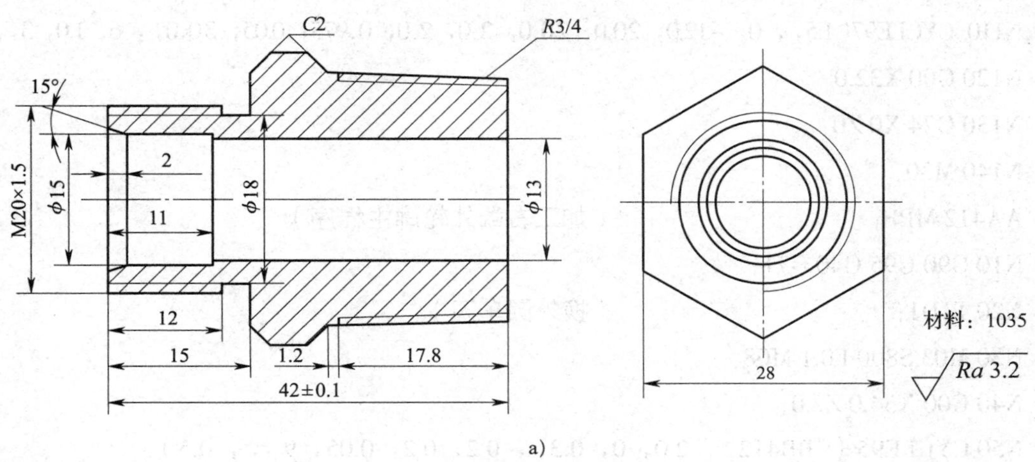

a）

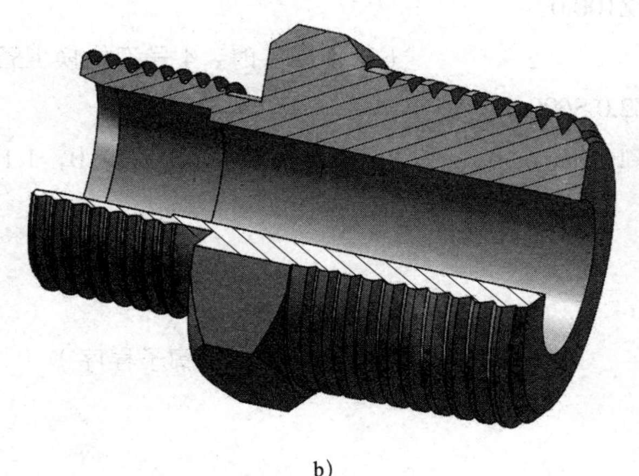

b）

图 4–25 螺纹切削固定循环编程实例 1

a）零件图 b）三维立体图

分析：对于右端的管螺纹，其螺纹牙型角为 55°，牙高为 1.162 mm，圆锥的锥度为 1 ∶ 16（3.58°），经计算，圆锥端面处（圆锥小端）的直径为 25.85 mm，圆锥大端直径为 27.03 mm，螺纹大端处的大径为 26.96 mm，*Z* 方向的螺距为 1.814 mm。加工本例工件时，先加工左端内、外轮廓，再以夹具上的内螺纹装夹工件后加工右端管螺纹，其加工程序如下：

```
AA411.MPF;                    （加工左端轮廓主程序）
N10 G90 G95 G40 G71;
N20 T1D1;                     （换外圆车刀）
N30 M03 S800 F0.1 M08;
```

```
N40 G00 X34.0 Z2.0;
⋮                                         （采用 CYCLE95 指令加工左侧内、外轮廓）
N80 G00 X100.0 Z100.0;
N90 T4D1;                                 （换外螺纹车刀）
N100 G00 X22.0 Z2.0 S600;
N110 CYCLE97( 1.5，，0，-12.0，20.0，20.0，2.0，2.0，0.975，0.05，30.0，，6，1.0，3，1 );
N120 G00 X32.0;
N130 G74 X0 Z0;
N140 M30;
AA412.MPF;                                （加工右端外轮廓主程序）
N10 G90 G95 G40 G71;
N20 T1D1;                                 （换外圆车刀）
N30 M03 S800 F0.1 M08;
N40 G00 X34.0 Z2.0;
N50 CYCLE95（"BB412"，2.0，0，0.3，，0.2，0.2，0.05，9，，，0.5）;
N60 G00 X100.0 Z100.0;
N70 T4D1;                                 （工件掉头时，4 号刀位换上管螺纹车刀）
N80 G00 X27.0 Z2.0 S600;
N90 CYCLE97（1.814，，0，-17.8，25.85，26.96，2.0，0，1.162，0.05，27.5，，10，
1.0，3，1）;
N100 G74 X0 Z0;
N110 M30;
BB412.SPF;                                （加工右端外轮廓子程序）
N10 G00 X25.85;
N20 G01 Z0;
N30 X27.03 Z-19.0;
N40 X28.33;
N50 X32.33 Z-21.0;
N60 X34.0;
N70 RET;
```

例 4-11　在数控车床上加工图 4-26 所示工件（毛坯为 ϕ50 mm×42 mm 的圆钢，预先钻出 ϕ20 mm 的孔），试编写其加工程序。

分析：加工梯形螺纹时，通常单独编写螺纹加工程序，以便螺纹一次切削后沿 Z 向偏移一个距离，再进行螺纹的二次切削。另外，加工梯形螺纹时，最好选用两侧依次进刀的方式进行切削。本例工件的螺纹加工程序（省略内孔和外圆加工程序）如下：

```
AA413.MPF;                          （外螺纹加工程序）
N10 G90 G95 G40 G71;
N20 T3D1;                           （换外螺纹车刀）
N30 M03 S600 F0.1 M08;
N40 G00 X42.0 Z3.0;
N50 CYCLE97（2，，0，-20，40，40，3，2，1.3，0.05，30，0，6，1，3，1）;
N60 G74 X0 Z0;
N70 M30;
AA414.MPF;                          （梯形内螺纹加工程序）
N10 G90 G95 G40 G71;
N20 T4D1;                           （换梯形内螺纹车刀）
N30 M03 S400 F0.1 M08;
N40 G00 X20.0 Z6.0;
N50 CYCLE97（3，，0，-45，21，21，6，3，1.75，0.05，15，0，20，1，4，1）;
N60 G74 X0 Z0;
N70 M30;
```

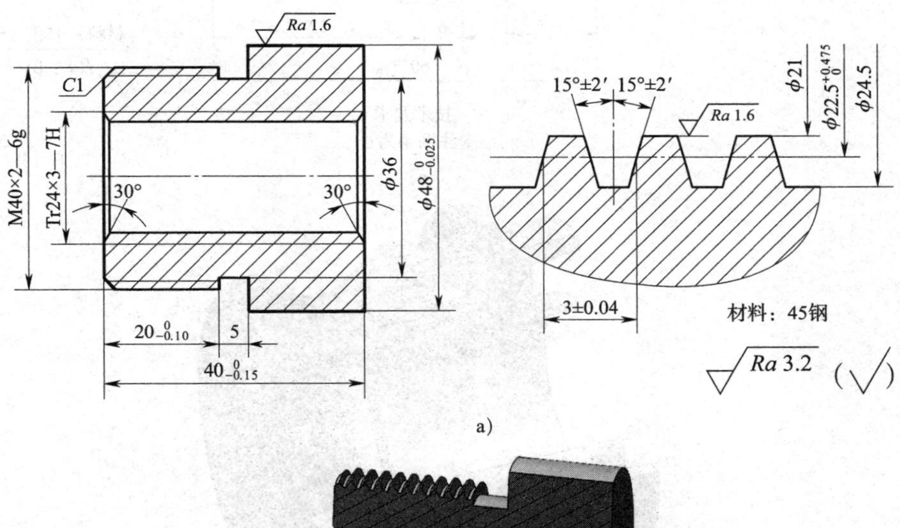

a）

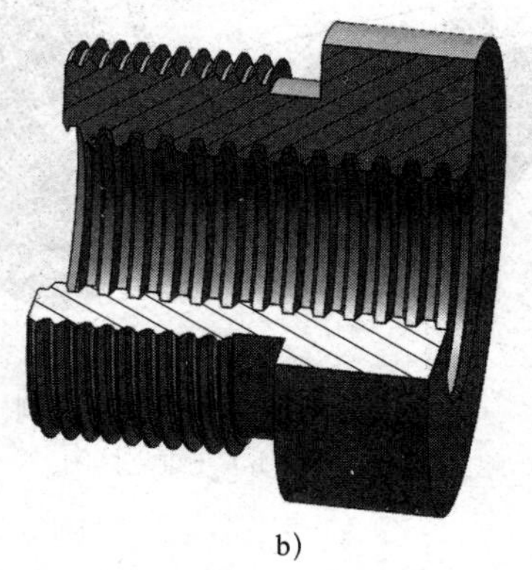

b）

图 4-26　螺纹切削固定循环编程实例 2

a）零件图　b）三维立体图

四、外形加工综合实例

例 4–12 加工图 4–27 所示的工件，毛坯为 ϕ80 mm×62 mm 的圆钢（已预先钻出 ϕ30 mm 的孔），试编写其 SIEMENS 802D 系统数控车加工程序。

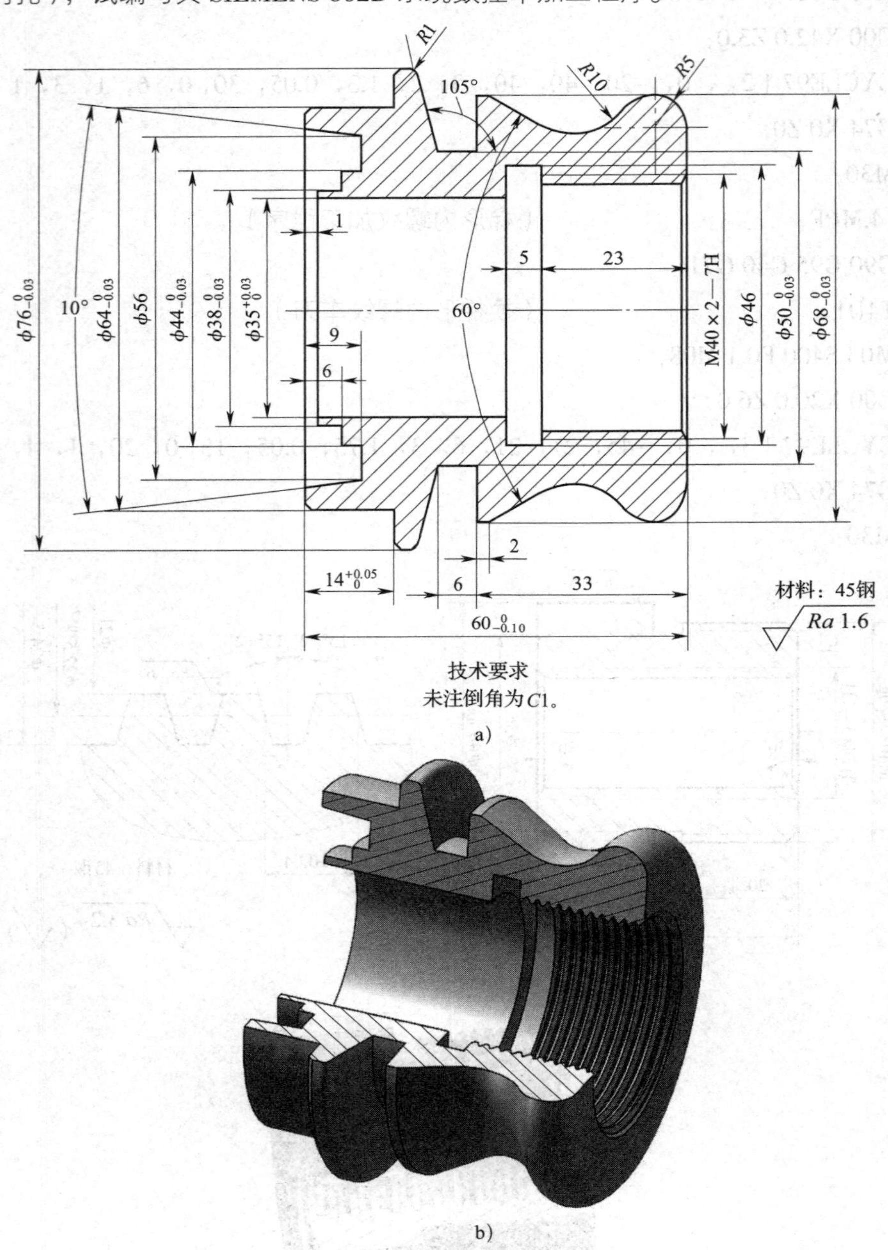

图 4–27 外轮廓综合编程实例
a）零件图 b）三维立体图

1. 选择机床与夹具

选择 SIEMENS 802D 系统、前置刀架式数控车床进行加工，夹具采用三爪自定心卡盘，编程原点分别设在工件左、右端面与主轴轴线的交点处。

2. 加工步骤

（1）用 CYCLE95 指令加工左端外轮廓。
（2）用 CYCLE95 指令加工左端内孔。
（3）用 CYCLE93 指令加工左端端面槽。
（4）掉头后手动车削端面，保证总长并进行对刀。
（5）用 CYCLE95 指令加工右端外轮廓。
（6）用 CYCLE93 指令加工外圆槽。
（7）用 CYCLE95 指令加工右端内孔。
（8）用 CYCLE93 指令加工内螺纹退刀槽。
（9）用 CYCLE97 指令加工内螺纹。

3. 基点计算（略）

4. 选择刀具与切削用量

（1）外圆车刀的切削用量：粗车时 n=800 r/min、f=0.2 mm/r、a_p=1.5 mm；精车时 n=1 500 r/min、f=0.1 mm/r、a_p=0.15 mm。

（2）内孔车刀的切削用量：粗车时 n=800 r/min、f=0.15 mm/r、a_p=1 mm；精车时 n=1 500 r/min、f=0.1 mm/r、a_p=0.15 mm。

（3）端面切槽刀的刀头宽度为 3 mm，切削用量 n=600 r/min、f=0.1 mm/r。

（4）外切槽刀的刀头宽度为 3 mm。切削用量 n=600 r/min、f=0.1 mm/r。

（5）内切槽刀的刀头宽度为 3 mm。切削用量 n=500 r/min、f=0.1 mm/r。

（6）内螺纹车刀的切削用量 n=600 r/min、f=1.5 mm/r。

5. 编写加工程序

```
AA415.MPF;                            （加工左端外轮廓主程序）
N10 G90 G95 G40 G71;
N20 T1D1;                             （换外圆车刀）
N30 M03 S800 F0.2;
N40 G00 X82.0 Z2.0 M08;
N50 CYCLE95（"BB415"，1.5，0，0.3，，0.2，0.15，0.1，9，，，0.5）;
N60 G74 X0 Z0;
N70 M30;
BB415.SPF;                            （加工左端外轮廓子程序）
N10 G01 X62.0;
```

```
N20 Z0;
N30 X64.0 Z-1.0;
N40 Z-14.0;
N50 X74.0;
N60 X76.0 Z-15.0;
N70 Z-25.0;
N80 X80.0;
N90 RET;
AA416.MPF;                              （加工左端内轮廓主程序）
N10 G90 G95 G40 G71;
N20 T2D1;                               （换内孔车刀）
N30 M03 S800 F0.15;
N40 G00 X28.0 Z2.0 M08;
N50 CYCLE95（"BB416"，1，0，0.3，，0.15，0.1，0.1，11，，，0.5）;
N60 G74 X0 Z0;
N70 T3D3 M03;                           （换端面切槽刀，刀头宽度为 3 mm）
N80 S600 F0.1;
N90 G00 X38.0 Z2.0;
N100 CYCLE93（38.0，0，7.0，6.0，0，0，0，0，0，0，0，0.2，0.2，2.0，1.0，6）;
N110 G00 X44.0 Z2.0;
N120 CYCLE93（44.0，0，5.21，9.0，0，0，5.0，0，0，0，0，0.2，0.2，2.0，1.0，6）;
N130 G74 X0 Z0;
N140 M30;
BB416.SPF;                              （加工左端内轮廓子程序）
N10 G01 X50.0;
N20 Z-1.0;
N30 X35.0;
N40 Z-33.0;
N50 X28.0;
N60 RET;
AA417.MPF;                              （加工右端外轮廓主程序）
N10 G90 G95 G40 G71;
N20 T1D1;                               （换外圆车刀）
N30 M03 S800 F0.2;
N40 G00 X82.0 Z2.0 M08;
N50 CYCLE95（"BB417"，1.5，0，0.3，，0.2，0.15，0.1，9，，，0.5）;
```

N60 G00 X100.0 Z100.0；

N70 T2D1；　　　　（换外切槽刀，刀头宽度为 3 mm）

N80 M03 S600 F0.1；

N90 G00 X78.0 Z-36.0；

N100 CYCLE93（76.0，-33.0，6.0，13.0，0，0，15.0，0，1.0，0，0，0.2，0.3，3.0，1.0，5）；

N110 G74 X0 Z0；

N120 M30；

BB417.SPF；　　　　（加工右端外轮廓子程序）

N10 G01 X58.0；

N20 Z0；

N30 G03 X63.74 Z-9.09 CR=5.0；

N40 G02 X57.92 Z-22.27 CR=10.0；

N50 G01 X68.0 Z-31.0；

N60 Z-40.0；

N70 X80.0；

N80 RET；

AA418.MPF；　　　　（加工右端内轮廓主程序）

N10 G90 G95 G40 G71；

N20 T1D1；　　　　（换内孔车刀）

N30 M03 S800 F0.15；

N40 G00 X28.0 Z2.0 M08；

N50 CYCLE95（“BB418”，1，0，0.3，，0.15，0.1，0.1，11，，，0.5）；

N60 G74 X0 Z0；

N70 T2D1；　　　　（换内切槽刀，刀头宽度为 3 mm）

N80 M03 S500 F0.1；

N90 G00 X36.0 Z2.0；

N100 Z-26.0；

N110 CYCLE93（38.0，-23.0，5.0，2.0，0，0，0，0，0，0，0，0.2，0.2，2.0，1.0，7）；

N120 G00 Z2.0；

N130 T3D1；　　　　（换内螺纹车刀）

N140 M03 S600 F1.5；

N150 G00 X36.0 Z2.0；

N160 CYCLE97（2.0，，0，-23.0，38.0，38.0，3.0，2.0，1.3，0.05，30.0，0，4，1，4，1）；

N170 G74 X0 Z0；

```
N180 M30;
BB418.SPF;                    （加工右端内轮廓子程序）
N10 G01 X40.0;
N20 Z0;
N30 X38.0 Z-1.0;
N40 Z-28.0;
N50 X28.0;
N60 RET;
```

第四节　子　程　序

一、SIEMENS 系统中子程序的命名规则

SIEMENS 数控系统规定程序名由文件名和文件扩展名组成。

文件名可以由字母或字母 + 数字组成。文件扩展名有两种，即“.MPF”和“.SPF”。其中“.MPF”表示主程序，如“AA123.MPF”等；“.SPF”表示子程序，如“BB123.SPF”等。文件名命名规则如下：

1．以字母、数字或下划线命名程序名，字符间不能有分隔符，且最多不能超过 8 个字符；另外，程序名开始的两个符号必须是字母，如“SHENG123”“AA12”等。该命名规则同时适用于主程序和子程序文件名的命名，如省略其后缀，则默认为“.MPF”。

2．以地址“L”加数字命名程序名，L 后的值可有 7 位，且 L 后的每个零都有具体含义，不能省略，如 L123 不同于 L00123。该命名规则同时适用于主程序和子程序文件名的命名，如省略其后缀，则默认为“.SPF”。

二、子程序的嵌套

当主程序调用子程序时，该子程序被认为是一级子程序。在 SIEMENS 802D 系统中，子程序可有四级程序界面，即三级嵌套，如图 4-28 所示。

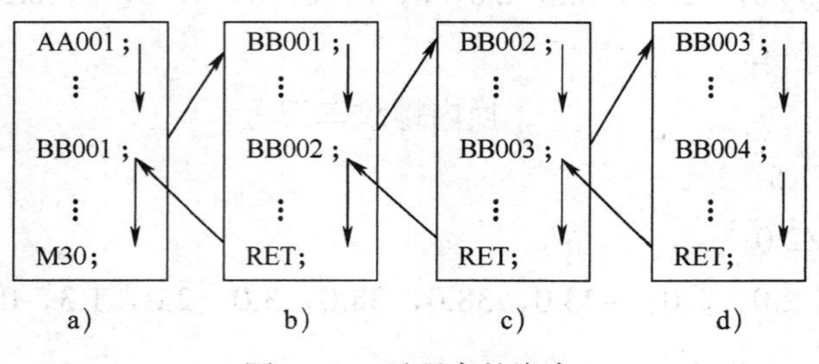

图 4-28　子程序的嵌套

a）主程序　b）一级嵌套　c）二级嵌套　d）三级嵌套

三、子程序的调用

1. 子程序的格式

在 SIEMENS 系统中，子程序除程序后缀名和程序结束指令与主程序略有不同外，在内容和结构上与主程序并无本质区别。

子程序的结束标记通常使用辅助功能指令 M17 表示。在 SIEMENS 数控系统（如 802D、810D、840D）中，子程序的结束标记除可采用 M17 外，还可以使用 M02、RET 等指令表示。子程序的格式如下：

L456；　　　　　　　　（子程序名）

⋮

RET；　　　　　　　　（子程序结束并返回主程序）

RET 要求单独占用一程序段。另外，当使用 RET 指令结束子程序并返回主程序时，不会中断 G64 指令连续路径运行模式；而用 M02 指令时，则会中断 G64 指令运行模式，并进入停止状态。

2. 子程序的调用指令

L××××P×××；或 ××××P×××；

例如，“N10 L785P2；”或“SS11P5；”。

其中，L 为给定子程序名，P 为指定循环次数。“N10 L785 P2；”表示调用子程序“L785”2 次，而“SS11 P5；”表示调用子程序“SS11”5 次。

子程序的执行过程如下：

AA419.MPF;

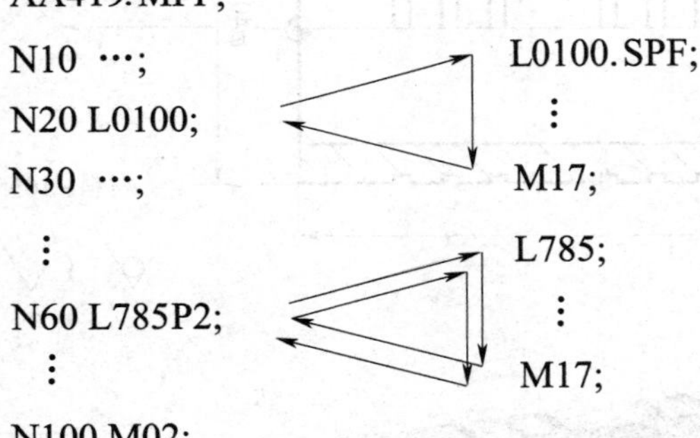

N100 M02;

3. 子程序调用时的注意事项

子程序调用时的注意事项请参阅第二章第五节。

四、子程序调用时的编程实例

例 4–13　试用调用子程序的方式编写图 4–29 所示手柄外沟槽的加工程序（设切槽刀刀头宽度为 2 mm，左刀尖为刀位点）。

AA420.MPF；　　　　　　　　（主程序）

```
N10 G90 G95 G40 G71;
N20 T1D1;
N30 M03 S500 F0.2;
N40 G00 X41.0 Z-104.0;
N50 BB420P4;                        （调用子程序 4 次）
N60 G90 G00 X100.0 Z100.0;
N70 M30;
BB420.SPF;                          （子程序）
BB421P3;                            （子程序一级嵌套）
N10 G01 Z8.0;
N20 RET;
BB421.SPF;                          （二级子程序）
N10 G91 G01 X-3.0;
N20 X3.0;
N30 Z6.0;
N40 RET;
```

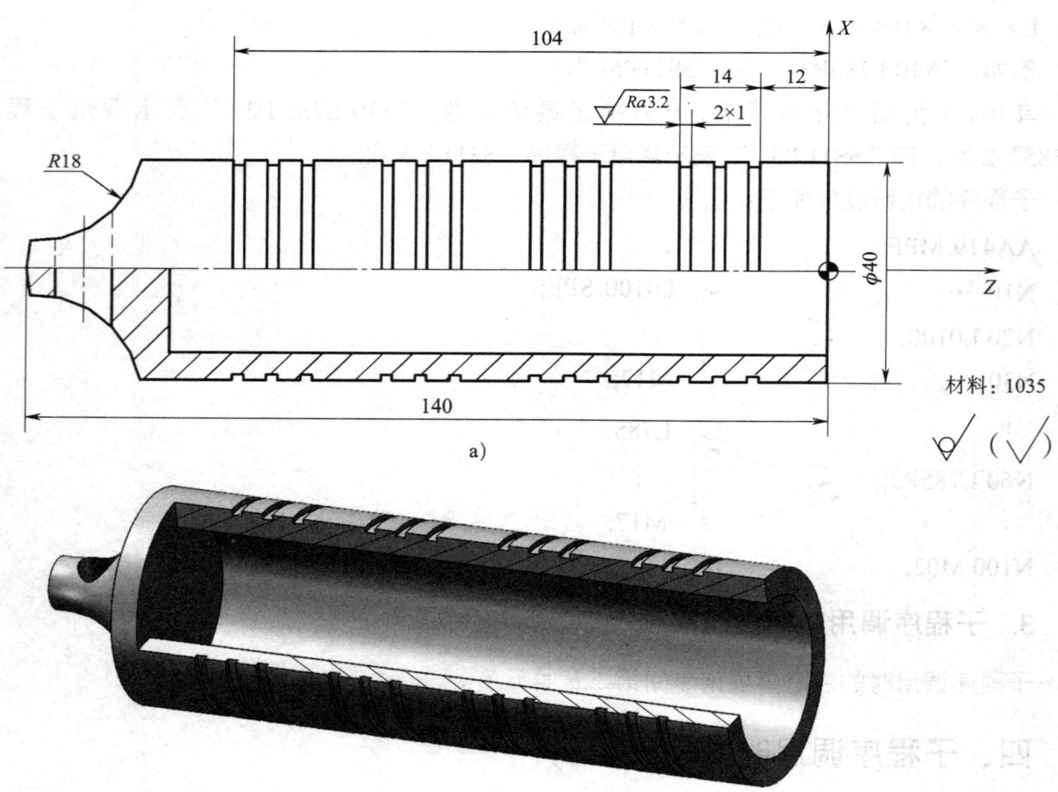

图 4-29 子程序调用编程实例

a）零件图 b）三维立体图

子程序的另一种形式就是前两节内容所述的加工循环，如螺纹切削、毛坯加工、内沟槽和外沟槽的加工等循环，对于这些加工循环（子程序）的具体用法，这里不再赘述。

第五节 参 数 编 程

SIEMENS 系统中的参数编程与 FANUC 系统中的“用户宏程序”编程功能相似，SIEMENS 系统中的 R 参数就相当于用户宏程序中的变量。同样，在 SIEMENS 系统中，可以通过对 R 参数进行赋值、运算等处理，使程序完成一些有规律变化的动作，从而提高编程的灵活性和适用性。

一、参数编程

1. 参数概述

（1）R 参数的表示

R 参数由地址符 R 与若干位（通常为三位）数字组成，如 R1、R10、R105 等。

（2）R 参数的引用

除地址符 N、G、L 外，R 参数可以用来代替其他任何地址符后面的数值。但是使用参数编程时，地址符与参数间必须通过“=”连接，这一点与 FANUC 系统中的宏程序编写格式有所不同。

例如，G01 X=R10 Y=-R11 F=100-R12；

当 R10=100，R11=50，R12=20 时，上述程序段即表示为“G01 X100 Y-50 F80；”。

参数可以在主程序和子程序中进行定义（赋值），也可以与其他指令编在同一程序段中。

例如，⋮

N30 R1=10 R2=20 R3=-5 S500 M03；

N40 G01 X=R1 Z=R3 F0.2；

⋮

在参数赋值过程中，数值取整数时可省略小数点，正号可以省略不写。

（3）R 参数的种类

R 参数分为三类，即自由参数、加工循环传递参数和加工循环内部计算参数。

1）R0～R99 为自由参数，可以在程序中自由使用。

2）R100～R249 为加工循环传递参数。对于这部分参数，如果在程序中没有使用固定循环，则这部分参数也可以自由使用。

3）R250～R299 为加工循环内部计算参数。同样，对于这部分参数，如果在程序中没有使用固定循环，则这部分参数也可以自由使用。

2. 参数的运算格式和运算次序

（1）参数的运算格式

R 参数的运算与 FANUC 系统中 B 类宏变量的运算相同，其程序都可以直接使用运算表达式编写。R 参数常用的运算格式见表 4–8。

在参数运算过程中，函数 SIN、COS 等的角度单位是度，分和秒要换算成带小数点的度，例如，90°30′ 换算成 90.5°，而 30°18′ 换算成 30.3°。

（2）参数的运算次序

R 参数的运算次序依次为函数运算（如 SIN、COS、TAN 等），乘和除运算（如 *、/、AND 等），加和减运算（如 +、–、OR、XOR 等）。其中，符号 AND、OR 和 XOR 所代表的含义可参阅表 2–6。

表 4–8　　R 参数常用的运算格式

功能	格式	备注与示例
定义、转换	Ri=Rj	R1=R2；R1=30
加法	Ri=Rj+Rk	R1=R1+R2
减法	Ri=Rj–Rk	R1=100–R2
乘法	Ri=Rj*Rk	R1=R1*R2
除法	Ri=Rj/Rk	R1=R1/30
正弦	Ri=SIN（Rj）	R10=SIN（R1） R10=COS（36.3+R2）
余弦	Ri=COS（Rj）	
正切	Ri=TAN（Rj）	
平方根	Ri=SQRT（Rj）	R10=SQRT（R1*R1–100）

例如，R1=R2+R3*SIN（R4）

运算次序为函数 SIN（R4）→乘和除运算 R3*SIN（R4）→加和减运算 R2+R3*SIN（R4）。

在 R 参数的运算过程中，允许使用括号改变运算次序，且括号允许嵌套使用，例如，R1=SIN（((R2+R3）*4+R5）/R6）。

3. 跳转指令

SIEMENS 系统中的跳转指令与 FANUC 系统中转移指令的含义相同，它在程序中起到控制程序流向的作用。

（1）无条件跳转

无条件跳转又称绝对跳转，其指令格式如下：

GOTOB LABEL；

GOTOF LABEL；

GOTOB 为带有向后（朝程序开始的方向跳转）跳转目的的跳转指令；

GOTOF 为带有向前（朝程序结束的方向跳转）跳转目的的跳转指令；

LABEL 为跳转目的（程序内标记符），如在某程序段中将 LABEL 写成了“LABEL：”，则可跳转到其他程序名中去。

例如，⋮

```
N20 GOTOF MARK2;          （向前跳转到 MARK2）
N30 MARK1: R1=R1+R2;      （MARK1）
⋮
N60 MARK2: R5=R5-R2;      （MARK2）
⋮
N100 GOTOB MARK1;         （向后跳转到 MARK1）
⋮
```

此例中，GOTOF 为无条件跳转指令。当程序执行到 N20 段时，无条件向前跳转到标记符“MARK2”（即程序段 N60）处执行；当执行到 N100 段时，又无条件向后跳转到标记符“MARK1”（即程序段 N30）处执行。

（2）有条件跳转

指令格式：IF“条件”GOTOB LABEL；

IF“条件”GOTOF LABEL；

IF 为跳转条件的导入符。

跳转的“条件”（当条件写入后，格式中不能有“”）既可以是任何单一比较运算，也可以是逻辑操作［结果为 TRUE（真）或 FALSE（假），如果结果是 TRUE，则执行跳转］。

常用的比较运算符书写格式见表 4–9。

表 4–9　常用的比较运算符书写格式

运算符	书写格式	运算符	书写格式
等于	==	大于	>
不等于	<>	小于或等于	<=
小于	<	大于或等于	>=

跳转条件的书写格式有多种，通过以下各例说明：

例如，“IF R1>R2 GOTOB MA1；”

该“条件”为单一比较式，如果 R1 大于 R2，那么就跳转到 MA1。

例如，IF R1>=R2+R3*31 GOTOF MA2；

该“条件”为复合形式，即如果 R1 大于或等于 R2+R3*31，均跳转到 MA2。

例如，IF R1 GOTOF MA3；

该例说明，在“条件”中，允许只确定一个变量（如 INT、CHAR 等），如果变量值为 0（=FALSE），则条件不满足；而对于其他不等于 0 的所有值，其条件满足，执行跳转。

例如，IF R1==R2 GOTOB MA1 IF R1==R3 GOTOB MA2；

该例说明，如果一个程序段中有多个条件跳转指令时，当满足第一个条件时就执行跳转。

4. R 参数编程实例

例 4–14 试编写图 4–30 所示木锤（不考虑切断工步并忽略其表面粗糙度）的加工程序。

加工本例工件时，为了避免精加工时加工余量较大，在精加工前先粗车去除大部分加工余量。粗车时，椭圆轮廓用适当半径的圆弧代替，粗加工、钻孔和切槽程序略。

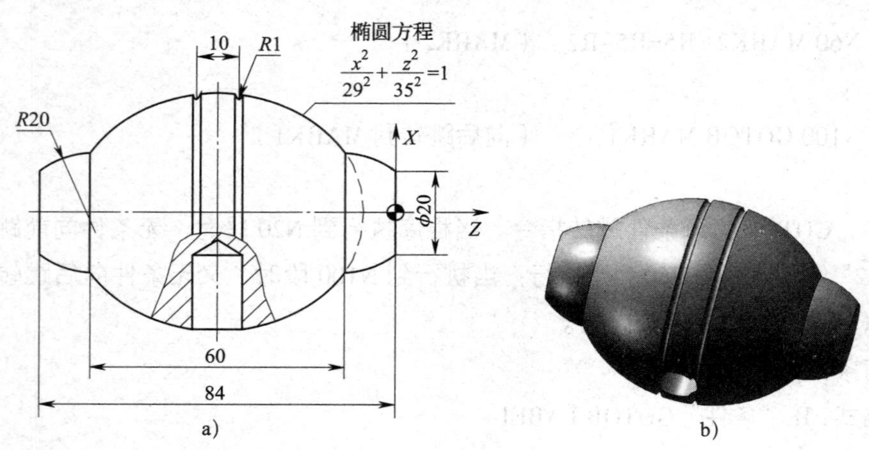

图 4–30 参数编程实例 1

a）零件图 b）三维立体图

在 802D 系统中，本例工件的粗加工和精加工均可采用参数编程完成，其椭圆以很短的直线进行拟合，在计算时，R 参数以 Z 值为自变量，每次变化 0.1 mm，X 值为因变量，通过参数运算计算出相应的 X 坐标值，即 X=29*SQRT（35^2–Z^2）/35。

编程中使用以下 R 参数进行运算：

R3：公式中的 Z 坐标（起点值为 30）。

R4：公式中的 X 坐标（起点半径值为 14.937）。

R5：工件坐标系中的 Z 坐标，R5=R3–42。

R6：工件坐标系中的 X 坐标，R6=R4*2。

精加工程序如下：

```
AA421.MPF；
N10 G90 G95 G40 G71；
N20 T1D1；                              （换 35° 菱形刀片机夹车刀）
N30 M03 S800 F0.2 M08；
N40 G00 X62.0 Z2.0；
N50 CYCLE95（"BB421"，2，0，0.5，，0.2，0.2，0.05，9，，，0.5）；
N60 G00 X100.0 Z100.0；
```

```
N70 M30;
BB421.SPF;                                        (轮廓子程序)
N10 G00 X20.0;
N20 G01 Z0;
N30 G03 X29.874 Z-12.0 CR=20.0;
N40 R3=30
N50 MA1: R4=29*SQRT(35*35-R3*R3)/35;           (跳转目标)
N60 R5=R3-42;
N70 R6=R4*2;
N80 G01 X=R6 Z=R5;
N90 R3=R3-0.1;                                    (条件运算及坐标计算)
N100 IF R3>=-30 GOTOB MA1;                        (有条件跳转)
N110 G03 X20.0 Z-84.0 CR=20.0;
N120 G01 Z-85.0;
N130 X62.0;
N140 RET;
```

例 4-15 试编写图 4-31 所示玩具小喇叭凸模的粗、精加工程序。

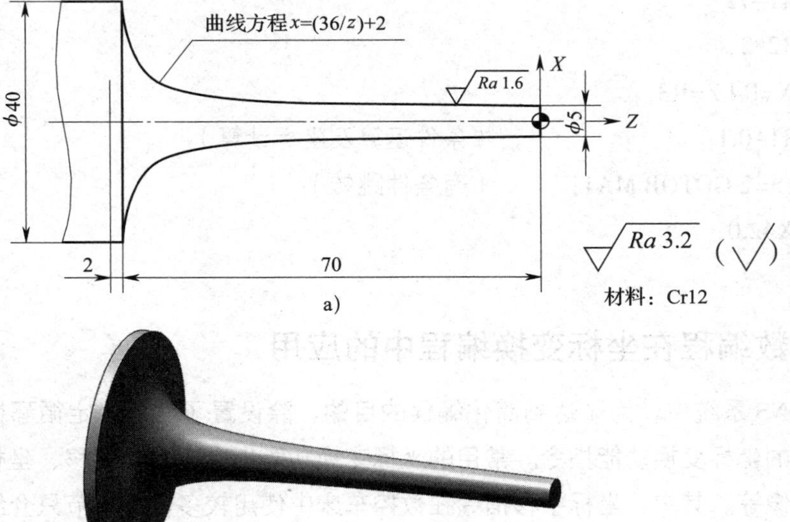

图 4-31 参数编程实例 2

a）零件图 b）三维立体图

本例工件的粗加工和精加工采用纵向、外部毛坯切削循环完成。精加工轮廓采用参数编程，以 Z 值为自变量，每次变化 0.3 mm，X 值为因变量，通过参数运算计算出相应的 X 值。

使用以下 R 参数进行运算：

R1：公式中的 Z 坐标（起点值为 72）。

R2：公式中的 X 坐标（起点半径值为 2.5）。

R3：工件坐标系中的 Z 坐标，R3=R1−72。

R4：工件坐标系中的 X 坐标，R4=R2*2。

精加工程序如下：

```
AA422.MPF；
N10 G90 G95 G40 G71；
N20 T1D1；                          （换 35° 菱形刀片机夹车刀）
N30 M03 S800 F0.2 M08；
N40 G00 X42.0 Z2.0；
N50 CYCLE95（"BB422"，1，0，0.5，，0.2，0.2，0.05，9，，，0.5）；
N60 G00 X100.0 Z100.0；
N70 M30；
BB422.SPF；                         （轮廓子程序）
N10 G00 X5.0；
N20 R1=72；
N30 MA1：R2=36/R1+2；               （跳转目标）
N40 R3=R1−72；
N50 R4=R2*2；
N60 G01 X=R4 Z=R3；
N70 R1=R1−0.1；                     （条件运算及坐标计算）
N80 IF R1>=2 GOTOB MA1；            （有条件跳转）
N90 G01 X42.0；
N100 RET；
```

二、参数编程在坐标变换编程中的应用

在 SIEMENS 系统中，为了达到简化编程的目的，除设置了常用固定循环指令外，还规定了一些特殊的坐标变换功能指令。常用的坐标变换功能指令有坐标平移、坐标旋转、坐标缩放、坐标镜像等。其中，坐标平移指令在数控车床中使用较多，故本节只介绍坐标平移指令的格式和用法。

1. 可编程坐标平移指令（TRANS）

可编程坐标平移指令又称可编程零点偏置。

（1）指令格式

```
TRANS X_ Z__ ；                     （802D 系统中的平移指令格式）
```

ATRANS X__ Z__；　　　　　　（802D 系统中的附加平移指令格式）

TRANS；

式中　X__ Z__——X、Z 坐标轴的偏置（平移）量，其中 X 为直径量；

TRANS 指令后如果没有轴移动参数，则该指令表示取消该坐标平移功能，保留原工件坐标系。

例如，TRANS X10.0 Z0；

TRANS；

（2）指令说明

坐标平移指令编程实例如图 4–32 所示。通过将工件坐标系偏移一个距离，从而给程序选择一个新的坐标系。

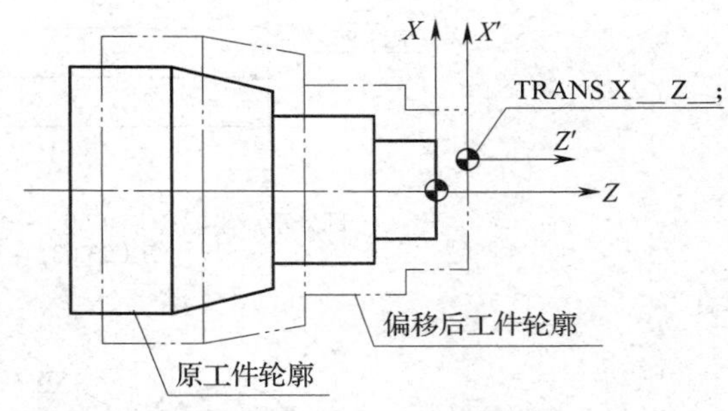

图 4–32　坐标平移指令编程实例

TRANS 指令坐标平移的参考基准是当前设定的有效工件坐标系原点，即使用 G54 ~ G57 设定的工件坐标系。

用 TRANS 指令可对所有坐标轴编程原点进行平移，如果在坐标平移指令后再次出现坐标平移指令，则后面的坐标平移指令取代前面的坐标平移指令。

如前所述，当坐标平移指令后面没有写入移动坐标字时，该指令将取消程序中所有的框架，仍保留原工件坐标系。

所谓框架（FRAME），是 SIEMENS 系统中用来描述坐标系平移或旋转等几何运算的术语。框架用于描述从当前工件坐标系开始到下一个目标坐标系间的直线坐标或角度坐标的变化。常用的坐标平移框架指令有 TRANS 和 ATRANS。

所有的框架指令在程序中必须单独占一行。

2. 坐标平移指令在编程中的运用

（1）在毛坯切削循环中，运用坐标平移功能后，可使 802D 系统的毛坯切削循环在 X 向和 Z 向分别保留不同的精加工余量。

（2）坐标平移指令与参数编程结合运用，还可以编写与 FANUC 系统轮廓粗加工循环指令（G73）相似的程序。

例 4–16　加工图 4–33 所示的铝质工艺品，工件外轮廓已粗车成形，轮廓单边最大加工余量为 5 mm，试按 802D 系统的规定编写其数控车加工程序。

由于本例工件已粗车成形，如果采用毛坯切削循环指令进行综合加工，则加工过程中的空行程较多，而工件单边 5 mm 的加工余量又无法直接进行精加工。为此，采用坐标平移指令编写其加工程序。工件外轮廓加工完成后切断，并用专用夹具装夹，加工其左侧内轮廓。

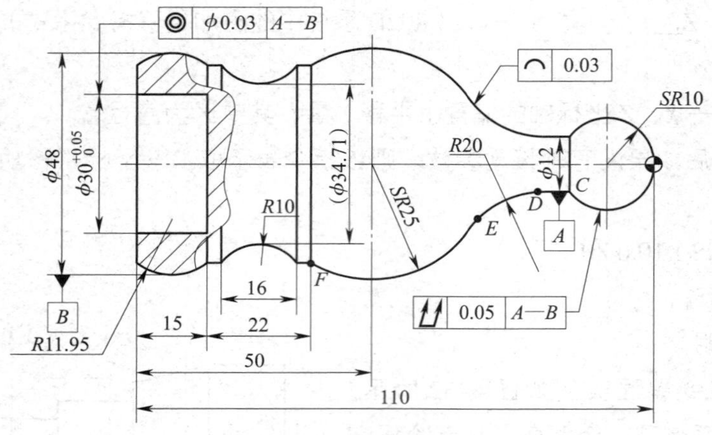

部分基点坐标：*C*（12.0，−18.0），*D*（12.0，−23.27），*E*（23.08，−37.09），*F*（42.7，−73.0）。

a）

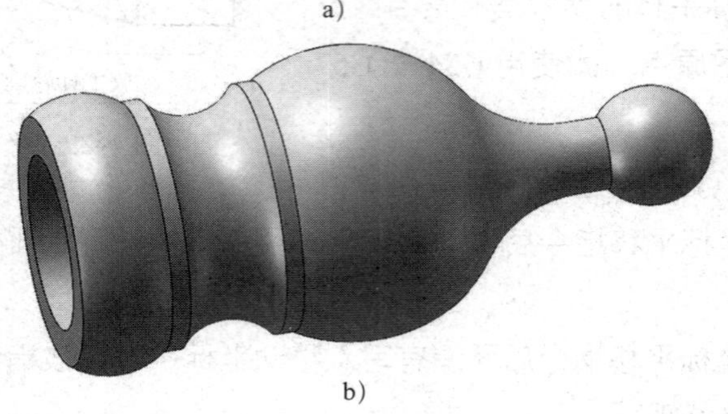

b）

图 4-33　坐标平移指令编程实例

a）零件图　b）三维立体图

```
AA423.MPF；                          （主程序）
N10 G90 G95 G40 G71 G54；
N20 T1D1；
N30 M03 S600 F0.3；
N40 G00 X65.0 Z2.0 M08；
N50 R1=8；
N60 MA1：TRANS X=R1 Z0；             （X 坐标平移）
BB423；
N70 TRANS；                          （取消坐标平移）
N80 R1=R1−2.5；                      （平移量每次减少 2.5 mm）
N90 IF R1>=0.5 GOTOB MA1；           （有条件跳转）
N100 M03 S1000 F0.1；                （选择精加工切削用量）
BB423；
N10 G74 X0 Z0；
```

```
N20 M30;
BB423.SPF;                          (轮廓加工子程序)
N10 G00 X0;
N20 G42 G01 Z0;
N30 G03 X12.0 Z-18.0 I0 K-10.0;
N40 G01 Z-23.27;
N50 G02 X23.08 Z-37.09 CR=20.0;
N60 G03 X42.7 Z-73.0 CR=25.0;
N70 G01 Z-76.0;
N80 G02 Z-92.0 CR=10.0;
N90 G01 Z-95.0;
N100 G03 Z-110.0 CR=11.95;
N110 G01 X52.0;
N120 G40 G01 Z2.0;                  (注意用指令返回循环起点)
N130 RET;
```

3. 可设定的零点偏置指令

在 SIEMENS 802D 系统中，可设定的零点偏置指令用 G54 ~ G59 表示。对于这些指令的含义和用法请参阅本书第一章。

三、参数编程在加工异形螺纹中的应用

参数编程和坐标平移指令相结合，还可以加工一些异形螺旋槽，常见的有圆弧表面或非圆曲线表面的螺旋槽和一些非标准牙型螺旋槽等。这些异形螺旋槽通常采用直线段拟合的方式来拟合其刀具轨迹或螺旋槽形状。

1. 圆弧表面或非圆曲线表面的螺旋槽

例 4–17　加工图 4–34 所示圆弧表面三角形螺旋槽，其螺距为 2 mm，槽深为 1.3 mm（直径量为 2.6 mm），试编写其数控车加工程序。

加工本例工件时，其加工难点有两处，一是拟合圆弧表面的螺旋槽，二是该螺旋槽的分层切削。

拟合圆弧表面的螺旋槽时采用 G33 指令，在拟合圆弧表面螺旋槽的过程中采用以下参数进行计算，其加工程序见子程序。

R1：公式中的 Z 坐标，起点值为 16。

R2：公式中的 X 坐标，R2=SQRT（900–R1*R1）–10，起点值为 15.377。

R3：工件坐标系中的 Z 坐标，R3=R1–15。

R4：工件坐标系中的 X 坐标，R4=R2*2。

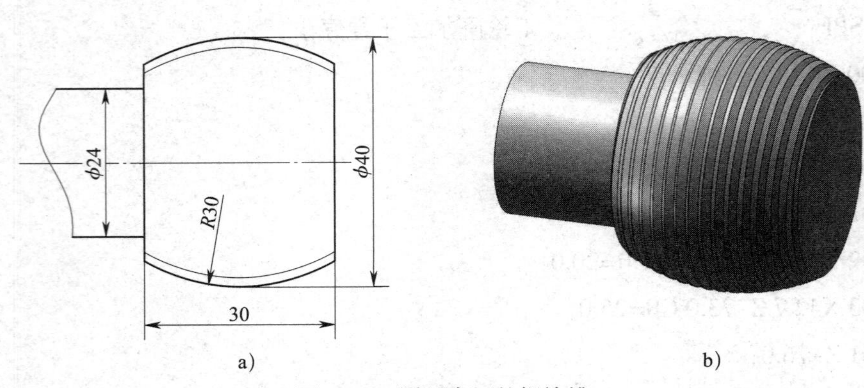

图 4-34　圆弧表面的螺旋槽
a）零件图　b）三维立体图

对螺旋槽进行分层切削时，采用坐标平移指令进行编程，编程时以 R5 作为坐标平移参数，其加工程序见主程序。

```
AA424.MPF；
N10 G90 G95 G40 G71；
N20 T1D1；                              （换三角形螺纹车刀）
N30 M03 S600 M08；
N40 G00 X44.0 Z2.0；
N50 R5=-0.2；
N60 MA1：TRANS X=R5 Z0；                （X 方向坐标平移）
BB424；
N70 TRANS；                             （取消坐标平移）
N80 R5=R5-0.2；                         （平移量每次减少 0.2 mm）
N90 IF R5>=-2.6 GOTOB MA1；             （直径方向的总切入深度为 2.6 mm）
N100 G00 X100.0 Z100.0；
N110 M30；
BB424.SPF；                             （轮廓子程序）
N10 G01 X30.75 Z1.0；
N20 R1=14.0；
N30 MA2：R2=SQRT（900-R1*R1）-10；      （跳转目标）
N40 R3=R1-15；
N50 R4=R2*2；
N60 G33 X=R4 Z=R3 K2.0；
N70 R1=R1-2；                           （条件运算及坐标计算）
N80 IF R1>=-16 GOTOB MA2；              （有条件跳转）
```

```
N90 G00 X44.0;
N100 Z2.0;
N110 RET;
```

2. 非标准牙型螺旋槽

例 4–18 加工图 4–35 所示螺旋槽，其螺距为 4 mm，试编写其数控车加工程序。

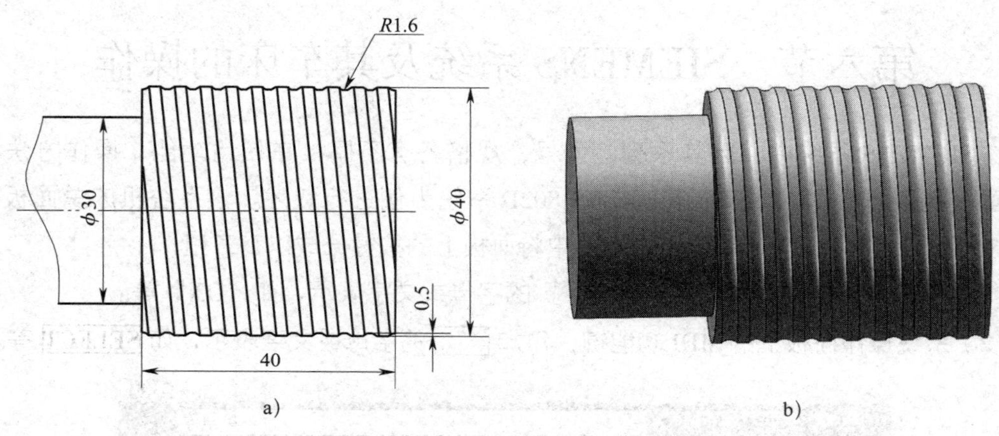

图 4–35 非标准牙型螺旋槽
a）零件图 b）三维立体图

加工本例工件时，由于其牙型为非标准牙型，因此其加工难点为拟合非标准牙型槽，其余的均可采用 G33 指令进行编程。在拟合牙型槽的过程中采用以下参数进行计算。

R1：公式中的 Z 坐标，起点值为 1.16。

R2：公式中的 X 坐标，R2=SQRT（1.6*1.6–R1*R1），起点值为 1.1。

R3：工件坐标系中的 Z 坐标，R3=R1+4。

R4：工件坐标系中的 X 坐标，R4=42.2–R2*2。

```
AA425.MPF;
N10 G90 G95 G40 G71;
N20 T1D1;                              （换螺纹车刀）
N30 M03 S600 M08;
N40 G00 X42.0 Z4.0;
N50 R1=1.16;
N60 MA1：R2=SQRT（2.56–R1*R1）;        （跳转目标）
N70 R3=R1+4;                           （牙型槽的 Z 坐标）
N80 R4=42.2–R2*2;                      （牙型槽的 X 坐标）
N90 G01 X=R4 Z=R3;                     （拟合牙型槽）
N100 G33 X=R4 Z=–44 K4.0;              （加工螺旋槽）
```

```
N110 G00 X42.0;
N120 Z4.0;
N130 R1=R1-0.1;                    （条件运算及坐标计算）
N140 IF R1>=-1.16 GOTOB MA1;       （有条件跳转）
N150 G00 X100.0 Z100.0;
N160 M30;
```

第六节　SIEMENS 系统及其车床的操作

在 SIEMENS 系统中，因其系列、型号、规格各有不同，在使用功能、操作方法和面板设置上也不尽相同。本节以 SIEMENS 802D 系统为例进行叙述。该系统机床总面板图如图 4–36 所示。为了便于读者使用，本书中将面板上的按键分成以下三组：

（1）机床控制面板上的按键：用加“”的字母或文字表示，如“ON”等。

（2）系统操作面板上的 MDI 功能键：用加 ▭ 的字母或文字表示，如 SELECT 等。

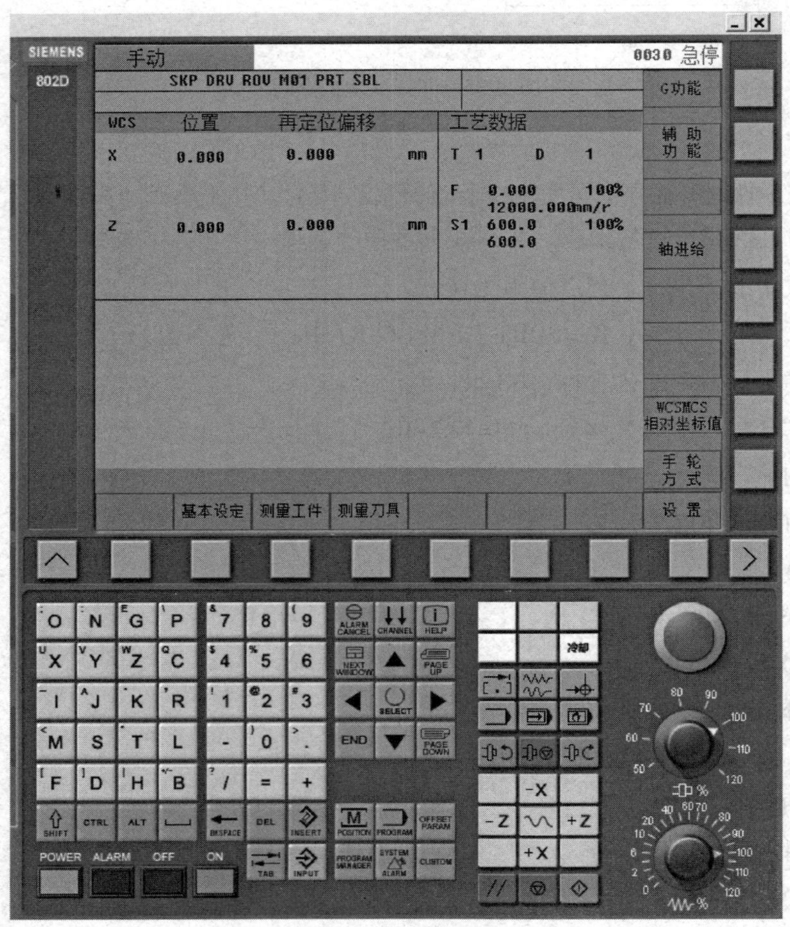

图 4–36　SIEMENS 802D 数控车床总面板图

（3）显示屏相对应的软键：用加［ ］的文字表示，如［程序］等。

一、数控系统控制面板按钮和按键功能介绍

1. 机床控制面板按钮和按键功能介绍

SIEMENS 802D 数控系统控制面板按钮和按键功能见表 4–10。

表 4–10 SIEMENS 802D 数控系统控制面板按钮和按键功能

名称	功能键图	功能
机床总电源开关	OFF ON	机床总电源开关一般位于机床的背面，置于“ON”时为主电源开
系统电源开关	ON OFF	按下按钮“ON”，向机床润滑、冷却等机械部分和数控系统供电
紧急停止		当出现紧急情况而按下“急停”按钮时，在显示屏上出现“EMG”字样，机床报警指示灯亮
模式选择按键		：点动进给操作，反复按该按键，使机床在“手动”与“点动”之间切换 ：在该模式下可进行手动切削进给、手动快速进给、程序编辑、对刀等操作 ：在该模式下可进行回参考点操作 ：在该模式下自动运行加工 ：自动运行模式下的单段运行 ：在该模式下可进行手动数据（如参数等）输入的操作 注：以上模式按键除“单段”按键 与“自动”按键 可复选外，其余按键均为单选按键，只能选择其中的一个
主轴功能按键		：主轴正转按键 ：主轴停止按键 ：主轴反转按键 注：以上按键仅在“JOG”或“REF”模式下有效
“JOG”进给及其进给方向按键	–X –Z +Z +X	在“JOG”模式下，按下指定轴的方向键不松开，即可指定刀具沿指定的方向进行手动连续慢速进给。进给速率可通过进给速度倍率旋钮进行调节 按下中间位置的快速移动按键 ，再按下指定轴的方向键不松开，即可实现该方向上的快速进给

续表

名称	功能键图	功能
自动运行控制键	// ⊚ ◇	//：用于系统复位，使系统返回初始状态 ◇："循环启动"按键 ⊚："循环暂停"按键，又称"进给保持"按键
其他	厂家自定义	除以上列出的功能键外，有些机床还具有"手动转刀"键、"切削液开关"键、"换挡确认"键等功能键

2. 数控系统 MDI 功能键

数控系统 MDI 功能键位于机床面板显示器的下方，其功能见表 4–11。

表 4–11　　MDI 按键功能

名称	功能键图	功能
数字键	0 = G	用于输入数字 1 ~ 9 和运算符"+""–""*""/"等字符
运算键		
字母键		用于输入 A、B、C、X、Y、Z、I、J、K 等字母
退格键	BKSPACE DEL INSERT TAB INPUT	按下 BKSPACE 键，删除光标前的一个字符
删除键		按下 DEL 键，删除光标当前位置的一个字符
插入键		INSERT 键用于在程序编辑过程中插入程序字
制表键		按下 TAB 键，在当前光标位置前插入五个空格
确认键		INPUT 键用于确认输入内容；编程时按下该键，光标另起一行
上挡键	SHIFT CTRL ALT ␣	SHIFT 用于输入按键的上挡内容
替代键		ALT 用于程序编辑过程中程序字的替代
控制键		CTRL 为控制键
空格键		按下 ␣ 键，在光标处插入一个空格
下个窗口	NEXT WINDOW ▲ PAGE UP ◀ SELECT ▶ END ▼ PAGE DOWN	NEXT WINDOW 键未使用
结束		按下 END 键，使光标移到该程序段的结尾处
选择键		SELECT 键用于机床模式的选择与转换
翻页键		PAGE UP 键用于向程序开始的方向翻页
		PAGE DOWN 键用于向程序结束的方向翻页
光标移动		光标移动键共四个，使光标上下或前后移动

续表

名称	功能键图	功能
位置显示		按下 POSITION 键，显示当前加工位置的机床坐标值或工件坐标值
程序		按下 PROGRAM 键，将显示正在执行或编辑的程序内容
参数设置		OFFSET PARAM 键用于设置刀具、刀具偏置、R 等参数
程序管理		按下 PROGRAM MANAGER 键，将显示存储器中的所有程序号列表
报警		SYSTEM ALARM 键用于显示各种系统报警信息
自定义键		CUSTOM 键用于厂家自定义
报警取消		ALARM CANCEL 键用于消除数控系统（包括机床）的一些报警信号
通道转换		CHANNEL 为通道转换键
帮助		HELP 为帮助功能键，用于为操作人员提供报警信息与帮助

3. 屏幕划分与屏幕软键

SIEMENS 802D 数控车床屏幕划分与屏幕软键如图 4-37 所示，分为状态区、应用区、说明和软键区三部分。SIEMENS 802D 系统的屏幕软键较复杂，本书将在介绍操作过程中介绍其软键功能。

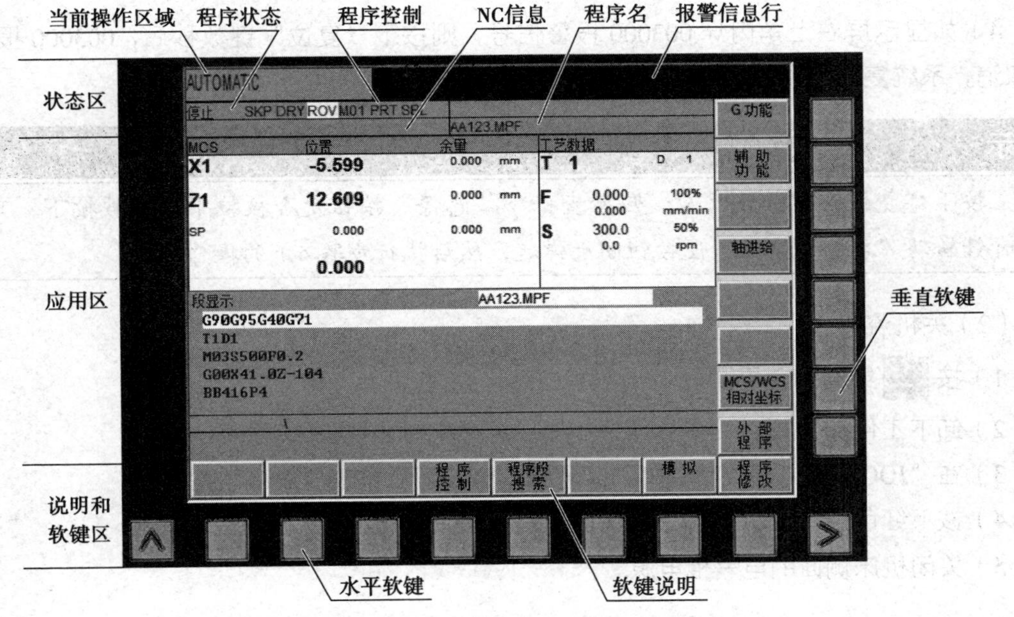

图 4-37　SIEMENS 802D 数控车床屏幕划分与屏幕软键

二、机床操作

1. 开机和关机操作

（1）开机流程

1）检查机床和数控系统各部分初始状态是否正常。

2）将机床侧面电气柜上的电源开关向上扳到“ON”位置，接通机床电源。

3）按下机床面板上的绿色按钮“ON”，数控系统开始启动，系统引导内容完成后，显示图 4–38 所示的开机界面。

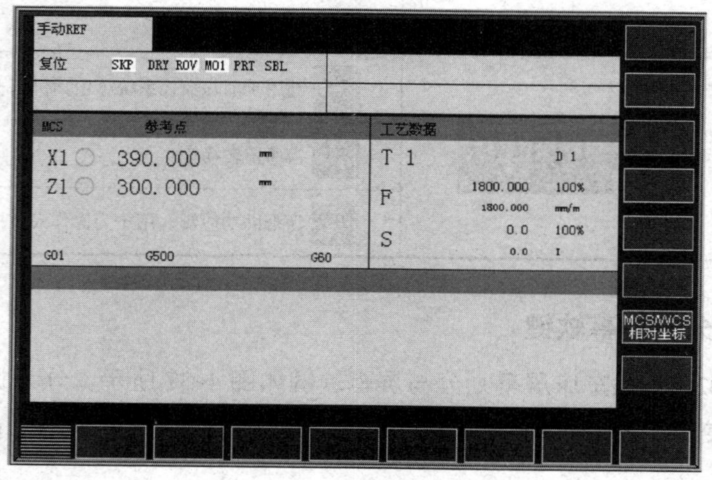

图 4–38 机床开机界面

4）如显示屏右上角闪烁 003000 报警信号，则按下“复位”键数秒后，003000 报警信号取消，系统复位。

提示

按下“复位”键如无反应，应检查一下“急停”按钮是否被按下，如被按下，只需顺时针转动“急停”按钮，使按钮向上弹起，然后执行步骤 4）的操作即可。

（2）关机流程

1）按 [M POSITION] 键回到主界面。

2）卸下工件和刀具。

3）在“JOG”运行模式下，将刀架移到安全位置后按下“急停”按钮。

4）按下红色按钮“OFF”，关闭机床面板上的系统电源。

5）关闭机床侧面的电气柜电源。

2. 返回参考点（简称“回零”）

（1）回参考点操作步骤

1）先将进给速度修调倍率旋钮上的箭头指向 100%。

2）按下“回参考点”键，进入“回参考点”界面（见图 4–39）。在该界面中，界面上“◯”表示坐标轴未回到参考点，“◕”则表示坐标轴已经返回参考点。

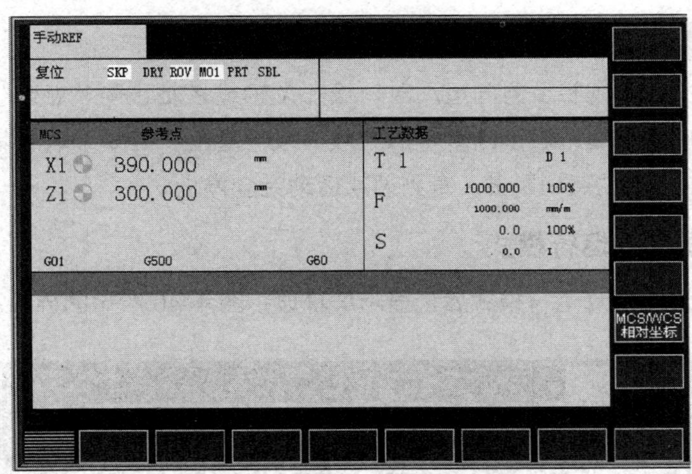

图 4–39 机床返回参考点后显示界面

3）一直按住“+X”键，使刀架向 *X* 轴正向移动，当机床减速开关被压下后，刀架减速并向相反方向运动直至停止。这时，显示屏上的 *X* 轴图标由“◯”变成“◕”，表示 *X* 轴已经回到参考点。

4）按照同样的方法，使 *Z* 轴返回参考点。

5）选择“JOG”（即手动）运行模式，结束回参考点状态，并按住“–X”“–Z”键使刀架回移一段距离，以离开机床的极限位置。

X 轴和 *Z* 轴回参考点后，显示屏显示图 4–39 所示的界面。

有些机床，如要使主轴回参考点，则采用人工方式或手动运行模式转动卡盘，使主轴回参考点（如机床无角度测量功能，主轴可不回参考点）。

（2）回参考点注意事项

1）开机后，应先进行机床回参考点操作，机床坐标系的建立必须通过该操作来完成。

2）即使机床已经完成回参考点操作，如出现以下情况，必须重新进行机床回参考点操作：

①机床断电后重新接通电源。

②机床解除急停状态后。

③机床超程报警解除后。

3）在回参考点操作前，刀架通常应位于减速开关和负限位开关之间，以使机床在返回参考点过程中找到减速开关。

4）在 X 轴和 Z 轴回参考点过程中，如果选择了错误的回参考点方向，则刀架不会移动。

5）在 X 轴和 Z 轴回参考点过程中，注意不要发生任何碰撞。

6）在回参考点过程中，若松开了 X 轴或 Z 轴正向“点动”键，则机床会停止动作。这时，若改变运行模式（JOG、MDI 或 AUTO），系统将显示 016907 报警。按“复位”键或“报警取消”键 ，即可消除其报警信号。

7）当刀架已减速并向相反方向运动时，松开 X 轴或 Z 轴正向“点动”键，则机床停止运动，并显示 020005 报警，表示回参考点失败。按“复位”键即可消除其报警信号。然后再按住 X 轴或 Z 轴正向“点动”键，直到刀架运动完全停止。

3. JOG（手动）运行模式

按“JOG”键进入手动运行模式后，显示屏幕显示图 4–40 所示的界面。

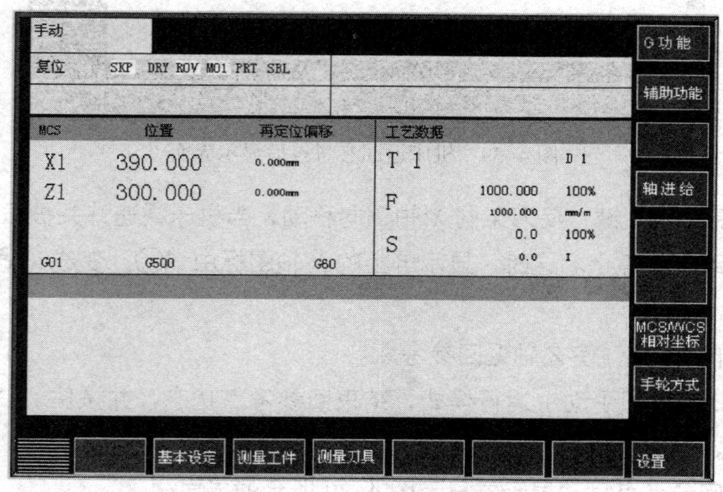

图 4–40 手动运行模式显示界面

在这种方式下主要可以进行以下几种操作：

（1）慢速工进

按下任一“点动”键可以使刀架沿相应的轴移动，刀架移动速度可以通过进给速度修调倍率旋钮随时调节。

（2）快速进给

按住某轴“点动”键不松开，同时按“快速运行”键，可以使刀架沿该轴快速移动。

（3）点动进给

按“点动选择”（VAR）键，进入点动模式并选择点动步长（1INC、10INC、100INC、1000INC）后，每按一次“点动”键，刀架向相应轴方向移动一个步进增量，这种方式对精确调节坐标位置有较大帮助。按“JOG”键结束点动模式，返回手动运行模式。

（4）手轮进给

在 JOG 界面中按下垂直软键［手轮方式］，进入图 4–41 所示手轮操作界面，使用“光标 / 翻页”键定位到所选轴号，然后按［X］或［Z］软键，则在相应位置出现符号“√”。这时，摇动手轮即可使刀具沿相应轴进给。

图 4–41　手轮操作界面

按垂直软键［返回］即可取消手轮进给，回到点动状态。

4. MDI（手动数据输入）运行模式

在 MDI 运行模式下，可以输入程序段并执行其内容。

先按“MDI”键进入手动数据输入运行模式，然后按“加工显示”键进入图 4–42 所示界面。

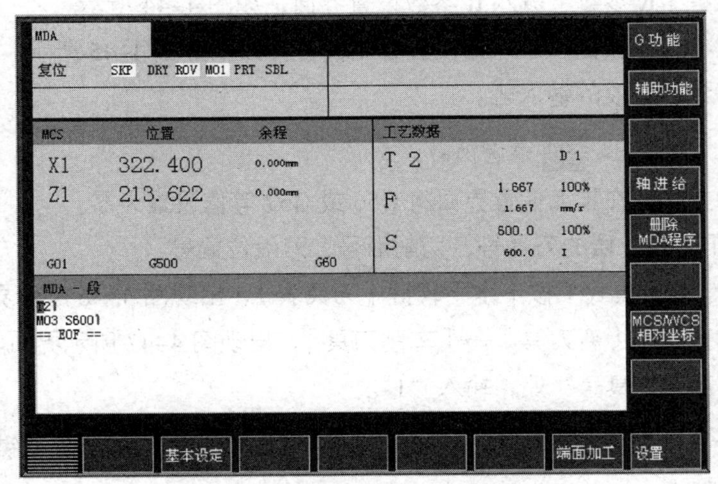

图 4–42　MDI 显示界面

在 MDI 界面的命令行中，如输入“T2; M03 S600; ”并按“循环启动”按键，刀架将自动转到 2 号刀位，系统同时自动调用相应的刀具参数，显示屏上的刀具显示也改成了“T2D1”和“S600”。该程序段执行完毕，命令行中的内容仍然保留，并可重复执行，直至输入新的内容替换它。

提示

在 MDI 运行模式下，不能加工由多个程序段描述的轮廓（如固定循环、倒圆、倒角等）。

5. 对刀操作与零点偏置的设定

对刀操作如图 4–43 所示，该机床的机床原点设在卡盘中心，当使用刀具长度补偿（即刀具偏移）指令设定工件坐标系时，首先应将工件坐标系原点偏置设定为 0（工件原点偏置的设定方法和过程见下述内容），然后再进行对刀操作。

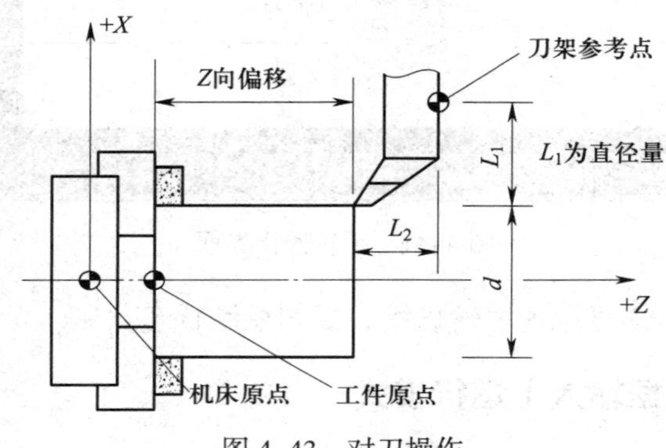

图 4–43　对刀操作

（1）机床原点偏置（即零点偏移）的设定

1）在“JOG”运行模式下按下 OFFSET PARAM 键，返回主菜单。

2）按水平软键［R 参数］进入 R 参数设置界面，如图 4–44 所示。

3）按［零点偏移］软键，进入可设置零点偏移界面，如图 4–45 所示。

4）把光标移到待修改的输入区。

5）输入数值“0”，按 INPUT 键确认。

6）用同样的方法，在零点偏置界面将 G56 或 G57 等值设置为零。

（2）建立用于刀具补偿的刀具号、切削沿号、刀沿位置号

1）在“JOG”运行模式下按下水平软键［刀具表］，出现图 4–46 所示界面。

2）依次按垂直软键［新刀具］→［车削刀具］，出现图 4–47 所示界面。

3）将光标移至“刀具号”处，输入“1”。

4）将光标移至“刀沿位置”处，用 SELECT 键选择 3 号刀沿，按垂直软键［确认］。建立刀具号为 1、切削沿为 1、刀沿位置号为 3 的数控车刀具。

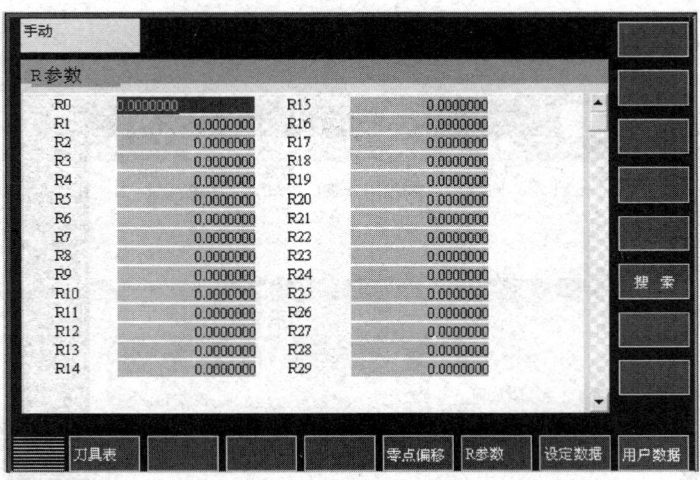

图 4–44　R 参数设置界面

手动

可设置零点偏移

WCS X 322.400 mm　MCS X1 322.400 mm

Z 213.622 mm　Z1 213.622 mm

SP 0.000 。　SP 0.000 。

	X mm	Z mm	SP 。
基本	0.000	0.000	0.000
G54	0.000	0.000	0.000
G55	0.000	0.000	0.000
G56	0.000	0.000	0.000
G57	0.000	0.000	0.000
G58	0.000	0.000	0.000
G59	0.000	0.000	0.000
程序	0.000	0.000	0.000
缩放	1.000	1.000	1.000
镜像	0	0	0
全部	0.000	0.000	0.000

测量工件

刀具表　零点偏移　R参数　设定数据　用户数据

图 4–45　可设置零点偏移界面

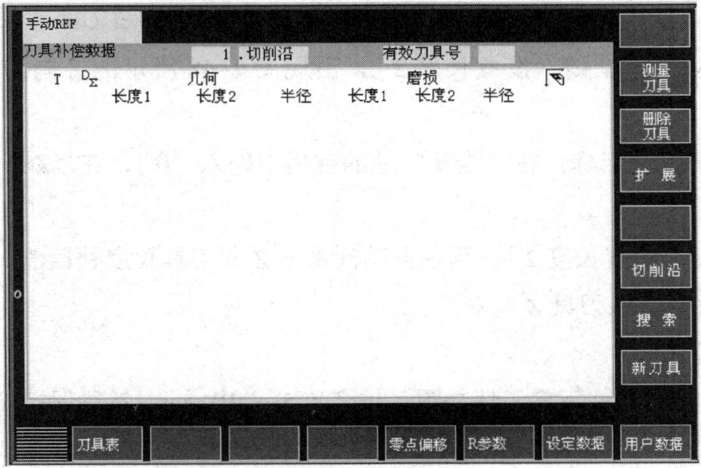

图 4–46　刀具表界面

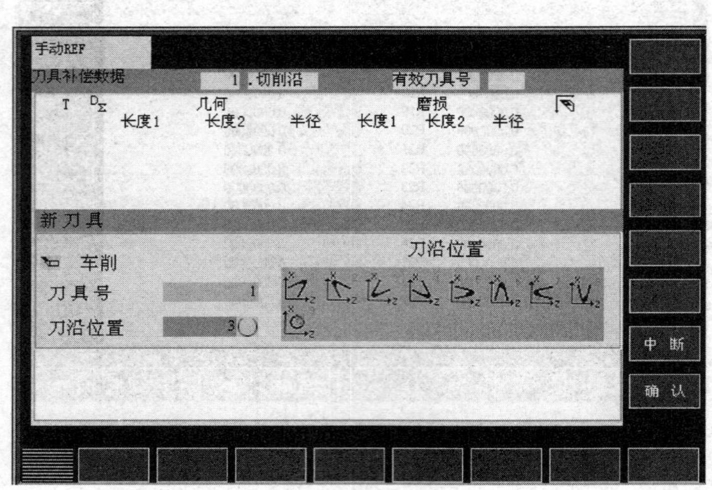

图 4–47　新刀具设定界面

5）依次建立其他三把刀的刀具号、切削沿号和刀沿位置号。

假设刀架上装有 4 把刀，分别是 1 号外圆车刀、2 号螺纹车刀、3 号切断刀和 4 号内孔车刀。

（3）在“MDI”运行模式下开主轴及换 1 号刀

在“MDI”运行模式下，输入“T01；M03 S500；”，接着按“循环启动”按键，1 号刀转为当前刀具，主轴正转。

（4）第一把刀的对刀操作

1）*Z* 方向对刀

①在“JOG”运行模式下车工件端面，车完端面后保持 *Z* 轴不动，刀架沿 +*X* 方向退出。

②按 OFFSET PARAM 键，按下垂直软键［刀具表］，按水平软键［测量刀具］后按垂直软键［手动测量］，接着按垂直软键［设置长度 2］，出现图 4–48 所示的 *Z* 向刀具长度补偿设置界面。

③向上或向下移动光标，在“距离”后的空格中输入“0”，在“Z0”后的空格中输入“0”。

④按垂直软键［设置长度 2］，系统自动计算出 *Z* 向刀具长度补偿值，并存入相应的刀补寄存器中，从而完成该刀具 *Z* 向对刀。

2）*X* 方向对刀

①在“JOG”运行模式下车工件外圆，长度为 5 ~ 10 mm，然后保持 *X* 轴不动，刀架沿 +*Z* 方向退出。

②主轴停止，测量刚车出的外圆表面的直径。

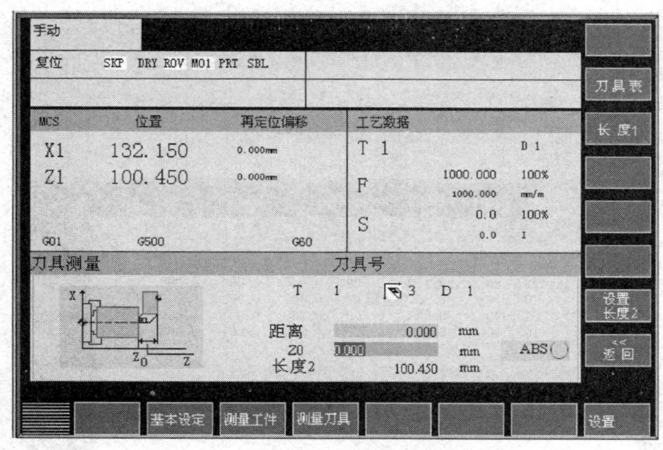

图 4–48　*Z* 向刀具长度补偿设置界面

③按 OFFSET PARAM 键，按下垂直软键［刀具表］，按水平软键［测量刀具］后按垂直软键［手动测量］，接着按垂直软键［设置长度 1］，出现图 4–49 所示的 *X* 向刀具长度补偿设置界面。

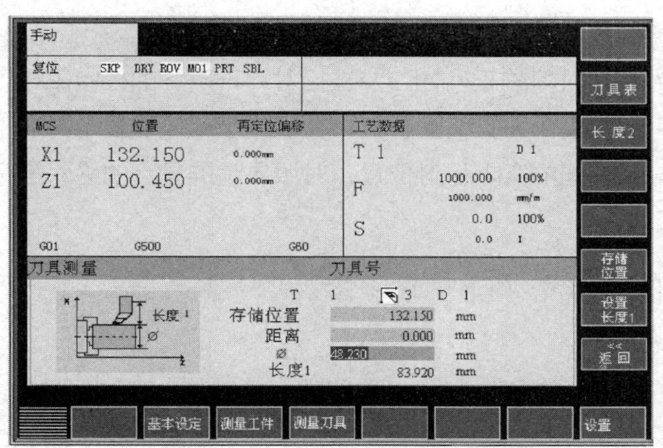

图 4–49　*X* 向刀具长度补偿设置界面

④向上或向下移动光标，在“距离”后的空格中输入“0”，在“ϕ”后的空格中输入刚才测量出的直径值。

⑤按垂直软键［存储位置］，再按垂直软键［设置长度 1］，系统自动计算出 *X* 向刀具长度补偿值，并存入相应的刀补寄存器中，从而完成该刀具 *X* 向对刀。

（5）其余刀具的对刀操作

其余刀具的 *X* 向对刀方法与第一把刀基本相同，不同之处在于 *Z* 向对刀第一步不再切削工件端面，而是将刀尖逐渐接近并接触端面后，即进行余下步骤的操作。

（6）设置刀尖圆弧半径补偿值

1）在图 4–49 所示界面按垂直软键［刀具表］，出现图 4–50 所示刀具补偿数据设定界面（四把刀均已完成对刀操作）。

2）左右或上下移动光标，将光标移到对应在“几何”下的刀具半径处，输入相应的刀具半径，按 INPUT 键确认。

3）同样，在该界面下也可进行刀沿位置号的修改。

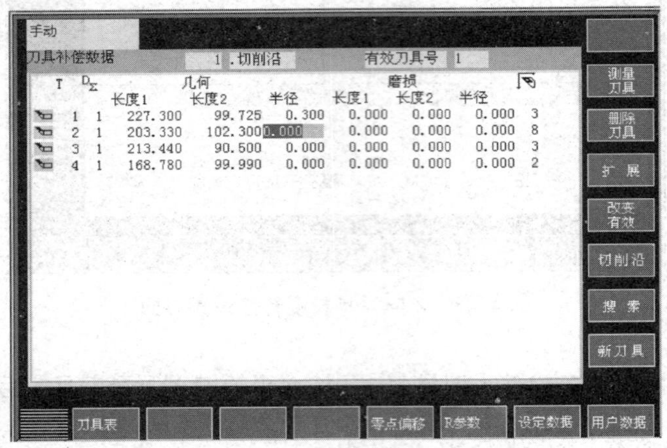

图 4–50　刀具补偿数据设定界面

（7）对刀正确性的校验

对刀结束后，为保证对刀的正确性，要进行对刀正确性的校验工作，具体步骤如下：在 MDI 运行模式下选刀，并调用刀具偏置补偿，在机床坐标位置显示界面下，手动移动刀具靠近工件，观察刀具与工件间的实际相对位置，对照显示屏显示的绝对坐标值，判断刀具偏置参数设定是否正确。

6. 有关程序的操作

（1）建立新程序

1）按 PROGRAM MANAGER 键，进入图 4–51 所示的程序管理界面。

图 4–51　程序管理界面

2）按垂直软键［新程序］，显示屏中出现建立新程序对话界面，在该界面中输入新程序名，如“LWM01”。

3）按［确认］键，生成新程序名为“LWM01”的主程序文件，自动转入程序编辑界面，即可进行程序的编辑操作。

（2）打开或删除原程序

1）按 键，返回图 4–51 所示的程序管理界面。

2）移动光标，移到要打开或删除的程序名上。

3）按垂直软键［打开］或［删除］，即可完成该程序的打开或删除操作。

（3）程序的输入与编辑

程序的输入与编辑界面如图 4–52 所示，程序的输入与编辑操作过程如下：

1）程序的输入

例如，G90 G54 G94　按 键

T1D1　按 键

G00 X100 Z100　按 键

⋮

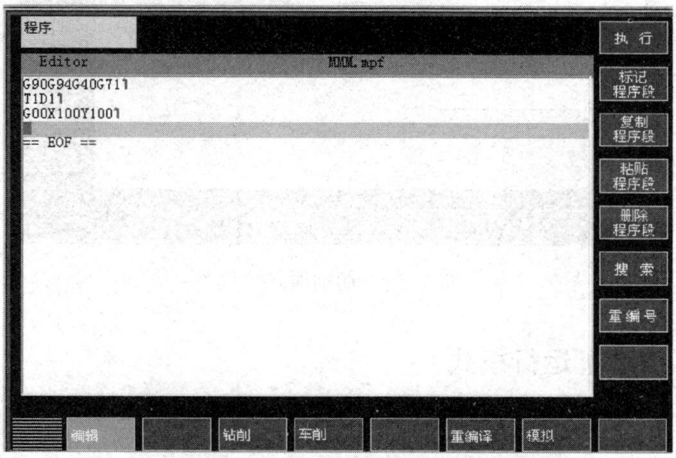

图 4–52　程序的输入与编辑界面

2）程序的编辑。如果发现程序中有个别字符错误，只需把光标定位到该字符的右侧，然后用 键删除错误的字符，再重新输入正确的字符即可。

在［编辑］的垂直软键子菜单中，可以使用程序段的［标记］、［复制］、［粘贴］和［删除］功能。

在［搜索］子菜单中，可以对指定的文本或行号进行搜索定位。

3）程序编辑中的注意事项

①零件程序未处于执行状态时，方可进行编辑。

②如果要对原有程序进行编辑，可以在“程序”界面用光标选择待编辑的程序，然后选

择［打开］，即可进行编辑。

③零件程序中进行的任何修改均立即被存储。

（4）固定循环的编辑

加工循环可以在程序编辑界面手动输入，但通过屏幕格式输入更直观、方便，也更容易保证其准确性。

1）在图 4–52 所示的程序编辑界面按水平软键［车削］，在垂直软键处会出现［切削］、［螺纹］、［凹槽］和［退刀槽］四个选择软键。此处以切削循环为例说明固定循环的编辑方法。

2）按垂直软键［切削］，出现图 4–53 所示的切削循环界面。

3）在对应的参数表格中输入相应的数值后按［确认］键，返回程序编辑界面，完成固定循环的输入与编辑。

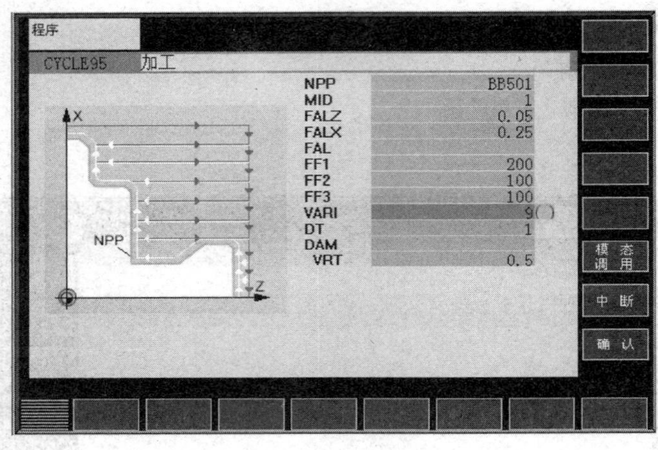

图 4–53　切削循环界面

7. AUTO（自动）运行模式

（1）自动运行前的检查

使用自动运行功能前一定要先做好以下各项检查工作：

1）机床刀架必须回参考点。

2）待加工工件的加工程序已经输入，并经调试后确认无误。

3）加工前的其他准备工作均已就绪，如参数设置、对刀及刀补等。

4）必要的安全锁定装置已经启动。

（2）自动加工的操作过程

1）打开需要自动运行的程序，按垂直软键［执行］。

2）按“AUTO”键进入自动运行模式，此时显示屏出现图 4–54 所示的自动运行加工界面。

3）按“循环启动”按键，进入自动加工。

在加工过程中，可以通过该界面观察到当前刀尖的坐标位置（机床 / 工件）以及剩余行程（余程）、当前进给速度、主轴转速和当前刀具，还可以观察正在执行和待执行的程序段。

（3）自动加工过程中的程序控制

1）在图 4–54 所示界面下，按水平软键［程序控制］，进入图 4–55 所示程序控制界面。

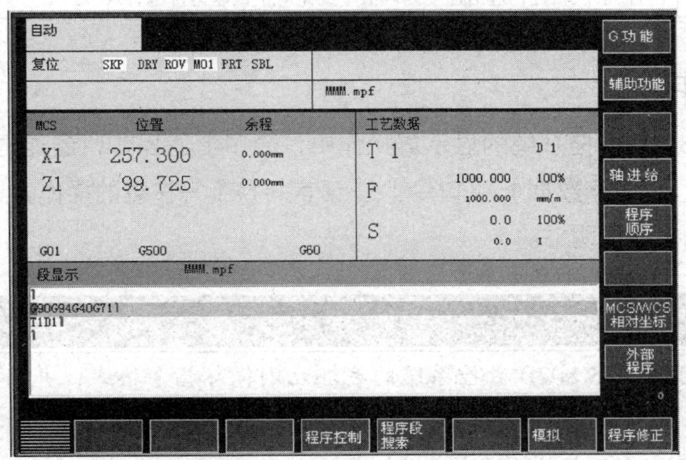

图 4–54　自动运行加工界面

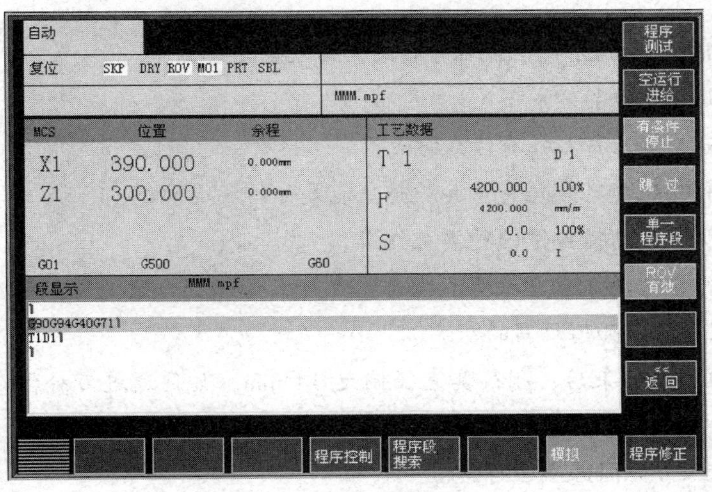

图 4–55　程序控制界面

2）按下该界面下的各垂直软键，即可实现不同的程序控制。

自动运行状态下各程序控制的含义见表 4–12。

表 4–12　自动运行状态下各程序控制的含义

垂直软键	功能
程序测试	程序运行，但刀具不运动，测试程序格式的正确性
空运行进给	刀具以空运行速度执行该程序，检测刀具轨迹的正确性
有条件停止	执行程序时，M01 指令与 M00 指令功能相同

续表

垂直软键	功能
跳过	执行程序时，跳过程序段前加符号“/”的程序段
单一程序段	单段运行模式，每个程序段逐段解码，每段结束时有一暂停
ROV 有效	按下该软键，进给速度修调倍率旋钮对于快速运行也有效

8. 其他操作

在 SIEMENS 802D 数控系统的显示屏操作中，除了上述操作，还能进行［报警］、［维修信息］、［调试］、［机床数据］、［口令］、［语言转换］等按键的操作，具体的操作过程请参阅与机床配套的操作说明书。

思考与练习

1. 试写出 SIEMENS 802D 数控系统的毛坯切削循环指令格式，并用图示方式说明其动作。

2. 在 SIEMENS 802D 数控系统中，如何区别毛坯切削循环中的纵向加工和横向加工？

3. 试写出 SIEMENS 802D 数控系统的螺纹切削循环指令格式，并用图示方式说明其动作。

4. 在 SIEMENS 数控系统中，程序名的命名规则是什么？

5. 如何调用子程序？

6. R 参数分为哪几种？各有什么特点？

7. 常用的程序跳转有哪几种？其跳转功能是如何实现的？

8. 简要说明模式选择按键的种类及作用。

9. 怎样进行机床的手动回参考点操作？在什么情况下刀架必须回参考点？加工程序中的回参考点程序段是如何编写的？

10. 工件粗加工结束后，测得其直径偏大 0.1 mm，如何通过刀补值在精加工时修正该偏差？

11. 如何输入刀尖圆弧半径补偿值？

12. 在数控机床的编程与操作过程中，为什么要进行空运行操作？如何进行加工程序的空运行？

13. 编写图 4–56 所示工件的 SIEMENS 系统数控车加工程序。

14. 采用 R 参数与条件跳转指令编写图 4–57 所示工件中的切槽加工程序（ϕ36 mm 的外圆已经车好，其他未注条件自定）。

15. 采用子程序和 TRANS 指令编写图 4–58 所示工件的加工程序（毛坯为 ϕ45 mm 的棒料，已完成粗加工，最大半径加工余量为 6 mm）。

16. 编写图 4–59 所示工件的加工程序。

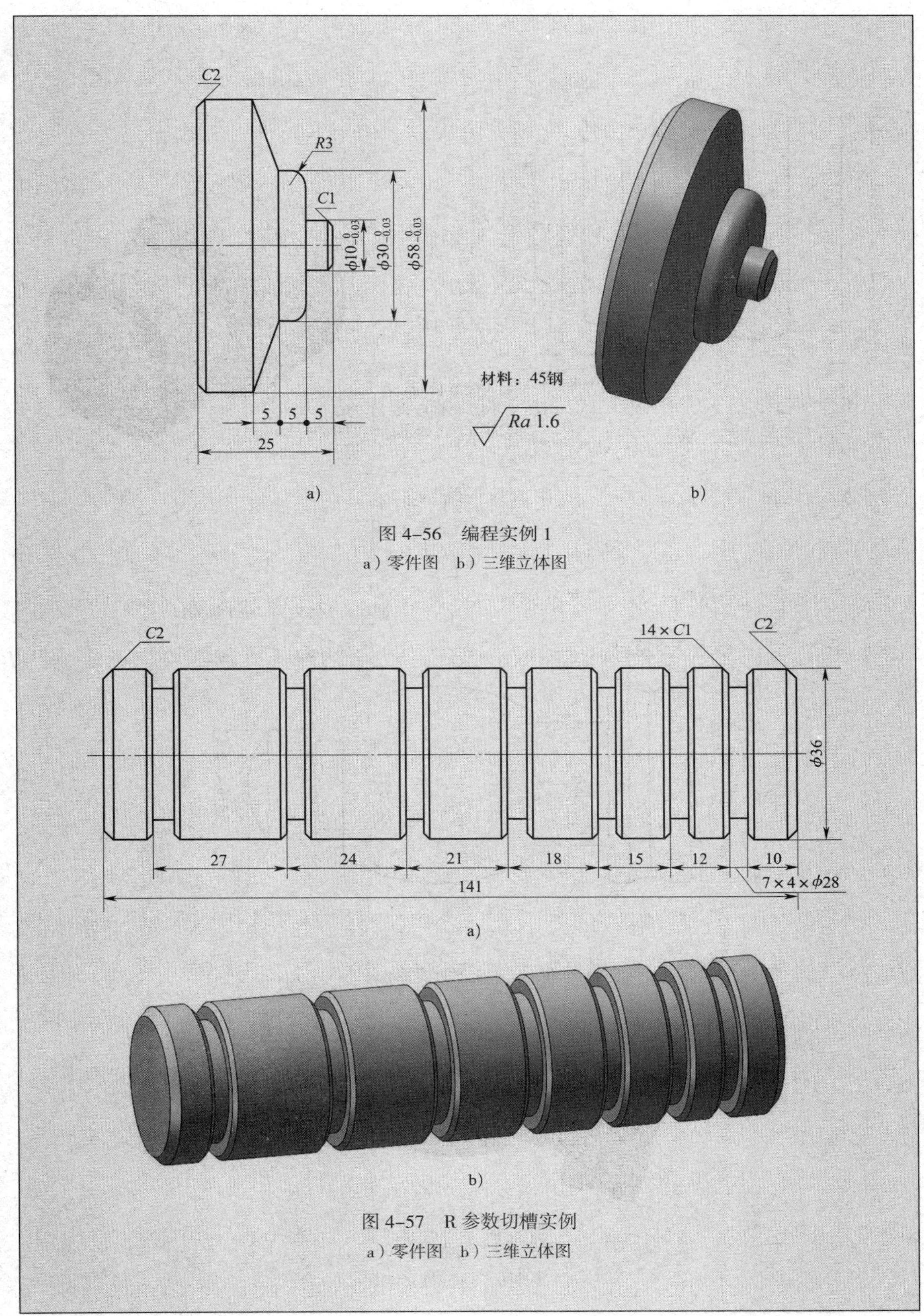

图 4-56 编程实例 1

a）零件图 b）三维立体图

图 4-57 R 参数切槽实例

a）零件图 b）三维立体图

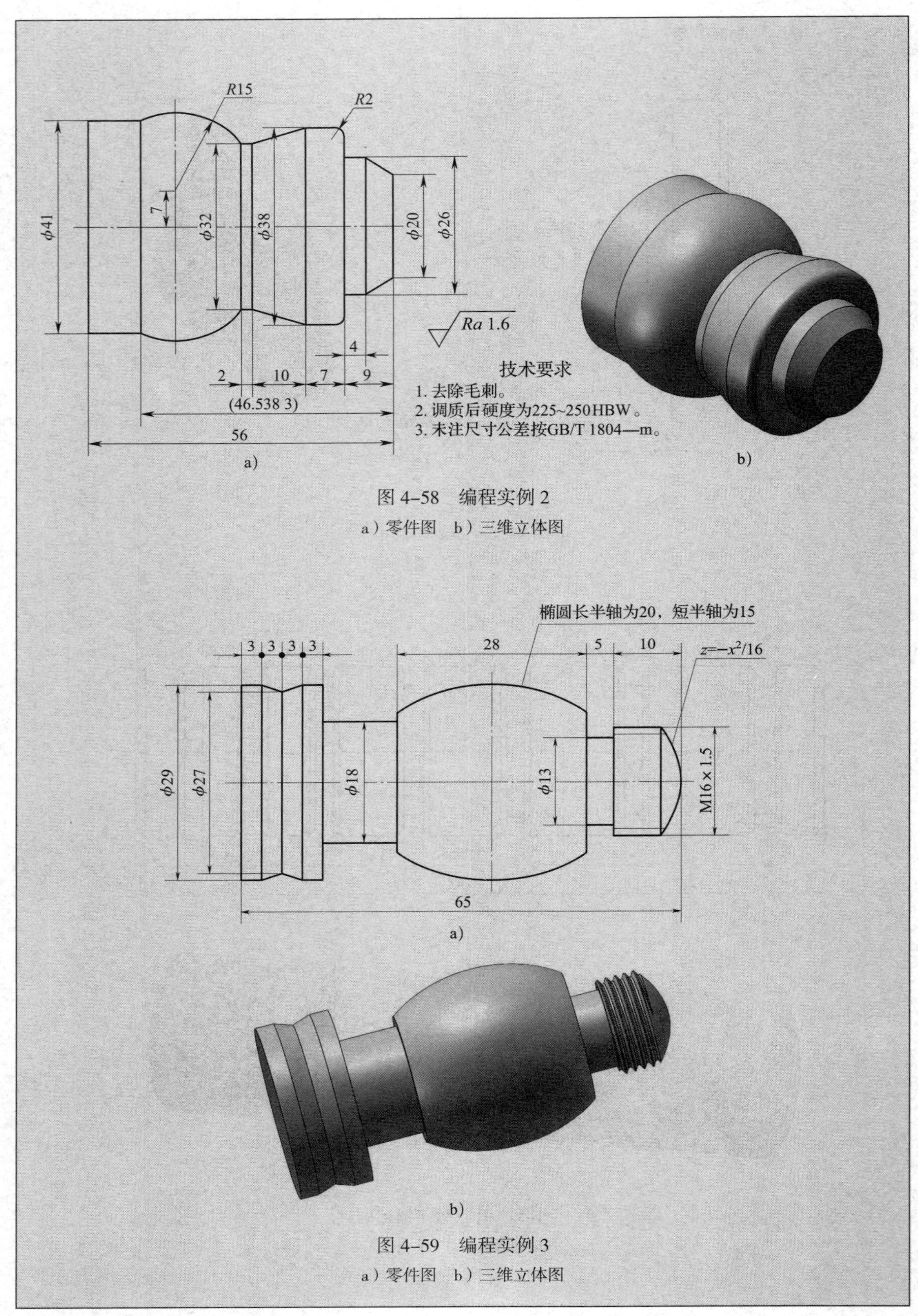

图 4-58　编程实例 2

a）零件图　b）三维立体图

图 4-59　编程实例 3

a）零件图　b）三维立体图

第五章　SIEMENS SINUMERIK 828D 系统的编程与操作

第一节　SINUMERIK 828D 系统功能简介

一、SINUMERIK 828D 系统概述

SINUMERIK 828D 数控系统是 SIEMENS 公司开发的面向标准型车削、铣削和磨削机床的紧凑型数控系统，该系统集数控系统、PLC、视窗操作界面和轴控制功能于一体，通过 Drive-CLiQ（drive component link with IQ，智能的驱动器件连接）总线与西门子全数字驱动系统 SINAMICS S120 实现高速、可靠的通信，并具有大量高级的数控功能和丰富、灵活的工件编程方法，可以广泛应用于各种数控加工场合。

SINUMERIK 828D 系统未提供数控车削的循环 G 指令，而是通过系统视窗操作界面，采用人机对话方式进行编程，使数控加工编程更加快捷和直观。在系统界面上，按照参数输入格式，根据系统界面的提示，填写或输入相应参数，该系统就可以自动完成循环指令的编程，从而提高了编程效率和正确度。SINUMERIK 828D 系统的编程向导将工步式编程与工艺循环完美组合在一起。无论是大批量生产还是单件加工，使用该系统编程均可以大大缩短时间，并确保工件精度。

二、SINUMERIK 828D 系统常用功能指令介绍

目前，SINUMERIK 828D 系统主要用于数控车床和数控铣床，具有一定的代表性。该系统常用功能指令主要分为三类，即准备功能指令、辅助功能指令和其他功能指令。

1. 准备功能指令

SINUMERIK 828D 系统常用准备功能指令（G 指令）的功能、程序格式和说明见表 5-1。

表 5-1　SINUMERIK 828D 系统常用准备功能指令（G 指令）的功能、程序格式和说明

G 指令		组别	功能	程序格式和说明
G00		01	快速点定位	G00 X__ Z__；
G01	▲		直线插补	G01 X__ Z__ F__；
G02			顺时针圆弧插补	G02 /G03 X__ Z__ CR=__ F__；
G03			逆时针圆弧插补	G02 /G03 X__ Z__ I__ K__ F__；
G04	*	02	暂停	G04 F__；或 G04 S__；

续表

G 指令		组别	功能	程序格式和说明
CIP		01	通过中间点的圆弧	CIP X__ Z__ I1__ K1__ F__;
CT			带切线过渡圆弧	CT X__ Z__ F__;
G17		06	选择 *XY* 平面	G17;
G18	▲		选择 *ZX* 平面	G18;
G19			选择 *YZ* 平面	G19;
G25	*	3	主轴转速下限	G25 S__ S1=__ S2=__;
G26	*		主轴高速限制	G26 S__ S1=__ S2=__;
G33		01	恒螺距螺纹切削	G33 Z__ K__ SF__;（圆柱螺纹）
G34			变螺距，螺距增加	G34 Z__ K__ F__;
G35			变螺距，螺距减小	G35 Z__ K__ F__;
G40	▲	07	刀尖圆弧半径补偿取消	G40;
G41			刀尖圆弧半径左补偿	G41 G00/G01 X__ Z__;
G42			刀尖圆弧半径右补偿	G42 G00/G01 X__ Z__;
G53	*	9	取消零点偏置	G53;
G500		8	取消零点偏置	G500;
G54 ~ G59	★		零点偏置	G54；或 G55；等
G64		10	连续路径加工	G64;
G70		13	英制	G70;（G700;）
G71	▲		公制	G71;（G710;）
G74	*	2	返回参考点	G74 X1=0 Z1=0;
G75	*		返回固定点	G75 FP=2 X1=0 Z1=0;
G90	▲	14	绝对值编程	G90 G01 X__ Z__ F__;
AC				G91 G01 X__ Z=AC__F__;
G91			增量值编程	G91 G01 X__ Z__ F__;
IC				G90 G01 X=IC__ Z__ F__;
G94			每分钟进给	mm/min
G95	▲		每转进给	mm/r
G96			恒线速度	G96 S500 LIMS=__;（500 m/min）
G97			取消恒线速度	G97 S800;（800 r/min）
G450	▲	18	圆角过渡拐角方式	G450;
G451			尖角过渡拐角方式	G451;

续表

G 指令	组别	功能	程序格式和说明
DIAMOF	29	半径量方式	DIAMOF;
DIAMON ▲		直径量方式	DIAMON;
TRANS	框架指令	可编程平移	TRANS X__ Z__;
ATRANS			ATRANS X__ Z__;
CYCLE930	车削循环	切槽切削	CALL CYCLE9__(　　);
CYCLE940		退刀槽（E 型和 F 型）切削	
CYCLE951		毛坯切削	
CYCLE952			
CYCLE99		螺纹切削	

注：1. 当电源接通或复位时，数控系统进入清除状态，此时的开机默认指令在表中以符号“▲”表示。但此时，原来的 G71 或 G70 保持有效。

2. 表中的固定循环和固定样式循环以及用“*”表示的 G 指令均为非模态指令。

3. 不同组的 G 指令在同一程序段中可以指令多个。如果在同一程序段中指令了多个同组的 G 指令，仅执行最后指定的那一个。

2. 辅助功能指令

辅助功能以指令“M”表示。SIEMENS 系统的辅助功能指令与通用的 M 指令相同，参阅本书第一章相关内容。

3. F、S、T 功能

常用进给功能指令、转速功能指令、刀具功能指令的含义和用途参阅本书第一章相关内容。

4. 部分指令的含义和格式

除了在第一章第二节中所介绍的常用功能指令以及第二章第一节中已介绍过并具有共同性的功能指令，SINUMERIK 828D 数控系统还有一些实用性强或与前面章节中已介绍内容有所不同的功能指令，具体内容如下：

（1）顺圆弧和逆圆弧插补指令 G02/G03

前面章节中已经介绍了两种常用的圆弧插补格式，即圆心坐标（I、K）指令格式和圆弧半径（CR）指令格式，现介绍圆弧张角（AR）的指令格式。

圆弧张角即圆弧轮廓所对应的圆心角，单位是度（0.000 01° ~ 359.999 99°）。

1）终点和张角的圆弧插补。其指令格式为“G02/G03 X__ Z__ AR=__;”。

例 5–1　图 5–1 所示圆弧编程实例如下：

⋮

N30 G00 X40.0 Z10.0;　　　　（指定 N40 程序段的圆弧起点）

N40 G02 Z30.0 AR=105.0;　　　　（圆弧终点和张角）

说明：N40 程序段中无须指定圆弧半径和圆心坐标，由系统在插补过程中自动生成。

2）圆心和张角的圆弧插补。其指令格式为“G02 I__ K__ AR=__;”。

例 5–2　图 5–2 所示圆弧编程实例如下：

⋮

N30 G00 X40.0 Z10.0;　　　　（指定 N40 程序段的圆弧起点）

N40 G02 I–10.0 K10.0 AR=105.0;　　　　（圆弧圆心和张角）

说明：N40 程序段中无须指定圆弧半径，由系统在插补过程中自动生成。

编程时应特别注意在各种圆弧程序段中的 I 值均为圆弧圆心相对于圆弧起点在 *X* 坐标轴方向上的半径量。

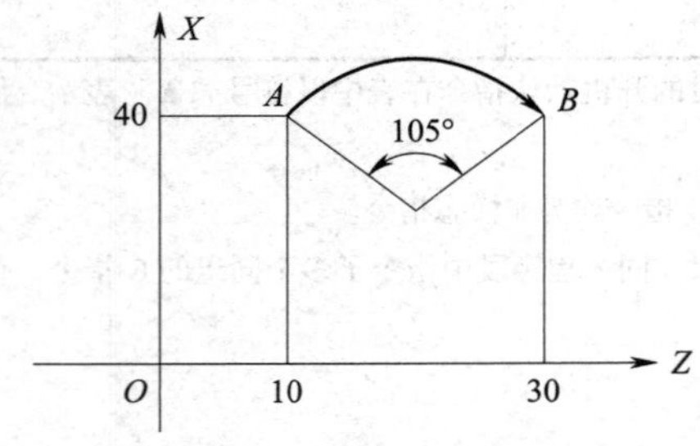

图 5–1　终点和张角编程实例

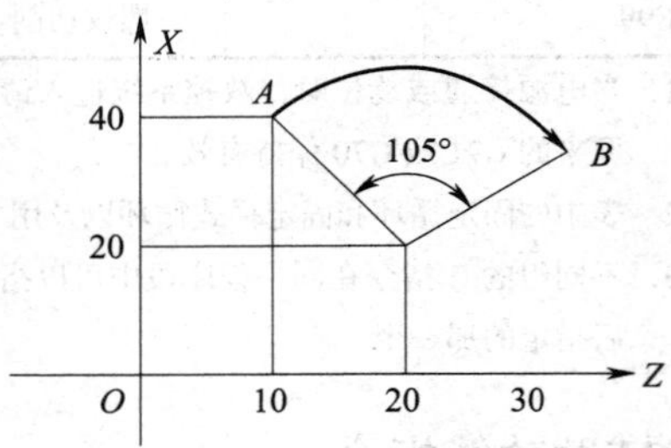

图 5–2　圆心和张角编程实例

（2）中间点圆弧插补指令 CIP

指令格式：CIP X__ Z__ I1__ K1__;

式中　I1__——圆弧上任一中间点在 *X* 轴上的半径量；

K1__——圆弧上任一中间点的 Z 坐标值。

例 5–3　图 5–3 所示圆弧编程实例如下：

⋮

N30 G00 X30.0 Z10.0;　　　　（指定 N40 程序段的圆弧起点）

N40 CIP Z30.0 I1=20.0 K1=25.0;　　　　（圆弧终点和中间点）

说明：该指令是根据“不在一条直线上的三个点可确定一个圆”的数学原理，由系统自动计算圆弧的半径和圆心位置并进行插补运行的，该功能对以后编制非圆等特殊曲线的程序十分有益。该指令属于模态指令。

（3）切线过渡圆弧指令 CT

指令格式：CT X__ Z__;

式中　X__、Z__——切线过渡圆弧终点坐标。

例 5–4　图 5–4 所示圆弧编程实例如下：

N10 G01 X40.0 Z10.0;　　　　（圆弧起点和切点）

N20 CT X36.0 Z34.0;　　　　（圆弧终点）

说明：该指令由圆弧终点和切点（圆弧起点）确定圆弧半径的大小，该指令为模态指令。

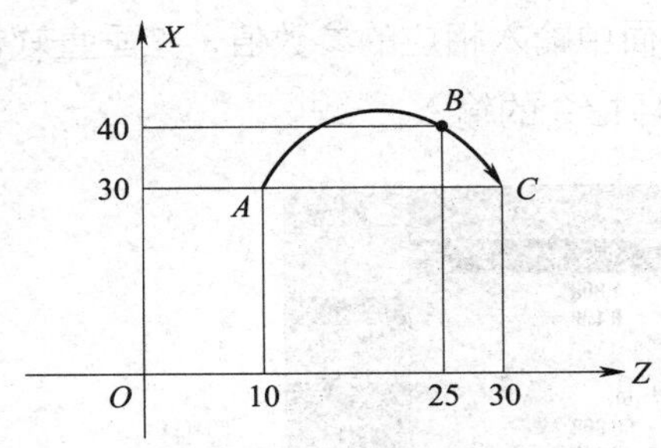

图 5-3　中间点圆弧插补编程实例

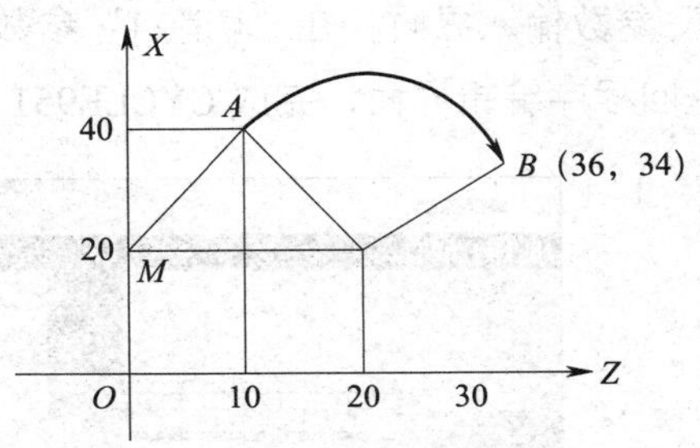

图 5-4　切线过渡圆弧插补编程实例

第二节　内、外圆车削循环

一、轮廓车削固定循环指令 CYCLE951

1. 轮廓车削固定循环指令格式

CYCLE951（SPD，SPL，EPD，EPL，ZPD，ZPL，LAGE，MID，FALX，FALZ，VARI，RF1，RF2，RF3，SDIS，FF1，NR，DMODE，AMODE）；

CYCLE951 指令用于简单的单级台阶轴的车削，主要包括直角台阶轴车削、带圆角过渡的直角台阶轴车削和锥度台阶轴车削。

2. 对话框输入参数编程

（1）直角台阶轴

1）参数输入界面。如图 5-5 所示，在新建程序界面中按下水平软键［车削］，再按下垂直软键［切削］，进入“切削”工作区域，按下垂直软键［切削 1］，进入图 5-6 所示

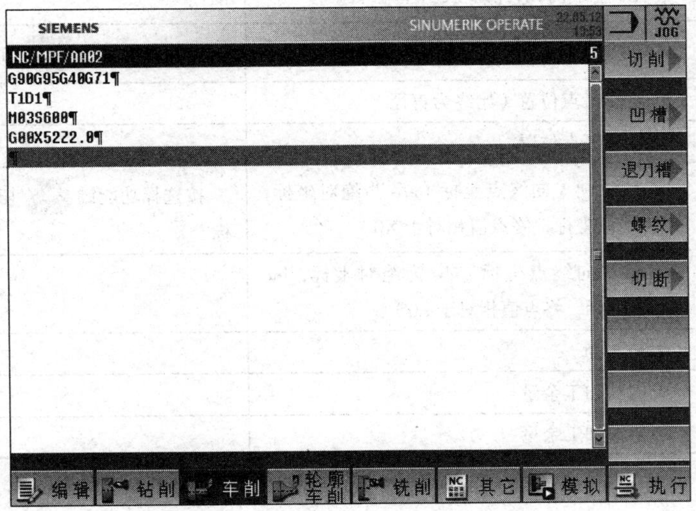

图 5-5　新建程序界面

“切削 1”参数输入界面。在“切削 1”参数输入界面中输入相应的参数值，按垂直软键［接收］，返回程序编辑界面，完成 CYCLE951 固定循环指令的输入。

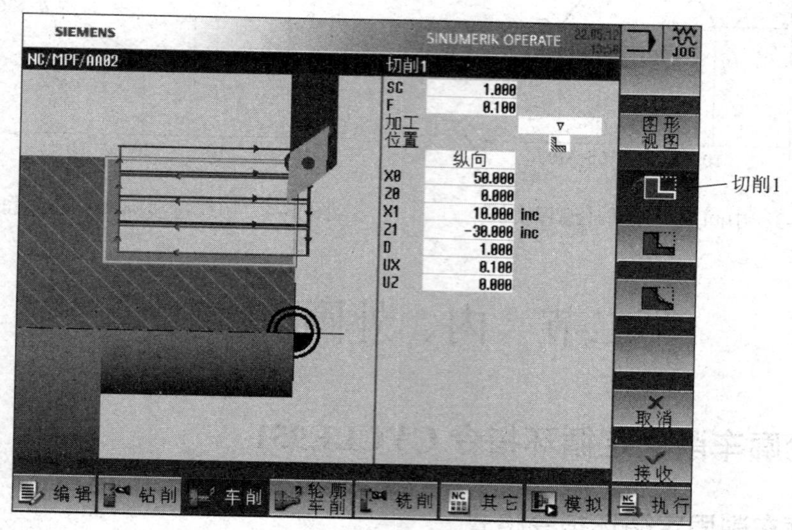

图 5-6 “切削 1”参数输入界面

2）参数含义。直角台阶轴车削对话框参数及其含义具体见表 5-2。

表 5-2 直角台阶轴车削对话框参数及其含义

对话框参数	含义	说明
SC	安全距离	
F	切削进给速度	
加工	▽表示粗加工，▽▽▽表示精加工	按选择功能键 SELECT 切换粗加工和精加工
位置	表示右端外圆，表示右端内孔，表示左端内孔，表示左端外圆	按选择功能键 SELECT 切换外圆和端面等的车削
切削方向	纵向、端面	按选择功能键 SELECT 切换加工方向
X0	*X* 轴参考点位置（始终为直径）	
Z0	*Z* 轴参考点位置	
X1	工件外圆 *X* 向终点坐标（abs 为绝对坐标，inc 为增量坐标，终点值相对于 X0）	按选择功能键 SELECT 切换绝对坐标和增量坐标
Z1	工件 *Z* 向终点坐标（abs 为绝对坐标，inc 为增量坐标，终点值相对于 Z0）	
D	背吃刀量	
UX	*X* 向精加工余量	
UZ	*Z* 向精加工余量	

3）编程实例。

例 5-5 用 CYCLE951 指令编写图 5-7 所示工件的数控车削程序。

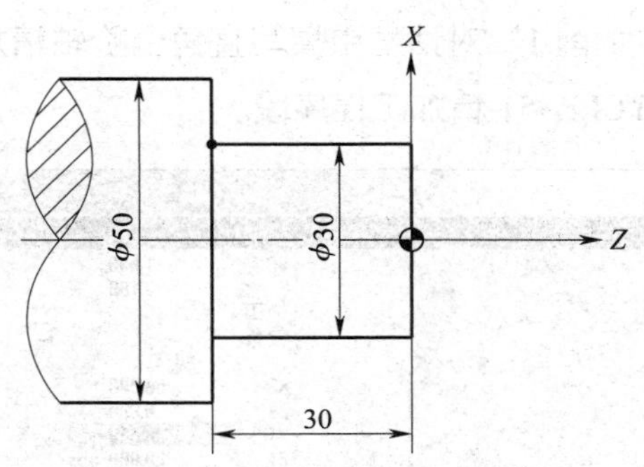

图 5-7　直角台阶轴车削循环实例

AA501.MPF；

N10 G90 G95 G54 G40 G71；　　（程序初始化）

N20 T1D1；　　（换 1 号刀）

N30 M03 S600；　　（主轴正转，转速为 600 r/min）

N40 G00 X52.0 Z2.0；　　（固定循环起点）

N50 CYCLE951（50，0，10，-30，30，-30，1，1，0.2，0，11，0，0，0，1，0.2，0，2，1111100）　　（粗加工）

说明：在图 5-8 所示“切削 1”会话式编程对话框（以下简称对话框）中填写直角台阶轴粗加工参数，按垂直软键［接收］，系统自动生成以上 CYCLE951 粗加工程序段。

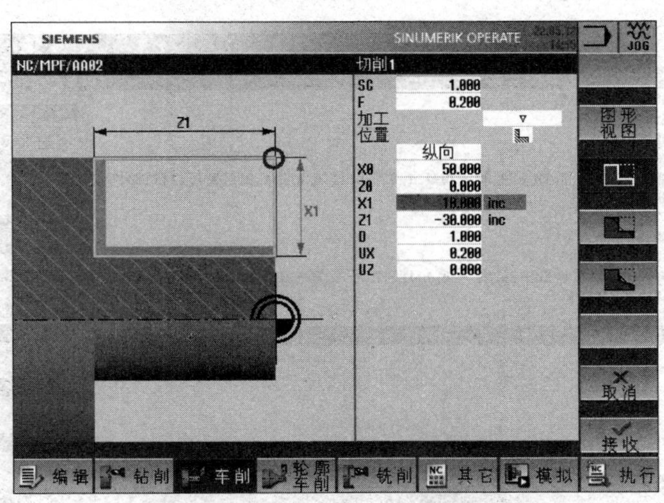

图 5-8　填写直角台阶轴粗加工参数

N60 G00 X100.0 Z100.0；　　（刀具返回换刀点）

N70 T2D1；　　（换精加工刀具）

N80 M03 S1000；　　（主轴正转，转速为 1 000 r/min）

N90 G00 X52.0 Z2.0；

N100 CYCLE951（50，0，30，-30，30，-30，1，1，0.2，0，21，0，0，0，1，0.1，0，2，1110000）　　（精加工）

说明：在图 5–9 所示“切削 1”对话框中填写直角台阶轴精加工参数，按垂直软键［接收］，系统自动生成以上 CYCLE951 精加工程序段。

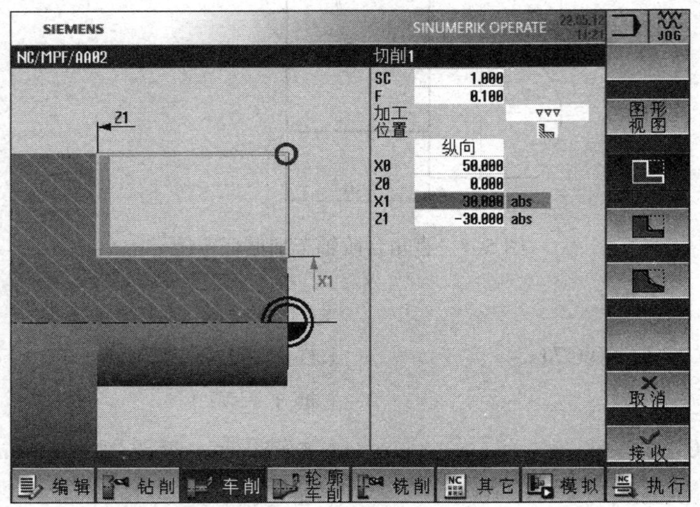

图 5–9 填写直角台阶轴精加工参数

N110 G00 X100.0 Z100.0；

N120 M30；

直角台阶轴程序编辑完毕，如图 5–10 所示。

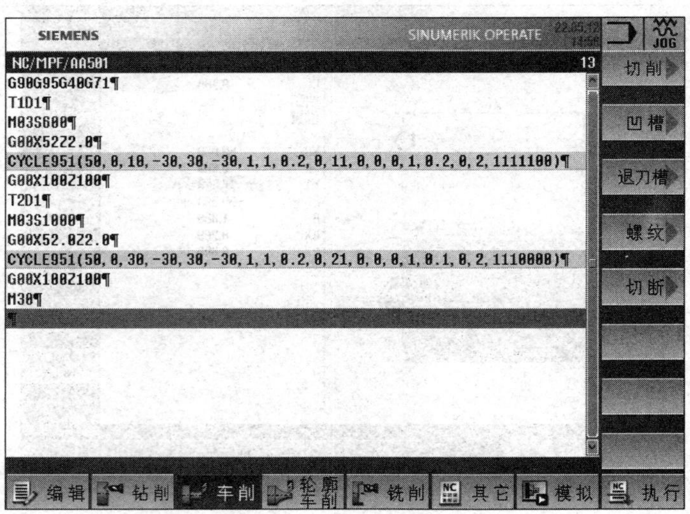

图 5–10 编辑完毕的直角台阶轴数控车削程序

例 5–6 用 CYCLE951 指令编写图 5–11 所示工件中 ϕ36 mm 孔的加工程序（其他轮廓已加工完毕）。

AA502.MPF；

N10 G90 G95 G54 G40 G71；　　　　（程序初始化）

N20 T1D1；　　　　（换 1 号刀）

N30 M03 S600；　　（主轴正转，转速为 600 r/min）

N40 G00 X22.0 Z2.0；　　（固定循环起点）

N50 CYCLE951（24，0，36，−25，36，−25，3，1，0.2，0，11，0，0，0，2，0.2，0，2，1110000）；　　（粗加工）

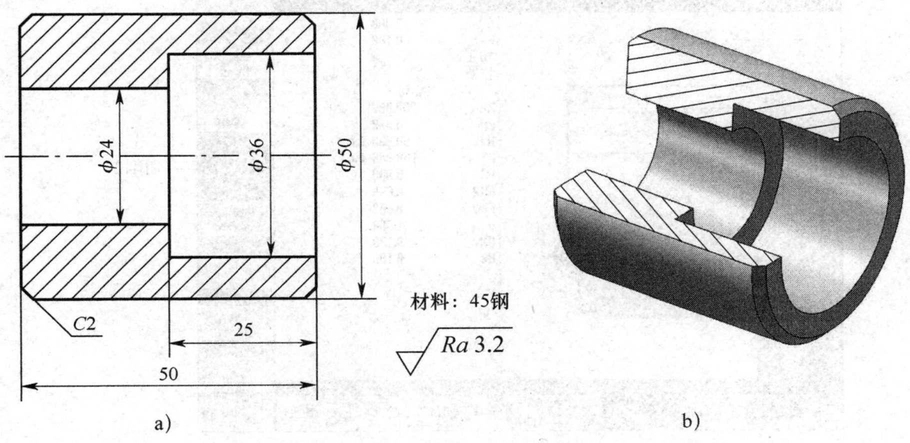

图 5-11　带直角台阶孔的轴车削循环实例

a）零件图　b）三维立体图

说明：在图 5-12 所示“切削 1”对话框中填写直角台阶孔粗加工参数，按垂直软键［接收］，系统自动生成以上 CYCLE951 粗加工程序段。

N60 G00 Z100.0；　　（刀具返回换刀点）

N70 T2D1；　　（换精加工刀具）

N80 M03 S1000；　　（主轴正转，转速为 1 000 r/min）

N90 G00 X22.0 Z2.0；

N100 CYCLE951（24，0，36，−25，36，−25，3，1，0.2，0.1，21，0，0，0，2，0.1，0，2，1110000）；　　（精加工）

说明：在图 5-13 所示“切削 1”对话框中填写直角台阶孔精加工参数，按垂直软键［接收］，系统自动生成以上 CYCLE951 精加工程序段。

N110 G00 Z100.0；

N120 X100.0；

N130 M30；

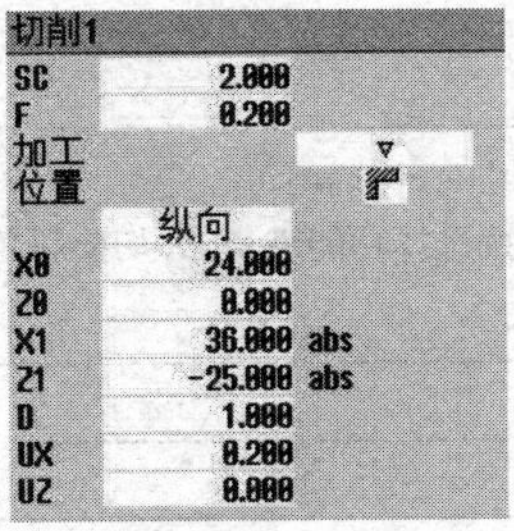

切削1
SC 2.000
F 0.200
加工 位置
纵向
X0 24.000
Z0 0.000
X1 36.000 abs
Z1 -25.000 abs
D 1.000
UX 0.200
UZ 0.000

图 5-12　填写直角台阶孔粗加工参数

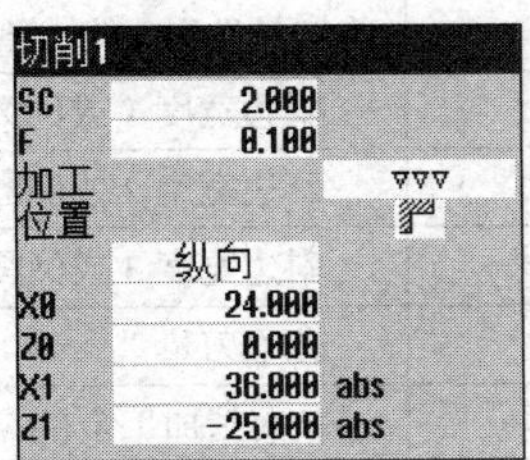

图 5-13　填写直角台阶孔精加工参数

（2）带圆角过渡的直角台阶轴

1）参数输入界面。如图 5–14 所示，按下垂直软键［切削 2］，进入“切削 2”参数输入界面。

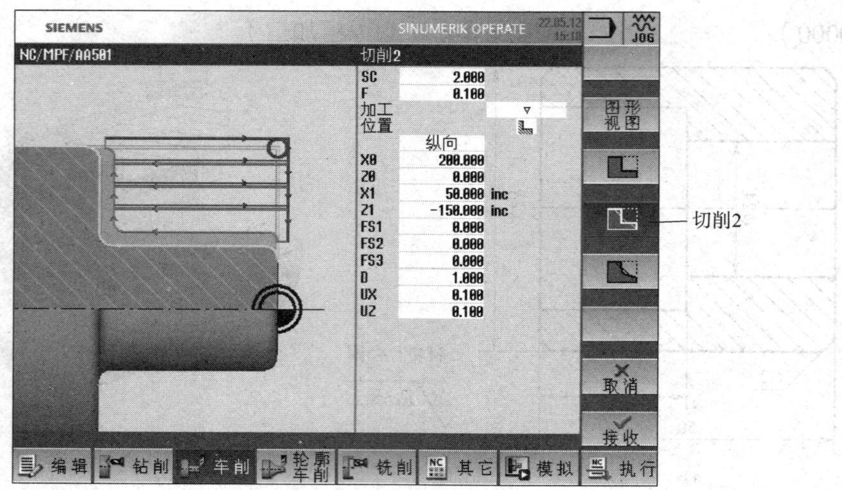

图 5–14 “切削 2”参数输入界面

2）参数含义。“切削 2”中的参数比“切削 1”中的参数增加了台阶倒角和过渡圆弧。带圆角过渡的直角台阶轴车削对话框参数及其含义具体见表 5–3。

表 5–3　　带圆角过渡的直角台阶轴车削对话框参数及其含义

对话框参数	含义	说明
SC	安全距离	
F	切削进给速度	
加工	▽表示粗加工，▽▽▽表示精加工	按选择功能键 切换粗加工和精加工
位置	表示右端外圆， 表示右端内孔， 表示左端内孔， 表示左端外圆	按选择功能键 切换外圆和端面等的车削
切削方向	纵向、端面	按选择功能键 切换加工方向
X0	*X* 轴参考点位置（始终为直径）	
Z0	*Z* 轴参考点位置	
X1	工件外圆 *X* 向终点坐标（abs 为绝对坐标，inc 为增量坐标，终点值相对于 X0）	按选择功能键 切换绝对坐标和增量坐标
Z1	工件 *Z* 向终点坐标（abs 为绝对坐标，inc 为增量坐标，终点值相对于 Z0）	
FS1 或 R1	斜边宽度 1 或倒圆角 1	按选择功能键 切换斜角与圆角
FS2 或 R2	斜边宽度 2 或倒圆角 2	
FS3 或 R3	斜边宽度 3 或倒圆角 3	
D	背吃刀量	
UX	*X* 向精加工余量	
UZ	*Z* 向精加工余量	

3）编程实例。

例 5–7　用 CYCLE951 指令编写图 5–15 所示工件的数控车削程序。

AA503.MPF；

N10 G90 G95 G54 G40 G71；

N20 T1D1；

N30 M03 S600；

N40 G00 X52.0 Z2.0；

N50 CYCLE951（50，0，10，–30，30，–30，1，1，0.2，0，11，1，3，2，2，0.2，1，2，1011100）；

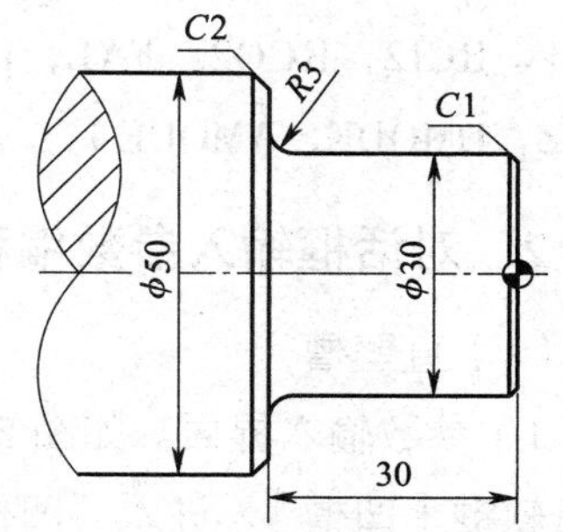

图 5–15　带圆角过渡的直角台阶轴车削循环实例

说明：在图 5–16 所示“切削 2”对话框中填写带圆角过渡的直角台阶轴粗加工参数，按垂直软键［接收］，系统自动生成以上 CYCLE951 粗加工程序段。

N60 G00 X100.0 Z100.0；

N70 T2D1；

N80 M03 S1000；

N90 G00 X52.0 Z2.0；

N100 CYCLE951（50，0，10，–30，30，–30，1，1，0.2，0，21，1，3，2，2，0.1，1，2，1011100）；

说明：在图 5–17 所示“切削 2”对话框中填写带圆角过渡的直角台阶轴精加工参数，按垂直软键［接收］，系统自动生成以上 CYCLE951 精加工程序段。

切削2		
SC	2.000	
F	0.200	
加工		▽
位置		
	纵向	
X0	50.000	
Z0	0.000	
X1	10.000	inc
Z1	-30.000	inc
FS1	1.000	
R2	3.000	
FS3	2.000	
D	1.000	
UX	0.200	
UZ	0.000	

图 5–16　填写带圆角过渡的直角台阶轴粗加工参数

切削2		
SC	2.000	
F	0.100	
加工		▽▽▽
位置		
	纵向	
X0	50.000	
Z0	0.000	
X1	10.000	inc
Z1	-30.000	inc
FS1	1.000	
R2	3.000	
FS3	2.000	

图 5–17　填写带圆角过渡的直角台阶轴精加工参数

N110 G00 X100.0 Z100.0；

N120 M30；

二、切槽固定循环指令 CYCLE930

使用切槽固定循环指令 CYCLE930 可以在任意直线轮廓上加工对称和不对称的凹槽，利用该指令可以完成绝大多数槽（如外圆槽、内孔槽和端面槽等）的车削加工。

1. 切槽固定循环指令格式

CYCLE930（SPD，SPL，WIDG，WIDG2，DIAG，DIAG2，STA，ANG1，ANG2，RCO1，RCI1，RCI2，RCO2，FAL，IDEP1，SDIS，VARI，DN，NUM，DBH，FF1，NR，FALX，FALZ，DMODE，AMODE）；

2. 对话框输入参数编程

（1）直壁槽

1）参数输入界面。如图 5–18 所示，在新建程序界面中按下水平软键［车削］，再按下垂直软键［凹槽］，进入“凹槽”工作区域，按下垂直软键［凹槽 1］，进入图 5–19 所示的“凹槽 1”参数输入界面。

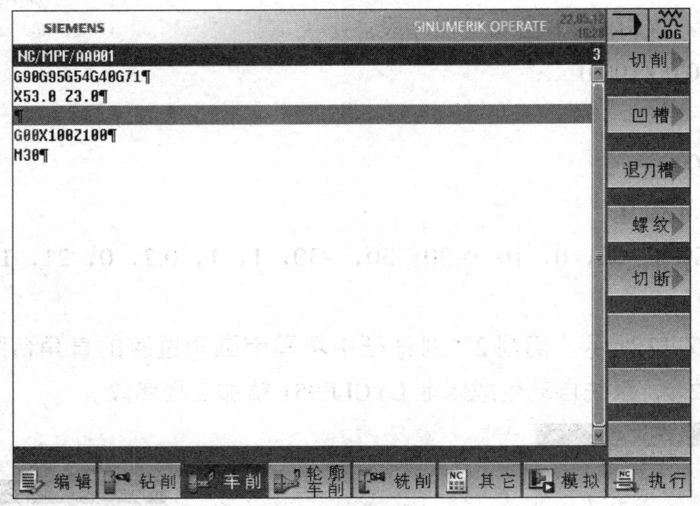

图 5–18 新建程序界面

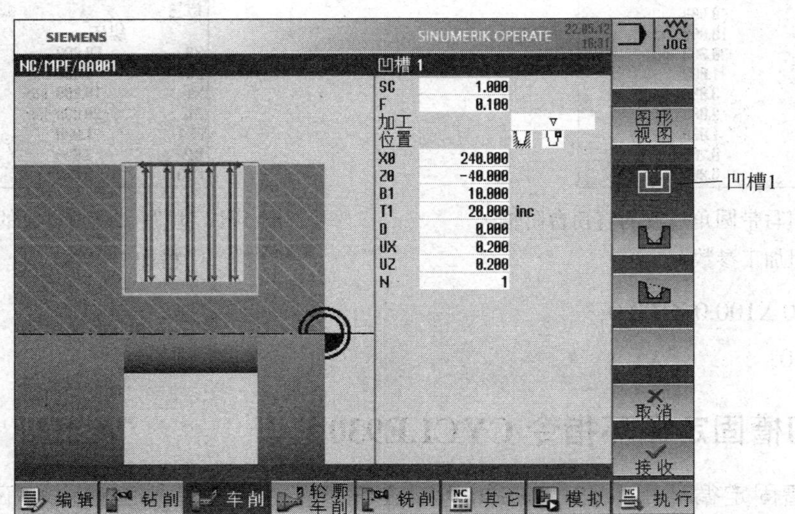

图 5–19 “凹槽 1”参数输入界面

2）参数含义。直壁槽车削对话框参数及其含义具体见表 5–4。

表 5–4　　直壁槽车削对话框参数及其含义

对话框参数	含义	说明
SC	安全距离	
F	切削进给速度	
加工	▽表示粗加工，▽▽表示精加工，▽＋▽▽▽表示先粗加工后精加工	按选择功能键 SELECT 切换
位置	表示外圆槽，表示右端面槽，表示内孔槽，表示左端面槽；表示基点位于右上端，表示基点位于右下端，表示基点位于左下端，表示基点位于左上端	根据加工要求，按选择功能键 SELECT 切换
X0	*X* 轴参考点位置	
Z0	*Z* 轴参考点位置	
B1	槽宽	
T1	槽深	
D	每次最大背吃刀量	
UX	槽深余量	
UZ	槽宽余量	
N	凹槽数量（*N*=1～655 35）	
DP	凹槽间距（增量值），*N* 值为 1 时不显示 DP	

（2）开口槽

1）参数输入界面。在新建程序界面中按下水平软键［车削］，再按下垂直软键［凹槽］，进入“凹槽”工作区域，按下垂直软键［凹槽 2］，进入图 5–20 所示的“凹槽 2”参数输入界面。

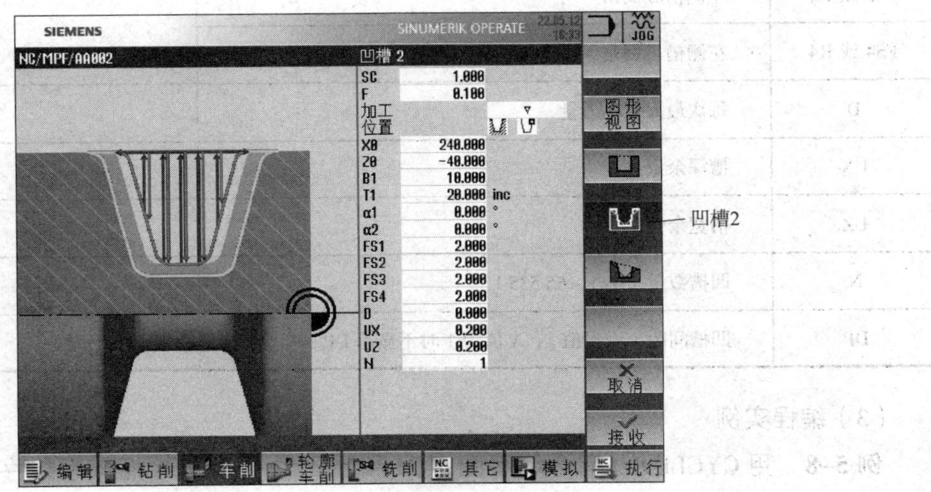

图 5–20　“凹槽 2”参数输入界面

2）参数含义。开口槽与直壁槽的区别：开口槽的槽壁是斜面，同时槽口或槽底带倒角过渡。开口槽车削对话框参数及其含义具体见表 5-5。

表 5-5　　开口槽车削对话框参数及其含义

对话框参数	含义	说明
SC	安全距离	
F	切削进给速度	
加工	▽表示粗加工，▽▽表示精加工，▽+▽▽▽表示先粗加工后精加工	按选择功能键 SELECT 切换
位置	表示外圆槽，表示右端面槽，表示内孔槽，表示左端面槽；表示基点位于右上端，表示基点位于右下端，表示基点位于左下端，表示基点位于左上端	按选择功能键 SELECT 切换
X0	*X* 轴参考点位置	
Z0	*Z* 轴参考点位置	
B1	槽底宽度	
T1	槽深	
α1	右侧槽壁与槽深方向的夹角，$0° \leqslant \alpha_1 < 90°$	
α2	左侧槽壁与槽深方向的夹角，$0° \leqslant \alpha_2 < 90°$	
FS1 或 R1	右侧槽口倒角	按选择功能键 SELECT 切换斜角与圆角
FS2 或 R2	右侧槽底倒角	
FS3 或 R3	左侧槽底倒角	
FS4 或 R4	左侧槽口倒角	
D	每次最大背吃刀量	
UX	槽深余量	
UZ	槽宽余量	
N	凹槽数量（*N*=1～65 535）	
DP	凹槽间距（增量值），*N* 值为 1 时不显示 DP	

（3）编程实例

例 5-8　用 CYCLE930 指令编写图 5-21 所示工件上槽的数控车削程序，已知毛坯为 ϕ50 mm×52 mm 的圆钢（其他轮廓已加工完毕）。

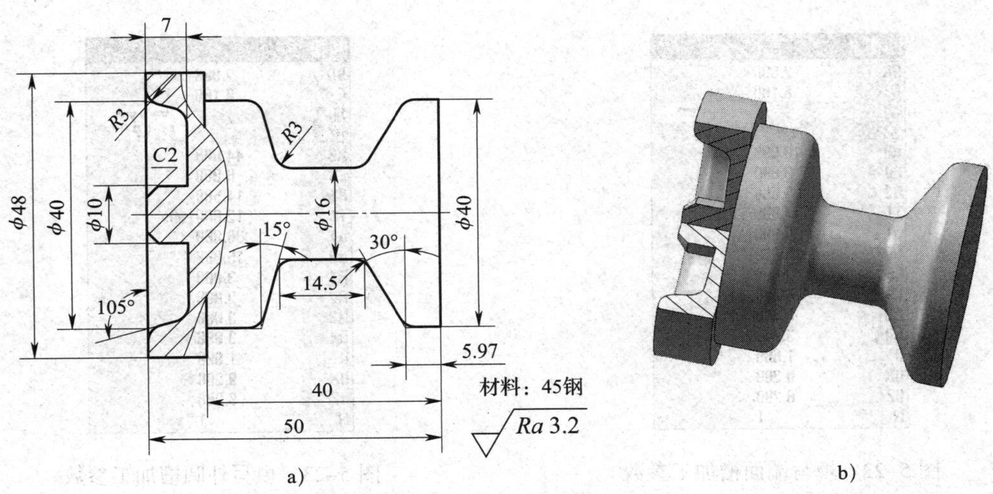

图 5-21 切槽固定循环编程实例

a）零件图 b）三维立体图

加工图 5-21 所示工件时采用一夹一顶的方式，并加工右侧外圆槽。

AA504.MPF；

N10 G90 G95 G54 G40 G71；

N20 T1D1；（换端面切槽刀，刀头宽度为 3 mm）

N30 M03 S800；

N40 G00 X10.0 Z2.0；

N50 CYCLE930（10，0，13.124356，15，7，，0，0，15，2，0，3，3，0.2，1，2，10830，，1，30，0.1，1，0.2，0.2，2，11010）；

说明：在图 5-22 所示“凹槽 2”对话框中填写端面槽加工参数，按垂直软键［接收］，系统自动生成以上 CYCLE930 程序段。

N60 G00 X100.0 Z100.0；（刀具返回换刀点）

N70 M30；

BB504.MPF；

N10 G90 G95 G54 G40 G71；

N20 T2D1；（换外圆切槽刀）

N30 M03 S800；

N40 G00 X44.0 Z-6.0；

N50 CYCLE930（44，-6，14.5，28.024791，12，，0，30，15，3，3，3，3，0.2，1，2，10530，，1，30，0.1，1，0.2，0.2，2，100）；

说明：在图 5-23 所示“凹槽 2”对话框中填写外圆槽加工参数，按垂直软键［接收］，系统自动生成以上 CYCLE930 程序段。

N60 G00 X100.0 Z100.0；

N70 M30；

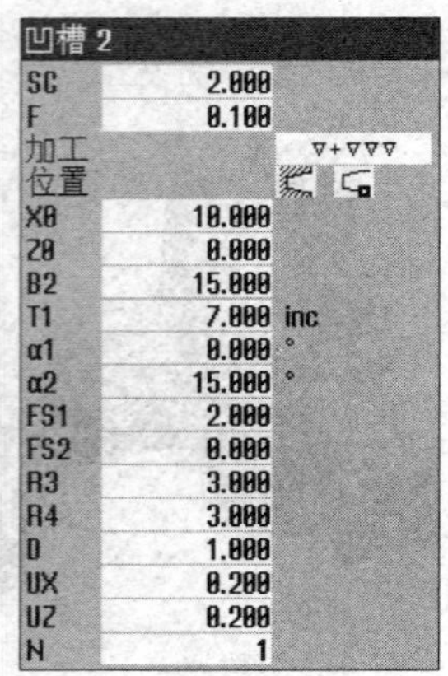

图 5-22 填写端面槽加工参数

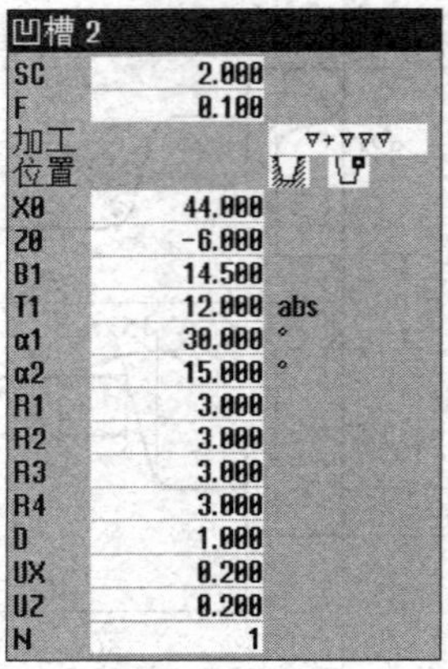

图 5-23 填写外圆槽加工参数

三、切断固定循环指令 CYCLE92

CYCLE92 指令专门用于借助切断刀切断工件，其最大的特点是在切断工件的同时可以对切断部位进行精准的倒角。

1. 切断固定循环指令格式

CYCLE92（SPD，SPL，DIAG1，DIAG2，RC，SDIS，SV1，SV2，SDAC，FF1，FF2，SS2，DIAGM，VARI，DN，DMODE，AMODE）；

2. 对话框输入参数编程

（1）参数输入界面

在图 5-24 所示新建程序界面中按下水平软键［车削］，再按下垂直软键［切断］，进入切断界面，出现图 5-25 所示“切断”参数输入界面。

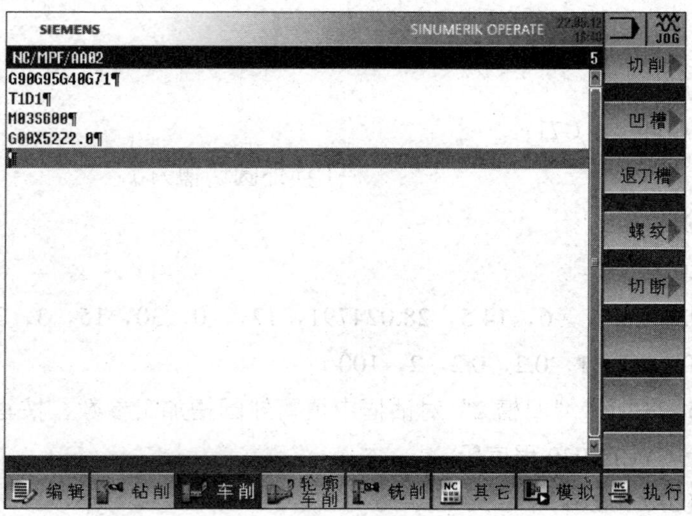

图 5-24 新建程序界面

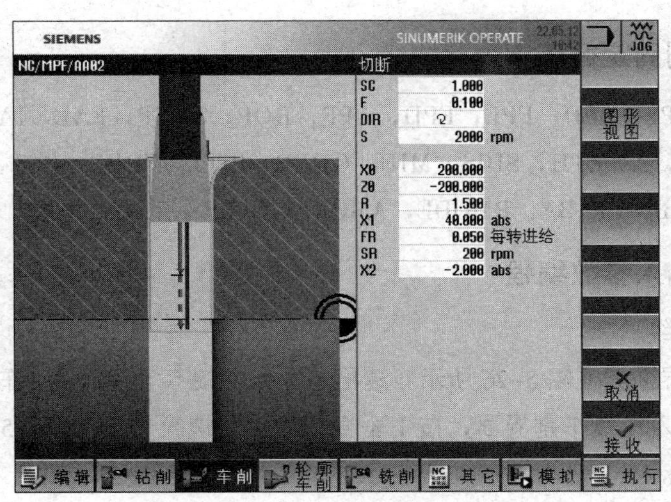

图 5-25 “切断”参数输入界面

（2）参数含义

在被加工工件的切断位置处利用对话框编程进行倒角或倒圆；可用恒定的切削速度 v（参数 V）或旋转速度 s（参数 S）加工到深度 x_1（参数 X1），然后再以恒定的速度加工工件，还可以从深度 x_1（参数 X1）降低进给速度 f_R（参数 FR）或主轴旋转速度 s_R（参数 SR），以便使切削速度适应工件减小的直径。切断对话框参数及其含义具体见表 5-6。

表 5-6 切断对话框参数及其含义

对话框参数	含义	说明
SC	安全距离	
F	进给速度	
DIR	主轴旋转方向	
S	主轴转速	按选择功能键 SELECT 切换恒定的切削速度，同时设定最大转速（参数 SV）
X0	切断位置的起点纵坐标	
Z0	切断位置的起点横坐标	
FS/R	切断位置斜边宽度或圆角半径	按选择功能键 SELECT 切换
X1	主轴开始减速时的纵坐标	
FR	减速后的进给速度	
SR	减速后的主轴转速	
X2	切断位置的终点纵坐标	

四、螺纹切削固定循环指令 CYCLE99

螺纹切削固定循环指令用于车削直螺纹、锥形（内、外）螺纹，而且既能加工单线螺纹，又能加工多线螺纹。

1．螺纹切削固定循环指令格式

CYCLE99（SPL，SPD，FPL，FPD，APP，ROP，TDEP，FAL，IANG，NSP，NRC，NID，PIT，VARI，NUMTH，SDIS，MID，GDEP，PIT1，FDEP，GST，GUD，IFLANK，PITA，PITM，PTAB，PTABA，DMODE，AMODE，S_XRS）；

2．对话框输入参数编程

（1）切削直螺纹

1）参数输入界面。在图 5–26 所示新建程序界面中按下水平软键［车削］，再按下垂直软键［螺纹］，进入螺纹车削界面，按下垂直软键［直螺纹］，进入图 5–27 所示的“直螺纹”参数输入界面。

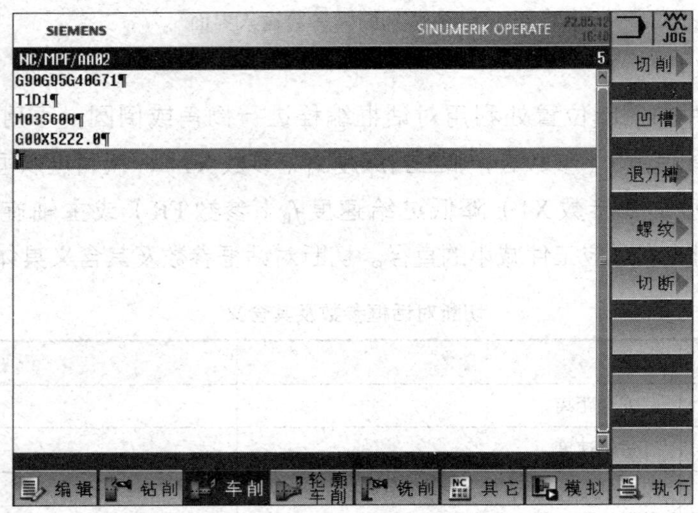

图 5–26　新建程序界面

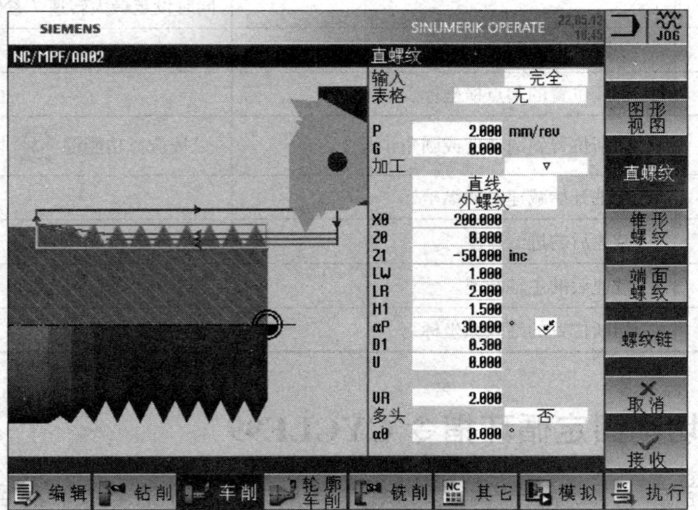

图 5–27 “直螺纹”参数输入界面

2）参数含义。直螺纹车削对话框参数及其含义具体见表 5–7。

表 5–7　　直螺纹车削对话框参数及其含义

对话框参数	含义	说明
输入	“完全”表示完整的输入模式，“简单”表示简化的输入模式	按选择功能键 SELECT 切换
表格	螺纹选择列表：①无，②公制螺纹，③惠氏螺纹 BSW，④惠氏螺纹 BSP，⑤UNC	仅用于直螺纹
选择	用于设定“表格”的值，如 M10、M12、M14 等	只有“表格”选项中选择了②、③、④、⑤中任意一个，才会出现该选项；同时，系统会在下一行自动显示出相应的螺距值“P”
P	螺纹的螺距值	当“表格”选项中选择了“无”时，才会出现该参数输入框 按选择功能键 SELECT 切换螺距单位
G	每转的螺距变化量，G 值为 0，螺距不变；G 值为正值，螺距每转增加变化量；G 值为负值，螺距每转减少变化量	当“表格”选项中选择“无”时，才会出现该参数
加工	▽表示粗加工，▽▽表示精加工，▽＋▽▽▽表示先粗加工后精加工	按选择功能键 SELECT 切换
进刀方式	“直线”表示等距离进刀方式，“递减”表示等截面进刀方式	用于粗加工和综合加工（即先粗加工，后精加工）
内、外螺纹	外螺纹、内螺纹	按选择功能键 SELECT 切换
X0	螺纹起点纵坐标（直径）	
Z0	螺纹起点横坐标	
Z1	螺纹终点横坐标	
LW/LW2/LW=LR	螺纹导入距离 LW：螺纹前置量（增量） LW2：螺纹导入量（增量） LW=LR：螺纹导入量＝螺纹导出量（增量）	LW 表示螺纹起始点向前推移了螺纹前置量，从侧面切入；LW2 表示刀具无法从侧面切入，直接插入材料进行切削
LR	螺纹导出距离	
H1	螺纹深度	
αP/DP	进给斜率（角度）或进给斜率（边沿）	通常选择“αP”，其值为牙型角的一半
进刀方向	表示沿齿面进给，表示沿交替齿面进给	采用沿交替齿面进给的方式进刀，可以减轻同一侧切削刃的负载
ND/D1	粗车次数或首次进刀背吃刀量	按选择功能键 SELECT 切换
U	螺纹精车余量	
NN　*	螺纹精车时的空切次数	仅用于螺纹精加工和粗加工＋精加工时
VR	螺纹车削时的退刀距离	增量值
多头	“否”代表单线螺纹，“是”代表多线螺纹	按选择功能键 SELECT 切换

续表

对话框参数	含义	说明
α0	螺纹起始角	仅用于单线螺纹
N *	螺旋线数量	仅用于多线螺纹
DA *	螺纹变化深度	仅用于多线螺纹 “DA”为 0，表示逐条螺纹依次加工完毕
加工	“完全配置”表示依次加工所有的螺旋线；“N1”表示从第 *N* 条螺旋线开始加工；“NX”表示只加工第 *N* 条螺旋线	仅用于多线螺纹

* 参数仅在满足该参数应用条件时才在“直螺纹”参数输入界面的对话框（见图 5–27）中显示。

（2）切削锥形螺纹

1）参数输入界面。在新建程序界面中按下水平软键［车削］，再按下垂直软键［螺纹］，进入螺纹车削界面，按下垂直软键［锥形螺纹］，进入图 5–28 所示的“锥形螺纹”参数输入界面。

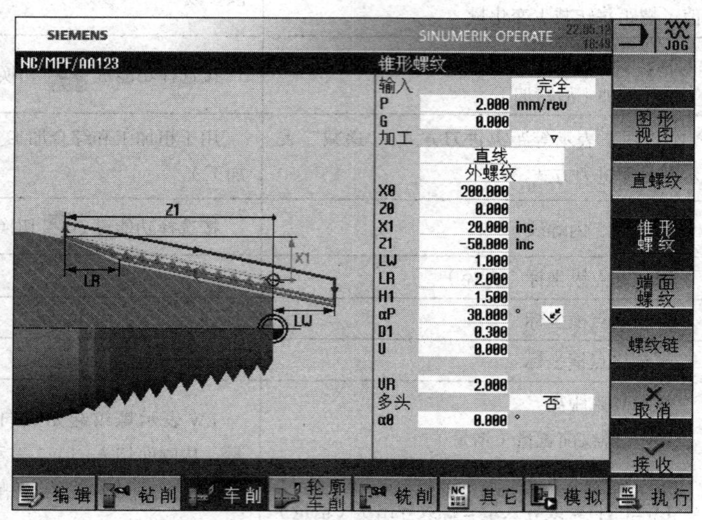

图 5–28 “锥形螺纹”参数输入界面

2）参数含义。锥形螺纹车削参数与直螺纹车削参数大致相同，不同之处是增加了螺纹终点坐标或锥度，锥形螺纹车削对话框参数及其含义具体见表 5–8。

表 5–8 锥形螺纹车削对话框参数及其含义

对话框参数	含义	说明
输入	“完全”表示完整的输入模式，“简单”表示简化的输入模式	按选择功能键 SELECT 切换
P	螺纹的螺距值	按选择功能键 SELECT 切换螺距单位
G	每转的螺距变化量，G 值为 0，螺距不变	仅用于螺距的单位为 mm 或 in 时

续表

对话框参数	含义	说明
加工	▽表示粗加工，▽▽表示精加工，▽ + ▽▽▽表示先粗加工后精加工	按选择功能键 SELECT 切换
进刀方式	“直线”表示等距离进刀方式，“递减”表示等截面进刀方式	用于粗加工和综合加工（即先粗加工，后精加工）
内、外螺纹	外螺纹、内螺纹	按选择功能键 SELECT 切换
X0	螺纹起点纵坐标（直径）	
Z0	螺纹起点横坐标	
X1/ X1α	螺纹终点纵坐标或螺纹斜度	按选择功能键 SELECT 切换
Z1	螺纹终点横坐标	
LW/LW2/LW=LR	螺纹导入距离 LW：螺纹前置量（增量） LW2：螺纹导入量（增量） LW=LR：螺纹导入量 = 螺纹导出量（增量）	LW 表示螺纹起始点向前推移了螺纹前置量，从侧面切入；LW2 表示刀具无法从侧面切入，直接插入材料进行切削
LR	螺纹导出距离	
H1	螺纹深度	
αP/DP	进给斜率（角度）或进给斜率（边沿）	通常选择“αP”，其值为牙型角的一半
进刀方向	表示沿齿面进给， 表示沿交替齿面进给	采用沿交替齿面进给的方式进刀，可以减轻同一侧切削刃的负载
ND/D1	粗车次数或首次进刀背吃刀量	按选择功能键 SELECT 切换
U	螺纹精车余量	
NN *	螺纹精车时的空切次数	用于粗加工和综合加工（即先粗加工，后精加工）
VR	螺纹车削时的退刀距离	增量值
多头	“否”代表单线螺纹，“是”代表多线螺纹	按选择功能键 SELECT 切换
α0	螺纹起始角	仅用于单线螺纹
N *	螺旋线数量	仅用于多线螺纹
DA *	螺纹变化深度	仅用于多线螺纹 “DA”为 0，表示逐条螺纹依次加工完毕
加工 *	“完全配置”表示依次加工所有的螺旋线；“N1”表示从第 *N* 条螺旋线开始加工；“NX”表示只加工第 *N* 条螺旋线	仅用于多线螺纹

* 参数仅在满足该参数应用条件时才在“锥形螺纹”参数输入界面的对话框（见图 5–28）中显示。

（3）编程实例

例 5–9 加工图 5–29 所示的工件，已知毛坯尺寸为 ϕ42 mm×56 mm，试编写螺纹加工程序。

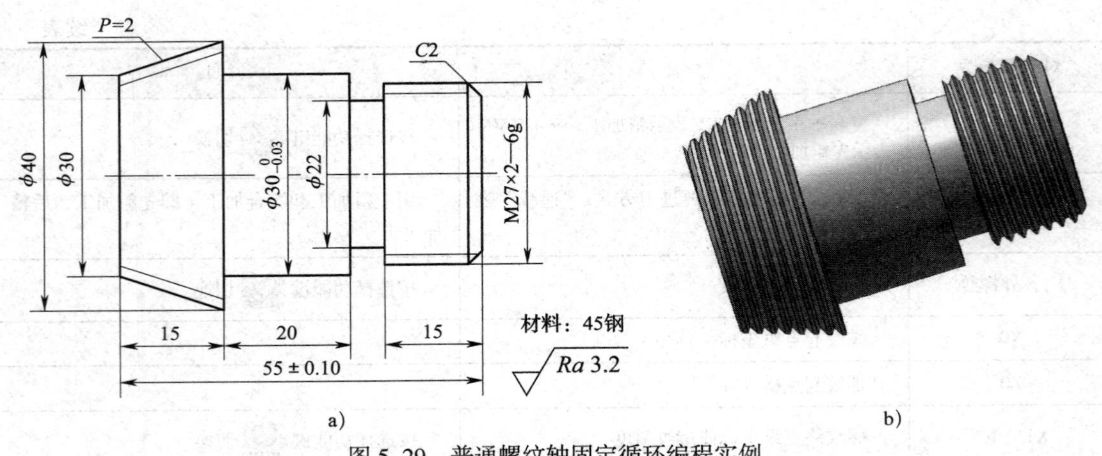

图 5-29　普通螺纹轴固定循环编程实例

a）零件图　b）三维立体图

```
AA505.MPF;                                   （加工右端轮廓主程序）
N10 G90 G95 G54 G40 G71;
N20 T1D1;                                    （换外圆车刀）
N30 M03 S800 F0.1 M08;
N40 G00 X34.0 Z2.0;
⋮                                       （采用 CYCLE951 指令加工右侧外轮廓）
N100 G00 X100.0 Z100.0;
N110 T4D1;                                   （换外螺纹车刀）
N120 G00 X30.0 Z2.0 S600;
N130 CYCLE99（0，27，-17，，2，2，1.3，0，30，0，3，0，2，1310101，4，2，0.6，0.5，0，0，1，0，0.750555，1，，，，2，0）;
```

说明：在图 5-30 所示“直螺纹”对话框中填写右端直螺纹加工参数，按垂直软键［接收］，系统自动生成以上 CYCLE99 程序段。

```
N140 G00 X34.0;
N150 G74 X0 Z0;
N160 M30;
BB505.MPF;                                   （加工左端外轮廓主程序）
N10 G90 G95 G54 G40 G71;
N20 T1D1;                                    （换外圆车刀）
N30 M03 S800 F0.1 M08;
N40 G00 X34.0 Z2.0;
⋮                                       （采用 CYCLE951 指令加工左侧外轮廓）
N80 G00 X100.0 Z100.0;
N90 T4D1;                                    （工件掉头，4 号刀位换上锥形螺纹车刀）
```

N100 G00 X27.0 Z2.0 S600；

N110 CYCLE99（0，30，-15，40，2，2，1.3，0，30，0，3，0，2，1310101，4，2，0.6，0.5，0，0，1，0，0.750555，1，，，，22，1）；

说明：在图 5-31 所示“锥形螺纹”对话框中填写锥形螺纹加工参数，按垂直软键［接收］，系统自动生成以上 CYCLE99 程序段。

直螺纹
输入 完全
表格 无
P 2.000 mm/rev
G 0.000
加工 ∇+∇∇∇
直线
外螺纹
X0 27.000
Z0 0.000
Z1 -17.000 abs
LW 2.000
LR 2.000
H1 1.300
αP 30.000 °
D1 0.600
U 0.000
NN 0
VR 2.000
多头 否
α0 0.000 °

图 5-30　填写直螺纹加工参数

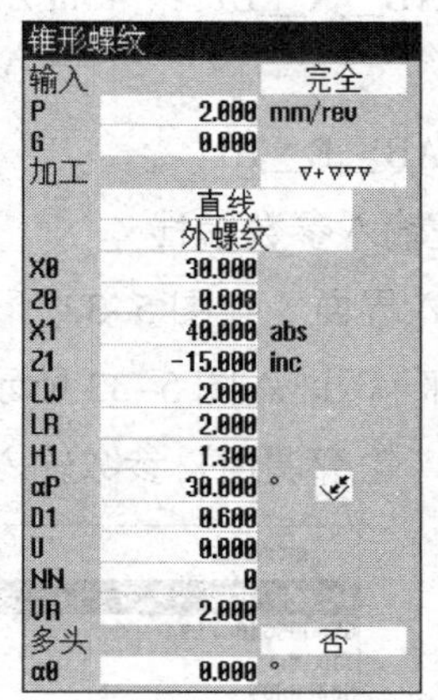

图 5-31　填写锥形螺纹加工参数

N120 G74 X0 Z0；

N130 M30；

五、车削轮廓指令

轮廓车削功能是由若干个独立的加工循环组合而成的，每一个循环并不能单独使用。除了这些循环，还要配合轮廓程序一起使用。轮廓程序可以通过系统内部的轮廓编辑器以人机对话的方式编写，也可以手工编写在单独的子程序中，再由轮廓调用指令调用。

1. 轮廓调用指令 CYCLE62

（1）指令格式

CYCLE62（KNAME，TYPE，LAB1，LAB2）；

（2）轮廓定义的方法

轮廓定义的方法有两种，一种是将工件轮廓编写在子程序中，在主程序中通过 CYCLE62 指令对轮廓子程序进行调用，实例如下：

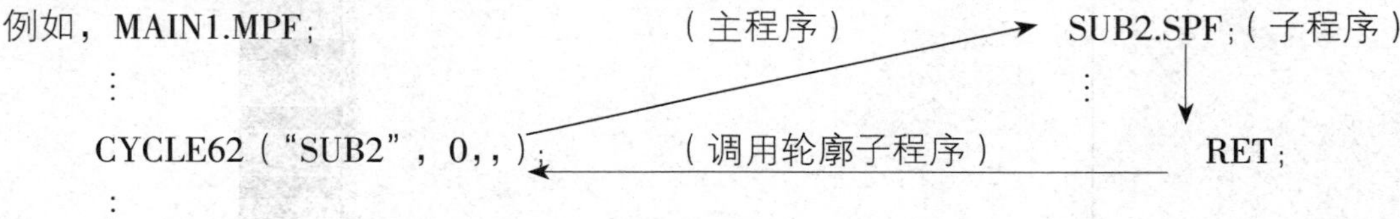

另一种是采用人机对话模式，绘制轮廓图形，自动生成轮廓程序，直接跟在主程序“M30；”程序段之后，实例如下：

例如，MAIN1.MPF；

：

CYCLE62（“L1”，1,,）；

CYCLE952（“AA1”,,“”，…）；

M30；

E__LAB__A__L1：；#SM Z：2；

：　　（定义轮廓）

E__LAB__E__L1：；

（3）对话框输入参数编程

1）参数输入界面。在图 5–32 所示新建程序界面中按下水平软键［轮廓车削］，再按下垂直软键［轮廓］，进入图 5–33 所示的轮廓调用界面，按下垂直软键［轮廓调用］，进入图 5–34 所示的“轮廓调用”参数输入界面，输入子程序名。

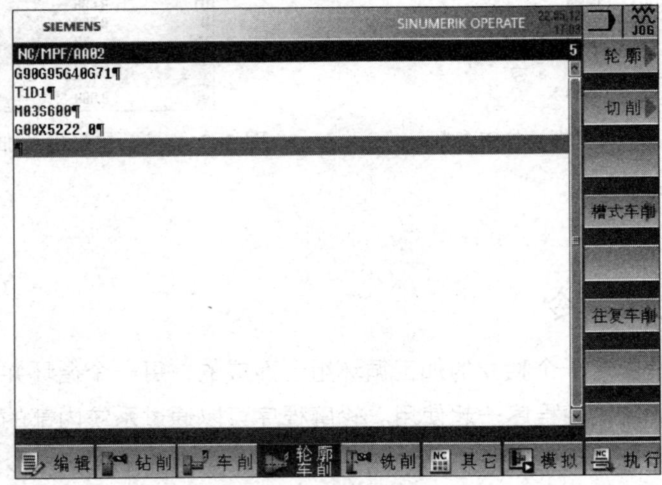

图 5–32　新建程序界面

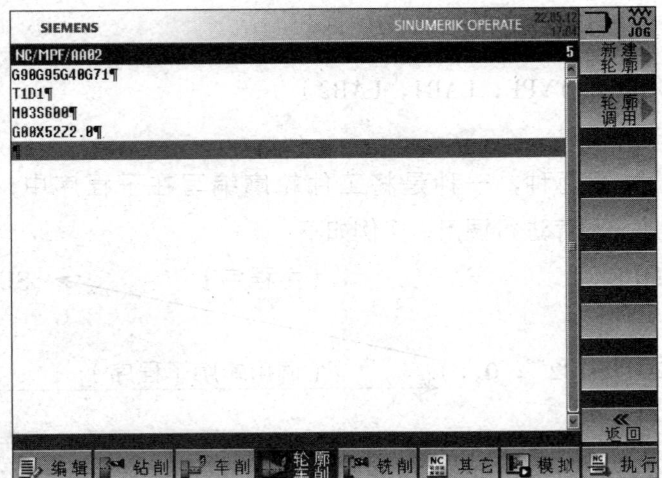

图 5–33　轮廓调用界面

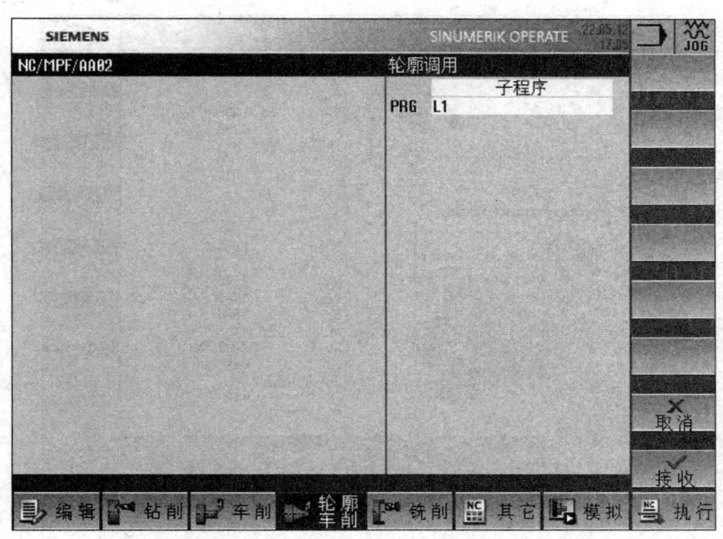

图 5-34 “轮廓调用”参数输入界面

2）参数含义。轮廓调用对话框参数及其含义具体见表 5-9。

表 5-9　　轮廓调用对话框参数及其含义

对话框参数	轮廓定义方式	含义
CON	轮廓名称	通过轮廓的名称调用一个轮廓的子程序
LAB1	标签	通过写出首尾两个标签的名称调用两个标签之间的程序作为轮廓子程序
LAB2		
PRG	子程序	写出一个子程序的名字，这个程序就是轮廓的子程序
PRG	子程序中的标签	轮廓子程序放在两个标签之间，同时 PRG 标签在一个子程序内
LAB1		
LAB2		

2. 轮廓车削固定循环指令 CYCLE952

轮廓车削固定循环指令可以用来车削任意形状的回转体零件，该指令必须结合轮廓程序来使用。能使用轮廓程序进行描述的形状都可以用 CYCLE952 指令进行加工。

（1）指令格式

CYCLE952（PRG，CON，CONR，VARI，F，FR，RP，D，DX，DZ，UX，UZ，U，U1，BL，XD，ZD，XA，ZA，XB，ZB，XDA，XDB，N，DPDI，SC，DN，GMODE，DMODE，AMODE）；

（2）对话框输入参数编程

1）参数输入界面。在新建程序界面中按下水平软键［轮廓车削］，再按下垂直软键［切削］，进入图 5-35 所示的“切削”参数输入界面。

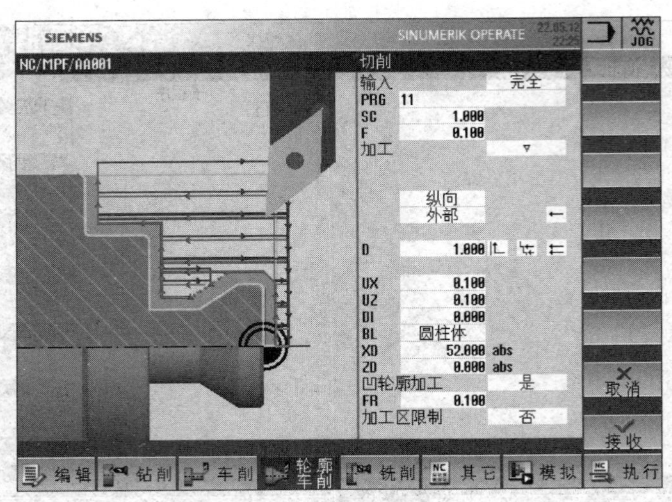

图 5-35 “切削”参数输入界面

2）参数含义。轮廓车削固定循环对话框参数及其含义具体见表 5-10。

表 5-10 轮廓车削固定循环对话框参数及其含义

对话框参数	含义	说明
输入	“完全”表示完整的输入模式，“简单”表示简化的输入模式	按选择功能键 SELECT 切换
PRG	加工中自动生成的临时程序的名称	不能与被调用的轮廓程序或子程序名相冲突
* 余料	“不”表示毛坯加工，“是”表示余料加工	按选择功能键 SELECT 切换
* CONR	用于余料加工、储存已更新毛坯轮廓的名称	仅用于余料加工
SC	安全距离	
F	粗车进给速度	
加工	▽表示粗加工，▽▽表示精加工	按选择功能键 SELECT 切换
加工方向	纵向、端面、平行于轮廓	按选择功能键 SELECT 切换
加工部位	外部、内部	按选择功能键 SELECT 切换
车削方向	→表示由内向外，←表示由外向内	车削方向取决于切削方向或刀具的选择
D	粗车时每一次车削的最大背吃刀量	
紧跟轮廓	表示沿轮廓返回，表示不沿轮廓返回，表示需要时描述	按选择功能键 SELECT 切换
切削分段	表示切深参考边沿，表示等深切削	按选择功能键 SELECT 切换，当切削分段选择模式时，出现背吃刀量参数
背吃刀量	表示恒定背吃刀量，表示变化的背吃刀量	按选择功能键 SELECT 切换
UX 或 U	X 向的精加工余量或 X 向和 Z 向的精加工余量	按选择功能键 SELECT 切换，仅用于粗加工
UZ	Z 向的加工余量	

续表

对话框参数	含义	说明
DI	粗车时的断屑距离	仅用于粗加工
BL	毛坯的形式：圆柱体、余量、轮廓	按选择功能键 SELECT 切换
XD	毛坯的径向余量或直径	仅用于毛坯形式为“圆柱”时
ZD	毛坯的轴向余量或端面位置	仅用于毛坯形式为“圆柱”“轮廓”时
凹轮廓加工	加工凹轮廓：是、否	加工凹轮廓时按选择功能键 SELECT 切换
余量	精加工余量：是、否	仅在精加工时出现，按选择功能键 SELECT 切换
*UI	X 向和 Z 向的补偿余量（增量）	正值：保护补偿余量 负值：切除精加工余量和补偿余量
* 底切	加工底切：是、否	按选择功能键 SELECT 切换
FR	底切逼近进给率	仅在底切为“是”时出现
加工区限制	“是”表示设置 X 向和 Z 向第一和第二限制值，“否”表示没有限制	通常不限制车削加工的范围

* 参数仅在满足该参数应用条件时才在“切削”参数输入界面的对话框（见图 5-35）中显示。

3）编程实例。

例 5-10　加工图 5-36 所示的工件，毛坯为 ϕ52 mm 的硬铝 2A12 长棒料，外形加工完成后直接切断，试编写其数控车程序。

AA506.MPF；

N10 G90 G95 G40 G54 G71；

N20 T1D1；　　（换 1 号菱形刀片可转位车刀）

N30 M03 S600；

N40 G00 X100.0 Z100.0；

N50 X53.0 Z2.0；　　（刀具定位至循环起点）

N60 CYCLE62（“L1”，0，，）；

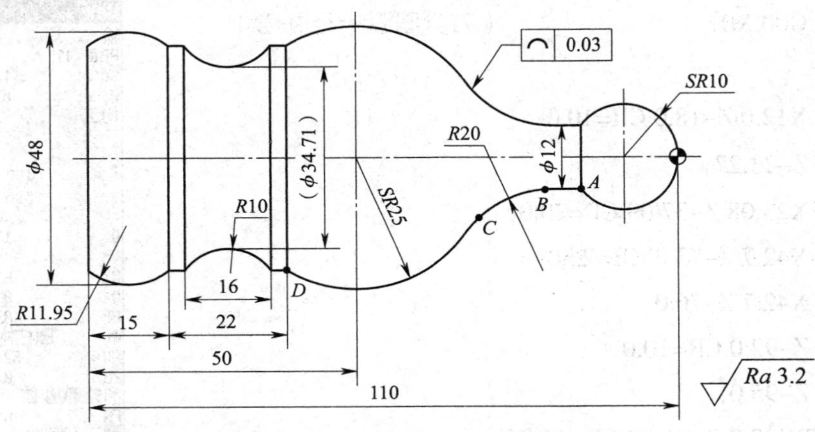

部分基点坐标：A（12.0，−18.0），B（12.0，−23.27），C（23.08，−37.09），D（42.7，−73.0）

a)

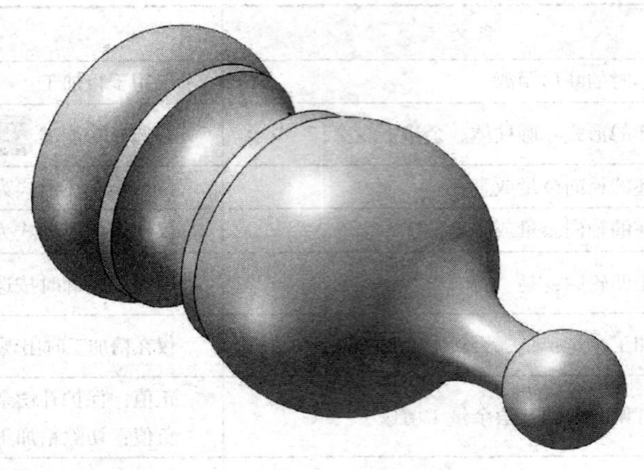

b）

图 5-36　轮廓车削固定循环编程实例

a）零件图　b）三维立体图

说明：在图 5-37 所示“轮廓调用”对话框中输入轮廓子程序名，按垂直软键［接收］，系统自动生成以上 CYCLE62 轮廓调用程序段。

轮廓调用
子程序
PRG　L1

图 5-37 “轮廓调用”对话框

N70 CYCLE952（“11”，，“”，1101311，0.2，0.1，0，1，0.1，0.1，0.3，0.1，0.1，0，1，52，0，，，，，2，2，，，0，1，，0，12，110，1，0）；

说明：在图 5-38 所示的“切削”对话框中填写相应加工参数，按垂直软键［接收］，系统自动生成以上 CYCLE952 外圆加工程序段。

```
N80 G00 X100.0;
N90 Z100.0;
N100 M30;
L1.SPF;
N10 G42 G00 X0;                （刀尖圆弧半径补偿）
N20 Z0;
N30 G03 X12.0 Z-18.0 CR=10.0;
N40 G01 Z-23.27;
N50 G02 X23.08 Z-37.09 CR=20.0;
N60 G03 X42.7 Z-73.0 CR=25.0;
N70 G01 X42.7 Z-76.0;
N80 G02 Z-92.0 CR=10.0;
N90 G01 Z-95.0;
N100 G03 X42.7 Z-110.0 CR=11.95;
N110 G01 Z-114.0;
```

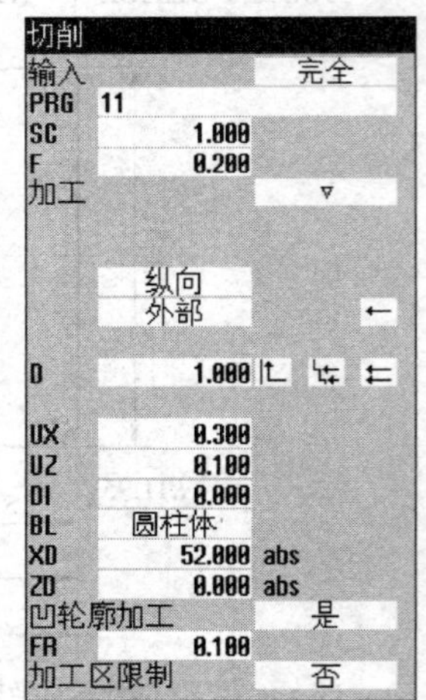

图 5-38 “切削”对话框

```
N120 G40 G01 X52.0;
N130 RET;
```

六、外形车削加工编程综合实例

例 5–11 加工图 5–39 所示的工件，毛坯为 ϕ50 mm×90 mm 的圆钢（一端提前钻出 ϕ20 mm 的孔），试编写其数控车加工程序。

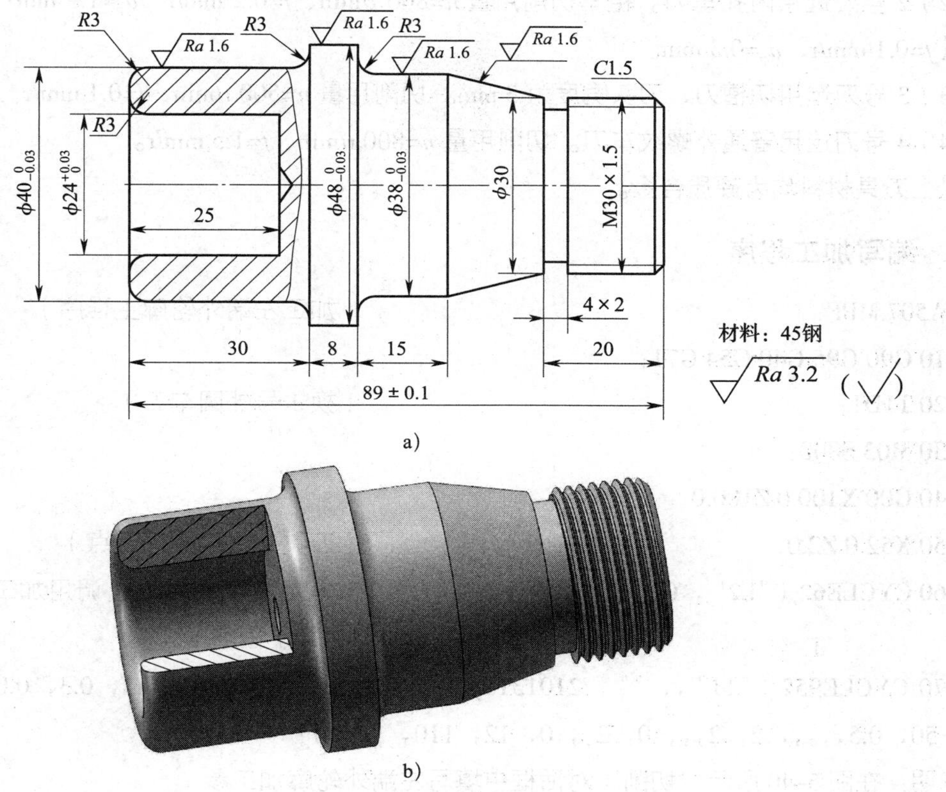

图 5–39 综合编程实例

a）零件图 b）三维立体图

1. 选择机床与夹具

本例工件选择采用 SINUMERIK 828D 数控系统的前置刀架式数控车床进行加工，选用三爪自定心卡盘装夹毛坯，编程原点分别设在工件左、右端面与主轴轴线的交点处。

2. 加工步骤

（1）用 CYCLE952 指令加工工件左端轮廓。

（2）掉头，手动车削端面，保证工件总长并对刀。

（3）用 CYCLE952 指令加工工件右端外轮廓。

（4）用 CYCLE930 指令加工外螺纹退刀槽。

（5）用 CYCLE99 指令加工外螺纹。

3. 基点计算（略）

4. 选择刀具与切削用量

（1）1 号刀选用 90° 外圆车刀。粗车切削用量 n=800 r/min、f=0.2 mm/r、a_p=1.5 mm；精车切削用量 f=0.1 mm/r、a_p=0.3 mm。

（2）2 号刀选用内孔车刀。粗车切削用量 n=800 r/min、f=0.2 mm/r、a_p=1.5 mm；精车切削用量 f=0.1 mm/r、a_p=0.3 mm。

（3）3 号刀选用切槽刀，刀头宽度为 3 mm。切削用量 n=500 r/min、f=0.1 mm/r。

（4）4 号刀选用普通外螺纹车刀。切削用量 n=800 r/min、f=1.5 mm/r。

以上刀具材料均为硬质合金。

5. 编写加工程序

AA507.MPF；　　（加工左端外轮廓主程序）

N10 G90 G95 G40 G54 G71；

N20 T1D1；　　（换 1 号外圆车刀）

N30 M03 S800；

N40 G00 X100.0 Z100.0；

N50 X52.0 Z2.0；　　（刀具定位至循环起点）

N60 CYCLE62（“L2”，0,,）；　　（采用会话式编程，调用加工左端外轮廓子程序）

N70 CYCLE952（“11”,,“”，2101311，0.2，0.1，0，1.5，0.1，0.1，0.3，0.05，0.1，0，1，50，0.5,,,,，2，2,,，0，2,，0，12，110，1，0）；

说明：在图 5-40 所示“切削”对话框中填写左端外轮廓加工参数，按垂直软键［接收］，系统自动生成以上 CYCLE952 加工程序段。

N80 G00 X100.0；

N90 Z100.0；

N100 M30；

L2.SPF；　　（加工左端外轮廓子程序）

N10 G42 G01 X34.0；

N20 Z0；

N30 G03 X40.0 Z-3.0 CR=3.0；

N40 G01 Z-27.0；

N50 G02 X46.0 Z-30.0 CR=3.0；

N60 G01 X48.0；

N70 Z-40.0；

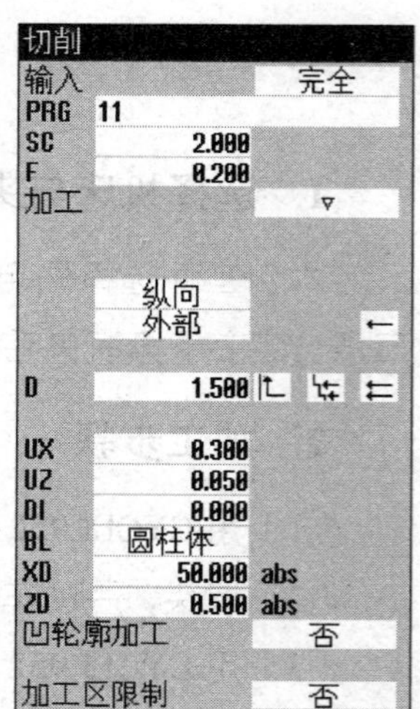

图 5-40　填写左端外轮廓加工参数

N80 G40 X52.0；

N90 RET；

BB507.MPF；　　　　（加工左端内轮廓主程序）

N10 G90 G95 G40 G54 G71；

N20 T2D1；　　　　（换 2 号内孔车刀）

N30 M03 S800；

N40 G00 X100.0 Z100.0；

N50 X18.0 Z2.0；

N60 CYCLE62（"L3"，0，，）；　　　　（采用会话式编程，调用加工左端内轮廓子程序）

N70 CYCLE952（"11"，，""，2102311，0.2，0.1，0.1，1，0.1，0.1，0.3，0.05，0.1，0，1，20，0.5，，，，，2，2，，，0，1，，0，12，110，1，0）；

说明：在图 5-41 所示"切削"对话框中填写左端内轮廓加工参数，按垂直软键［接收］，系统自动生成以上 CYCLE952 加工程序段。

N80 G00 X20.0；

N90 Z100.0；

N100 M30；

L3.SPF；　　　　（加工左端内轮廓子程序）

N10 G41 G01 X30.0 F0.1；

N20 Z0；

N30 G02 X24.0 Z-3.0 CR=3.0；

N40 G01 Z-25.0；

N50 G40 X20.0；

N60 RET；

CC507.MPF；　　　　（加工右端外轮廓主程序）

N10 G90 G95 G40 G54 G71；

N20 T1D1；　　　　（换 1 号外圆车刀）

N30 M03 S800；

N40 G00 X100.0 Z100.0；

N50 X52.0 Z2.0；

N60 CYCLE62（"L4"，0，，）；　　　　（采用会话式编程，调用加工右端外轮廓子程序）

N70 CYCLE952（"11"，，""，2101311，0.2，0.1，0，1.5，0.1，0.1，0.3，0.05，0.1，0，1，50，0.5，，，，，2，2，，，0，2，，0，12，110，1，0）

说明：在图 5-42 所示"切削"对话框中填写右端外轮廓加工参数，按垂直软键［接收］，系统自动生成以上 CYCLE952 加工程序段。

N80 G00 X100.0；

N90 Z100.0；

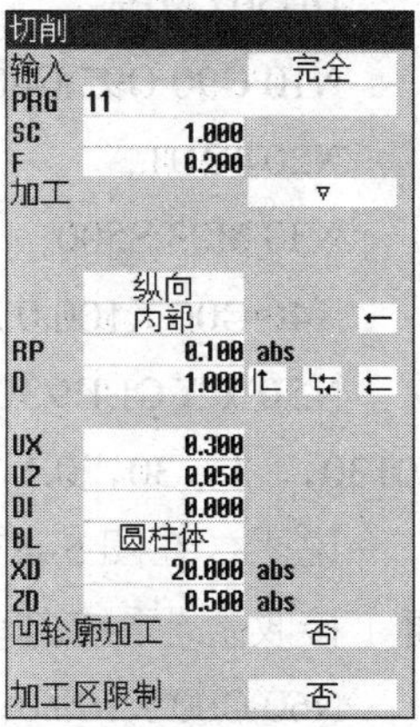

切削	
输入	完全
PRG	11
SC	1.000
F	0.200
加工	▽
	纵向
	内部
RP	0.100 abs
D	1.000
UX	0.300
UZ	0.050
DI	0.000
BL	圆柱体
XD	20.000 abs
ZD	0.500 abs
凹轮廓加工	否
加工区限制	否

图 5-41 填写左端内轮廓加工参数

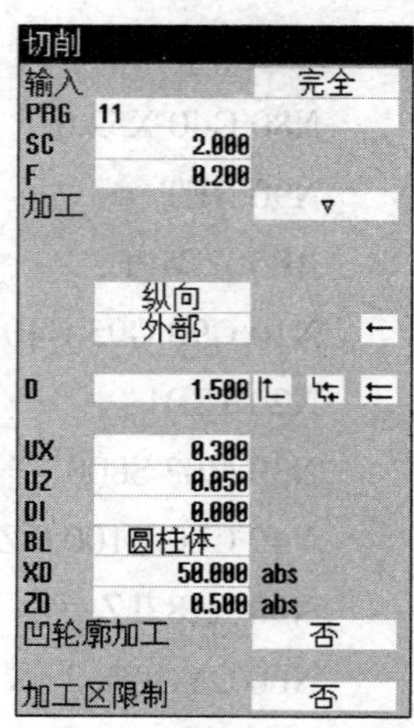

图 5-42 填写右端外轮廓加工参数

N100 M30;

L4.SPF; （加工右端外轮廓子程序）

N10 G42 G01 X26.8;

N20 Z0;

N30 X29.8 Z-1.5;

N40 Z-20.0;

N50 X30.0;

N60 X38.0 Z-36.0;

N70 Z-48.0;

N80 G02 X44.0 Z-51.0 CR=3.0;

N90 G40 G01 X52.0;

N100 RET;

DD507.MPF; （加工螺纹退刀槽主程序）

N10 G90 G95 G40 G54 G71;

N20 T3D1; （换 3 号切槽刀）

N30 M03 S500;

N40 G00 X100.0 Z100.0;

N50 CYCLE930（30，-20，10，10，25.8，，0，0，0，2，2，2，2，0.2，1，1，10130，，1，30，0.1，0，0.2，0.2，2，1111100）;

说明：在图 5-43 所示“凹槽 1”对话框中填写右端外螺纹退刀槽加工参数，按垂直软键［接收］，系统自动生成以上 CYCLE930 加工程序段。

N60 G00 X100.0;

N70 Z100.0;

N80 M30;

EE507.MPF; （加工外螺纹主程序）

N10 G90 G95 G40 G54 G71;

N20 T4D1; （换 4 号普通外螺纹车刀）

N30 M03 S800;

N40 G00 X100.0 Z100.0;

N50 X32.0 Z2.0;

N60 CYCLE99（0，30，-18，，3，2，0.975，0.03，30，0，3，0，1.5，1300103，4，2，0.334108，0.5，0，0，1，0，0.562917，1，，，，2，1）;

说明：在图 5-44 所示“直螺纹”对话框中填写右端普通外螺纹加工参数，按垂直软键［接收］，系统自动生成以上 CYCLE99 加工程序段。

N70 G00 X100.0 Z100.0;

N80 M30;

凹槽 1		
SC	1.000	
F	0.100	
加工		▽+▽▽▽
位置		
X0	30.000	
Z0	-20.000	
B1	10.000	
T1	25.800	abs
D	1.000	
UX	0.200	
UZ	0.200	
N	1	

图 5-43　填写退刀槽加工参数

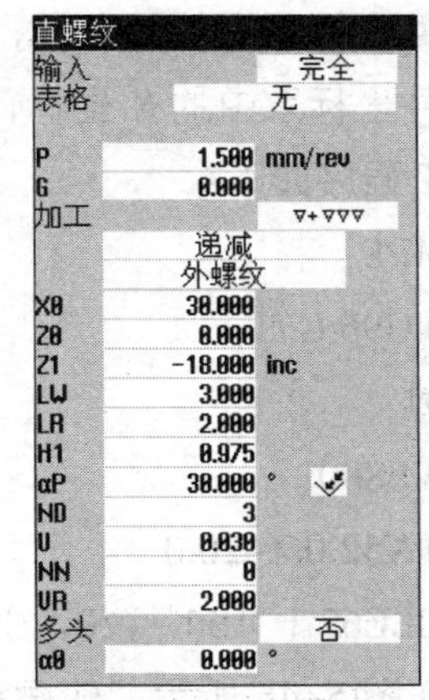

图 5-44　填写外螺纹加工参数

第三节　参 数 编 程

SINUMERIK 828D 数控系统中参数编程的 R 参数赋值、运算格式和跳转指令与 SIEMENS 802D 系统相同，具体参阅第四章相关内容。

例 5–12　试用参数编程方式编写图 5–45 所示线轴椭圆凹槽的数控车加工程序。

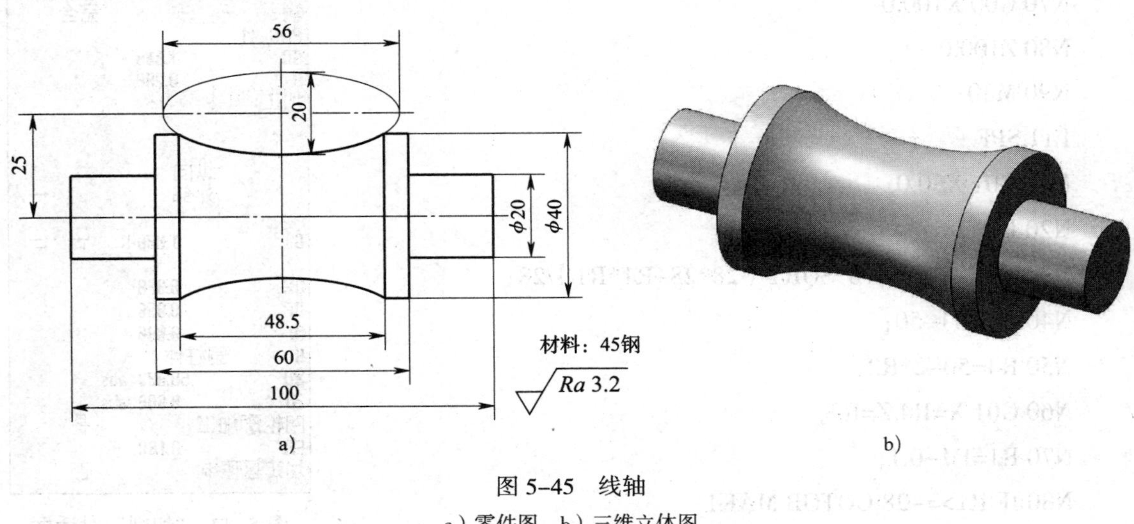

图 5–45　线轴

a）零件图　b）三维立体图

用参数编程方式加工椭圆凹槽时，将椭圆凹槽细分成若干段后用直线进行拟合，以 Z 坐标作为自变量，每次变化 0.1 mm，X 坐标作为因变量，通过参数运算计算出相应的 X 坐标值，即 X=10*SQRT（28^2–Z^2）/28。

编程中使用以下 R 参数进行运算：

R1：公式中的 Z 坐标（起点值为 28）。

R2：公式中的 X 坐标。

R3：工件坐标系中的 Z 坐标，R3=R1–50。

R4：工件坐标系中的 X 坐标，R4=50–2*R2。

椭圆加工程序如下：

```
AA508.MPF;
N10 G90 G95 G71;
N20 T1D1;
N30 M03 S800;
N40 G00 X52.0 Z–20.0;
N50 CYCLE62（"L11"，0,,）;
```

说明：在图 5–46 所示“轮廓调用”对话框中输入轮廓子程序名，按垂直软键［接收］，系统自动生成以上 CYCLE62 轮廓调用程序段。

轮廓调用
子程序
PRG L11

图 5–46 “轮廓调用”对话框

```
N60 CYCLE952（"1",,"",1101311，0.2，0.1，0.1，1，0.1，0.1，0.3，0.05，0.1，0，1，50，0,,,,，2，2,,，0，1,,0，12，110，1，0）;
```

说明：在图 5–47 所示的“切削”对话框中填写相应加工参数，按垂直软键［接收］，系统自动生成以上 CYCLE952 外圆加工程序段。

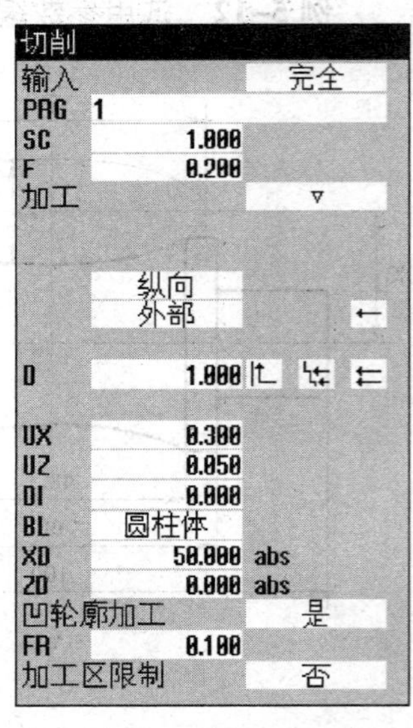

图 5–47 “切削”对话框

```
N70 G00 X100.0;
N80 Z100.0;
N90 M30;
L11.SPF;
N10 G01 X50.0;
N20 R1=28;
N30 MAK1：R2=10*SQRT（28*28–R1*R1）/28;
N40 R3=R1–50;
N50 R4=50–2*R2;
N60 G01 X=R4 Z=R3;
N70 R1=R1–0.1;
N80 IF R1>=–28 GOTOB MAK1;
N90 G01 X42.0;
N100 RET;
```

例 5–13 试用参数编程方式编写图 5–48 所示抛物线和椭圆表面的数控车加工程序。

加工本例工件时，难点在于两段参数编程，最右端是抛物线轮廓，左端还有一小段椭圆弧。抛物线以 Z 坐标作为自变量，每次变化 0.1 mm，X 坐标作为因变量，通过参数运算计算出相应的 X 坐标值，即 X=SQRT（–14*Z）。椭圆以 Z 坐标作为自变量，每次变化 0.1 mm，X 坐标作为因变量，通过参数运算计算出相应的 X 坐标值，即 X=20*SQRT（12^2–Z^2）/12。

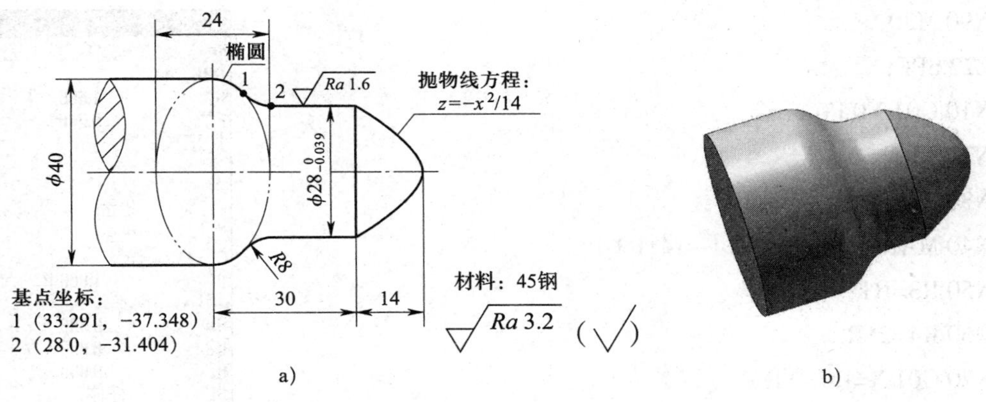

图 5-48　参数编程实例

a）零件图　b）三维立体图

编程中使用以下 R 参数进行运算：

R1：抛物线公式中的 Z 坐标（起点值为 0）。

R2：抛物线公式中的 X 坐标。

R3：抛物线工件坐标系中的 Z 坐标，R3=R1。

R4：抛物线工件坐标系中的 X 坐标，R4=2*R2。

R5：椭圆公式中的 Z 坐标（起点值为 6.652）。

R6：椭圆公式中的 X 坐标。

R7：椭圆工件坐标系中的 Z 坐标，R7=R5-44。

R8：椭圆工件坐标系中的 X 坐标，R8=2*R6。

图 5-48 所示工件的加工程序如下：

AA509.MPF；

N10 G90 G95 G71；

N20 T1D1；

N30 M03 S800；

N40 G00 X42.0 Z-20.0；

N50 CYCLE62（“L22”，0,,）；

说明：在图 5-49 所示“轮廓调用”对话框中输入轮廓子程序名，按垂直软键［接收］，系统自动生成以上 CYCLE62 轮廓调用程序段。

图 5-49　“轮廓调用”对话框

N60 CYCLE952（“1”,,“”，1101311，0.2，0.1，0.1，1，0.1，0.1，0.3，0.05，0.1，0，1，50，0,,,,，2，2,,，0，1,，0，12，110，1，0）；

说明：在图 5-50 所示的“切削”对话框中填写相应加工参数，按垂直软键［接收］，系统自动生成以上 CYCLE952 外圆加工程序段。

N70 G00 X100.0；

N80 Z100.0；

```
N90 M30；
L22.SPF；
N10 G01 X0 F0.2；
N20 Z0；
N30 R1=0；
N40 MAK1：R2=SQRT（-14*R1）；
N50 R3=R1；
N60 R4=2*R2；
N70 G01 X=R4 Z=R3；
N80 R1=R1-0.1；
N90 IF R1>=-14 GOTOB MAK1；
N100 G01 X28.0 Z-14.0；
N110 Z-31.404；
N120 G02 X33.291 Z-37.348 CR=8.0；
N130 R5=6.652；
N140 MAK2：R6=20*SQRT（12*12-R5*R5）/12；
N150 R7=R5-44；
N160 R8=2*R6；
N170 G01 X=R8 Z=R7；
N180 R5=R5-0.1；
N190 IF R5>=0 GOTOB MAK2；
N200 G01 X40.0 Z-44.0；
N210 Z-50.0；
N220 G01 X52.0；
N230 RET；
```

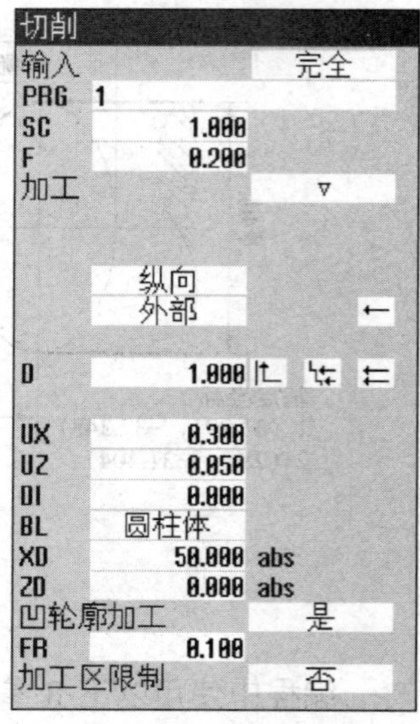

图 5-50 “切削”对话框

第四节 SINUMERIK 828D 系统及其车床的操作

一、数控车床总面板

本节以采用 SINUMERIK 828D 数控系统的 CAK600A 型数控车床为载体介绍数控系统及其车床操作。该数控车床总面板由 SINUMERIK 828D 数控系统操作面板和机床控制面板两部分组成，如图 5-51 所示。

1. SINUMERIK 828D 数控系统操作面板

数控系统操作面板主要由数控系统生产厂家原装配置。SINUMERIK 828D 系统操作面板主要由屏幕显示区和各种功能按键区等组成，如图 5-52 所示。

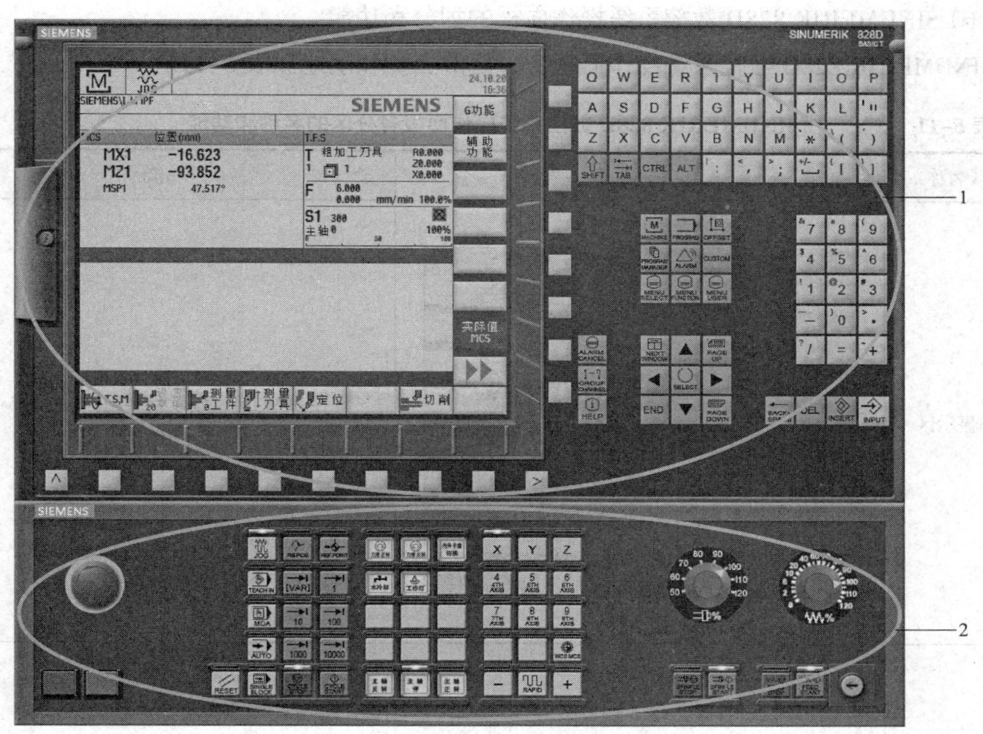

图 5-51　CAK600A 型数控车床总面板

1—数控系统操作面板　2—机床控制面板

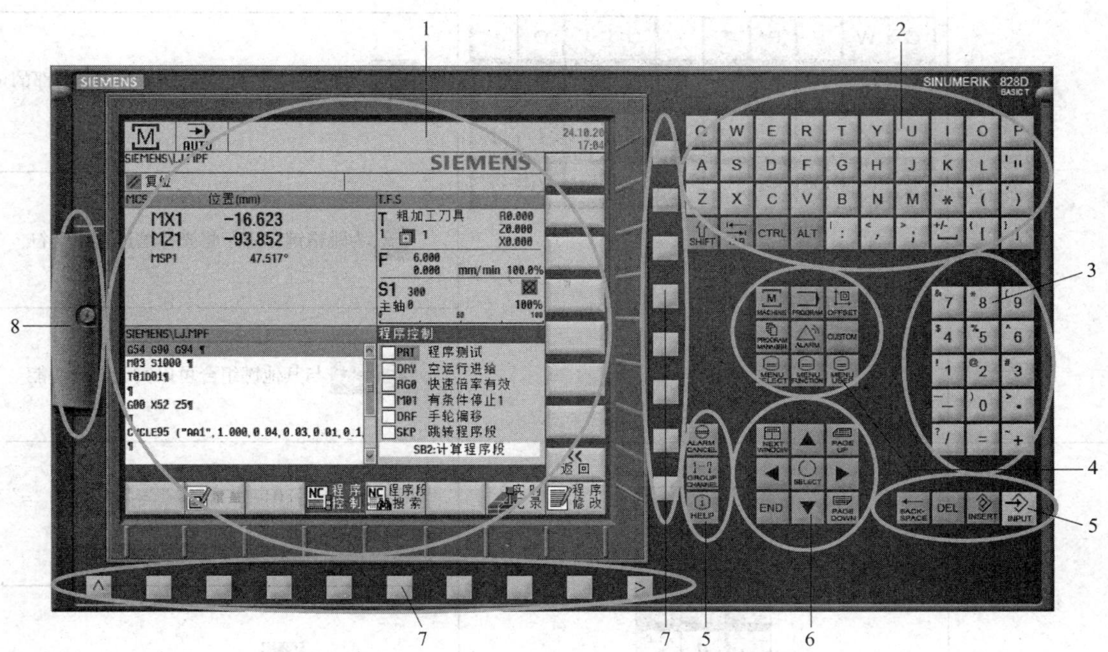

图 5-52　SINUMERIK 828D 数控系统面板

1—屏幕显示区　2—字母区　3—数字区　4—热键区　5—控制键区

6—光标区　7—软键区　8—用户接口区

（1）SINUMERIK 828D 数控系统操作面板的划分和功能

SINUMERIK 828D 数控系统操作面板各分区的名称和功能见表 5–11。

表 5–11　SINUMERIK 828D 数控系统操作面板各分区的名称和功能

分区名称	功能按键	功能
屏幕显示区	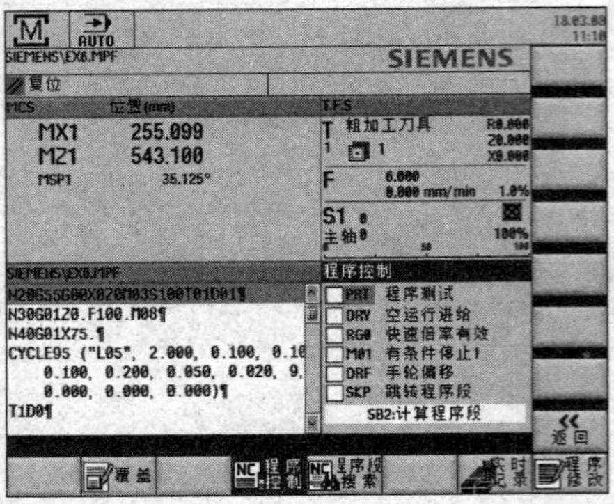	数控系统屏幕显示区的组成如图 5–53 所示，其分区的名称和功能见表 5–12
字母区		用于输入字母 A ~ Z
		用于输入“、”“*”“( )”“[ ]”“：”等符号
		 SHIFT 为上挡键，用于输入双字符键上部的字符
		 TAB 为跳格键，用于将光标缩进若干字符
		 CTRL ALT 与其他键组合可以实现快捷功能
数字区	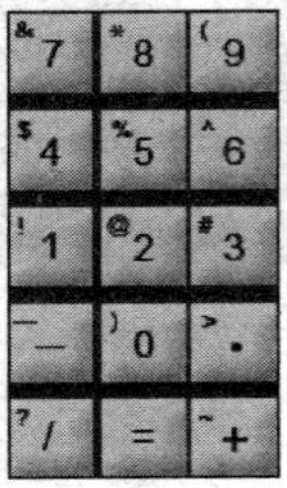	用于输入数字 0 ~ 9 和“+”“–”“*”“/”“=”等运算符号
		利用上挡键  SHIFT 可输入“&”“%”“#”“@”等符号

续表

分区名称	功能按键	功能
热键区	MACHINE PROGRAM OFFSET PROGRAM MANAGER ALARM CUSTOM MENU SELECT MENU FUNCTION MENU USER	MACHINE 键用于显示当前加工位置的机床坐标值 / 工件坐标值（在“JOG”“MDA”“AUTO”模式中）
		PROGRAM 键用于打开操作区域“程序”，进入程序编辑界面
		OFFSET 键用于打开操作区域“参数”，设置刀具清单、刀具磨损、刀库、零点偏置、用户变量等
		PROGRAM MANAGER 键用于打开操作区域的“程序管理器”，管理程序列表
		ALARM 键用于打开报警清单界面，查看报警信息
		MENU SELECT 为选择菜单键，用于打开选择功能界面
		CUSTOM 为机床生产厂家自定义按键
控制键区	BACK-SPACE DEL INSERT INPUT ALARM CANCEL GROUP CHANNEL HELP	BACK-SPACE 键用于清除活动的输入字段中光标前的字符
		DEL 键用于清除参数字段中光标后的字符
		INSERT 键用于激活插入模式
		INPUT 键用于输入数据值、开 / 关目录、打开文件
		ALARM CANCEL 键用于清除报警信息显示
		GROUP CHANNEL 键用于选择通道
		HELP 键用于显示帮助文件

续表

分区名称	功能按键	功能
光标区	NEXT WINDOW ▲ PAGE UP ◀ SELECT ▶ END ▼ PAGE DOWN	◀ ▶ ▲ ▼ 为光标键，将光标移至屏幕中各不同的字段或者行
		SELECT 为选择功能键，用于在多个选项中进行选择
		NEXT WINDOW 键用于在实际工作界面中激活下一个子界面
		PAGE UP PAGE DOWN 为翻页键，用于向前或向后翻页
		END 键用于将光标置于参数界面中最后一个输入字段
软键区	^ … … >	^ 为回调键，用于跳转至下一个菜单级别
		为软键选择键，用于选择软键对应的菜单功能
		> 为扩展键，用于扩展水平软键栏
用户接口区	1 2 3 4	1—以太网插口，通过网络传输数据 2—RDY、NC、CF 状态 LED 指示灯 3—USB 插口，通过 U 盘传输数据 4—CF 卡插槽，通过 CF 卡传输数据

（2）屏幕显示区和功能介绍

SINUMERIK 828D 数控系统屏幕显示区是该数控系统与编程及操作技术人员进行人机交互的界面，用于显示数控机床各种参数（如运行参数、报警信息等）以及数控机床的控制信息（如数控编程指令等）。屏幕显示区的组成如图 5-53 所示，其分区的名称和功能具体见表 5-12。

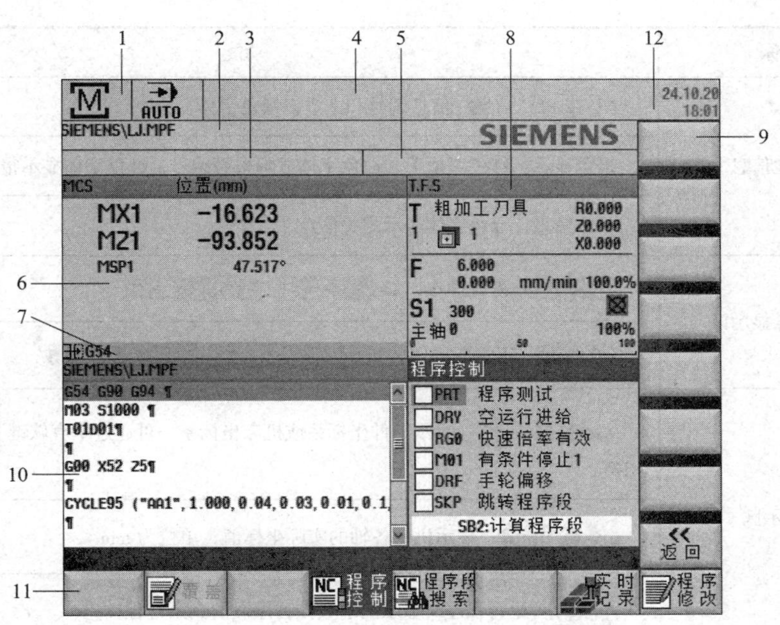

图 5–53　屏幕显示区的组成

1—有效操作区域和操作模式　2—程序路径和名称　3—通道状态和程序控制内容显示区　4—报警或其他信息显示区　5—通道运行信息显示区　6—坐标值显示区　7—激活零点和旋转的显示区　8— T、F、S 信息显示区　9—垂直软键栏和辅助功能信息栏　10—工作界面　11—水平软键栏　12—系统时间显示区

表 5–12　　数控系统屏幕显示区各分区的名称和功能

分区名称	功能
有效操作区域和操作模式	有效操作区域包括"加工"、"参数"、"程序"、"程序管理器"、"诊断"、"调试"六种状态
	操作模式包括"手动进给" JOG、"手动数据输入" MDA、"自动运行" AUTO、"重新定位和重新接近轮廓" REPOS、"返回参考点" REF.POINT 五种模式
程序路径和名称	显示当前所选择的程序名称和存储路径信息
通道状态和程序控制内容显示区	复位：按下"复位"键 RESET，使机床处于初始状态
	有效：显示正在处理程序，无异常状况
	中断：使用"循环停止"键 CYCLE STOP 中断程序
	SB1 SKP DRF M01 RG0 DRY PRT：显示有效的程序段控制 SB1：粗略单步执行；SB2：计算程序段；SB3：精准单步执行；SKP：跳转程序段；DRF：手轮偏移；M01：有条件停止 1；RG0：快速倍率有效；DRY：空运行进给；PRT：程序测试

续表

分区名称	功能
报警或其他信息	NC 或 PLC 信息：信息编号和文本以黑色字体显示
	报警显示：红色背景下，白色字体显示报警编号，红色字体显示报警信息
	程序信息：绿色字体显示相关信息
通道运行信息显示区	⚠停止：需要操作，如 ⚠停止：单步执行结束
	⊙等待：不需要操作，如 ⊙等待：G4 S90 还有：90.0 U
坐标值显示区	WCS 或 MCS：显示工件坐标系或机床坐标系，可通过垂直软键 实际值 MCS 进行切换
	位置 [mm]：显示机床各轴的实际坐标值，单位为 mm
	余程：运行程序时显示当前数控程序段的剩余行程
激活零点和旋转的显示区	G54：显示当前激活的零点
T、F、S 信息显示区	T 区显示刀具信息 T 1 粗加工刀具 1 R0.000 Z0.000 X0.000：有效刀具 T。其中，粗加工刀具 为刀具名称；1 为当前刀具的刀沿位置号；为当前刀具类型符号；R0.000 为刀尖圆弧半径；Z0.000 X0.000 为刀具长度尺寸
	F 区显示进给率信息 F 6.000 0.000 mm/min 100.0%：进给率 F。其中，6.000 为实际进给率；0.000 mm/min 为程序指定进给率；100.0% 为进给倍率
	S 区显示主轴信息 S1 主轴 300 0 100% 0 50 100：主轴参数 S。其中，S1 主轴 为当前运行主轴号；300 为程序中主轴转速设定值；0 为实际主轴转速；为主轴停转；100% 为主轴旋转倍率
垂直软键栏和辅助功能信息栏	显示各种指令功能菜单，同时显示有效 G 功能、辅助功能等信息
工作界面	显示当前正在执行的程序内容
水平软键栏	显示系统操作和编辑命令菜单
系统时间显示区	24.10.20 18:01：显示当前系统时间

2. 机床控制面板

数控机床控制面板主要是由机床生产厂家根据机床所配置的系统和机床的具体功能设计的。机床生产厂家、型号、规格不同，往往机床控制面板也有很大差异，CAK600 型数控车床控制面板如图 5-54 所示，其开关、按钮和按键的名称与功能具体见表 5-13。

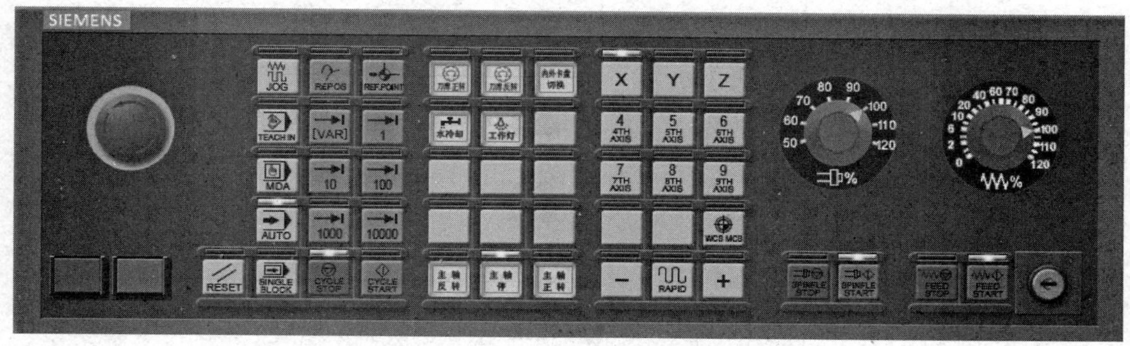

图 5-54 CAK600 型数控车床控制面板

表 5-13 CAK600 型数控车床控制面板开关、按钮和按键的名称与功能

功能键图	名称	功能
	机床总电源开关	开关位于机床左侧的电气柜上，“0”位为总电源关闭，“1”位为总电源接通
	系统电源开关	绿色键为系统电源接通，红色键为系统电源断开
	紧急停止按钮	简称“急停”按钮。出现紧急情况时按下“急停”按钮，屏幕上出现“EMG”字样，机床报警指示灯亮
	主轴控制按键	：按该按键使主轴停止
		：按该按键使主轴启动
	进给控制按键	：停止当前正在运行的加工程序，即停止机床主轴的运动
		：从当前程序段继续运行，并将进给速度提高到设定值
	数据钥匙开关	可通过钥匙开关的不同位置设置不同的数据访问级别

续表

功能键图	名称	功能
JOG REPOS REF.POINT TEACH IN MDA AUTO	模式选择按键	JOG 模式：在该模式下可进行手动切削进给、手动快速进给、程序编辑、对刀操作等
		REPOS 模式：在该模式下重新定位及重新接近轮廓
		REF.POINT 模式：在该模式下可进行回参考点操作
		TEACH IN 模式：在该模式下可以与机床通过人机交互进行编程
		MDA 模式：在该模式下进行手动数据输入操作
		AUTO 模式：在该模式下进行自动运行加工操作
RESET	“复位”按键	按下该按键，可以使机床进入准备就绪状态，可以开始执行程序；也可以使机床停止正在执行的加工程序；还可以清除报警信息
CYCLE STOP CYCLE START	自动运行控制按键	CYCLE START 为“循环启动”按键
		CYCLE STOP 为“循环暂停”按键，又称“进给保持”按键
SINGLE BLOCK	单段运行	自动运行模式下的程序单段运行选择按键
[VAR] 1 10 100 1000 10000	增量进给选择按键	[VAR] 为增量进给变量，以可变步长移动一段增量距离
		1 ~ 10000 为增量进给步长，选择相应增量步长，每按一次轴方向选择键，刀架向相应方向移动一个步进增量，这种方式可对坐标位置进行精确调节。增量步长取决于机床基准
水冷却	切削液开关	用于打开或关闭机床冷却系统
工作灯	照明开关	用于打开或关闭机床照明系统

续表

功能键图	名称	功能
主轴反转 主轴停 主轴正转	主轴旋转选择按键	主轴反转、停、正转选择按键，仅在“JOG”或“REF”模式下有效
X Y Z − RAPID +	“JOG”进给及进给方向按键	在“JOG”工作模式下，按下指定轴的方向键不松开，即可使指定刀具沿指定的方向连续、慢速进给。进给率可通过进给速度倍率旋钮进行调节。按下中间位置的快速移动按键 RAPID，再按住指定轴的方向键不松开，即可实现该方向上的快速进给
WCS MCS	坐标系切换按键	用于切换工件坐标系（work coordinate system，WCS）和机床坐标系（machine coordinate system，MCS）
50 60 70 80 90 100 110 120 %	主轴倍率旋钮	用于增减编程设定的主轴转速。转速变化可在 50% ~ 120% 之间。新的调节值在显示屏转速状态的显示部分中显示为绝对值和百分比
0 2 6 10 20 40 60 70 80 90 100 110 120 %	进给速度倍率旋钮	用于增减编程设定的进给速度。进给速度变化可在 0 ~ 120% 之间，但是在快速行程中最高只能达到 100%。新的调节值在显示屏进给状态的显示部分中显示为绝对值和百分比

二、数控车床的基本操作

1. 开机和关机操作

（1）开机步骤

1）检查机床和数控系统各部分的初始状态是否正常。

2）将机床左侧电气柜上的总电源开关扳至“1”位，接通机床电源。

3）按下机床控制面板上的系统电源开关绿色键，数控系统开始启动，系统引导内容完成后，进入数控系统主界面，如图 5-55 所示。

4）如果屏幕右上角闪烁“#3000”（急停报警信息），可松开机床控制面板和手轮上“急停”按钮，然后按下“复位”按键 RESET，即可取消此报警信息，如果仍有“#70000”（报警信息），则按下主轴停止和主轴启动、进给停止和进给启动中的绿色按钮，即可使系统复位。

（2）关机步骤

1）按下“加工”键 M MACHINE，回到数控系统主界面。

2）卸下工件和刀具。

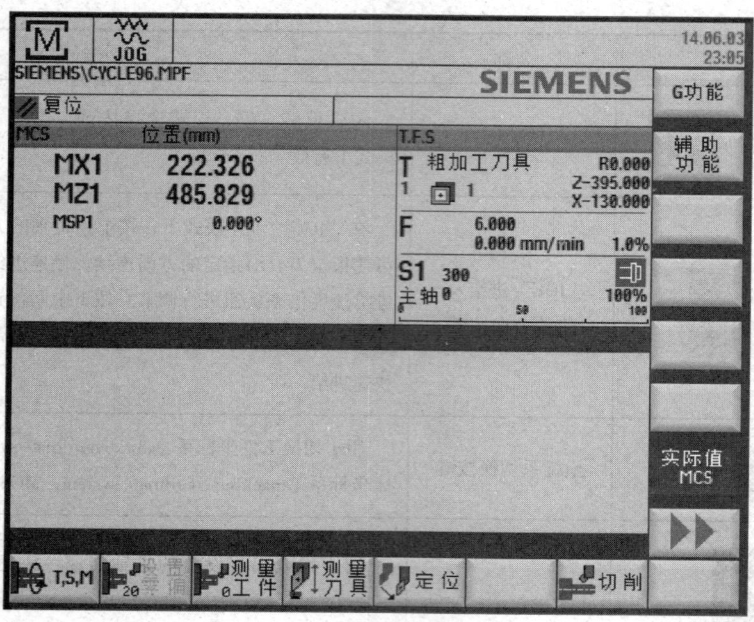

图 5-55　数控系统主界面

3）在“JOG”运行模式下将刀架移至安全位置，然后按下“急停”按钮。

4）按下机床控制面板上的系统电源开关红色键，断开数控系统电源。

5）将机床左侧电气柜上的总电源开关扳至“0”位，关闭机床总电源。

2. JOG（手动）运行模式

按“JOG”键进入手动运行模式后，显示屏显示图 5-56 所示界面，在该模式下主要可以进行以下几种操作：

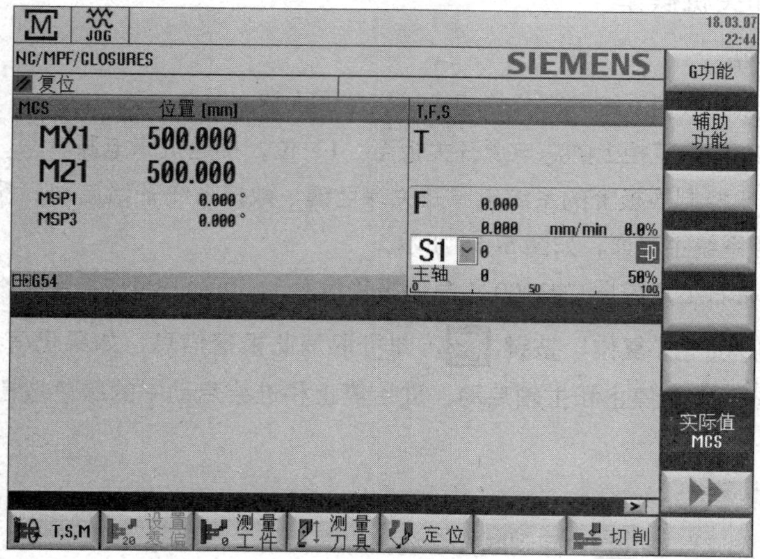

图 5-56　“JOG”运行模式显示界面

（1）慢速工进

按下任一“轴向”按键（X、Y、Z）和“进给方向按键”（+、-），可以使刀架沿相应的轴向移动；刀架移动速度可以通过进给速度倍率旋钮随时调节。

（2）快速进给

按下任一“轴向”按键（X、Y、Z）和“进给方向”按键不松开，同时按“快速移动”键 RAPID，可以使刀架沿该轴快速移动。

（3）点动进给

按“点动选择”按键 [VAR]，进入点动模式并选择点动步长（1、10、100、1000、10000）后，每按一次“点动”键，刀架向相应轴方向移动一个步进增量，这种方式对精确调节坐标位置有较大帮助。按“JOG”键结束点动模式，返回手动运行模式。

（4）手轮进给

在“JOG”运行模式下，图 5-57 所示综合手轮的轴选择旋钮没有位于“OFF”（关闭）位置，则机床运行模式为手轮方式，且轴的选择、增量步长的选择都默认为手轮上的选择。如果要进行“回零”操作或利用“JOG”运行模式进行手动进给，应先把手轮上轴选择旋钮拨至“OFF”处，再进行相关操作。

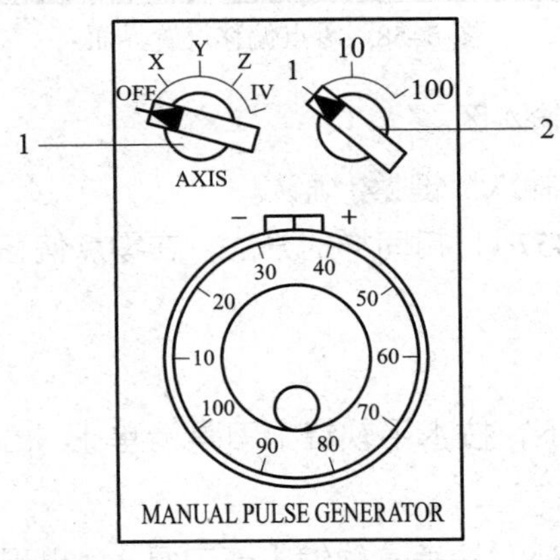

图 5-57 综合手轮

1—轴选择旋钮 2—增量步长旋钮

3. MDI（手动数据输入）运行模式

参阅本书第四章第六节的内容。

4. 对刀操作与零点偏置的设定

对刀操作时，假设刀架上装有 4 把刀，分别是 1 号外圆车刀、2 号螺纹车刀、3 号切断刀和 4 号内孔车刀，其零点偏置的设定，建立新刀具，设置 T、S、M，WCS 和 MCS 坐标切换，对刀过程如下：

（1）零点偏置（即零点偏移）的设定

1）在“JOG”运行模式下，按下 OFFSET 键返回主菜单。

2）按水平软键［零偏］，进入图 5–58 所示的零点偏移设置界面。

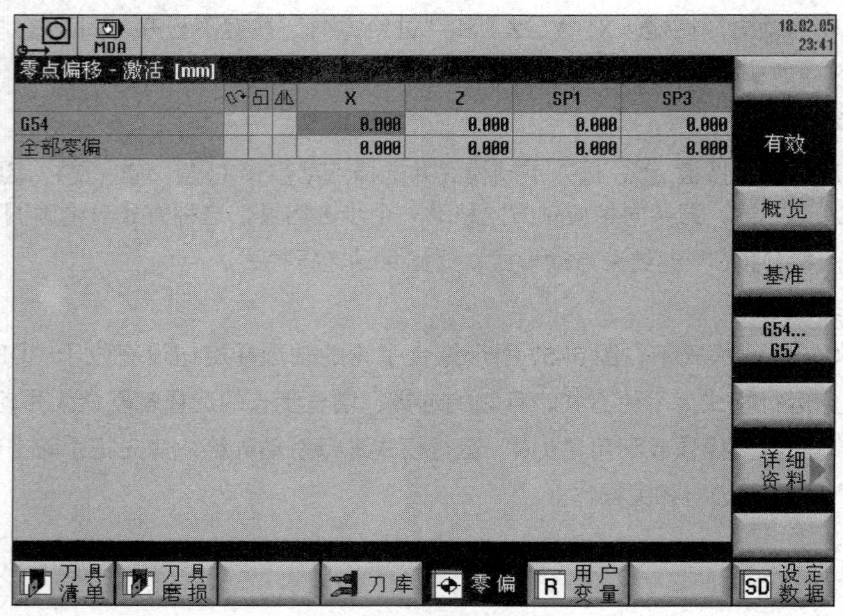

图 5–58　零点偏移设置界面

3）把光标移到待修改的输入区。

4）输入数值“0”，按“输入”键 确认。

5）按垂直软键［G54…G57］，用同样的方法，在零点偏移设置界面将 G55、G56、G57 等值设置为零。

（2）建立新刀具

1）在“JOG”运行模式下，按水平软键［刀具清单］，出现图 5–59 所示的“刀具表”界面。

2）将光标移至 1 号刀位处，按垂直软键［新刀具］，出现图 5–60 所示的“新建刀具”界面。

3）将光标移至新建的刀具类型处。

4）将光标移至刀沿位置 3 处，按垂直软键［确认］，建立刀具号为 1、刀沿位置号为 3 的数控车刀具。

5）依次建立其他三把刀的刀具号和刀沿位置号。

（3）设置 T、S、M

在“JOG”运行模式界面中，按水平软键［T，S，M］，输入图 5–61 所示的参数，并按“循环启动”按键，1 号刀转为当前刀具，主轴正转，“零偏”为 G54。

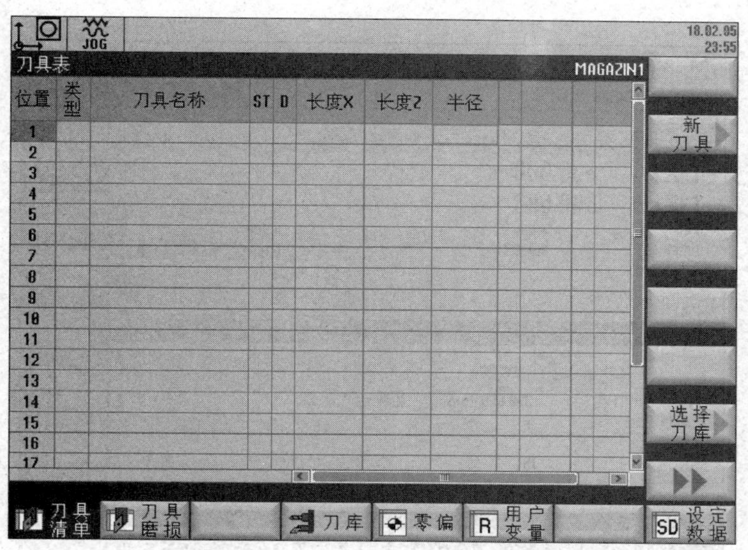

图 5-59　“刀具表”界面

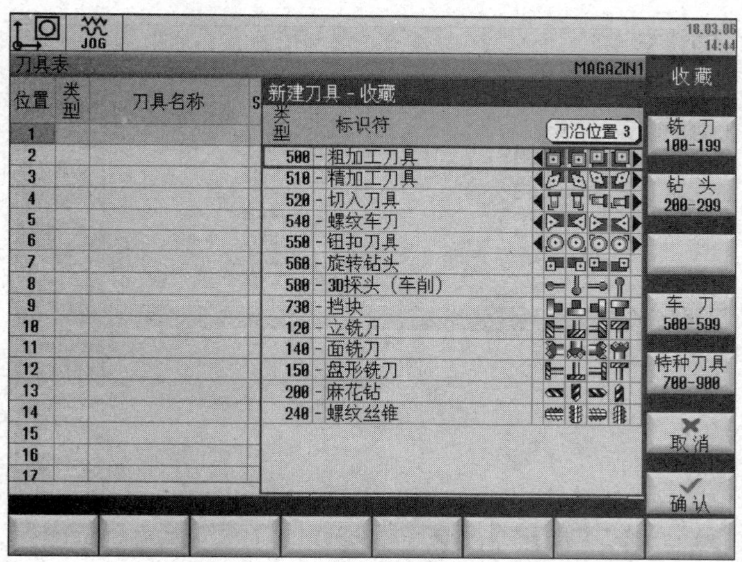

图 5-60　“新建刀具”界面

（4）WCS 和 MCS 坐标切换

在“JOG”运行模式下，并且“零偏”已设置，按“坐标系切换”按键 WCS MCS 切换到工件坐标系，如图 5-62 所示。同时，水平软键［设置零偏］被激活。

（5）对刀

1）第一把刀的对刀操作

①Z 方向对刀

a．在“JOG”运行模式下车工件端面，车削完毕，保持 Z 轴不动，刀架沿＋X 方向退出。

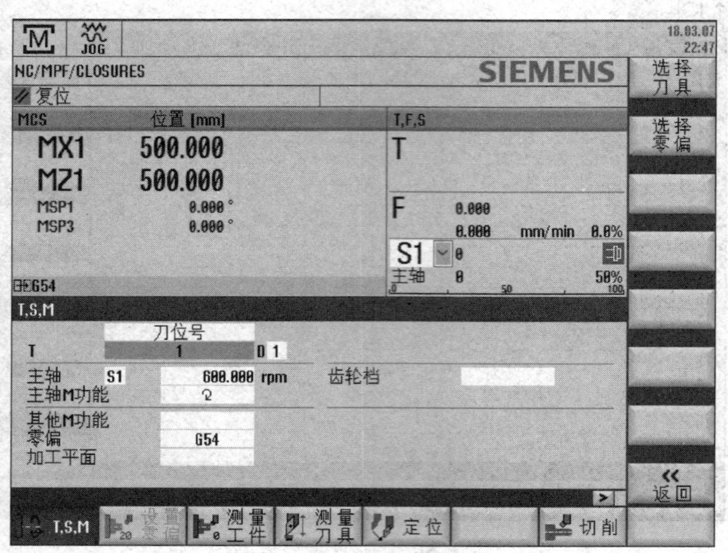

图 5-61　T、S、M 参数设置

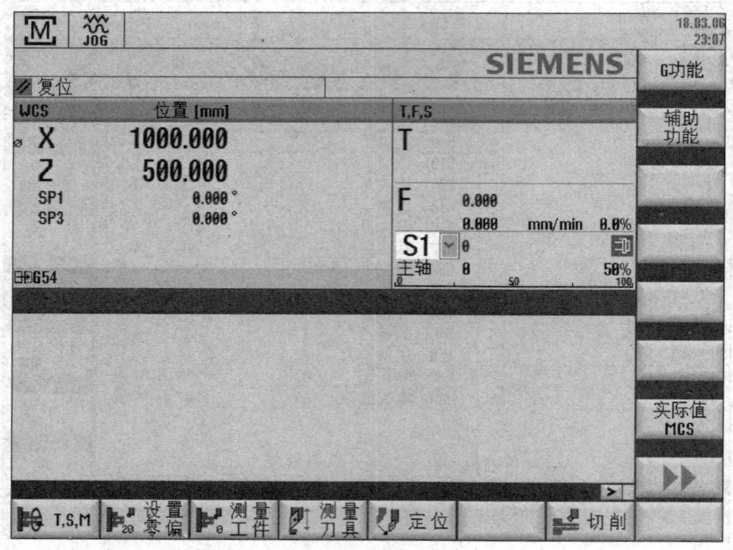

图 5-62　基于工件坐标系的显示界面

b．按下水平软键［测量刀具］（见图 5-56）→垂直软键［手动］，再按垂直软键［Z］，出现图 5-63 所示的 *Z* 向刀具长度补偿设置界面。

c．向上或向下移动光标，在“Z0”后的空格中输入 0。

d．按下垂直软键［设置长度］，系统自动计算出 *Z* 向刀具长度补偿值，并存入相应的刀补寄存器中，从而完成该刀具 *Z* 向对刀。

②*X* 方向对刀

a．在“JOG”运行模式下车削工件外圆，长度为 5 ~ 10 mm，然后保持 *X* 轴不动，刀架沿＋*Z* 方向退出。

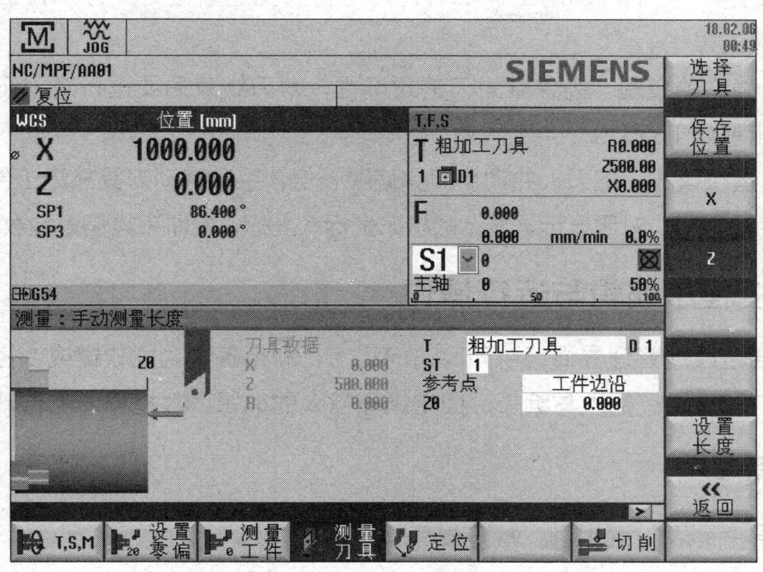

图 5-63　*Z* 向刀具长度补偿设置界面

b．主轴停转，测量刚车出的外圆表面的直径。

c．按下水平软键［测量刀具］→垂直软键［手动］，再按垂直软键［X］，出现图 5-64 所示的 *X* 向刀具长度补偿设置界面。

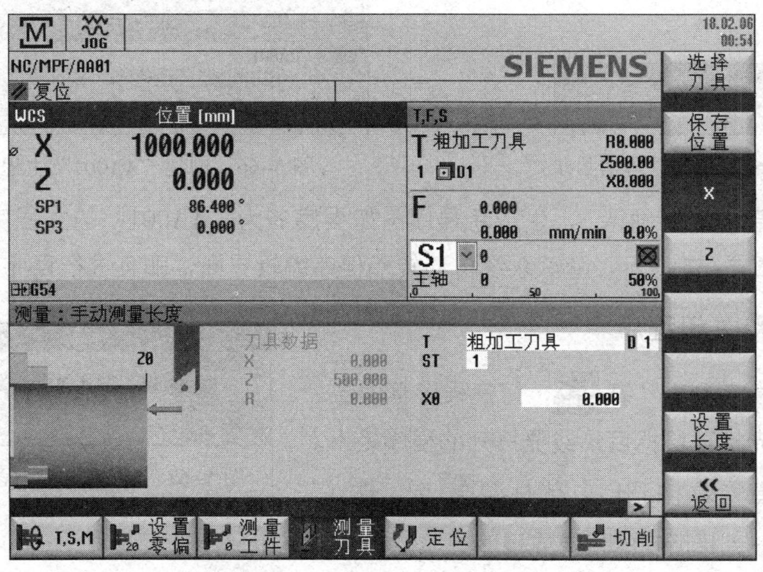

图 5-64　*X* 向刀具长度补偿设置界面

d．向上或向下移动光标，在“X0”后的空格中输入测量得到的工件外圆直径。

e．按下垂直软键［设置长度］，系统自动计算出 *X* 向刀具长度补偿值，并存入相应的刀补寄存器中，从而完成该刀具 *X* 向对刀。

2）其余刀具的对刀操作。其余刀具的对刀方法与第一把刀基本相同，区别在于：其余刀具 Z 向对刀的第一步不再切削工件表面，而是将刀尖逐渐接近并分别接触工件端面，然后进行剩余步骤的操作。

3）对刀正确性的校验。为保证对刀的正确性，对刀结束后要进行对刀正确性的校验工作，具体操作步骤如下：

在“MDI”运行模式下选刀，并调用刀具偏置补偿，手动移动刀具靠近工件，观察刀具与工件间的实际相对位置，对照显示屏显示的机床坐标系坐标，判断刀具偏置参数设定是否正确。

三、数控程序编辑与运行操作

编程人员通过程序管理界面可以即时访问程序，利用各种功能软键或快捷键完成数控程序的新建、打开和关闭、输入与编辑、固定循环指令的编辑、数控程序的自动运行等操作。

1. 建立新程序

（1）按“程序列表”键 PROGRAM MANAGER，打开程序管理器。

（2）移动光标，选择新建程序要放置的文件夹，如“零件程序”文件夹，如图 5–65 所示。

（3）按垂直软键［新建］，程序管理界面弹出图 5–66 所示的对话框，在该对话框中输入新程序名，如“AA001”。

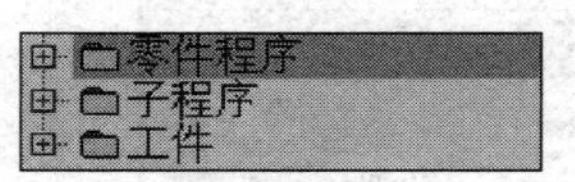

图 5–65　程序管理器目录

图 5–66　创建“AA001”主程序

（4）按垂直软键［确认］，生成新程序（如程序名为“AA001”的主程序文件），其程序管理界面如图 5–67 所示，随后系统自动转入程序编辑界面，即可进行程序的编辑。

2. 打开和关闭程序

（1）按“程序列表”键 PROGRAM MANAGER，打开程序管理器。

（2）移动光标至目标目录或要打开的程序名上。

（3）按垂直软键［打开］、光标键 ▶ 或“输入”按键 INPUT，打开光标所在的目录或程序。

图 5–67　新建程序后程序管理器界面

（4）按垂直软键 ▶▶ →［关闭］或光标键 ◀，可关闭当前打开的程序。

（5）按光标键 ◀，则光标返回文件列表界面，再按光标键 ◀，则关闭该文件夹。

3. 程序的输入与编辑

程序的输入与编辑界面如图 5–68 所示，具体操作过程如下：

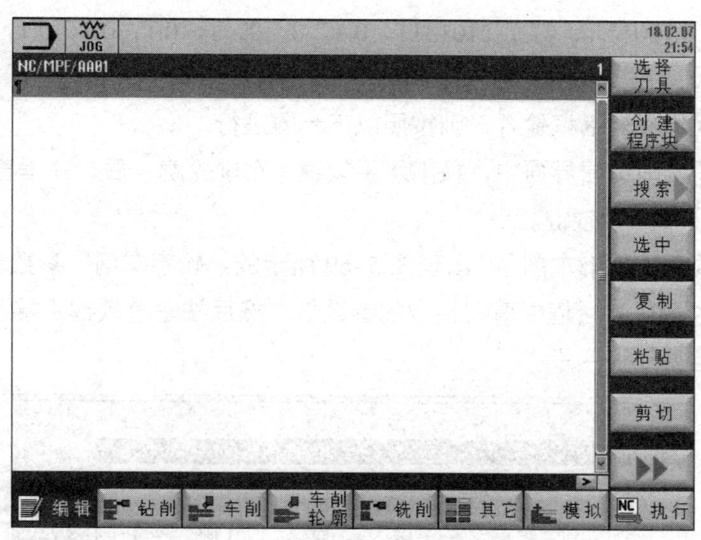

图 5–68　程序的输入与编辑界面

（1）程序的输入

利用数控系统面板上的按键完成相应程序代码的输入。

例如，G90 G71 G40 G95　按 INPUT 键

T1D1　按 INPUT 键

G00 X100.0 Z100.0　按 INPUT 键

⋮

（2）程序的编辑

如果在输入的程序中发现有错误的字符，只需将光标移至该字符的右侧（或左侧），然后用［退格］键 BACKSPACE 或［删除］键 DEL 删除错误的字符，重新输入正确的字符即可。

在输入界面的垂直软键菜单中，按下垂直软键［选中］，然后利用光标键选中所需的程序或程序部分内容，按垂直软键［复制］、［粘贴］、［剪切］等对程序进行相应的编辑。

（3）编辑程序的注意事项

1）只有零件程序处于非执行状态时才可以进行编辑。

2）如果需要对原有程序进行编辑，可以通过“程序管理器”，用光标选择需要编辑的程序，然后按垂直软键［打开］即可编辑程序。

3）加工程序中的任何修改均被数控系统即时存储。

4. 固定循环指令的编辑

在数控车削加工程序编辑过程中，对于固定循环指令，可以通过程序编辑界面手动输入，但 SINUMERIK 828D 系统具有较好的人机交互性能，可以通过会话式编程对话框输入，更直观、便捷，也更容易保证程序的准确性。以轮廓车削循环指令 CYCLE952 为例介绍固定循环指令的编辑。如果手动输入，则需要在程序编辑界面输入下列程序内容：

CYCLE952(“AA001”,, “”, 2101311, 0.1, 0, 0, 1, 0.1, 0.1, 0.1, 0.1, 0.1, 0, 1, 0, 0,,,,, 2, 2,,, 0, 1,, 0, 12, 1100010, 1, 0);

而使用会话式编程对话框输入，则按照以下步骤进行：

（1）在程序输入与编辑界面中，按下水平软键［车削轮廓］后，在垂直软键栏出现［轮廓］、［轮廓车削］等六个软键。

（2）按垂直软键［轮廓车削］，出现图 5–69 所示的“轮廓车削”参数输入界面。

（3）在对应的参数对话框中填写相应的参数值，然后按垂直软键［接收］，系统自动生成 CYCLE952 固定循环程序段。

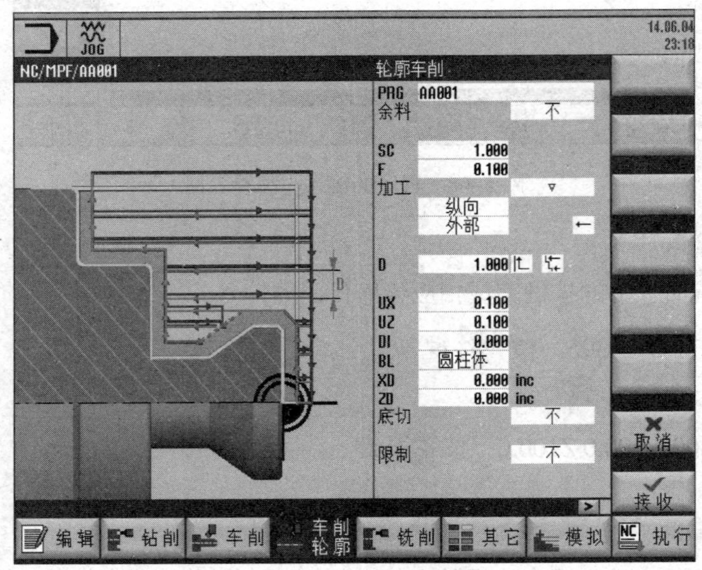

图 5–69 “轮廓车削”参数输入界面

5. 数控程序的自动运行（AUTO）

（1）自动运行前的准备

1）机床刀架必须回参考点。

2）待加工工件的加工程序已经输入，并经调试确认无误。

3）加工前的其他准备工作均已就绪，如对刀操作、刀补等参数的设置。

4）必要的安全锁定装置已经启动。

（2）自动运行的操作过程

1）在程序管理界面中打开所需要的程序，按下垂直软键［执行］。

2）按机床面板上的“AUTO”键 ，系统自动切换到图 5–70 所示的数控程序自动运行界面。

3）按下“循环启动”按键 ，即可开始执行程序，数控车床自动车削工件。另外，在程序自动执行过程中，可以按下“循环暂停”按键 ，程序暂停运行。

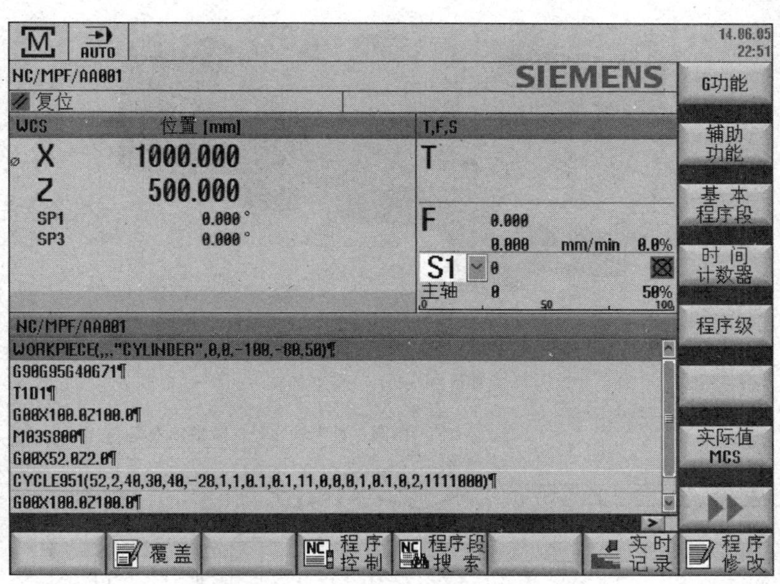

图 5-70　数控程序自动运行界面

思考与练习

1. 简要说明模式选择按键的种类及其作用。
2. 怎样开启、关闭数控系统电源?
3. 如何解除数控车床的急停报警?
4. 简述 SINUMERIK 828D 系统下的对刀操作。
5. 简述 SINUMERIK 828D 系统中顺圆弧插补指令和逆圆弧插补指令的格式。
6. 编写图 5-71 所示工件的加工程序。
7. 编写图 5-72 所示工件的加工程序。

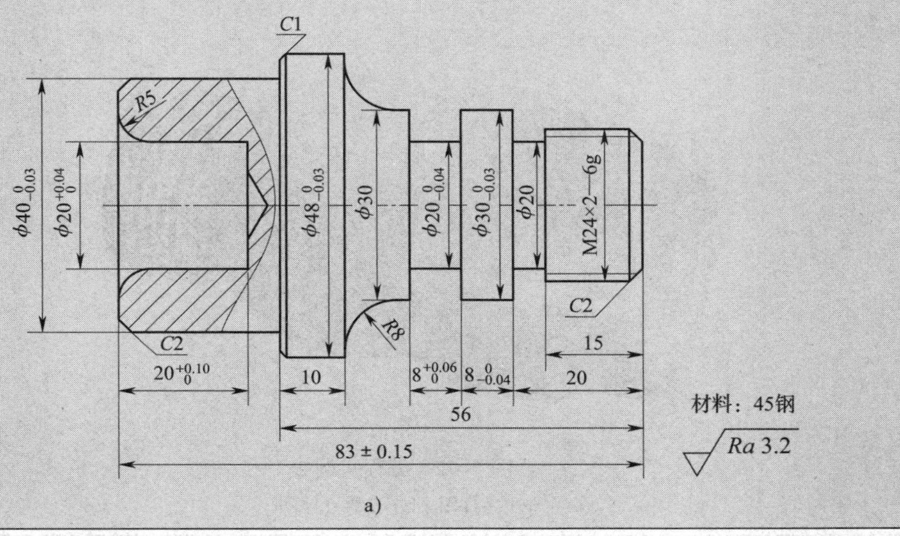

a)

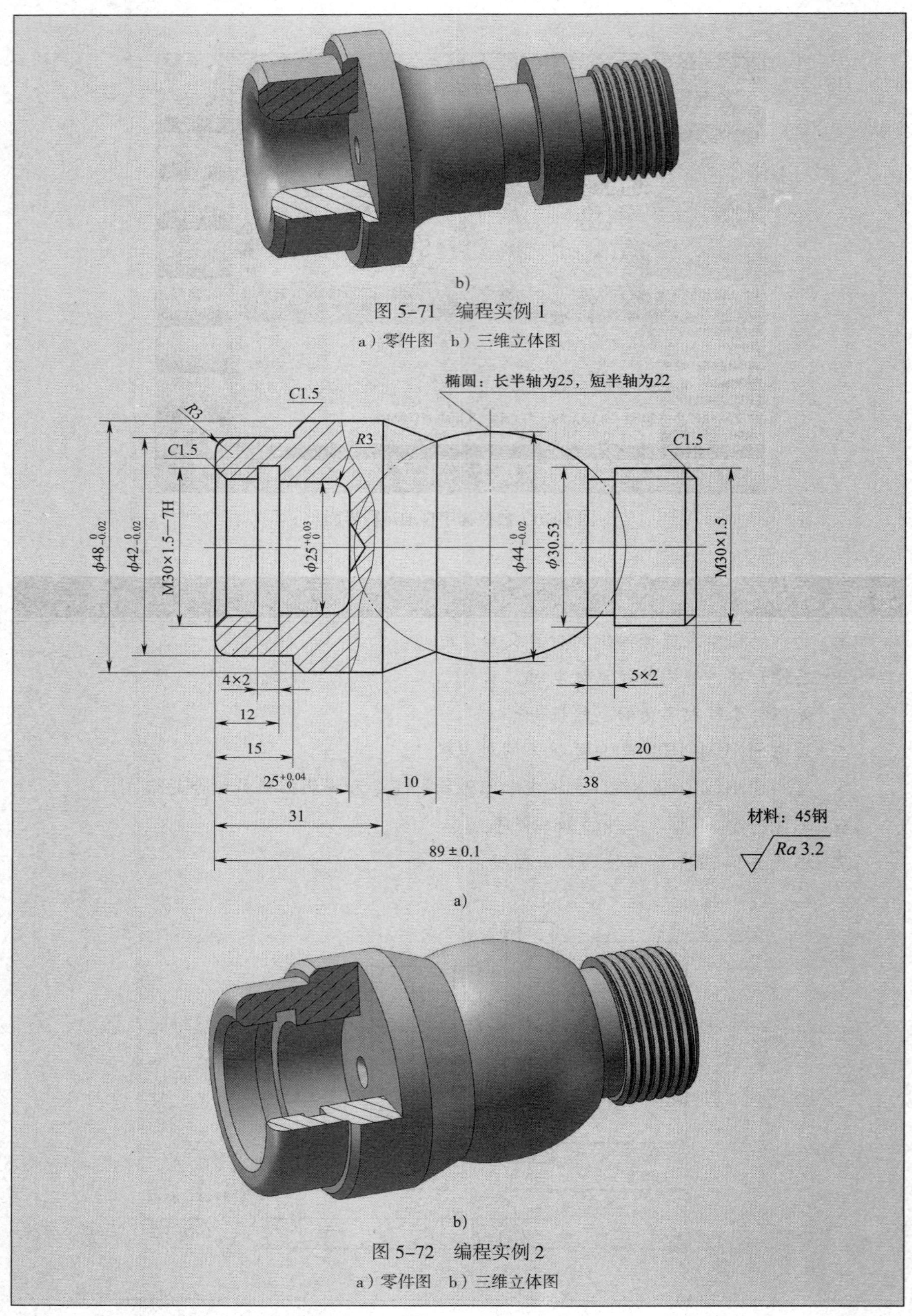

b）

图 5-71　编程实例 1

a）零件图　b）三维立体图

a）

b）

图 5-72　编程实例 2

a）零件图　b）三维立体图

8. 编写图 5–73 所示工件的加工程序。

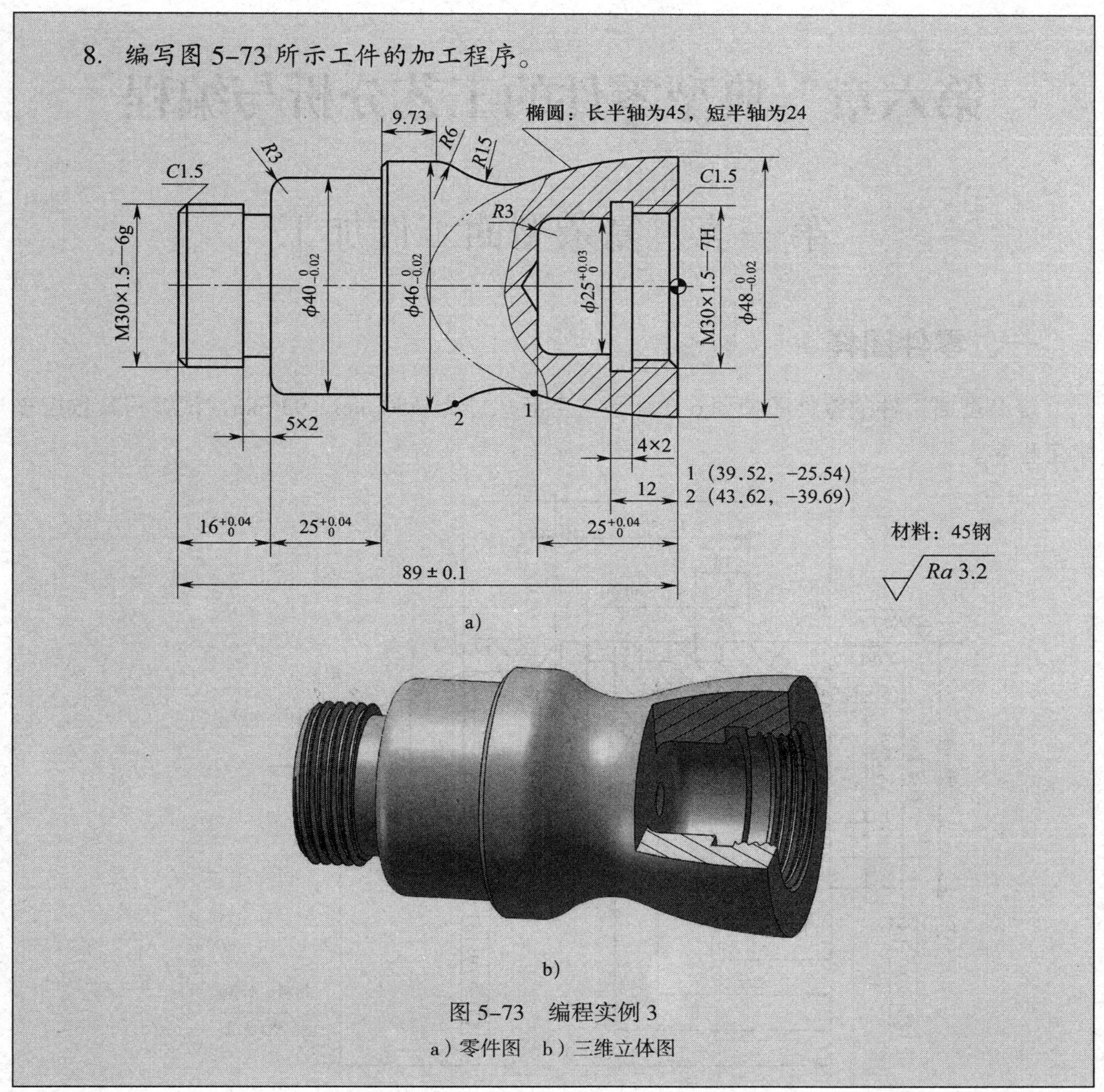

a)

b)

图 5–73 编程实例 3

a）零件图 b）三维立体图

第六章　典型零件的工艺分析与编程

第一节　复杂型面工件加工

一、零件图样

复杂型面工件的零件图如图 6–1 所示，毛坯尺寸为 $\phi50$ mm × 92 mm，试编写其数控车加工程序。

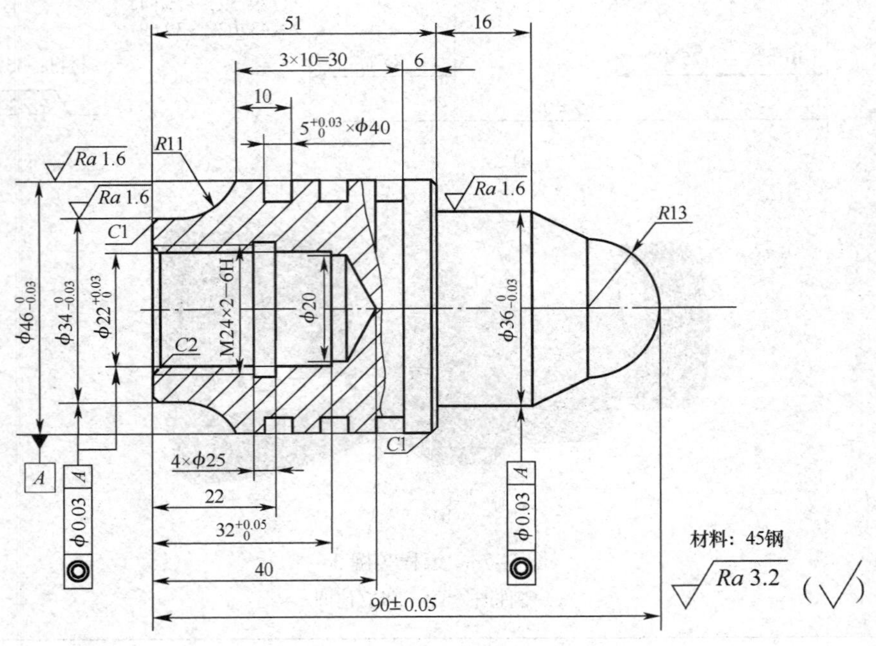

a)

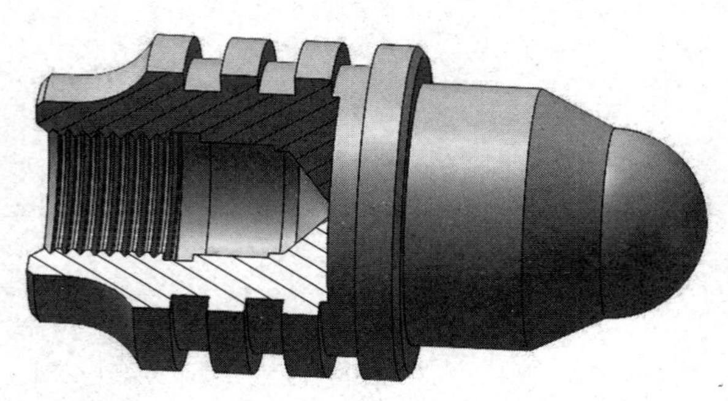

b)

图 6–1　复杂型面工件加工编程实例

a）零件图　b）三维立体图

二、加工准备

加工本例工件选用 FANUC 0i 或 SIEMENS 802D 系统的 CKA6140 型数控车床，工件加工前先钻出直径为 20 mm、深度为 40 mm 的底孔。加工中使用的工具、刃具、量具清单见表 6–1。

表 6–1　　工具、刃具、量具清单

序号	名称	规格	数量	备注
1	游标卡尺	0 ~ 150 mm，分度值为 0.02 mm	1	
2	千分尺	0 ~ 25 mm、25 ~ 50 mm，分度值为 0.01 mm	各 1	
3	游标万能角度尺	0 ~ 320°，分度值为 2′	1	
4	螺纹塞规	M24 × 2—6H	1	
5	百分表	0 ~ 10 mm，分度值为 0.01 mm	1	
6	磁性表座		1	
7	半径样板	*R*7 ~ 14.5 mm	1	
8	内径百分表	18 ~ 35 mm，分度值为 0.01 mm	1	
9	塞尺	0.02 ~ 1 mm	1 副	
10	外圆车刀	93°、45°	各 1	
11	不重磨外圆车刀	R 型、V 型、T 型、S 型刀片	各 1	选用
12	内、外切槽刀	刀头宽度为 3 mm	各 1	
13	内螺纹车刀	三角形螺纹	1	
14	内孔车刀	ϕ20 mm 盲孔	1	
15	麻花钻	ϕ20 mm	1	
16	辅具	莫氏钻套、钻夹头、回转顶尖	各 1	
17	其他	铜棒、铜皮、刷子等常用工具		选用
18		计算机、计算器等		

三、加工工艺分析

1. 编程原点的确定

由于工件在长度方向的要求较低，根据编程原点的确定原则，该工件的编程原点取在工件的左、右端面与主轴轴线的交点处。

2. 制定加工方案和加工路线

本例工件采用两次装夹后完成粗、精加工的加工方案，先加工左端内、外形，完成粗、精加工后，掉头加工另一端。

进行数控车削加工时，加工的起始点定在离工件毛坯 2 mm 的位置，采用沿轴向切削的方式进行加工，以提高加工过程中工件与刀具的刚度。

3. 工件的定位、装夹与刀具的选用

（1）工件的定位及装夹

工件采用三爪自定心卡盘进行定位与装夹。

工件装夹时的夹紧力要适中，既要防止工件变形或被夹伤，又要防止工件在加工过程中松动。在工件装夹过程中，应对工件进行找正，以保证工件轴线与主轴轴线同轴。

（2）刀具的选用

本例工件选用刀具见表 6–1，根据实习条件，可选用整体式或机夹式车刀，四种刀具的刀片材料均选用硬质合金。

4. 确定加工参数

（1）主轴转速 n

用硬质合金刀具切削钢件时，切削速度 v_c 取 80 ~ 220 m/min，根据公式 $n=\frac{1\,000\,v_c}{\pi D}$和加工经验，并根据实际情况，本例工件粗加工的主轴转速在 400 ~ 1 000 r/min 内选取，精加工的主轴转速在 800 ~ 2 000 r/min 内选取。

（2）进给量 f

粗加工时，为提高生产效率，在保证工件质量的前提下，可选择较高的进给量，一般取 0.2 ~ 0.3 mm/r。当切槽、切断、车孔或采用高速钢刀具进行加工时，应选用较低的进给量，一般在 0.1 ~ 0.2 mm/r 内选取。精加工的进给量一般取粗加工进给量的二分之一。

（3）背吃刀量 a_p

背吃刀量根据机床与刀具的刚度和加工精度来确定，粗加工的背吃刀量一般取 2 ~ 5 mm（直径量），精加工的背吃刀量等于精加工余量，精加工余量一般取 0.2 ~ 0.5 mm（直径量）。

5. 制定加工工艺

通过以上分析，本例工件的数控加工工艺卡见表 6–2。

表 6–2　　数控加工工艺卡

工步号	工步内容（加工面）	刀具号	刀具规格	主轴转速 /（$r \cdot min^{-1}$）	进给量 /（$mm \cdot r^{-1}$）	背吃刀量 / mm
1	手动钻孔		ϕ20 mm 钻头	250	0.2	10
2	手动加工左端面	T01	外圆车刀	600	0.3	0.5
3	粗加工左端外圆轮廓			800	0.2	2
4	精加工左端外圆轮廓			1 500	0.05	0.25
5	加工外圆槽	T02	外切槽刀	500	0.1	3

续表

工步号	工步内容（加工面）	刀具号	刀具规格	主轴转速 /（r · min^{-1}）	进给量 /（mm · r^{-1}）	背吃刀量 / mm
6	粗加工左端内轮廓	T03	盲孔车刀	800	0.2	1.0
7	精加工左端内轮廓			1 200	0.05	0.15
8	加工内圆槽	T04	内切槽刀	500	0.1	3
9	加工内螺纹	T05	内螺纹车刀	600	2	分层
10	掉头手动加工右端面	T01	外圆车刀	600	0.3	0.5
11	粗加工右端外圆轮廓			800	0.25	2
12	精加工右端外圆轮廓			1 500	0.1	0.25
13	工件精度检测					
编制	审核		批准	年　月　日	共　页　第　页	

四、参考程序

本例工件的参考程序见表 6–3。

表 6–3　　参考程序

SIEMENS 802D 系统程序	FANUC 0i 系统程序	FANUC 程序说明
AA601.MPF；	O0601；	加工左端内、外轮廓
N10 G95 G71 G40 G90；	N10 G99 G21 G40；	程序初始化
N20 T1D1；	N20 T0101；	换 1 号外圆车刀
N30 M03 S800；	N30 M03 S800；	主轴正转，转速为 800 r/min
N40 G00 X100.0 Z100.0 M08；	N40 G00 X100.0 Z100.0 M08；	刀具移至目测安全位置
N50 X52.0 Z2.0；	N50 X52.0 Z2.0；	定位至循环起点
N60 CYCLE95（“BB601”，2.0，0，0.5，，0.2，0.1，0.05，9，，，0.5）；	N60 G71 U2.0 R0.5；	毛坯切削循环
	N70 G71 P80 Q140 U0.5 W0 F0.2；	
N70 G00 X100.0 Z100.0；	N80 G00 X32.0 S1500；	
N80 T2D1 S500；	N90 G01 Z0 F0.05；	
N90 G00 X48.0 Z–23.0；	N100 X34.0 Z–1.0；	精加工主轴转速为 1 500 r/min，进给量为 0.05 mm/r
N100 CYCLE93（46.0，–20.0，5.0，3.0，，，，，，，，0.2，0.2，2.0，，5）；	N110 Z–5.20；	
	N120 G02 X46.0 Z–15.0 R11.0；	精加工轮廓描述
	N130 G01 Z–55.0；	
N110 CYCLE93（46.0，–30.0，5.0，3.0，，，，，，，，0.2，0.2，2.0，，5）；	N140 X52.0；	
	N150 G70 P80 Q140；	精加工左端外轮廓
	N160 G00 X100.0 Z100.0；	换外切槽刀
N120 CYCLE93（46.0，–40.0，5.0，3.0，，，，，，，，0.2，0.2，2.0，，5）；	N170 T0202 S500；	
	N180 G00 X48.0 Z–23.0；	刀具定位
	N190 G75 R0.5；	加工第一条外圆槽
N130 G00 X100.0 Z100.0；	N200 G75 X40.0 Z–25.0 P2000 Q2000 F0.1；	

续表

SIEMENS 802D 系统程序	FANUC 0i 系统程序	FANUC 程序说明
N140 T3D1 S800；	N210 G00 Z-33.0；	刀具重新定位
N150 G00 X18.0 Z2.0；	N220 G75 R0.5；	加工第二条外圆槽
N160 CYCLE95（“CC601”，2.0，0，0.5，0，0.2，0.1，0.05，11，，，0.5）；	N230 G75 X40.0 Z-35.0 P2000 Q2000 F0.1；	
	N240 G00 Z-43.0；	刀具重新定位
N170 G00 X100.0 Z100.0；	N250 G75 R0.5；	加工第三条外圆槽
N180 T4D1 S500；	N260 G75 X40.0 Z-45.0 P2000 Q2000 F0.1；	
N180 G00 X20.0 Z2.0；	N270 G00 X100.0 Z100.0；	换内孔车刀
N190 Z-21.0；	N280 T0303 S800；	
N200 CYCLE93（22.0，-18，4.0，2.5，，，，，，，，0.2，0.2，1.5，，7）；	N290 G00 X18.0 Z2.0；	刀具定位至循环起点
	N300 G71 U1.0 R0.5；	粗车内孔
N210 G00 Z2.0；	N310 G71 P320 Q360 U-0.3 W0 F0.2；	精加工余量取负值
N220 G00 X100.0 Z100.0；	N320 G00 X26.0 S1200；	精加工轮廓描述
N230 T5D1 S600；	N330 G01 Z0 F0.05；	
N240 G00 X21.0 Z2.0；	N340 X22.0 Z-2.0；	
N250 CYCLE97（2.0，，0，-18.0，24.0，24.0，2.0，2.0，1.3，0.05，30.0，，10，1.0，4，1）；	N350 Z-32.0；	
	N360 X18.0；	
N260 G00 X100.0 Z100.0；	N370 G70 P320 Q360；	精车内孔
N270 M05 M09；	N380 G00 X100.0 Z100.0；	换内切槽刀，主轴转速为 500 r/min
N280 M02；	N390 T0404 S500；	
BB601.SPF；	N400 G00 X20.0 Z2.0；	注意刀具定位路径
N10 G01 X32.0 Z0；	N410 Z-21.0；	
N20 X34.0 Z-1.0；	N420 G75 R0.5；	加工内沟槽
N30 Z-5.20；	N430 G75 X25.0 Z-22.0 P1500 Q1000 F0.1；	
N40 G02 X46.0 Z-15.0 CR=11.0；	N440 G00 Z2.0；	注意退刀路径
N50 G01 Z-55.0；	N450 G00 X100.0 Z100.0；	
N60 X52.0；	N460 T0505 S600；	换内螺纹车刀，主轴转速为 600 r/min
N70 RET；	N470 G00 X21.0 Z2.0；	

续表

SIEMENS 802D 系统程序	FANUC 0i 系统程序	FANUC 程序说明
CC601.SPF；	N480 G76 P020560 Q50 R-0.05；	加工内螺纹，注意精车余量为负值
N10 G01 X26.0 Z0；	N490 G76 X24.0 Z-20.0 P1300 Q400 F2.0；	
N20 X22.0 Z-2.0；		
N30 Z-32.0；	N500 G00 X100.0 Z100.0；	程序结束部分
N40 X18.0；	N510 M05 M09；	
N50 RET；	N520 M30；	
AA602.MPF；	O0602；	加工右端轮廓程序
N10 G95 G71 G40 G90；	N10 G99 G21 G40；	程序开始部分
N20 T1D1；	N20 T0101；	
N30 M03 S800；	N30 M03 S800；	
N40 G00 X100.0 Z100.0 M08；	N40 G00 X100.0 Z100.0 M08；	
N50 X52.0 Z2.0；	N50 X52.0 Z2.0；	
N60 CYCLE95（“BB602”，2.0，0，0.5，0，0.2，0.2，0.05，9，，，0.5）；	N60 G71 U2.0 R0.5；	粗车右端轮廓
	N70 G71 P80 Q150 U0.5 W0 F0.2；	
N70 G00 X100.0 Z100.0；	N80 G00 X0 S1500；	确定精车时主轴转速和进给量 精车轮廓描述
N80 M05 M09；	N90 G01 Z0 F0.05；	
N90 M02；	N100 G03 X26.0 Z-13.0 R13.0；	
BB602.SPF；	N110 G01 X36.0 Z-23.0；	
N10 G01 X0 Z0；	N120 Z-39.0；	
N20 G03 X26.0 Z-13.0 CR=13.0；	N130 X44.0；	
N30 G01 X36.0 Z-23.0；	N140 X46.0 Z-40.0；	
N40 Z-39.0；	N150 X52.0；	
N50 X44.0；	N160 G70 P80 Q150；	精加工右端轮廓
N60 X46.0 Z-40.0；	N170 G00 X100.0 Z100.0；	程序结束部分
N70 X52.0；	N180 M05 M09；	
N80 RET；	N190 M30；	

五、检测评分

本例工件的工时定额（包括编程与程序手动输入）为 4 h，评分表见表 6-4。

表 6–4 评分表

<table>
<tr><th>序号</th><th colspan="2">考核项目</th><th>技术要求</th><th>配分</th><th>评分标准</th><th>检测记录</th><th>得分</th></tr>
<tr><td>1</td><td rowspan="20">工件加工</td><td rowspan="10">外轮廓</td><td>$\phi 46_{-0.03}^{0}$ mm</td><td>5</td><td>超差 0.01 mm 扣 1 分</td><td></td><td></td></tr>
<tr><td>2</td><td>$\phi 34_{-0.03}^{0}$ mm</td><td>5</td><td>超差 0.01 mm 扣 1 分</td><td></td><td></td></tr>
<tr><td>3</td><td>$\phi 36_{-0.03}^{0}$ mm</td><td>5</td><td>超差 0.01 mm 扣 1 分</td><td></td><td></td></tr>
<tr><td>4</td><td>$5_{0}^{+0.03}$ mm × ϕ40 mm（3 处）</td><td>3 × 3</td><td>超差 0.01 mm 扣 1 分</td><td></td><td></td></tr>
<tr><td>5</td><td>◎ | ϕ0.03 | A（3 处）</td><td>2 × 3</td><td>超差 0.01 mm 扣 1 分</td><td></td><td></td></tr>
<tr><td>6</td><td>锥度</td><td>3</td><td>超差不得分</td><td></td><td></td></tr>
<tr><td>7</td><td>R13 mm、R11 mm</td><td>2 × 2</td><td>超差不得分</td><td></td><td></td></tr>
<tr><td>8</td><td>（90 ± 0.05）mm</td><td>5</td><td>超差 0.01 mm 扣 1 分</td><td></td><td></td></tr>
<tr><td>9</td><td>Ra ≤ 1.6 μm（3 处）</td><td>1 × 3</td><td>不合格每处扣 1 分</td><td></td><td></td></tr>
<tr><td>10</td><td>Ra ≤ 3.2 μm（5 处）</td><td>1 × 5</td><td>不合格每处扣 1 分</td><td></td><td></td></tr>
<tr><td>11</td><td rowspan="6">内轮廓</td><td>ϕ $22_{0}^{+0.03}$ mm</td><td>5</td><td>超差 0.01 mm 扣 1 分</td><td></td><td></td></tr>
<tr><td>12</td><td>Ra ≤ 1.6 μm</td><td>1</td><td>不合格不得分</td><td></td><td></td></tr>
<tr><td>13</td><td>M24 × 2—6H</td><td>5</td><td>不合格不得分</td><td></td><td></td></tr>
<tr><td>14</td><td>$32_{0}^{+0.05}$ mm</td><td>3</td><td>超差 0.02 mm 扣 1 分</td><td></td><td></td></tr>
<tr><td>15</td><td>4 mm × ϕ25 mm</td><td>3</td><td>超差不得分</td><td></td><td></td></tr>
<tr><td>16</td><td>Ra ≤ 3.2 μm</td><td>3</td><td>不合格每处扣 1 分</td><td></td><td></td></tr>
<tr><td>17</td><td rowspan="4">其他</td><td>未注尺寸公差</td><td>1 × 3</td><td>不合格每处扣 1 分</td><td></td><td></td></tr>
<tr><td>18</td><td>C1 mm</td><td>0.5 × 2</td><td>不合格每处扣 0.5 分</td><td></td><td></td></tr>
<tr><td>19</td><td>工件按时完成</td><td>3</td><td>未按时完成不得分</td><td></td><td></td></tr>
<tr><td>20</td><td>工件无缺陷</td><td>3</td><td>出现缺陷不得分</td><td></td><td></td></tr>
<tr><td>21</td><td colspan="2" rowspan="2">程序与工艺</td><td>程序正确、合理</td><td>5</td><td>每错一处扣 1 分</td><td></td><td></td></tr>
<tr><td>22</td><td>加工工序卡</td><td>5</td><td>不合理每处扣 1 分</td><td></td><td></td></tr>
<tr><td>23</td><td colspan="2" rowspan="2">机床操作</td><td>机床操作规范</td><td>5</td><td>出错一次扣 1 分</td><td></td><td></td></tr>
<tr><td>24</td><td>工件、刀具装夹正确</td><td>5</td><td>出错一次扣 1 分</td><td></td><td></td></tr>
<tr><td>25</td><td colspan="2" rowspan="2">安全文明生产</td><td>安全操作</td><td rowspan="2"></td><td rowspan="2">出现安全事故停止操作，未按规定整理机床酌情倒扣 5 ~ 30 分</td><td></td><td></td></tr>
<tr><td>26</td><td>整理机床</td><td></td><td></td></tr>
<tr><td colspan="4">合计</td><td>100</td><td colspan="3"></td></tr>
</table>

评分人		年　月　日	核分人		年　月　日

第二节　薄壁工件加工

一、分析零件图样

1. 零件图

薄壁工件加工编程实例如图 6–2 所示。

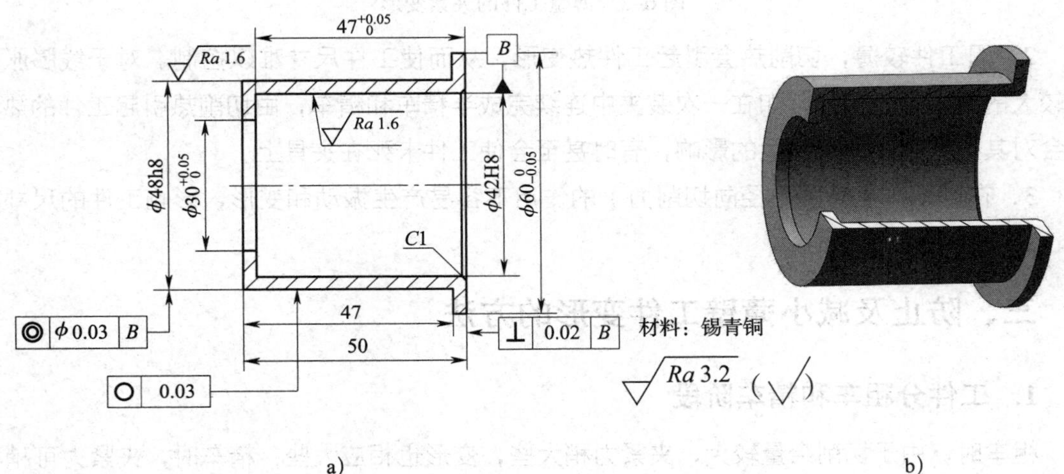

图 6–2　薄壁工件加工编程实例

a）零件图　b）三维立体图

2. 工件精度和加工工艺分析

本例工件的尺寸精度、几何精度和表面质量要求均较高，而且该工件材料为锡青铜，壁厚仅 3 mm，属于薄壁工件。因此，在加工过程中工件极易产生变形，从而无法保证工件的各项加工精度。

对于薄壁工件，为了保证其加工精度要求，应合理安排其加工工艺并特别注意工件装夹方法的选择。

二、薄壁工件的加工特点

车削薄壁工件时，由于工件的刚度低，在车削过程中可能产生以下现象：

1．因工件壁薄，在夹紧力的作用下容易产生变形，从而影响工件的尺寸精度和几何精度。当采用图 6–3a 所示的方式夹紧工件后加工内孔时，在夹紧力的作用下，工件近似变成三边形，但车孔后得到的是一个圆柱孔。松开卡爪并取下工件后，由于弹性恢复，外圆恢复成圆柱形，而内孔则变成图 6–3b 所示的弧形三边形。若用内径千分尺测量时，各方向直径 D 相等，但已不是内圆柱面了，这种现象称为等直径变形。

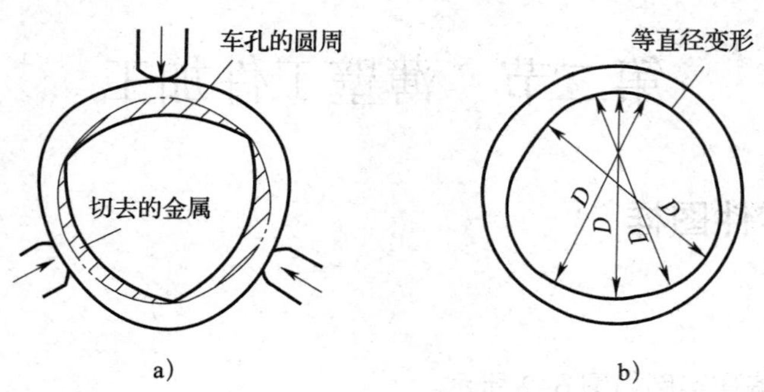

图 6–3　薄壁工件的夹紧变形

2．因工件较薄，切削热会引起工件热变形，从而使工件尺寸难以控制。对于线膨胀系数较大的薄壁金属工件，如在一次装夹中连续完成半精车和精车，由切削热引起工件的热变形会对其尺寸精度产生极大的影响，有时甚至会使工件卡死在夹具上。

3．在切削力（特别是径向切削力）的作用下容易产生振动和变形，影响工件的尺寸精度、几何精度和表面质量。

三、防止及减小薄壁工件变形的方法

1．工件分粗车和精车阶段

粗车时，由于切削余量较大，夹紧力稍大些，变形也相应大些；精车时，夹紧力可稍小些，一方面夹紧变形小，另一方面精车时还可以消除粗车时因切削力过大而产生的变形。

2．合理选用刀具的几何参数

精车薄壁工件时，刀柄的刚度要求高，车刀的修光刃不宜过长（一般取 0.2 ~ 0.3 mm），刃口要锋利。通常情况下，车刀几何参数可参考下列要求：

（1）外圆精车刀

κ_r=90° ~ 93°，κ'_r=15°，α_o=14° ~ 16°，α_{o1} =15°，γ_o 适当增大。

（2）内孔精车刀

κ_r=60°，κ'_r=30°，γ_o=35°，α_o=14° ~ 16°，α_{o1}=6° ~ 8°，λ_s=5° ~ 6°。

3．增大装夹接触面

采用开缝套筒（见图 6–4）或一些特制的软卡爪使装夹接触面增大，让夹紧力均布在工件上，从而使工件夹紧时不易产生变形。

4．采用轴向夹紧夹具

车薄壁工件时，尽量不用图 6–5a 所示的径向夹紧方法，而优先选用图 6–5b 所示的轴向夹紧方法。在图 6–5b 中，工件靠轴向夹紧套（螺纹套）的端面实现轴向夹紧，由于夹紧力 F 沿工件轴向分布，而工件轴向刚度高，不易产生夹紧变形。

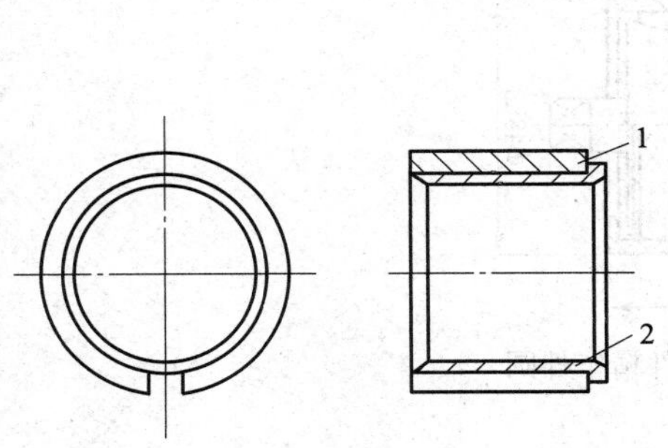

图 6-4 增大装夹接触面，减小工件变形

1—开缝套筒 2—工件

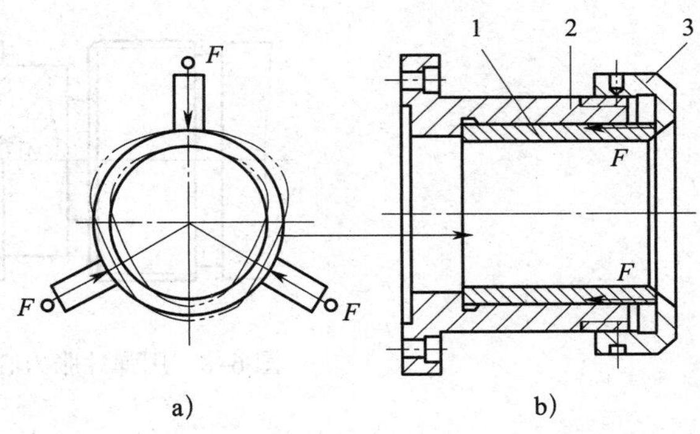

图 6-5 薄壁套的夹紧

1—工件 2—夹套 3—轴向夹紧套

5. 增加工艺肋

有些薄壁工件在其装夹部位特制几根工艺肋（见图 6-6），以提高此处的刚度，使夹紧力作用在工艺肋上，以减小工件的变形。加工完毕，再去掉工艺肋。

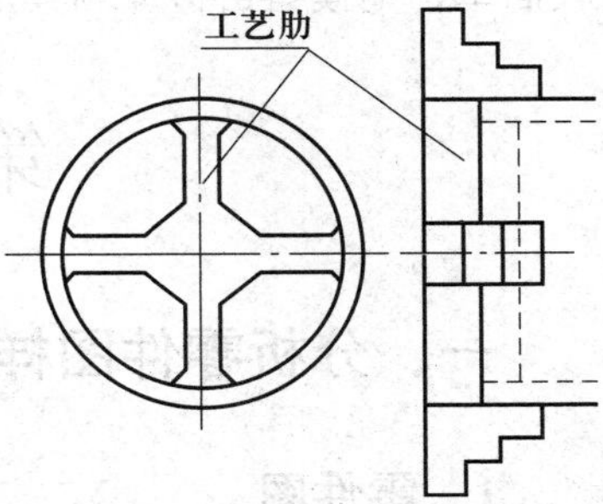

工艺肋

图 6-6 增加工艺肋以减小变形

6. 充分浇注切削液

通过充分浇注切削液，降低切削温度，减小工件热变形。

四、车削步骤

1．粗车内、外圆表面，各留精车余量 1 ~ 1.5 mm，精车 $\phi30^{+0.05}_{0}$ mm 内孔。

（1）夹持外圆小头，粗车端面、内孔。

（2）精车内孔 $\phi30^{+0.05}_{0}$ mm 至加工要求。

（3）以内孔为基准夹持工件，粗车外圆、端面。

2．将工件装夹在图 6-7 所示的扇形软卡爪中，精车内孔 ϕ42H8，精车外圆至 $\phi60^{0}_{-0.05}$ mm，精车图 6-2 所示工件右侧端面，达到图样要求。

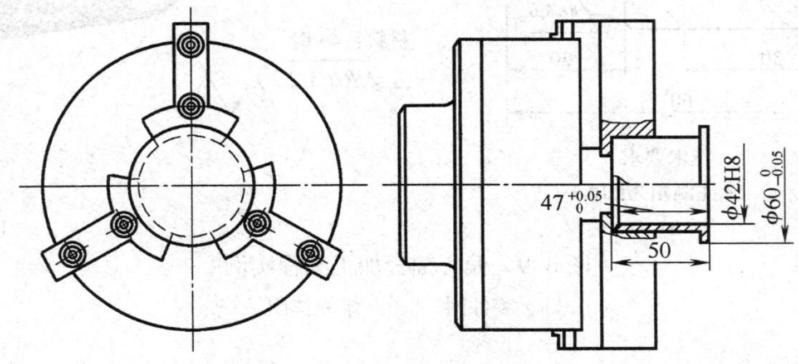

图 6-7 用扇形软卡爪装夹工件，精车内孔、外圆和端面

3．以 ϕ42H8 内孔和图 6-2 所示工件右侧端面为基准，将工件装夹在图 6-8 所示的弹性胀力心轴上，精车外圆 ϕ48h8 达到图样要求。

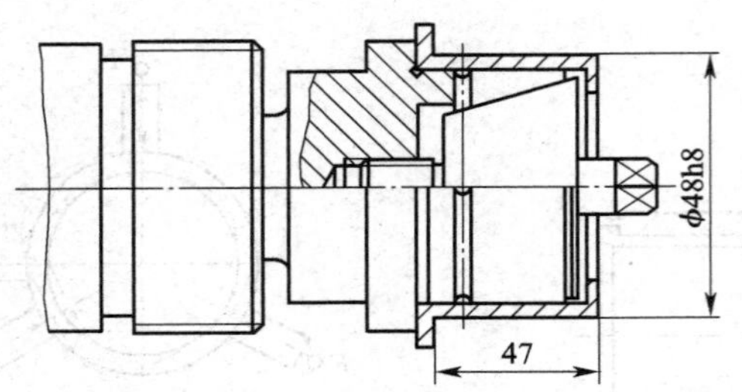

图 6-8 用弹性胀力心轴装夹工件精车外圆

五、加工程序

本例工件的加工难点在于薄壁工件加工工艺的制定，而非编程。本例工件的数控编程比较简单，请读者自行编制其加工程序。

第三节 偏心轴套加工

一、分析零件图样

1. 零件图

偏心轴套加工编程实例如图 6-9 所示。

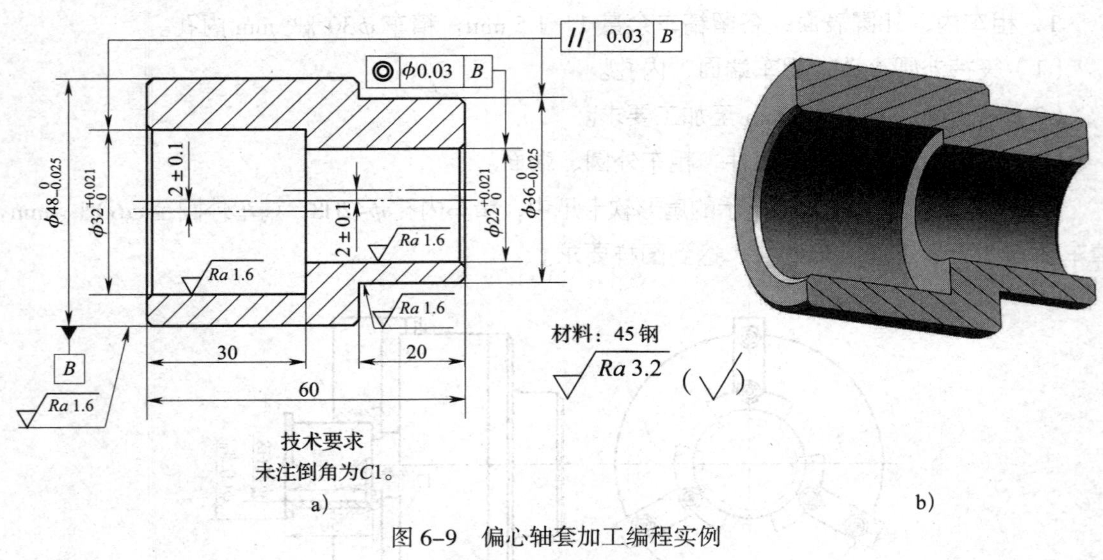

图 6-9 偏心轴套加工编程实例

a）零件图 b）三维立体图

2. 工件精度分析

本例工件精度要求较高的尺寸主要有 $\phi48^{0}_{-0.025}$ mm、$\phi36^{0}_{-0.025}$ mm 外圆，$\phi32^{+0.021}_{0}$ mm、$\phi22^{+0.021}_{0}$ mm 内孔，$\phi32^{+0.021}_{0}$ mm 内孔和 $\phi36^{0}_{-0.025}$ mm 外圆与 $\phi48^{0}_{-0.025}$ mm 外圆的偏心距

（2±0.1）mm，两处偏心距无相位角要求。

主要的几何精度有 $\phi\ 36_{-0.025}^{\ 0}$ mm 外圆和 $\phi\ 32_{\ 0}^{+0.021}$ mm 内孔的轴线对 $\phi\ 48_{-0.025}^{\ 0}$ mm 外圆基准轴线 B 的平行度公差 0.03 mm，$\phi\ 22_{\ 0}^{+0.021}$ mm 内孔的轴线对 $\phi\ 48_{-0.025}^{\ 0}$ mm 外圆基准轴线 B 的同轴度公差 ϕ0.03 mm。

本例工件外圆和内孔加工后的表面粗糙度 $Ra \leqslant 1.6\ \mu m$，端面、倒角等处的表面粗糙度 $Ra \leqslant 3.2\ \mu m$。

二、偏心轴和偏心套的概念

在机械传动中，要使回转运动转变为直线运动，或由直线运动转变为回转运动，一般采用曲柄滑块（连杆）机构来实现，在实际生产中常见的偏心轴、曲柄等就是其具体应用的实例，如图 6–10 所示。外圆与外圆的轴线或内孔与外圆的轴线平行但不重合（彼此偏离一定距离）的工件称为偏心工件。外圆与外圆偏心的工件称为偏心轴（见图 6–10a），内孔与外圆偏心的工件称为偏心套（见图 6–10b）。两平行轴线间的距离称为偏心距。

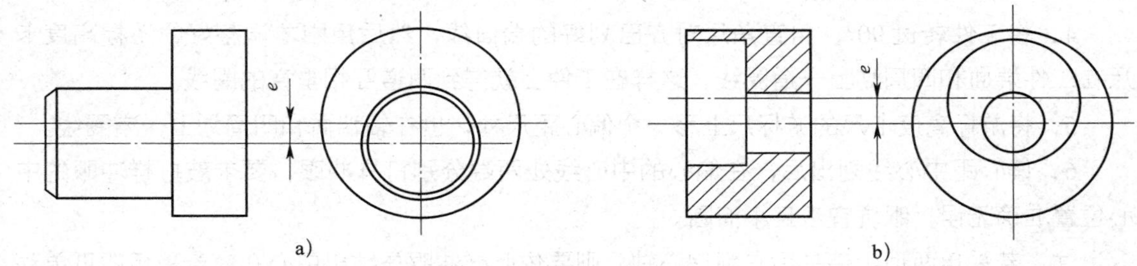

图 6–10　偏心工件

a）偏心轴　b）偏心套

偏心轴和偏心套一般都在车床上加工，其加工原理基本相同，都要采取适当的安装方法，将需要加工偏心圆部分的轴线校正到与车床主轴轴线重合的位置后，再进行车削。

为了保证偏心工件的工作精度。在车削偏心工件时，要特别注意控制轴线间的平行度和偏心距的精度。

三、偏心工件的划线方法

安装及车削偏心工件前，应先用划线的方法确定偏心轴或偏心套的轴线，随后在两顶尖或四爪单动卡盘上安装工件。现以偏心轴为例说明偏心工件的划线方法，具体步骤如下：

1．先将毛坯车成一根光轴，直径为 D，长度为 L，如图 6–11 所示，使工件两端面与轴线垂直（其误差将直接影响找正精度），表面粗糙度 Ra 值为 1.6 μm，然后在工件的两端面和外圆上涂一层蓝色显示剂，晾干后将工件放在平板上的 V 形架中。

2．用游标高度卡尺划线量爪的尖端测量工件的最高点，如图 6–12 所示，并记下读数，再把游标高度卡尺的游标尺下移至工件实际测量直径的一半，并在工件的端面轻轻地划出一条水平线，然后将工件转过 180°，仍用刚才调整的高度再在该端面轻轻地划出另一条水平线。检查前、后两条线是否重合，若重合，即为工件的水平轴线；若不重合，则调整游标高度卡尺，游标尺调整量为两平行线间距离的一半。如此反复，直至使两线重合为止。

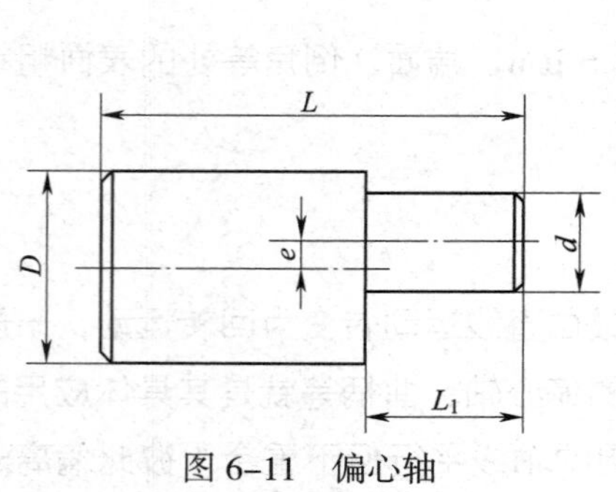

图 6–11　偏心轴

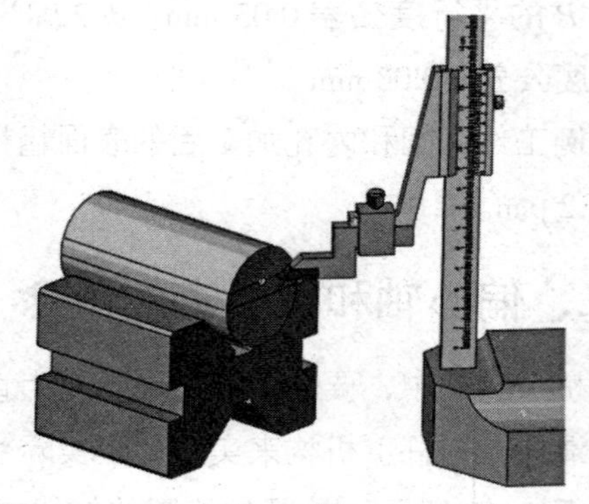
图 6–12　在 V 形架上划偏心工件轴线的方法

3．找出工件的轴线后，即可在工件的端面和四周划出图 6–12 所示圈线（即过轴线的水平剖面与工件的截交线）。

4．将工件转过 90°，用直角尺对齐已划好的端面线，然后用刚才调整好的游标高度卡尺在工件端面和四周划上一道圈线，这样在工件上就得到两道互相垂直的圈线。

5．将游标高度卡尺的游标尺上移一个偏心距尺寸，也在轴端面和四周划上一道圈线。

6．偏心距中心线划出后，在偏心的中心线处两端分别打样冲眼，要求敲打样冲眼的中心位置准确无误，眼坑宜浅且小而圆。

注：若采用两顶尖装夹后车削偏心轴，则要依此样冲眼先钻出中心孔；若采用四爪单动卡盘装夹后车削，则要依样冲眼先划出一个偏心圆，同时还须在偏心圆上均匀且准确无误地打上几个样冲眼，以便找正工件。

四、车削偏心工件的常用方法

偏心工件可以用四爪单动卡盘、三爪自定心卡盘和两顶尖等夹具安装及车削。

1．用四爪单动卡盘装夹及车削偏心工件

对于数量少、偏心距小、长度较短、不便于用两顶尖装夹或形状比较复杂的偏心工件，可安装在四爪单动卡盘上车削。

在四爪单动卡盘上车削偏心工件的方法有两种，即按划线找正车削偏心工件和用百分表找正车削偏心工件。

（1）按划线找正车削偏心工件

根据已划好的偏心圆找正工件时，由于存在划线误差和找正误差，因此此法仅适用于加工精度要求不高的偏心工件。现以图 6–11 所示工件为例介绍其操作步骤。

1）装夹及找正工件

①装夹工件前，应先调整好四爪单动卡盘的卡爪，使其中两爪处于对称位置，另外两

爪处于不对称位置，其偏离主轴中心的距离大致等于工件的偏心距。各对卡爪之间张开的距离稍大于工件装夹处的直径，使工件偏心圆的中心线处于卡盘中央，然后装夹工件，如图 6–13 所示。

②夹持工件长 15～20 mm，夹紧工件后，要使尾座顶尖接近工件，调整卡爪位置，使顶尖对准偏心圆中心（即图 6–13 中的 A 点），然后移走尾座。

③将划线盘置于床鞍上适当位置，使划针尖对准工件外圆上的侧素线（见图 6–14）。移动床鞍，检查侧素线是否水平；若不水平，可用木锤轻轻敲击工件进行调整。再将工件转过 90°，检查并校正另一条侧素线，然后将划针尖对准工件端面的偏心圆线，并校正偏心圆（见图 6–15）。如此反复校正和调整，直至使两条侧素线均呈水平（此时偏心圆的轴线与基准圆轴线平行），又使偏心圆轴线与车床主轴轴线重合为止。

④将四个卡爪均匀地紧一遍，经检查及确认侧素线和偏心圆的中心线在紧固卡爪时没有移位，即可开始车削。

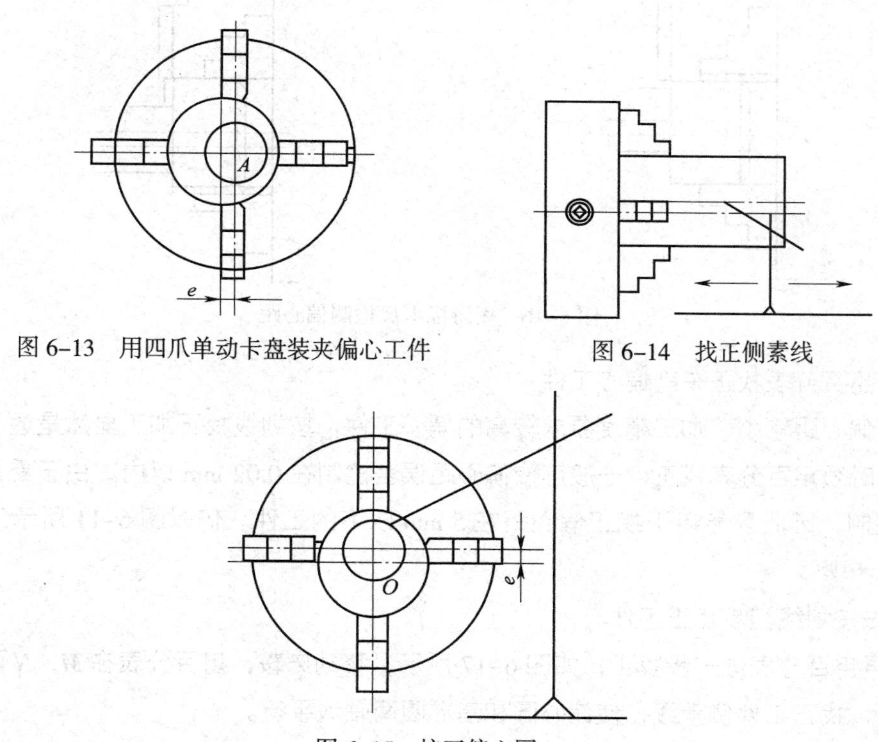

图 6–13　用四爪单动卡盘装夹偏心工件

图 6–14　找正侧素线

图 6–15　校正偏心圆

2）车偏心轴

①粗车偏心圆。由于粗车偏心圆是在光轴的基础上进行的，切削余量很不均匀，并且又是断续切削，会产生一定的冲击和振动，因此外圆车刀的刃倾角取负值。

刚开始车削时，进给量和背吃刀量要小，待工件车圆后，再适当增大；否则，容易损坏车刀或使工件产生位移。

车削偏心圆的起刀点应选在车刀远离工件的位置，车刀刀尖必须从偏心的最远点开始切入工件进行车削，以免打坏刀具或损坏机床。

②检测偏心距。当还有 0.5 mm 左右精车余量时，可采用图 6–16 所示的方法检测偏心距。测量时，用分度值为 0.02 mm 的游标卡尺测量两外圆间的最大距离和最小距离，则偏心距等于最大距离与最小距离差值的一半，即 $e=(b-a)/2$。

注：若实测偏心距误差较大，可少量调节不对称的两个卡爪。若偏心距误差不大，则只需继续夹紧某一个卡爪（当偏心距 e 偏大时，夹紧离偏心轴线近的那个卡爪；当 e 偏小时，夹紧离偏心轴线远的那个卡爪）。

③精车偏心圆。用游标卡尺检查并调整卡爪，使偏心距在图样允许的误差范围内，然后复检侧素线，以保证偏心圆和基准圆两轴线平行，便可精车偏心圆。

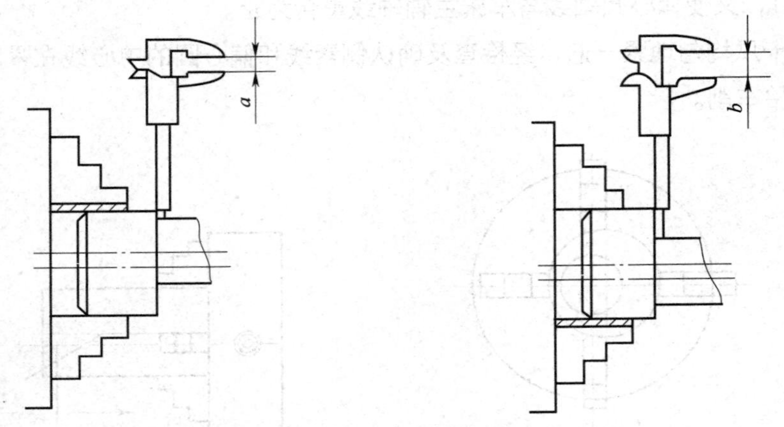

图 6–16　用游标卡尺检测偏心距

（2）用百分表找正车削偏心工件

对于偏心距较小、加工精度要求较高的偏心工件，按划线找正加工显然是达不到精度要求的，此时须用百分表找正，一般可使偏心距误差控制在 0.02 mm 以内。由于受百分表测量范围的限制，因此只能用于找正偏心距在 5 mm 以下的工件。仍以图 6–11 所示工件为例说明其操作步骤：

1）先按划线初步找正工件。

2）再用百分表进一步找正，如图 6–17 所示，移动床鞍，用百分表在 M、N 两点处交替进行测量，找正工件侧素线，使偏心圆和基准圆两轴线平行。

3）校正偏心距。使百分表测量杆垂直于工件，测头接触偏心工件的基准轴（即光轴）外圆上，并使百分表压缩量为 0.5 ~ 1 mm，用手缓慢转动卡盘，使工件转过一周，百分表读数最大值和最小值之差的一半即为偏心距。按此方法校正 M、N 两点处的偏心距，使 M、N 两点处的偏心距基本一致，并且均在图样允许的误差范围内。如此反复调整，直至校正完成。

4）粗车偏心圆，其操作要求和注意事项与按划线找正车削偏心工件时相同。

5）检测偏心距。当还有 0.5 mm 左右精车余量时，可按图 6–18 所示的方法复检偏心距，将百分表测头与工件基准外圆接触，使卡盘缓慢转过一周，检查百分表读数最大值和最小值

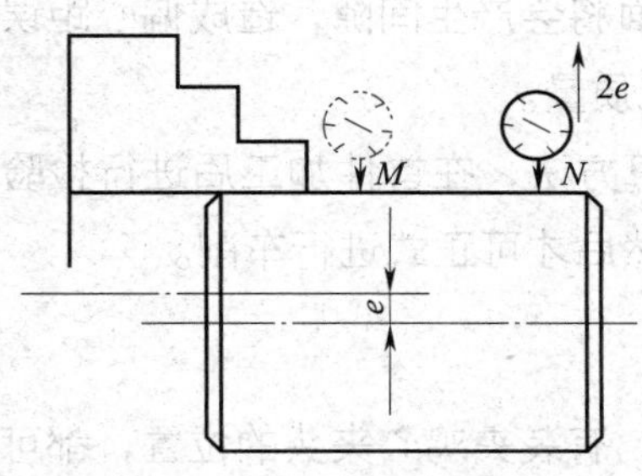

图 6-17　用百分表校正偏心工件

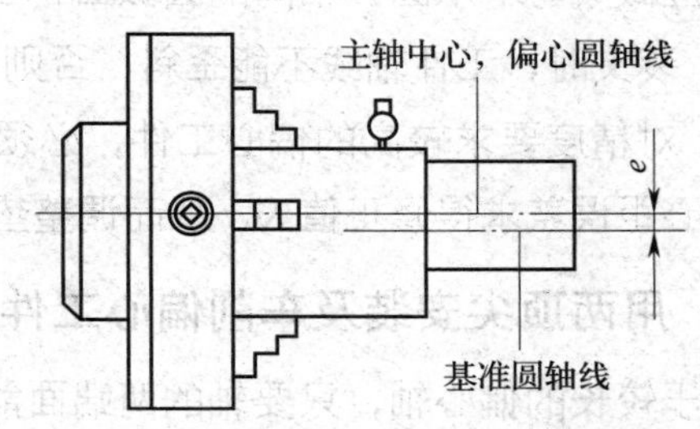

图 6-18　用百分表复检偏心距

之差的一半是否在图样所标偏心距允许的误差范围内。通常复检时偏心距误差应该很小，若偏心距超差，则略紧相应卡爪即可。

6）精车偏心圆，保证各项加工精度要求。

2. 用三爪自定心卡盘装夹及车削偏心工件

在四爪单动卡盘上装夹及车削偏心工件时，装夹、找正相当麻烦。对于长度较短、形状比较简单且加工数量较多的偏心工件，也可以在三爪自定心卡盘上进行车削。其方法是在三个卡爪中的任意一个卡爪与工件接触面之间垫上一块预先选好的垫片，使工件轴线相对于车床主轴轴线产生位移，并使位移距离等于工件的偏心距，如图 6-19 所示。

（1）垫片厚度的计算

垫片厚度 x（见图 6-19）可按下式计算：

$$x=1.5e\pm K$$

$$K\approx 1.5\Delta e$$

式中　x——垫片厚度，mm；

e——偏心距，mm；

K——偏心距修正值，正负号可按实测结果确定，mm；

Δe——试切后的实测偏心距误差，mm。

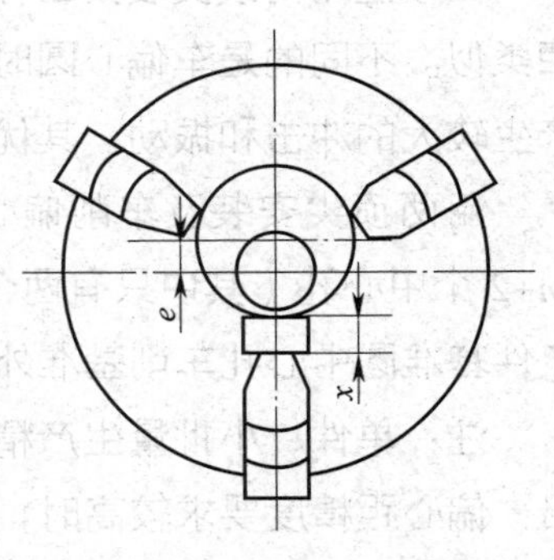

图 6-19　在三爪自定心卡盘上车偏心工件

例 6-1　如用三爪自定心卡盘加垫片的方法车削偏心距 e=4 mm 的偏心工件，试计算垫片厚度。

解：先不考虑修正值，初步计算垫片厚度：

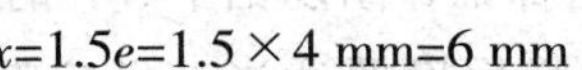

$$x=1.5e=1.5\times 4\ \text{mm}=6\ \text{mm}$$

垫入 6 mm 厚的垫片进行试切削，然后检查其实际偏心距为 4.05 mm，则其偏心距误差为：

$$\Delta e=4.05\ \text{mm}-4\ \text{mm}=0.05\ \text{mm}$$

$$K=1.5\Delta e=1.5\times 0.05\ \text{mm}=0.075\ \text{mm}$$

由于实测偏心距比工件要求的大，则垫片厚度应减去偏心距修正值，即：

$$x=1.5e-K=1.5\times 4\ \text{mm}-0.075\ \text{mm}=5.925\ \text{mm}$$

（2）注意事项

1）应选用硬度较高的材料制作垫片，以防止在装夹时发生挤压变形。垫片与卡爪接触的一面应做成与卡爪圆弧相同的圆弧面；否则，接触面将会产生间隙，造成偏心距误差。

2）装夹时，工件轴线不能歪斜；否则会影响加工质量。

3）对精度要求较高的偏心工件，必须按上述计算方法，在首件加工后进行检验，再按实测偏心距误差求得修正值 K，从而调整垫片厚度，然后才可正式进行车削。

3. 用两顶尖安装及车削偏心工件

对于较长的偏心轴，只要轴的两端面能钻中心孔，有装夹鸡心夹头的位置，都可以安装在两顶尖间进行车削，如图 6–20 所示。

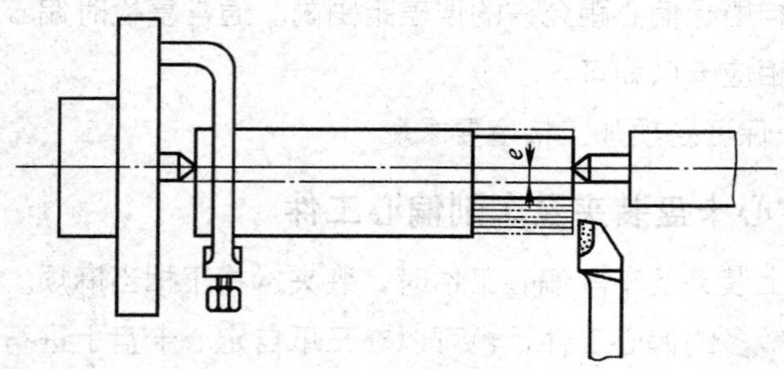

图 6–20 用两顶尖装夹车削偏心工件

由于是用两顶尖装夹工件，在偏心中心孔中车削偏心圆，这与在两顶尖间车削一般外圆相类似。不同的是车偏心圆时，在工件每转一转加工余量变化很大，且是断续切削，因此会产生较大的冲击和振动。其优点是不需要用很多时间去找正偏心。

用两顶尖安装及车削偏心工件时，先在工件的两个端面上根据偏心距的要求，共钻出 $2n+2$ 个中心孔（其中只有两个不是偏心中心孔，n 为工件上偏心轴线的个数）；然后先顶住工件基准圆中心孔车削基准外圆，再顶住偏心圆中心孔车削偏心外圆。

注：单件、小批量生产精度要求不高的偏心轴时，其偏心中心孔可经划线后在钻床上钻出；偏心距精度要求较高时，偏心中心孔可在坐标镗床上钻出；成批生产时，可在专门的中心孔钻床或偏心夹具上钻出。

采用两顶尖安装及车削偏心工件时应注意以下几个方面：

（1）用两顶尖安装及车削偏心工件时，关键是要保证基准圆中心孔和偏心圆中心孔钻孔的位置精度；否则偏心距精度无法保证，所以钻中心孔时应特别注意。

（2）顶尖与中心孔的接触松紧程度要适当，且应在其间经常加注润滑脂，以减少磨损。

（3）断续车削偏心圆时应选用较小的切削用量，初次进刀时一定要从偏心的最远点开始切入工件。

4. 其他车削偏心工件的方法

除了以上几种车削偏心工件的常用方法，其他车削偏心工件的方法有用双重卡盘安装及车削偏心工件、用偏心卡盘安装及车削偏心工件、用专用夹具安装及车削偏心工件等。

五、偏心距的检测方法

1. 在两顶尖间检测偏心距

对于两端有中心孔、偏心距较小、不易放在 V 形架上检测的轴类工件，可将其放在两顶尖间检测偏心距，如图 6-21 所示。检测时，使百分表的测头接触工件的偏心部位，用手均匀、缓慢地转动偏心轴，百分表读数最大值与最小值之差的一半就等于偏心距。

偏心套的偏心距也可以用上述方法检测，但必须将偏心套套在心轴上，再将其放在两顶尖间检测。

2. 在 V 形架上检测偏心距

将工件外圆放置在 V 形架上，转动偏心工件，通过百分表读数最大值与最小值之差的一半确定偏心距，如图 6-22 所示。

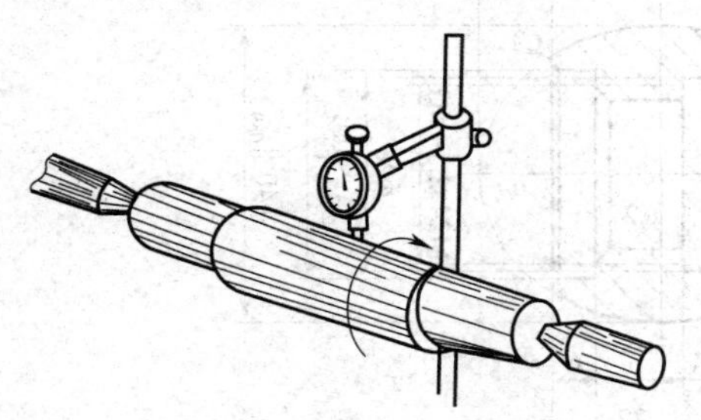

图 6-21　在两顶尖间检测偏心距

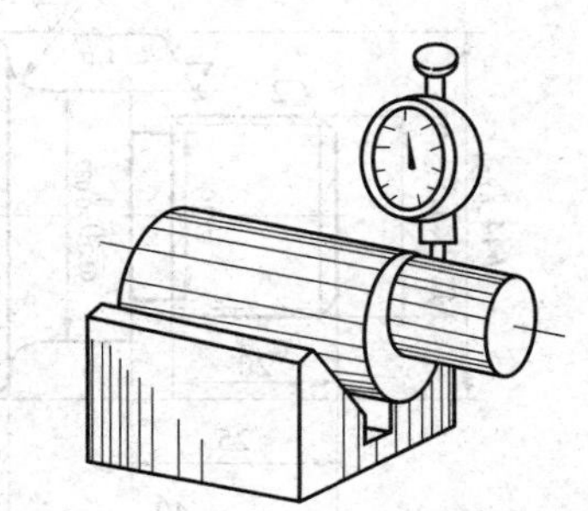

图 6-22　在 V 形架上间接检测偏心距

采用以上方法检测偏心距时，由于受百分表测量范围的限制，只能检测无中心孔或工件较短、偏心距 $e<5$ mm 的偏心工件。若工件的偏心距较大（$e \geqslant 5$ mm），则可利用 V 形架、百分表和量块等间接检测。

六、用四爪单动卡盘装夹及车削偏心工件的步骤

1．粗、精车外圆，保证外圆尺寸 $\phi 48_{-0.025}^{\ 0}$ mm，粗、精车内孔，保证内孔尺寸 $\phi 22_{\ 0}^{+0.021}$ mm，且保证内孔轴线与外圆轴线的同轴度要求。

2．在 V 形架上划线（见图 6-12）并划出偏心圆，打样冲眼。

3．在四爪单动卡盘上装夹工件后，先通过划线初步找正，再进一步用百分表找正，找正工件侧素线并校正偏心距，使偏心圆轴线与车床主轴轴线重合。

4．粗车偏心圆，然后检查偏心距并进行调整；精车偏心圆，保证外圆尺寸 $\phi 36_{-0.025}^{\ 0}$ mm、偏心距（2 ± 0.1）mm 和平行度要求。

5．掉头装夹，重复以上步骤 3 和 4，加工出偏心孔，保证内孔尺寸 $\phi 32_{\ 0}^{+0.021}$ mm、偏心距（2 ± 0.1）mm 和平行度要求。

图 6-9 所示偏心轴套加工程序较简单，请读者自行编制其加工程序。

第四节　高级数控车应会试题

一、应会试题 1

1. 零件图样

加工图 6–23 所示的工件，毛坯为 ϕ45 mm×92 mm 的圆钢，已预先钻出 ϕ18 mm 的孔，试编写其数控车加工程序。

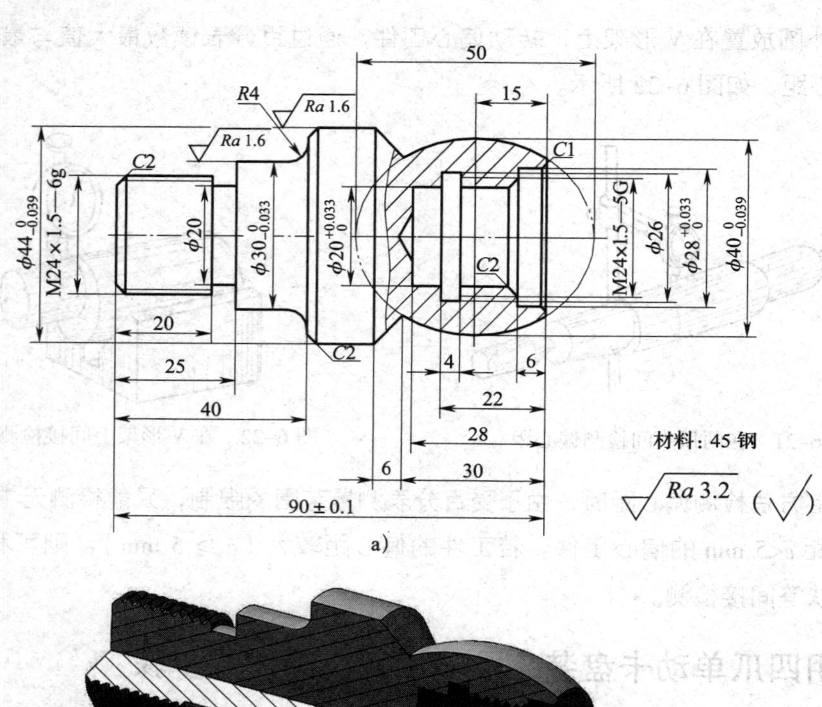

a）

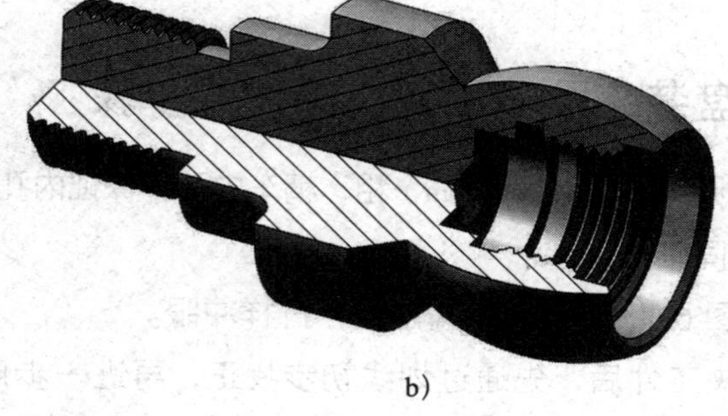
b）

图 6–23　高级数控车应会试题 1
a）零件图　b）三维立体图

2. 加工准备

加工本例工件选用 FANUC 0i 或 SIEMENS 802D 系统的 CKA6140 型数控车床，加工前先在毛坯上钻出直径为 18 mm 的孔，请读者根据工件的加工要求自行配置工具、量具、夹具。

3. 加工工艺分析

本例工件的加工难点在于加工其右侧的椭圆外轮廓，在 FANUC 0i 系统数控车床中，采用 G73 指令进行编程与加工，而在 SIEMENS 802D 系统数控车床中，则采用 CYCLE95 指令进行编程与加工。编程时以 Z 坐标为自变量，X 坐标为因变量，同时使用以下变量进行运算：

#101（R1）：公式中的 Z 坐标。

#102（R2）：公式中的 X 坐标。

#103（R3）：工件坐标系中的 Z 坐标，#103=#101-15.0。

#104（R4）：工件坐标系中的 X 坐标，#104=2*#102。

4. 编制加工程序

选择工件左、右端面的回转中心作为编程原点，选择的刀具为 T01 外圆车刀、T02 内孔车刀、T03 内切槽刀（刀头宽度为 3 mm）、T04 内螺纹车刀，其参考程序见表 6-5。

表 6-5　　　　高级数控车应会试题 1 参考程序

FANUC 0i 系统程序	SIEMENS 802D 系统程序	SIEMENS 系统程序说明
O0603;	AA603.MPF;	加工右端内、外轮廓
N10 G99 G21 G40;	N10 G95 G71 G40 G90;	程序初始化
N20 T0101;	N20 T1D1;	换外圆车刀
N30 M03 S800;	N30 M03 S800;	主轴正转，转速为 800 r/min
N40 G00 X100.0 Z100.0 M08;	N40 G00 X100.0 Z100.0 M08;	将刀具移至目测安全位置
N50 X46.0 Z2.0;	N50 X46.0 Z2.0;	刀具定位至循环起点
N60 G73 U6.5 W0 R5;	N60 CYCLE95（“BB603”，2.0，0，0.3，，0.25，0.1，0.05，9，，，0.5）；	毛坯切削循环，外轮廓子程序为“BB603”
N70 G73 P80 Q180 U0.5 W0 F0.25;		
N80 G00 X32.0 S1500;	N70 G74 X0 Z0;	换内孔车刀
N90 #101=15.0;	N80 T2D1;	
N100 #102=20*SQRT[625-#101*#101]/25;	N90 G00 X15.0 Z2.0 S800;	内孔车刀定位
N110 #103=#101-15.0;	N100 CYCLE95（“CC603”，1.0，0，0.5，，0.2，0.1，0.05，11，，，0.5）；	毛坯切削循环，加工内轮廓
N120 #104=2* #102;		
N130 G01 X#104 Z#103 F0.1;	N110 G74 X0 Z0;	换内切槽刀，刀头宽度为 3 mm
N140 #101=#101-0.5;	N120 T3D1;	
N150 IF[#101 GE -15.0] GOTO 100;	N130 G00 X18.0 Z2.0 S500;	刀具重新定位
N160 G01 X44.0 Z-36.0;	N140 Z-21.0;	
N170 Z-52.0;	N150 CYCLE93（20.0，-18.0，4.0，3.0，，，，，，，0.2，0.2，1.5，，7）；	加工内螺纹退刀槽
N180 X46.0;		

续表

FANUC 0i 系统程序	SIEMENS 802D 系统程序	SIEMENS 系统程序说明
N190 G70 P80 Q180；	N160 G00 Z2.0；	换内螺纹车刀
N200 G00 X100.0 Z100.0；	N170 G74 X0 Z0；	
N210 T0202；	N180 T4D1；	
N220 G00 X16.0 Z2.0 S800；	N190 G00 X20.0 Z2.0 S600；	刀具重新定位
N230 G71 U1.0 R0.5； N240 G71 P250 Q340 U-0.3 W0 F0.2；	N200 CYCLE97（1.5，，0，-18.0，22.5，22.5，3.0，2.0，0.75，0.05，30.0，，5，1.0，4，1）；	加工内螺纹
N250 G00 X30.0 S1200；	N210 G74 X0 Z0；	程序结束部分
N260 G01 Z0 F0.05；	N220 M05 M09；	
N270 X28.0 Z-1.0；	N230 M02；	
N280 Z-6.0；	BB603.SPF；	右侧外轮廓子程序
N290 X26.5；	N10 G00 X32.0 S1500；	精加工轮廓描述
N300 X22.5 Z-8.0；	N20 R1=15.0；	
N310 Z-22.0；	N30 MA1： R2=20*SQRT（625-R1*R1）/25；	
N320 X20.0；	N40 R3=R1-15.0；	
N330 Z-28.0；	N50 R4=2* R2；	
N340 X16.0；	N60 G01 X=R4 Z=R3 F0.1；	
N350 G70 P250 Q340；	N70 R1=R1-0.5；	
N360 G00 X100.0 Z100.0；	N80 IF R1>=-15.0 GOTOB MA1；	
N370 T0303；	N90 G01 X44.0 Z-36.0；	
N380 G00 X18.0 Z2.0 S500；	N100 Z-52.0；	
N390 Z-21.0；	N110 X46.0；	
N400 G75 R0.5；	N120 RET；	返回主程序
N410 G75 X26.0 Z-22.0 P1000 Q1000 F0.1；	CC603.SPF；	右侧内轮廓子程序
N420 G00 Z2.0；	N10 G00 X30.0；	精加工轮廓描述
N430 X100.0 Z100.0；	N20 G01 Z0；	
N440 T0404；	N30 X28.0 Z-1.0；	
N450 G00 X20.0 Z2.0 S600；	N40 Z-6.0；	
N460 G76 P020560 Q50 R0.05；	N50 X26.5；	
N470 G76 X24.0 Z-20.0 P975 Q400 F1.5；	N60 X22.5 Z-8.0；	
N480 G00 X100.0 Z100.0；	N70 Z-22.0；	

续表

FANUC 0i 系统程序	SIEMENS 802D 系统程序	SIEMENS 系统程序说明
N490 M05 M09;	N80 X20.0;	精加工轮廓描述
N500 M30;	N90 Z–28.0;	
	N100 X16.0;	
	N110 RET;	返回主程序

请读者自行编写工件左侧外轮廓加工程序。

5. 检测与评分

加工本例工件的工时定额（包括编程与程序手动输入）为 3 h，其评分表见表 6–6。

表 6–6　　高级数控车应会试题 1 评分表

序号	项目与配分		技术要求	配分	评分标准	检测记录	得分
1	工件加工	外轮廓	$\phi30_{-0.033}^{0}$ mm	6	超差 0.01 mm 扣 2 分		
2			$\phi44_{-0.039}^{0}$ mm	6	超差 0.01 mm 扣 2 分		
3			$\phi40_{-0.039}^{0}$ mm	6	超差 0.01 mm 扣 2 分		
4			椭圆轮廓	10	超差不得分		
5			（90 ± 0.1）mm	6	超差 0.02 mm 扣 2 分		
6			*R*4 mm、倒角	6	不合格每处扣 2 分		
7			M24 × 1.5—6g	6	不合格不得分		
8			切槽、未注尺寸公差	6	不合格每处扣 1 分		
9			*Ra* ≤ 1.6 μm（6 处）	1 × 6	不合格每处扣 1 分		
10			*Ra* ≤ 3.2 μm（6 处）	0.5 × 6	不合格每处扣 0.5 分		
11		内轮廓	$\phi20_{0}^{+0.033}$ mm	6	超差 0.01 mm 扣 2 分		
12			*Ra* ≤ 1.6 μm（2 处）	2 × 2	不合格每处扣 2 分		
13			$\phi28_{0}^{+0.033}$ mm	6	超差 0.01 mm 扣 2 分		
14			M24 × 1.5—5G	6	不合格不得分		
15			倒角、未注尺寸公差	4	不合格每处扣 1 分		
16			*Ra* ≤ 3.2 μm（3 处）	1 × 3	不合格每处扣 1 分		
17		其他	工件按时完成	4	未按时完成不得分		
18			工件无缺陷	6	出现一处缺陷扣 3 分		
19	程序与工艺		程序正确，工艺合理		每错一处倒扣 2 分		
20	机床操作		机床操作规范		出错一次倒扣 2 分		
21	安全文明生产		安全操作		出现安全事故停止操作，未按规定整理机床酌情倒扣 5 ~ 30 分		
22			整理机床				
合计				100			
评分人		年　月　日	核分人		年　月　日		

二、应会试题 2

1. 零件图样

加工图 6-24 所示的工件，毛坯为 $\phi 50$ mm × 112 mm 的圆钢，已预先钻出 $\phi 18$ mm 的孔，试编写其数控车加工程序。

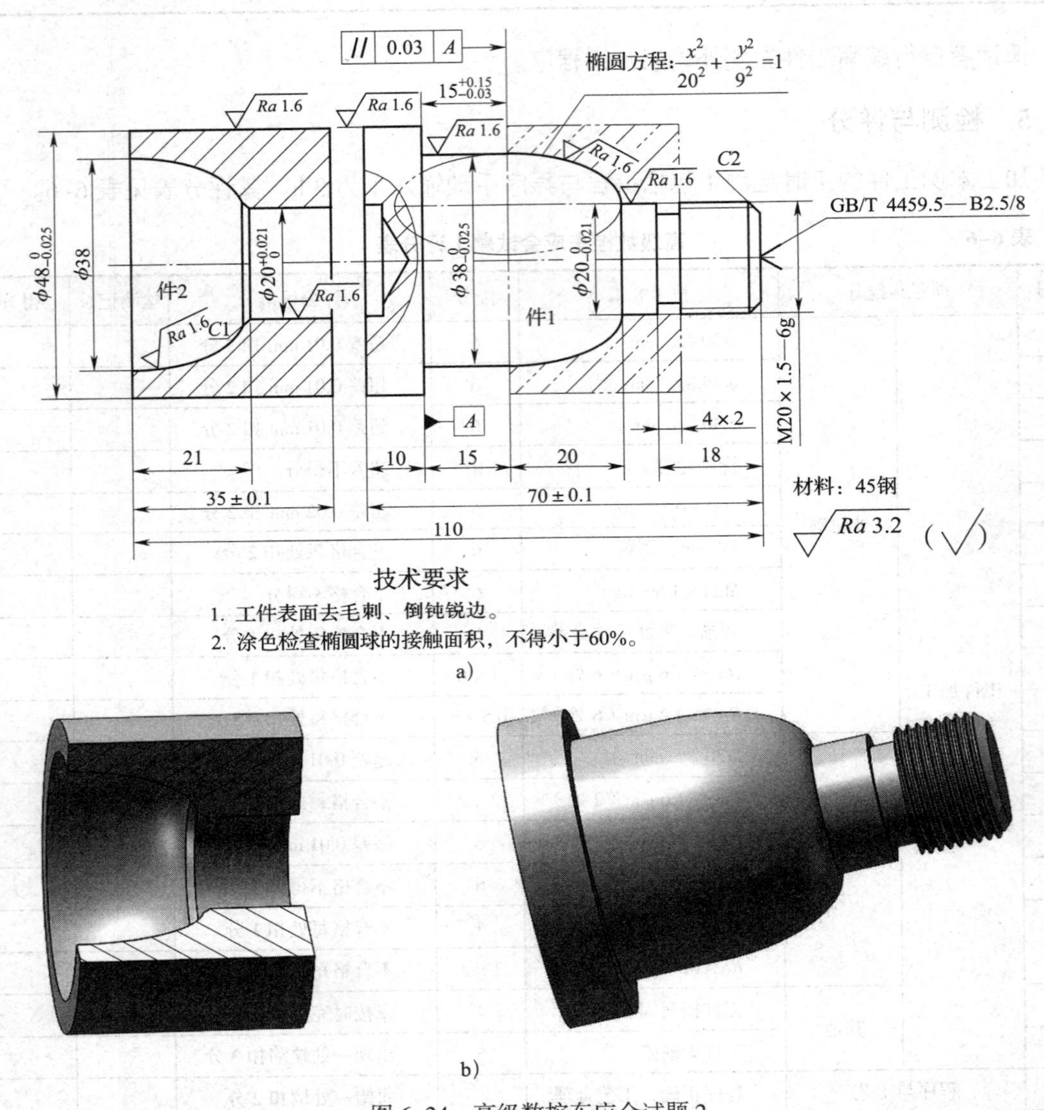

图 6-24 高级数控车应会试题 2

a）零件图 b）三维立体图

2. 加工准备

加工本例工件选用 FANUC 0i 或 SIEMENS 802D 系统的 CKA6140 型数控车床，加工前预先在毛坯上钻出直径为 18 mm 的孔，请读者根据工件的加工要求自行配置工具、量具、夹具。

3. 加工工艺分析

（1）椭圆的近似画法

由于 G71 指令不能采用宏程序进行编程，因此，粗加工过程中常用圆弧代替非圆曲线，采用圆弧代替椭圆的近似画法如图 6–25 所示，其操作步骤如下：

1）画出长轴 *AB* 和短轴 *CD*，连接 *AC* 并在 *AC* 上截取 *CF*，使其等于 *AO* 与 *CO* 之差 *CE*。

2）作 *AF* 的垂直平分线，使其分别交 *AB* 和 *CD* 的延长线于 O_1 和 O_2 点。

3）分别以 O_1 和 O_2 为圆心，O_1A 和 O_2C 为半径作出圆弧 *AG* 和 *CG*，该圆弧即为四分之一的椭圆。

4）用同样的方法画出整个椭圆。

加工本例工件时，为了保证粗加工后的精加工余量，将长轴半径设为 20.5 mm，短轴半径设为 9.5 mm。采用四心法近似画椭圆时画出的圆弧 *AG* 的半径为 6.39 mm，圆弧 *GC* 的半径为 39.95 mm。*G* 点相对于 *O* 点的坐标为（–16.8，5.8）。

（2）本例工件椭圆曲线的编程思路

将本例工例件中的非圆曲线分成 40 条线段后，用直线进行拟合，每段直线在 *Z* 轴方向的间距为 0.5 mm。如图 6–26 所示，根据曲线公式，以 Z 坐标为自变量，X 坐标为因变量，Z 坐标每次递减 0.1 mm，计算出对应的 X 坐标值。采用宏程序或参数编程时使用以下变量进行运算：

#101（R1）：非圆曲线公式中的 Z 坐标值，初始值为 20。

#102（R2）：非圆曲线公式中的 X 坐标值（半径量），初始值为 0。

#103（R3）：非圆曲线在工件坐标系中的 Z 坐标值，其值为 #101–45.0。

#104（R4）：非圆曲线在工件坐标系中的 X 坐标值（直径量），其值为 #102*2。

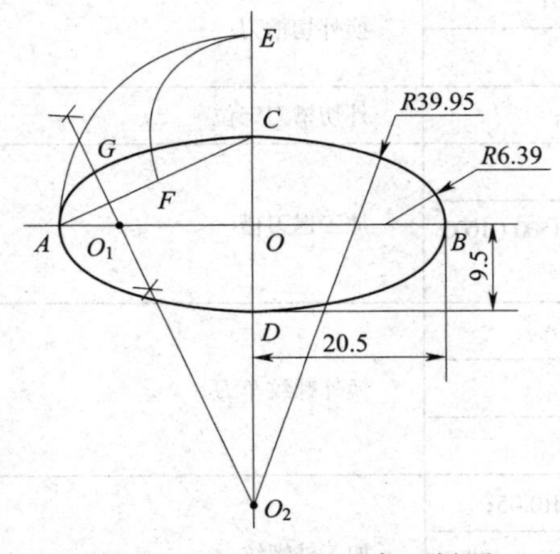

图 6–25 用四心法近似画椭圆

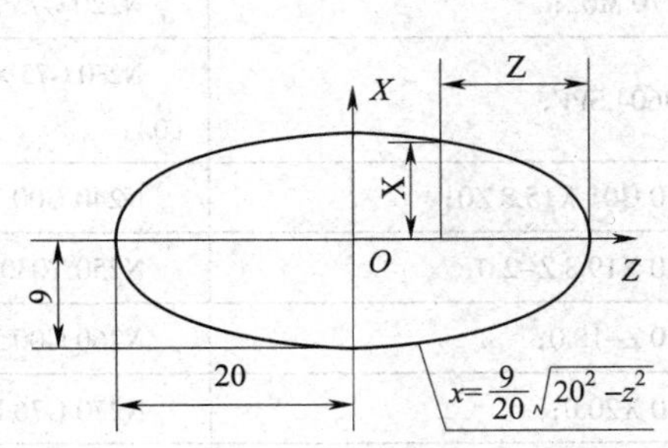

图 6–26 椭圆的变量计算

4. 编制加工程序

选择工件左、右端面的回转中心作为编程原点，选择的刀具为 T01 外圆车刀、T02 外切槽刀（刀头宽度为 3 mm）、T03 外螺纹车刀、T04 内孔车刀，其参考程序见表 6–7。

表 6-7　　高级数控车应会试题 2 参考程序（件 1）

SIEMENS 802D 系统程序	FANUC 0i 系统程序	FANUC 0i 程序说明
AA604.MPF；	O0604；	加工右端外轮廓
N10 G95 G71 G40 G90；	N10 G99 G21 G40；	程序开始部分
N20 T1D1；	N20 T0101；	程序开始部分
N30 M03 S800；	N30 M03 S800；	
N40 G00 X100.0 Z100.0 M08；	N40 G00 X100.0 Z100.0 M08；	
N50 X52.0 Z2.0；	N50 X52.0 Z2.0；	
N60 CYCLE95（“BB604”，1.5，0，0.5，，0.2，0.2，0.05，9，，，0.5）；	N60 G71 U1.5 R0.5；	毛坯切削循环加工右端外轮廓
	N70 G71 P80 Q170 U0.5 W0 F0.2；	
N70 G00 X100.0 Z100.0；	N80 G00 X15.8 S1500；	精加工轮廓描述，程序段中的 F 和 S 为精加工时的 F 和 S 值
N80 T2D1 S600；	N90 G01 Z0 F0.05；	
N90 G00 X22.0 Z–17.0；	N100 X19.8 Z–2.0；	
N100 CYCLE93（20.0，–14.0，4.0，2.0，，，，，，，，0.2，0.2，1.5，，5）；	N110 Z–18.0；	
	N120 X20.0；	
	N130 Z–24.5；	
N110 G00 X100.0 Z100.0；	N140 G03 X31.6 Z–28.2 R6.39；	
N120 T3D1 S600；	N150 G03 X39.0 Z–45.0 R39.95；	
N130 G00 X22.0 Z2.0；	N160 G01 Z–60.0；	
N140 CYCLE97（1.5，，0，–14.0，20.0，20.0，2.0，2.0，0.975，0.05，30.0，，10，1.0，3，1）；	N170 X52.0；	
	N180 G70 P80 Q170；	精加工右端外轮廓
	N190 G00 X100.0 Z100.0；	换外切槽刀
N150 G00 X100.0 Z100.0；	N200 T0202 S600；	
N160 M05 M09；	N210 G00 X22.0 Z–17.0；	外切槽刀定位
N170 M02；	N220 G75 R0.5；	加工退刀槽
BB604.SPF；	N230 G75 X16.0 Z–18.0 P1500 Q1000 F0.1；	
N10 G01 X15.8 Z0；	N240 G00 X100.0 Z100.0；	换外螺纹车刀
N20 X19.8 Z–2.0；	N250 T0303 S600；	
N30 Z–18.0；	N260 G00 X22.0 Z2.0；	
N40 X20.0；	N270 G76 P020560 Q50 R0.05；	加工外螺纹
N50 Z–24.5；	N280 G76 X18.05 Z–16.0 P975 Q400 F1.5；	
N60 G03 X31.6 Z–28.2 CR=6.39；	N290 G00 X100.0 Z100.0；	程序结束部分
N70 G03 X39.0 Z–45.0 CR=39.95；	N300 M05 M09；	
N80 G01 Z–60.0；	N310 M30；	

续表

SIEMENS 802D 系统程序	FANUC 0i 系统程序	FANUC 0i 程序说明
N90 X52.0;		
N100 RET;		
AA605.MPF;	O0605;	精加工椭圆曲面
⋮	⋮	程序开始部分
N70 G00 X52.0 Z–24.5;	N70 G00 X52.0 Z–24.5;	刀具快速定位
N80 G42 G01 X20.0 F0.1;	N80 G42 G01 X20.0 F0.1;	
N90 R1=20.0;	N90 #101=20.0;	公式中的 Z 坐标值
N100 MA1：R2=9*SQRT（400–R1*R1）/20;	N100 #102=9*SQRT［400–#101*#101］/20;	公式中的 X 坐标值
N110 R3=R1–45.0;	N110 #103=#101–45.0;	工件坐标系中的 Z 坐标值
N120 R4=R2*2.0;	N120 #104=#102*2.0;	工件坐标系中的 X 坐标值
N130 G01 X=R4 Z=R3 F0.1;	N130 G01 X#104 Z#103 F0.1;	加工曲面轮廓
N140 R1=R1–0.1;	N140 #101= #101–0.1;	Z 坐标增量为 –0.1
N150 IF R1>=0 GOTOB MA1;	N150 IF［#101 GE 0］GOTO 100;	条件判断
N160 G01 Z–60.0;	N160 G01 Z–60.0;	加工圆柱表面
N170 X52.0;	N170 X52.0;	
N180 G40 G00 X100.0 Z100.0;	N180 G40 G00 X100.0 Z100.0;	程序结束部分
N190 M05 M09;	N190 M05 M09;	
N200 M30;	N200 M30;	

请读者自行编制件 2 的加工程序，编程过程中注意宏程序的正确使用。

5. 检测与评分

加工本例工件的工时定额（包括编程与程序手动输入）为 4 h，其评分表见表 6–8。

表 6–8　　高级数控车应会试题 2 评分表

序号	项目与配分	技术要求	配分	评分标准	检测记录	得分
1	件 1	$\phi 48^{0}_{-0.025}$ mm	4	超差 0.01 mm 扣 1 分		
2		$\phi 38^{0}_{-0.025}$ mm	4	超差 0.01 mm 扣 1 分		
3		$\phi 20^{0}_{-0.021}$ mm	4	超差 0.01 mm 扣 1 分		
4		M20 × 1.5—6g	4	不合格不得分		
5		非圆曲线	8	超差不得分		
6		外圆槽 4 mm × 2 mm	4	超差不得分		

续表

序号	项目与配分	技术要求	配分	评分标准	检测记录	得分
7	件 1	（70 ± 0.1）mm	4	超差 0.02 mm 扣 1 分		
8		一般尺寸和倒角	4	不合格每处扣 1 分		
9		$Ra \leqslant 1.6\ \mu m$（4 处）	1 × 4	不合格每处扣 1 分		
10		$Ra \leqslant 3.2\ \mu m$（4 处）	1 × 4	不合格每处扣 1 分		
11	件 2	$\phi 48_{-0.025}^{0}$ mm	4	超差 0.01 mm 扣 1 分		
12		$\phi 20_{0}^{+0.021}$ mm	4	超差 0.01 mm 扣 1 分		
13		非圆曲线	8	超差不得分		
14		（35 ± 0.1）mm	4	超差 0.02 mm 扣 1 分		
15		一般尺寸和倒角	3	不合格每处扣 1 分		
16		$Ra \leqslant 1.6\ \mu m$（3 处）	1 × 3	不合格每处扣 1 分		
17		$Ra \leqslant 3.2\ \mu m$	1	不合格不得分		
18	组合	接触面积 ≥ 60%	10	超差不得分		
19		$15_{-0.03}^{+0.15}$ mm	5	超差 0.02 mm 扣 1 分		
20		// 0.03 A	5	超差 0.01 mm 扣 2 分		
21	其他	工件按时完成	5	未按时完成不得分		
22		工件无缺陷	4	出现一处缺陷扣 2 分		
23	程序与工艺	程序正确，工艺合理		每错一处倒扣 2 分		
24	机床操作	机床操作规范		出错一次倒扣 2 ~ 5 分		
25	安全文明生产	安全操作		出现安全事故停止操作，未按规定整理机床酌情倒扣 5 ~ 30 分		
26		整理机床				
合格			100			
评分人		年　月　日	核分人		年　月　日	

三、应会试题 3

1. 零件图样

加工图 6–27 所示的工件，毛坯为 $\phi 45$ mm × 65 mm 和 $\phi 40$ mm × 51 mm 的圆钢，试编写其数控车加工程序。

2. 加工准备

加工本例工件选用 FANUC 0i 或 SIEMENS 802D 系统的 CKA6140 型数控车床，加工前预先在件 1 毛坯上钻出直径为 20 mm 的孔，请读者根据工件的加工要求自行配置工具、量具、夹具。

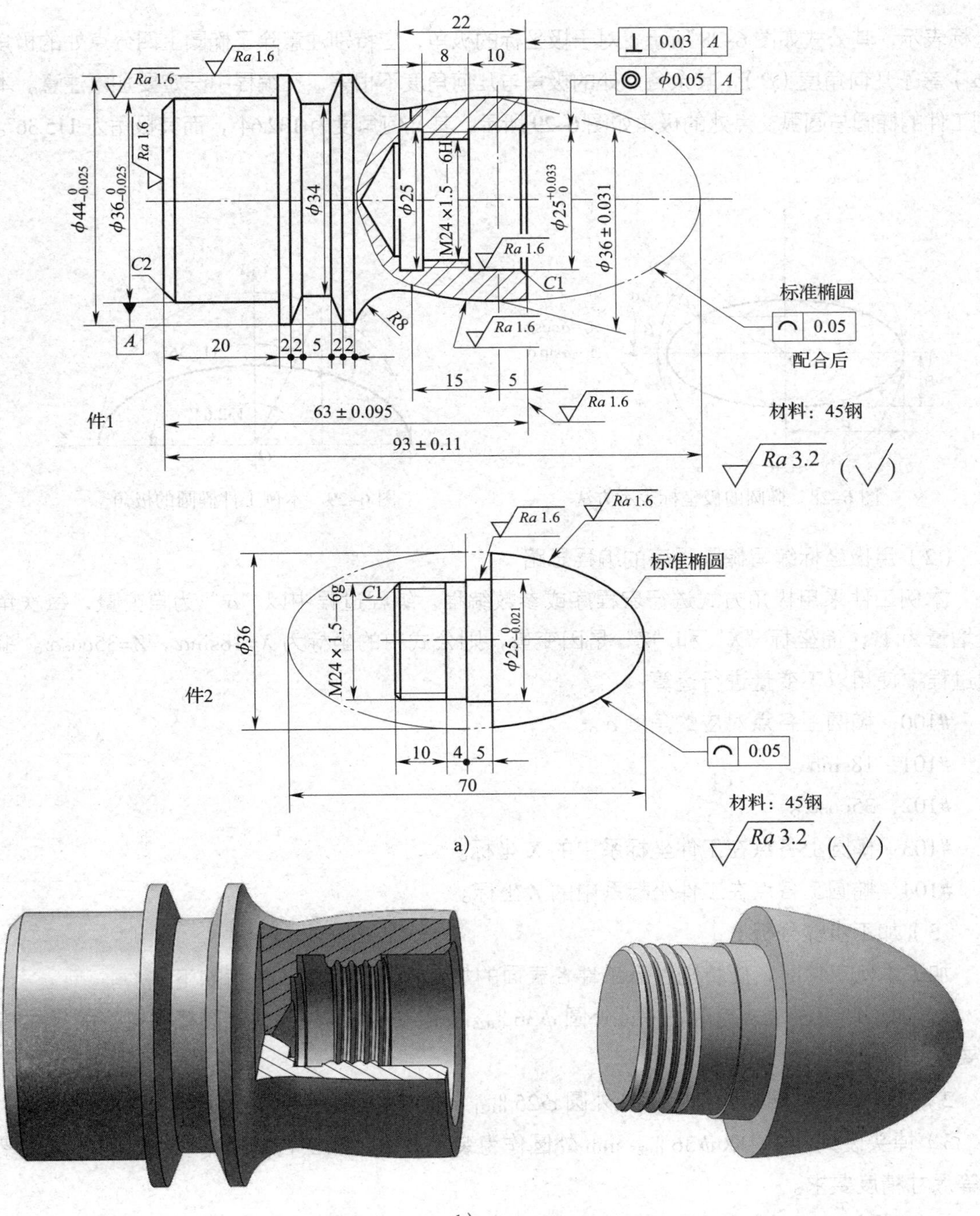

a）

b）

图 6–27　高级数控车应会试题 3

a）零件图　b）三维立体图

3. 加工工艺分析

（1）椭圆编程中的极角问题

椭圆曲线除了采用公式“$\frac{x^2}{a^2}+\frac{y^2}{b^2}=1$”（其中 a 和 b 为半轴长度）表示，还可以采用极坐标表示，其公式如图 6–28 所示。对于极坐标的极角，应特别注意除了椭圆上四分点处的极角（α）等于几何角度（β），其余各点处的极角与几何角度不相等，在编程中一定要加以注意。本例工件的椭圆与圆弧交点处的极角如图 6–29 所示，其几何角度为 132.64°，而其极角为 115.36°。

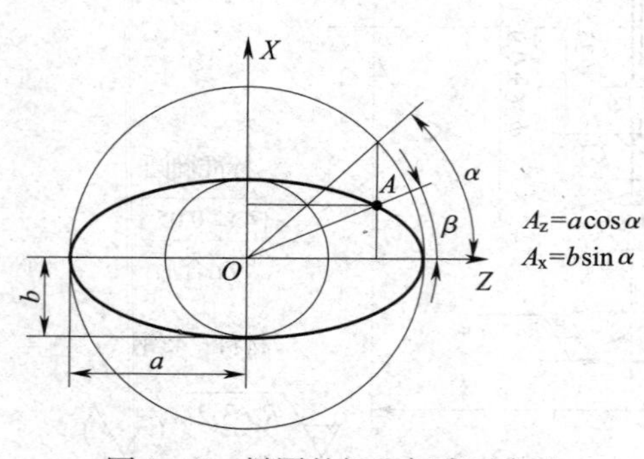

图 6–28　椭圆的极坐标表示方法

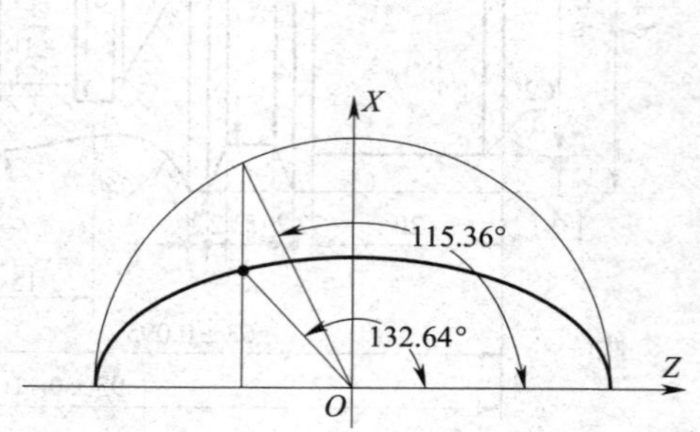

图 6–29　本例工件椭圆的极角

（2）用极坐标编写椭圆程序的编程思路

本例工件采用极角方式进行宏程序或参数编程，编程过程中以“α”为自变量，每次角度增量为 1°，而坐标“X”和“Z”是因变量，则公式中的坐标为 $X=18\sin\alpha$，$Z=35\cos\alpha$。编程过程中使用以下变量进行运算：

#100：椭圆上各点对应的角度 α。

#101：$18\sin\alpha$。

#102：$35\cos\alpha$。

#103：椭圆上各点在工件坐标系中的 X 坐标。

#104：椭圆上各点在工件坐标系中的 Z 坐标。

（3）加工步骤分析

加工本例工件时，应特别注意工件各表面的加工次序，其加工方案如下：

1）加工件 1 左端外轮廓，保证外圆 $\phi36_{-0.025}^{\ 0}$ mm、$\phi44_{-0.025}^{\ 0}$ mm、外圆槽等轮廓的尺寸精度要求。

2）加工件 2 左端外轮廓，保证外圆 $\phi25_{-0.021}^{\ 0}$ mm、外螺纹等尺寸精度要求。

3）掉头装夹件 1，以 $\phi36_{-0.025}^{\ 0}$ mm 外圆作为装夹表面，加工右侧内轮廓，保证内孔和螺纹等尺寸精度要求。

4）不拆卸件 1，直接旋上件 2，采用组合加工方式加工椭圆等外轮廓表面，保证各项精度要求。

5）拆下工件，去毛刺、倒钝锐边并进行自检。

4. 编制加工程序

选择的刀具为 T01 外圆车刀、T02 外切槽刀、T03 外螺纹车刀、T04 内孔车刀、T05 内切槽刀、T06 内螺纹车刀，其参考程序见表 6–9。

表 6–9　　高级数控车应会试题 3 参考程序（组合件）

FANUC 0i 系统程序	SIEMENS 802D 系统程序	SIEMENS 系统程序说明
O0606;	AA606.MPF;	加工组合件外轮廓
N10 G99 G21 G40;	N10 G95 G71 G40 G90;	程序初始化
N20 T0101;	N20 T1D1;	换 1 号外圆车刀
N30 M03 S800;	N30 M03 S800;	主轴正转，转速为 800 r/min
N40 G00 X100.0 Z100.0 M08;	N40 G00 X100.0 Z100.0 M08;	将刀具移至目测安全位置
N50 X52.0 Z2.0;	N50 X52.0 Z2.0;	刀具定位至循环起点
N60 G71 U1.5 R0.5;	N60 CYCLE95（“BB606”，1.5，0，0.5，，0.1，0.1，0.05，9，，，0.5）;	毛坯切削循环加工组合件外轮廓
N70 G71 P80 Q140 U0.5 W0 F0.1;		
N80 G00 X0 S1500;	N70 G00 X100.0 Z100.0;	程序结束部分
N90 G01 X1.0 F0.05;	N80 M05 M09;	
N100 G03 X32.0 Z–15.0 R20.0;	N90 M02;	
N110 G03 X38.0 Z–35.0 R50.0;	BB606.SPF;	精加工轮廓描述
N120 G01 Z–55.0;	N10 G01 X0 Z0;	定位至椭圆起始点
N130 X44.0 Z–60.0;	N20 R1=0.36;	初始极角
N140 X52.0;	N30 MA1：R2=18.0*SIN（R1）;	公式中的 X 坐标值
N150 G73 U3.0 W0 R2;	N40 R3=35.0*COS（R1）;	公式中的 Z 坐标值
N160 G73 P170 Q260 U0.5 W0 F0.1;	N50 R4=R2*2;	X 坐标值
N170 G00 X0 Z0 S1500;	N60 R5=R3–35.0;	Z 坐标值
N180 #100=0.36;	N70 G01 X=R4 Z=R5;	用直线拟合椭圆
N190 #101=18.0*SIN［#100］;	N80 R1=R1+1.0;	极角增量为 1.0°
N200 #102=35.0*COS［#100］;	N90 IF R1<=115.36 GOTOB MA1;	条件判断
N210 #103= #101*2;	N100 G02 X44.0 Z–60.0 CR=8.0;	加工 *R*8 mm 圆弧
N220 #104=#102–35.0;	N110 G01 X52.0;	刀具退出
N230 G01 X#103 Z#104 F0.05;	N120 RET;	返回主程序
N240 #100=#100+1.0;		
N250 IF［#100 LE 115.36］GOTO 190;		
N260 G02 X44.0 Z–60.0 R8.0;		
N270 G70 P170 Q260;		
N280 G00 X100.0 Z100.0;		
N290 M05 M09;		
N300 M30;		

用 FANUC 0i 系统编程时，先采用 G71 指令去除大部分余量，请读者自行编写其他加工程序。

5. 检测与评分

加工本例工件的工时定额（包括编程与程序手动输入）为 5 h，其评分表见表 6–10。

表 6–10　　高级数控车应会试题 3 评分表

序号	项目与配分	技术要求	配分	评分标准	检测记录	得分
1	件 1	$\phi 44_{-0.025}^{0}$ mm	4	超差 0.01 mm 扣 1 分		
2		$\phi 36_{-0.025}^{0}$ mm	4	超差 0.01 mm 扣 1 分		
3		$\phi 25_{0}^{+0.033}$ mm	4	超差 0.01 mm 扣 1 分		
4		ϕ（36 ± 0.031）mm	4	超差 0.01 mm 扣 1 分		
5		（63 ± 0.095）mm	4	超差 0.02 mm 扣 1 分		
6		M24 × 1.5—6H	4	不合格不得分		
7		⊥ 0.03 *A*	4	超差 0.01 mm 扣 1 分		
8		◎ ϕ0.05 *A*	3	超差不得分		
9		⌒ 0.05	3	超差不得分		
10		*R*8 mm	2	超差不得分		
11		梯形槽	4	超差不得分		
12		*Ra* ≤ 1.6 μm（5 处）	1 × 5	不合格每处扣 1 分		
13		*Ra* ≤ 3.2 μm（3 处）	1 × 3	不合格每处扣 1 分		
14		一般尺寸和倒角	2	不合格每处扣 1 分		
15	件 2	M24 × 1.5—6g	4	不合格不得分		
16		$\phi 25_{-0.021}^{0}$ mm	4	超差 0.01 mm 扣 1 分		
17		⌒ 0.05	6	超差不得分		
18		一般尺寸和倒角	2	不合格每处扣 1 分		
19		*Ra* ≤ 1.6 μm（2 处）	1 × 2	不合格每处扣 1 分		
20		*Ra* ≤ 3.2 μm（2 处）	1 × 2	不合格每处扣 1 分		
21	组合	（93 ± 0.11）mm	5	超差 0.02 mm 扣 1 分		
22		曲面过渡光滑	5	超差不得分		
23		螺纹配合	5	超差不得分		
24		内、外圆配合	5	超差不得分		
25	其他	工件按时完成	6	未按时完成不得分		
26		工件无缺陷	4	出现一处缺陷扣 2 分		

续表

序号	项目与配分	技术要求	配分	评分标准	检测记录	得分
27	程序与工艺	程序正确，工艺合理		每错一处倒扣 2 分		
28	机床操作	机床操作规范		出错一次倒扣 2～5 分		
29	安全文明生产	安全操作		出现安全事故停止操作，未按规定整理机床酌情倒扣 5～30 分		
30		整理机床				
合计			100			
评分人		年 月 日	核分人		年 月 日	

思考与练习

1. 以图 6–23 为例，说明在数控加工过程中如何控制各项加工精度。

2. 试编写图 6–30 所示工件 FANUC 系统或 SIEMENS 系统的数控车加工程序。

3. 试对图 6–31 所示工件（材料均为 45 钢）进行加工工艺分析，并编写 FANUC 系统或 SIEMENS 系统的数控车加工程序。

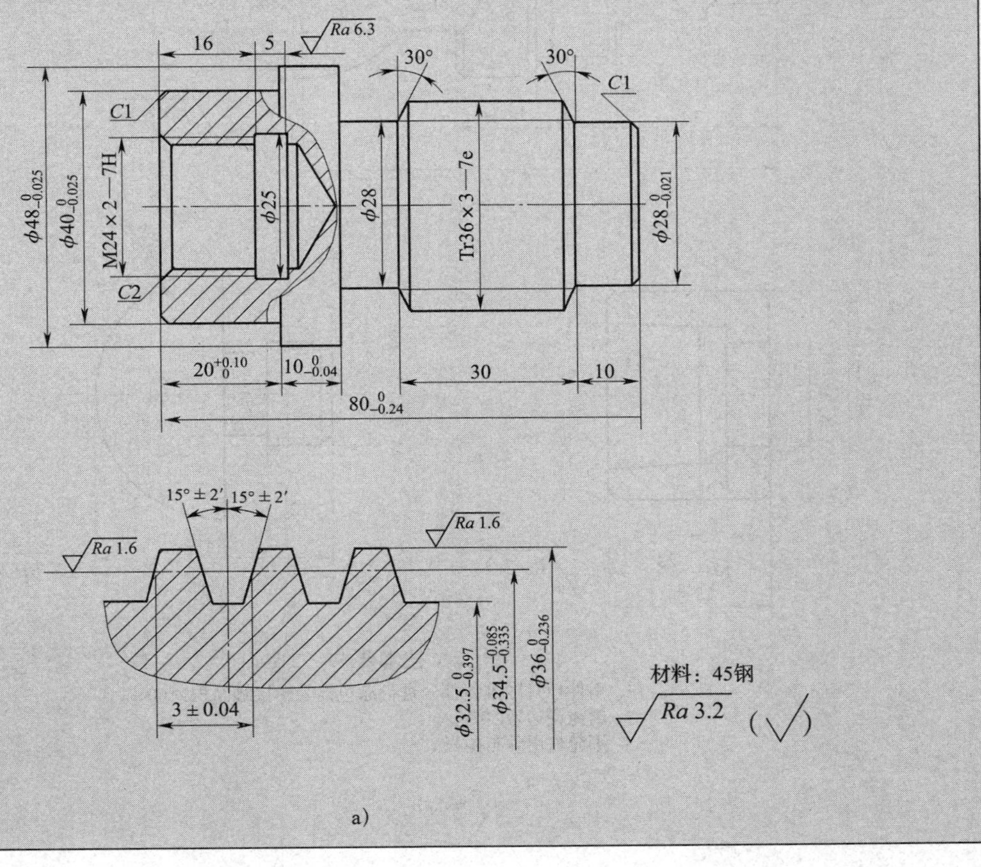

a)

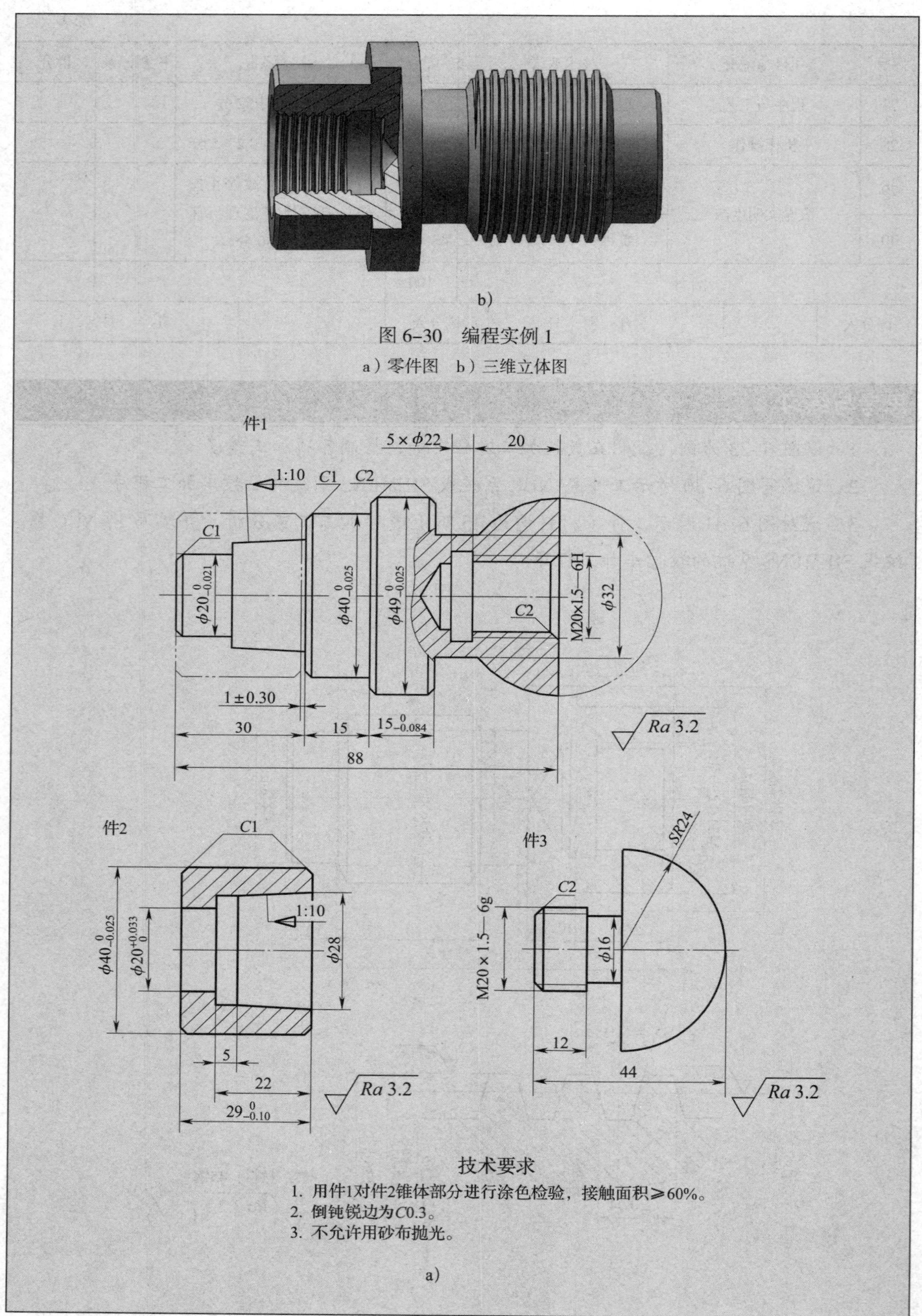

图 6-30 编程实例 1

a）零件图 b）三维立体图

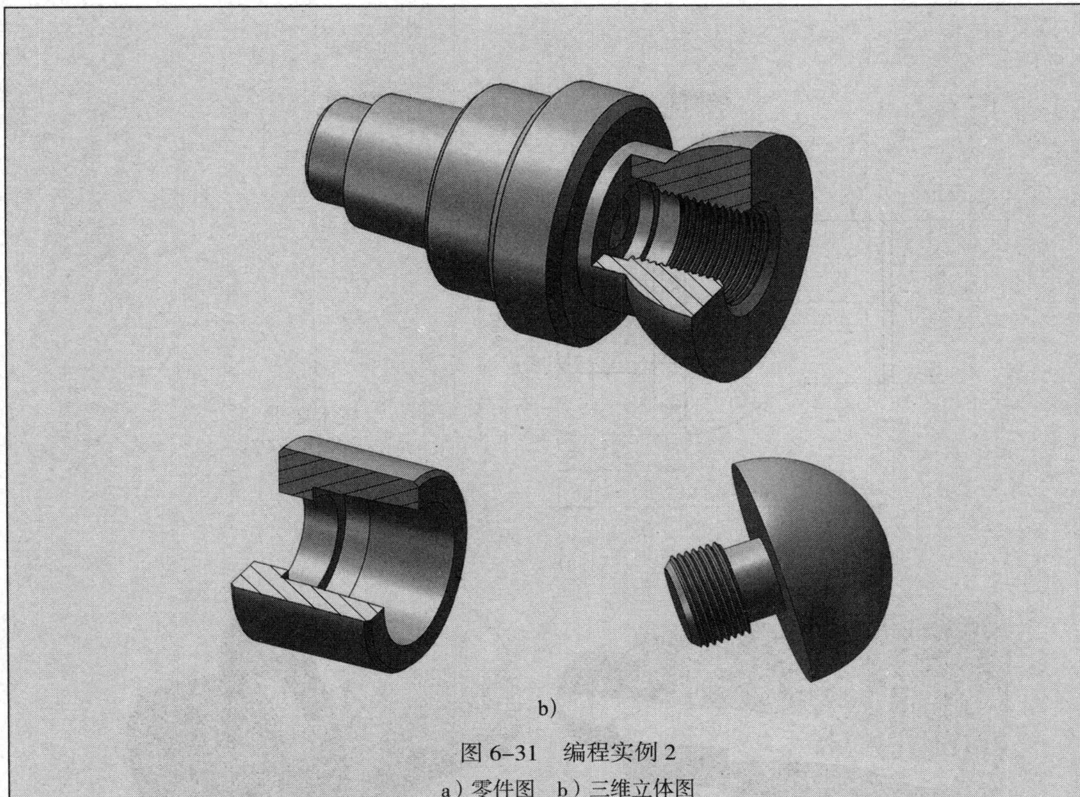

b)

图 6–31　编程实例 2

a）零件图　b）三维立体图

4. 加工图 6–32 所示的工件，毛坯为 ϕ50 mm×80 mm（已预先钻出 ϕ20 mm 的孔）和 ϕ50 mm×67 mm 的圆钢，试编写其数控车加工程序。

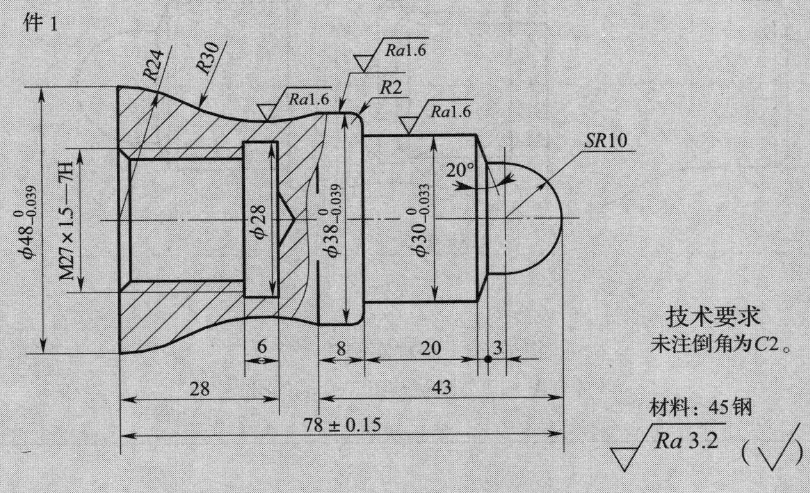

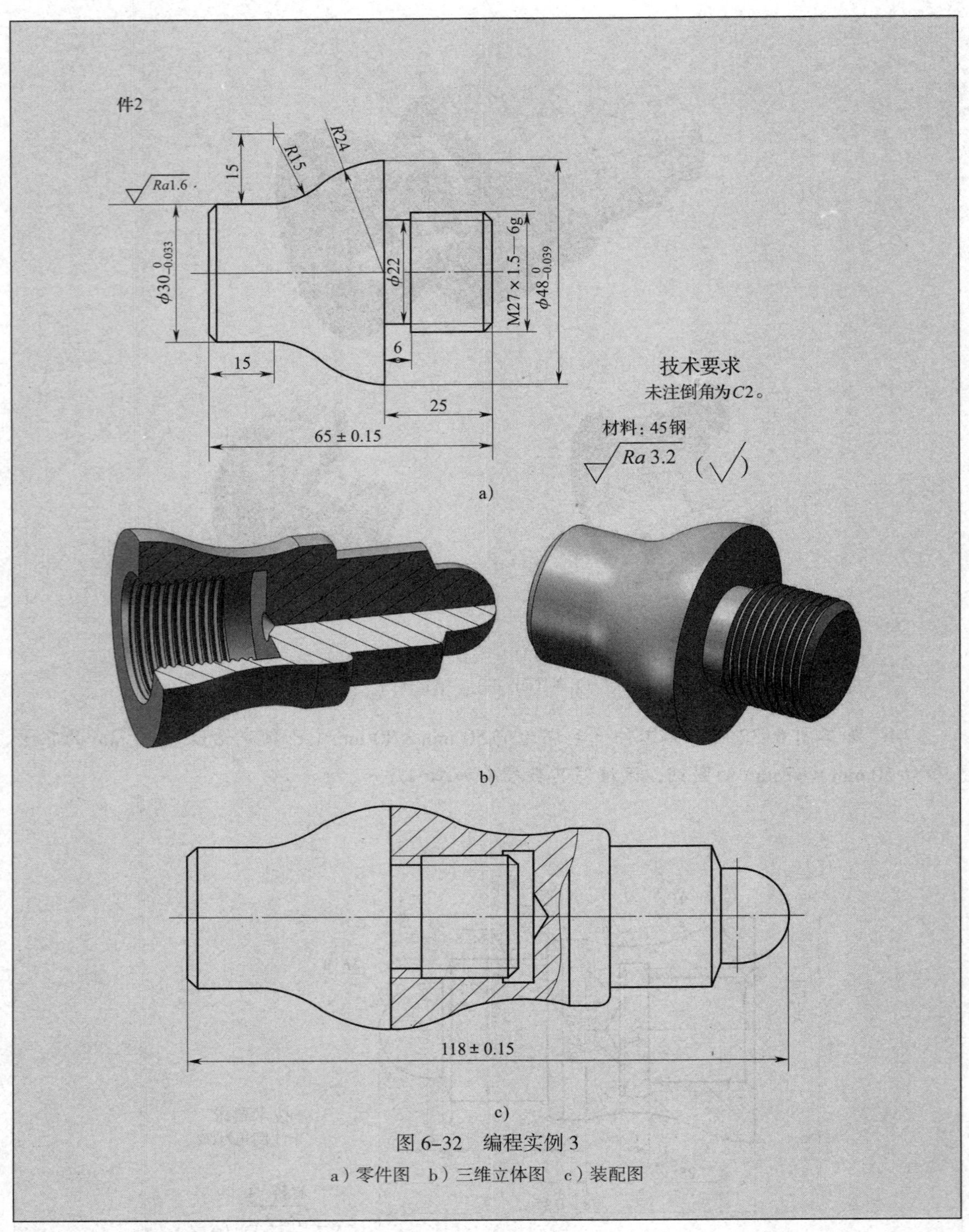

图 6-32　编程实例 3

a）零件图　b）三维立体图　c）装配图